中等职业教育规划教材
全国建设行业中等职业教育推荐教材

建筑力学

主编　李永富
主审　金忠盛

中国建筑工业出版社

图书在版编目（CIP）数据

建筑力学/李永富主编. —北京：中国建筑工业出版社，2005（2022.8重印）
中等职业教育规划教材. 全国建设行业中等职业教育推荐教材.
ISBN 978-7-112-07588-1

Ⅰ. 建… Ⅱ. 李… Ⅲ. 建筑力学-专业学校-教材 Ⅳ. TU311

中国版本图书馆CIP数据核字（2005）第151140号

中 等 职 业 教 育 规 划 教 材
全国建设行业中等职业教育推荐教材
建 筑 力 学
主 编 李永富
主 审 金忠盛
*
中国建筑工业出版社出版、发行（北京海淀三里河路9号）
各地新华书店、建筑书店经销
霸州市顺浩图文科技发展有限公司
北京建筑工业印刷厂印刷
*
开本：787×1092毫米 1/16 印张：16 字数：386千字
2006年1月第一版 2022年8月第二十六次印刷
定价：**35.00**元
ISBN 978-7-112-07588-1
（33475）

本书是根据教育部颁发的《中等职业学校工业与民用建筑专业教学指导方案》中主干课程“建筑力学”教学基本内容、基本要求编写的中等职业教育教材。

全书共分十五章，主要内容有平面汇交力系合成与平衡的条件，平面力偶系合成和平衡条件，平面一般力系，轴向拉伸和压缩，梁的内力和内力图，梁的强度条件，压杆稳定，平面体系的几何组成分析，静定结构的内力分析、位移计算，力法和力矩分配法的基本原理等。

本书可作为中等职业学校教材，也可作为相关行业岗位培训教材及从事建筑工程施工的初中级技术人员参考用书和中等专业学校建筑施工专业领域技能型紧缺人才培养培训教材。

* * *

责任编辑：朱首明　刘平平
责任设计：赵　力
责任校对：李志瑛　王金珠

前　言

本书是根据教育部颁发的《中等职业学校工业与民用建筑专业教学指导方案》中主干课程建筑力学教学基本内容和基本要求所制定的《建筑力学教学基本要求》编写的。

教材在内容选编上，从我国中等职业教育的实际出发，考虑到招生对象、入学标准、教学模式、培养目标等方面的巨大变化，突出职业教育特点，以能力培养为本位，注重学生个性发展，精简内容，降低难度，理论内容够用为度，突出针对性和实用性。为后续课程的学习打下良好的基础。

本书的力学名词单位和符号均采用现行国家标准。在教学中应尽量采用现代化教学手段，如计算机教学课件和软件，以便提高学生的学习兴趣和教学效率。

本书由天津市建筑工程学校李永富主编，并编写绪论、第五章、第六章、第七章。广州市土地房产管理学校吕宗樱子编写第一～四章，上海市建筑工程学校周学军编写八～九章，抚顺市建筑工业学校万静编写第十～十二章，云南建设学校杨立斌编写第十三～十五章。

本书由上海市建筑工程学校金忠盛担任主审。

由于编者水平有限，编写时间仓促，书中不足之处在所难免，恳请专家、教师和读者批评指正，使之不断完善和提高。

目　　录

绪　论

在世界各地，凡是有人类生活的地方，就可以见到各种各样的建筑物。这些建筑物是人类生产、生活、学习和娱乐的必需场所。随着人类社会的发展和科学技术的进步以及人民生活水平的不断提高，人们对建筑的功能、结构及智能化水平的要求将越来越高。

我们的祖先早在一千多年以前，就开始加工砖石来建造建筑物，如雄伟的万里长城（图 0-1），隋朝李春所造的河北赵县安济桥（图 0-2），河南封登县嵩山嵩岳寺塔等。

图 0-1

图 0-2

在人类社会高度文明的今天，由于计算机辅助设计的出现和新技术、新材料、新工艺的使用，新结构型式层出不穷。如今，在我国城乡地区高耸入云的摩天大厦拔地而起，现代化的建筑比比皆是。如上海浦东金茂大厦，天津国贸大厦，奥运主会场——国家体育场等。这些建筑物都是由许许多多的构件连接组合起来的，起着承受各种力的骨架作用。建筑物在建造前，设计人员将对所有构件都一一进行受力分析，把作用在构件上的力都计算出来，从而确定构件所用材料及尺寸大小等。这样才能保证建筑物的安全可靠，使建筑物的施工得以顺利进行。而这些建筑工程的设计计算，都离不开建筑力学的基本知识。

建筑力学是建筑结构受力分析和计算理论依据的一门科学。为结构受力分析和计算提供了方法和手段，本教材将为读者提供这些理论中最基本的内容，讨论和研究用途广泛的结构受力分析问题。

在进入各种具体问题讨论研究之前，我们先就建筑力学研究的对象、基本任务以及基本内容作一简介，以使读者有总体的了解。

一、建筑力学研究的对象

对土建类专业而言，建筑力学主要研究对象是建筑结构和组成结构的构件体系。

如前所述，所谓建筑结构，就是由若干个构件连接而成，能够承受和传递各种力作用的体系或骨架。组成结构的常见构件有：梁、板、墙、柱等，如图 0-3 所示。

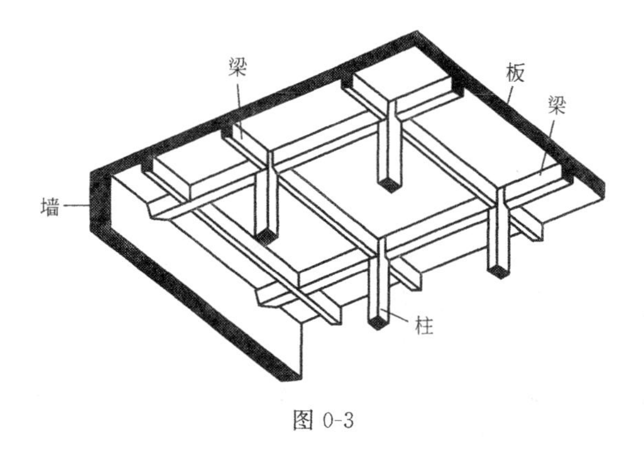

图 0-3

建筑物从开始建造一直到整个使用过程中，要承受各种力的作用，如结构自身的重量、工人和施工机械设备的重量、外墙面上的风压力或吸力、屋顶上的积雪重、积灰重、楼面上的人群、设备重量，基础则承受上部墙体，柱等传来的压力。这些直接作用在建筑物上的主动力（集中力或分布力），在工程上称为荷载。在建筑物进行结构设计时，首先要弄清作用在建筑物上有哪些荷载及这些荷载的大小，再对建筑结构或构件进行受力分析，从而确定构件的尺寸大小和所需材料。保证建筑物的整体安全和正常使用。

二、建筑力学的主要内容和任务

从力学观点看，建筑物的基本功能是承受和传递各种荷载，并使这种状态稳定地保持下去，以保证建筑物的安全性、适用性和耐久性。

为保证建筑结构安全可靠，一般应满足下列要求：

（1）在正常情况下，房屋建筑相对于地球是静止的，工程上称为平衡状态。根据牛顿力学原理，物体维持静止平衡状态是有条件的，它是以力系的平衡为基础的。如图 0-4 所示，一幢楼房置于地面，如果地面承受不了楼房总重传来的压力，房屋就会倒塌，也就是房屋失去了平衡。同理，如图 0-5 所示，墙体只有完全承受大梁传来的压力，大梁才能处于平衡状态，使梁及物体保持相对静止不动。

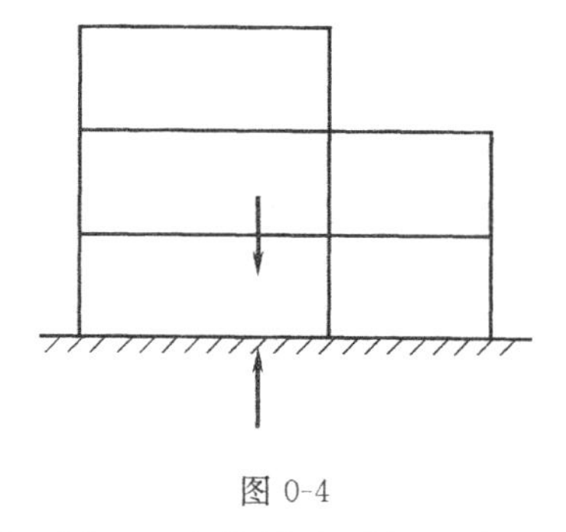

图 0-4

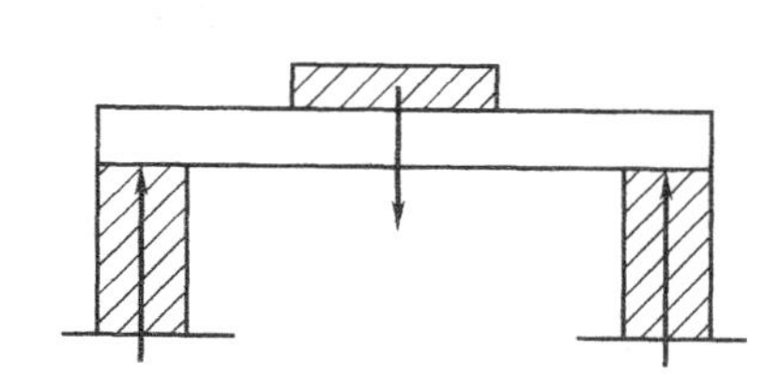

图 0-5

（2）图 0-6 为简易脚手架示意图。图 0-6（*a*）设有斜撑杆，在外力作用下，整个结构体系保持为稳定的几何不变图形；图 0-6（*b*）没有设斜撑杆，在外力作用下，它将发生如图虚线所示的几何图形变化，即杆件的空间位置发生了变化。作为结构，这是绝对不允许的。因此，用构件连接组成的结构体系必须是几何不变体系，保持稳定的几何形状，以保证所设计的结构能承受荷载。

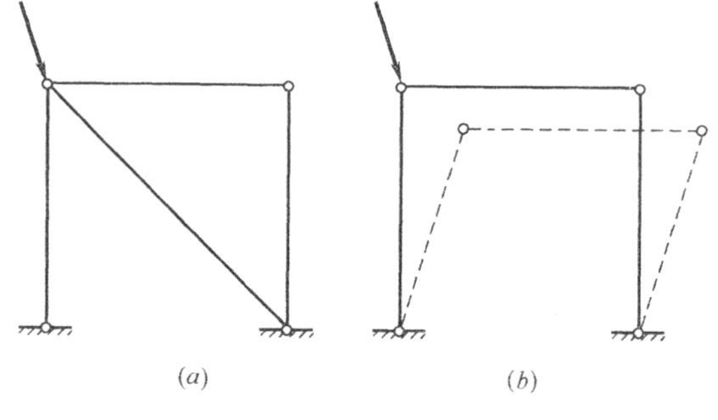

图 0-6

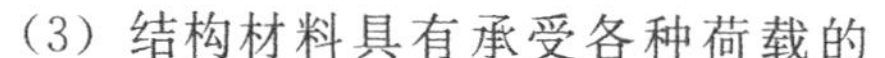

（3）结构材料具有承受各种荷载的

能力，而不发生断裂破坏。即保证有足够的强度。

(4) 工程上把结构构件受力后具有保持稳定平衡状态的能力称为稳定性。如受压的细长直杆，当压力达到一定数值时，若受到微小的侧向干扰或由于杆件内部缺陷，便会突然变弯而丧失工作能力，不再恢复直线平衡状态，称为丧失稳定，简称失稳，如图 0-7 所示。工程上构件失稳会产生重大的工程事故。因此必须保证结构构件有足够的稳定性。

(5) 结构构件受力后除应保证有足够的承载力、稳定性外，尚应满足刚度要求。所谓刚度是指结构构件受力后抵抗变形的能力。

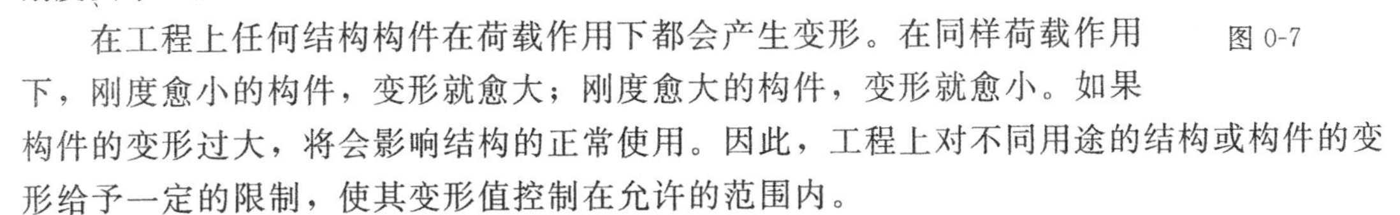

图 0-7

在工程上任何结构构件在荷载作用下都会产生变形。在同样荷载作用下，刚度愈小的构件，变形就愈大；刚度愈大的构件，变形就愈小。如果构件的变形过大，将会影响结构的正常使用。因此，工程上对不同用途的结构或构件的变形给予一定的限制，使其变形值控制在允许的范围内。

建筑力学的任务是：用力学基本原理研究建筑结构或构件在各种荷载作用下的平衡条件，刚度、稳定性和强度问题，为结构设计和施工提供计算理论和计算方法，满足结构构件的安全性、适用性和耐久性的要求，正确解决安全性与经济之间的矛盾。

本书工程中应用最广泛的杆件结构有关计算理论及计算方法的基本内容，将分静力学、材料力学、结构力学三个部分来讨论。

三、建筑力学的学习方法

建筑力学是土建类专业的一门重要的专业基础课程，掌握了建筑力学的原理和解决问题的方法，对于从事建筑设计和施工的工程技术人员，不仅可以分析和解决结构计算中的内力和位移等有关问题，而且还可以正确解决建筑施工过程中遇到的受力问题，从而确保工程质量，避免工程事故的发生。同时为专业课程的学习做好准备。

学习时应注意以下几点：

1. 注意分析问题方法和解题思路

力学的核心是分析，是由外向内，由面到点，由整体划分成局部，再由局部合并成整体。

学习时要注意理解它的基本原理，掌握它的分析问题的方法和解题思路，特别是要在学习各种具体的计算方法中，善于总结，找出一般规律性的东西，提高分析问题和解决问题的能力，既能作定量分析，也会作定性分析。

2. 注意理论联系实际

建筑力学的发展离不开生产实践，而建筑力学的基本理论又对生产实践起着重要的指导作用，建筑力学在研究力的问题时，是在理想化和具体化条件下进行的，而实际的研究对象往往是相当复杂的，学习时应理论联系实际，学会用基本理论和方法解决工程中的实际问题。例如在工程中利用力矩平衡理论来防止阳台，雨篷等悬挑物件倾覆，利用结构的几何组成规律，防止脚手架搭设不合理而导致脚手架倒塌，利用梁截面的应力分布规律，避免错误地配置钢筋而引起梁、板的断裂破坏，造成重大工程质量事故，给人民生命财产带来不必要的损失。

3. 注意和其他课程的关系

在建筑力学学习过程中，经常会遇到数学、物理学等学科的相关知识，因此，在学习中应根据需要对相关课程进行必要的复习，并在运用中得到巩固和提高。同时，建筑力学也是学好后续专业课程的基础。如混凝土结构、钢结构、砌体结构、地基基础和施工技术等课程的学习，是和建筑力学的基本理论密切相联的。因此，如果建筑力学学习基础打不好，将会给后续专业课程的学习带来不便和困难。

4. 注意力学实验和理论的关系

实验是建筑力学的一个重要组成部分，实验的直观性和可操作性，不仅有助于基本理论的理解和掌握，也是对理论的验证，而且更是对动手能力与严谨认真、一丝不苟的科学态度的培养。要重视实验的作用，积极动手，认真观察和记录每一个实验环节，通过实验加深对基本概念的认识。

5. 注意学练结合

建筑力学是一门理论性和实践性都较强的课程，切忌死记硬背，多做练习多思考，是学好建筑力学的重要环节。不做一定数量的习题是很难掌握建筑力学的概念、原理和分析问题方法的。另外，要避免做题的盲目性，为了做题而做题，做题应是在复习和弄清概念后进行的。在做题的过程中要进行分析、归纳、总结，发现规律，掌握解题技巧，从而提高解题的速度和学习效率。同时，在做题中学会校核，对解题中出现的错误应认真分析，找出原因，及时纠正，从中吸取教训，避免再出现类似的错误。

复习思考题与习题

1. 什么是建筑力学？它分为哪几部分？
2. 建筑力学研究的对象、主要内容和任务是什么？
3. 简述学习建筑力学的方法。

第一章　静力学的基本概念

静力学是研究物体在力作用下的平衡规律的科学。

什么是平衡呢？在一般的工程问题中，所谓**平衡**是指物体相对于地球处于静止或匀速直线运动的状态。例如，房屋、水坝、桥梁相对于地球是静止不动的；而火车在直线轨道上匀速行驶，物体被起重机沿直线匀速起吊等，它们都是相对于地球作匀速直线运动，这些都是平衡的实例。平衡是物体机械运动的一种特殊形式，它的特点是物体的运动状态不发生变化。

通常，一个物体总是同时受到若干个力的作用。我们把作用于一物体上的一群力，称为**力系**。如果物体在力系作用下处于平衡状态，则该力系称为**平衡力系**。当物体平衡时，作用于物体上的力系所满足的条件，称为力系的**平衡条件**。

作用于物体上的力系如果可以用另一个力系来代替而作用效应相同，那么这两个力系互称为**等效力系**。如果一个力与一个力系等效，则该力称为此力系的**合力**，而力系中的各个力称为其合力的**分力**。

在静力学中具体讨论两个问题：力系的简化和力系的平衡条件。

在一般情况下，作用于物体上的力系较为复杂，在建立力系的平衡条件时，为了便于分析，往往需要把作用于物体上较复杂的力系，用与其作用效应相同的简单力系来代替，这种对力系作效应相同的代换，称为**力系的简化**，或称为**力系的合成**。将一个复杂力系简化后，就比较容易了解它对物体的总的作用效应，进而可以导出力系的平衡条件。

在土建工程中有着大量的静力学问题。例如，在设计屋架时，必须将其所受的重力、风雪压力等加以简化，再根据平衡条件求出各杆件所受的力，作为确定各杆件截面尺寸的依据；桥梁、水坝、工业烟囱等建筑物，在设计时都须进行受力分析，以便得到既安全又经济的设计方案，而静力学理论则是进行受力分析的基础。由此可见，静力学理论在工程实际中有着非常广泛的应用。

第一节　刚体的概念

任何物体在力的作用下，都将引起大小和形状的改变，即发生变形。但在正常情况下，工程上的结构或构件受力后所产生的变形都很微小，例如，建筑物中的梁，它在中央处最大的下垂一般只有梁长度的1/300～1/250。这样微小的变形，只有用专门的仪器才能测量出来，所以它对研究物体的平衡问题影响很少，可以忽略不计，这样就可以把物体看作是不变形的，从而使问题的研究得到了简化。这种处理问题的方法，是科学抽象所必须的，也是实际所许可的。

在任何外力作用下，大小和形状保持不变的物体，称为刚体。在静力学部分，我们把所讨论的物体都看作是刚体。

第二节 力的概念

一、力的定义

力的概念是人们在长期的生产劳动和日常生活中逐步建立起来的。例如，人推小车时，由于肌肉紧张，人就会感到自己对小车施加了力，并使小车由静到动，或使小车的运动速度发生了变化，同时也会感到小车也在推人（图 1-1*a*）；用手拉弹簧，使弹簧发生伸长变形，同时感到弹簧也在拉手（图 1-1*b*）。这种力的作用，不仅存在于人与物体之间，在物体与物体之间也会发生。例如，自空中落下的物体由于受到地球的吸引作用而使运动速度逐渐加快（图 1-1*c*）；在平地上滑动的物体，由于空气和地面的阻力作用而使运动速度逐渐减慢；桥梁在车辆的作用下会产生弯曲变形等等。于是人们综合无数事例，对力作出了如下定义：**力是物体之间的相互机械作用，这种作用的效果会使物体的运动状态发生变化（称为外效应），或者使物体发生变形（称为内效应）。**

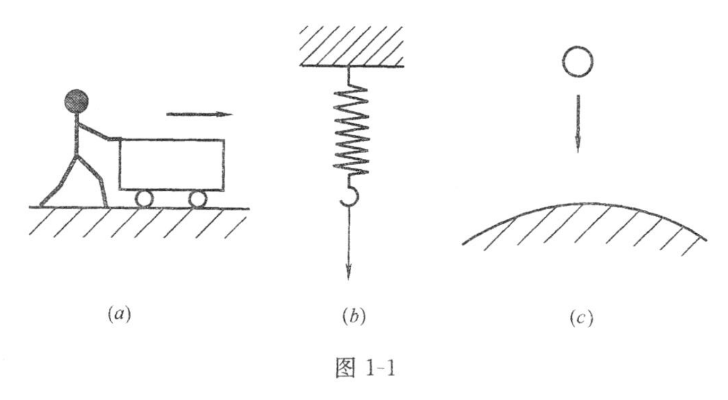

图 1-1

既然力是物体与物体之间的相互作用，所以，力不能脱离物体而单独存在。某一物体受到力的作用时，一定有另一物体对它施加这种作用。因此，在分析物体受力情况时，必须分清哪个是受力物体，哪个是施力物体。

在建筑力学中，力的作用方式一般有两种情况，一种是两物体相互接触时，它们之间相互产生的拉力或压力；另一种是物体与地球之间产生的吸引力，对物体来说，这种吸引力就是重力。

二、力的三要素

自然界中有各种各样的力。例如，重力、风阻力、水压力、土压力、地震力、摩擦力、万有引力等等，它们的物理本质各不相同。但在建筑力学中，将不探究力的物理本质，而只研究它对物体产生的效应。

实践证明，力对物体的作用效应决定于三个要素：①**力的大小**；②**力的方向**；③**力的作用点**。这三个要素称为**力的三要素**。

力的大小是指物体间相互作用的强烈程度。为了度量力的大小，我们必须规定力的单位。在国际单位制中，力的单位为牛顿（牛，N）或千牛顿（千牛，kN）。

$$1千牛(kN)=1000牛(N)$$

采用工程单位制时，力的单位用千克力（kgf）或吨力（tf）。牛顿和千克力的换算关系为

$$1\text{千克力(kgf)}=9.807\text{牛(N)}$$

在本书中采用国际单位制。

力的方向包含方位和指向两个涵义。例如，重力的方向是“铅垂向下”的。

力的作用点是指力对物体作用的位置。力的作用位置，一般并不是一个点，而往往有一定的范围。但是，当力的作用范围与物体相比很小时，就可以近似地看作一个点，而认为力集中作用在这个点上。例如，当人用手推小车时，手的推力作用在手与小车相接触的小块面积上，如不计手的大小，就可以认为接触的地方是一个点，而推力则集中地作用于该点处。我们把作用于一点的力，称为**集中力**。

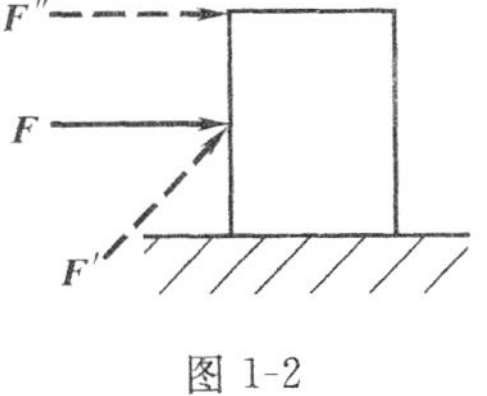

图 1-2

在力的三要素中，当其中任一要素发生改变时，都会对物体产生不同的效果。例如，沿水平地面推动一个木箱（图 1-2），作用在木箱上的力，如果改变其大小或改变其方向（如 $\boldsymbol{F}$ 与 $\boldsymbol{F}'$）或改变其作用点（如 $\boldsymbol{F}$ 与 $\boldsymbol{F}''$），它对木箱产生的效果就会不一样。因此，在描述一个力时，必须全面表明力的三要素。

三、力的图示法

力是一个具有大小和方向的量，所以力是**矢量**。图示时，通常可以用一段带箭头的有向线段来表示。线段的长度（按选定的比例）表示力的大小；线段与某定直线的夹角表示力的方位，箭头表示力的指向；线段的起点或终点表示力的作用点。如图 1-3 所示，线段 AB 表示的是一作用在小车上的力 $\boldsymbol{F}$，这个力的大小（按图中比例尺）为 20kN，它的方向是与水平线成 45°角，指向右上方，作用在小车的 A 点上。

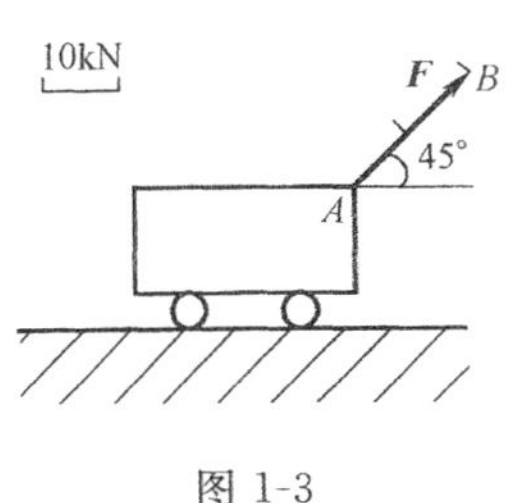

图 1-3

在本书中，用字母符号表示力矢量时，常用黑体字，如 $\boldsymbol{F}$、$\boldsymbol{P}$ 等，或用加一横线的细体字，如 $\overline{F}$、$\overline{P}$ 等。如果该字母既没有用黑体字，也没有在上面加一横线，如 F、P 等，则只表示力矢量的大小。

第三节　静力学公理

静力学公理是人类在长期的生产和生活实践当中，经过反复地观察和实验总结出来的普遍规律。它阐述了力的一些基本性质，是静力学的基础。

静力学公理共有四个，现叙述如下：

一、作用与反作用公理

两个物体之间的作用力和反作用力，总是大小相等，方向相反，沿同一直线，并分别作用在这两个物体上。

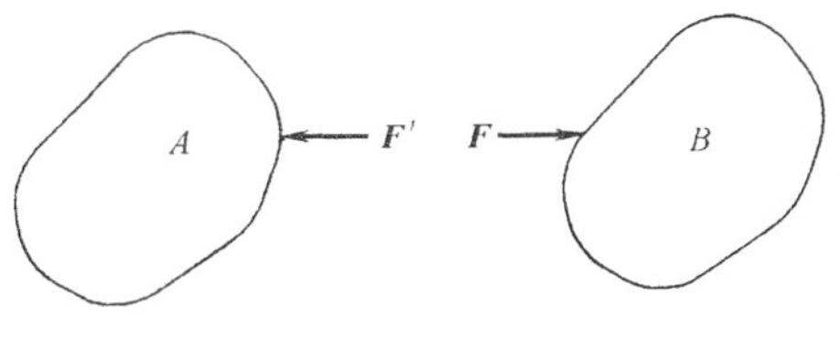

图 1-4

这个公理概括了两个物体间相互作用力的关系，表明了作用力和反作用力总是成对出现的。例如，图 1-4 所示，如物体 A 对物体 B 施加作用力 $\boldsymbol{F}$，同时，物体 A 也受到物体 B 对它的反作用力 $\boldsymbol{F}'$，且这两个力大小相等、方向相反、沿同一直线作用。今后作用力和反作用力用同一字母表示，但其中之一，要在字母的右上方加一撇。

【例 1-1】 木箱受重力 $\boldsymbol{G}$ 作用，用绳索悬挂于顶棚上（图 1-5*a*），绳重不计。试分析各物体间相互的作用力和反作用力。

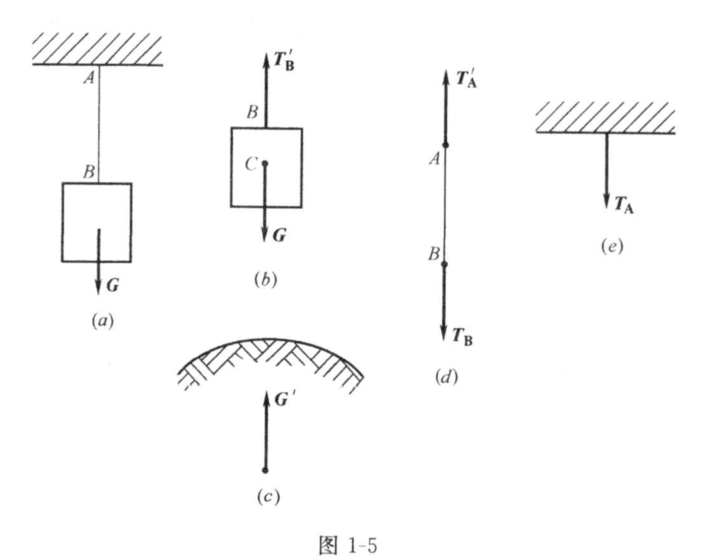

图 1-5

【解】 木箱与地球之间有一对作用力 $\boldsymbol{G}$ 和反作用力 $\boldsymbol{G}'$，它们分别作用于木箱中心和地球中心（图 1-5*b*、*c*），且 $G=G'$，其方向相反，并沿同一条直线。

木箱与绳索之间有一对作用力 $\boldsymbol{T}_B$ 和反作用力 $\boldsymbol{T}'_B$，分别作用于绳索的 B 点和木箱的 B 点（图 1-5*b*、*d*），且 $T_B=T'_B$，其方向相反，并沿着绳的中心线。

同样，绳索对顶棚施作用力 $\boldsymbol{T}_A$，作用在板的 A 点，其反作用力 $\boldsymbol{T}'_A$，作用在绳的端点 A（图 1-5*d*、*e*）。

二、二力平衡公理

作用在同一刚体上的两个力，使刚体平衡的必要和充分条件是：这两个力大小相等，方向相反，且作用在同一直线上（简称这两个力等值、反向、共线），如图 1-6*a*、*b* 所示。

二力平衡公理给出了由两个力所组成的最简单的力系的平衡条件。一个物体只受两个力作用而平衡时，这两个力一定要满足二力平衡公理。例如把雨伞挂在桌边（图 1-7），雨伞摆动到其重心和挂点在同一铅垂线上时，雨伞才能平衡。因为这时雨伞的向下重力和桌面的向上支承力在同一直线上。

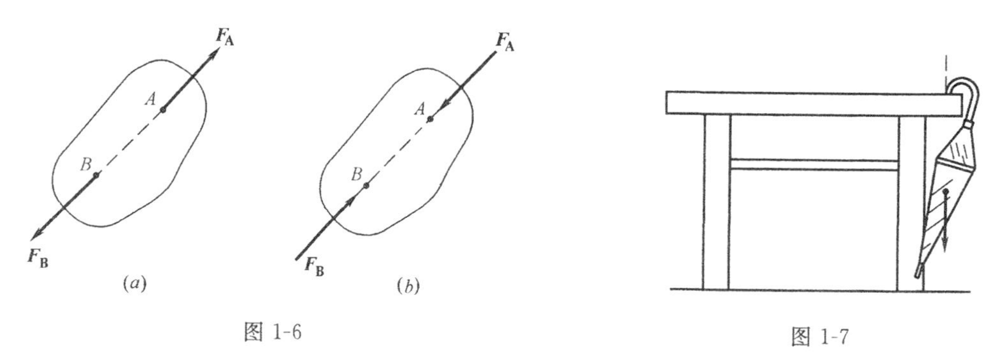

图 1-6　　图 1-7

必须注意，不能把二力平衡公理和作用与反作用公理混淆起来。前者是叙述了作用在同一物体上两个力的平衡条件；后者是描述了两物体之间的两个力的相互作用关系，虽然它们也是大小相等、方向相反、作用在同一条直线上，但不能认为是二力平衡。

在两个力作用下并处于平衡状态的物体称为**二力体**，如果该物体是个杆件，也可称**二力杆**（图 1-8*a*、*b*）。二力体（杆）上的两个力的作用线必为这两个力作用点的连线。例如，图 1-9 所示的杆件 AB，在 A、B 两点分别受到力 $\boldsymbol{F}_A$ 和 $\boldsymbol{F}_B$ 的作用而处于平衡，这两个力的作用线必在 A、B 两点的连线上。

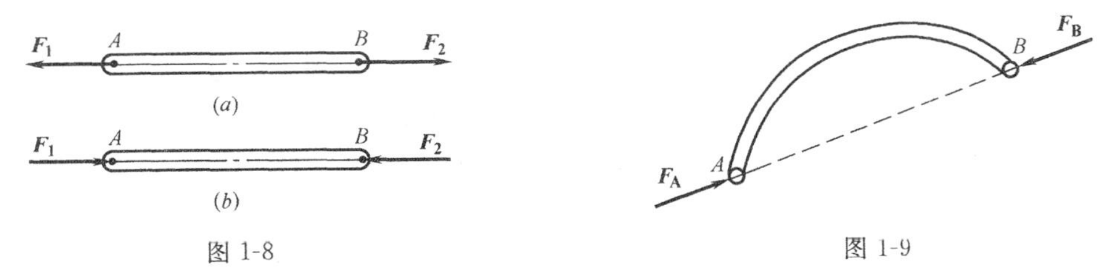

图 1-8　　　　图 1-9

三、加减平衡力系公理

在作用于刚体上的任意力系中，加上或去掉任何一个平衡力系，并不会改变原力系对刚体的作用效应。

因为平衡力系作用在刚体上，不会改变刚体的运动状态，即平衡力系对物体的运动效果为零，所以在刚体的原力系上加上或去掉一个平衡力系，并不改变原力系对刚体的作用效应。

推论：力的可传性原理

作用在刚体上的力可沿其作用线移动到刚体内任一点，而不改变该力对刚体的作用效应。

证明：

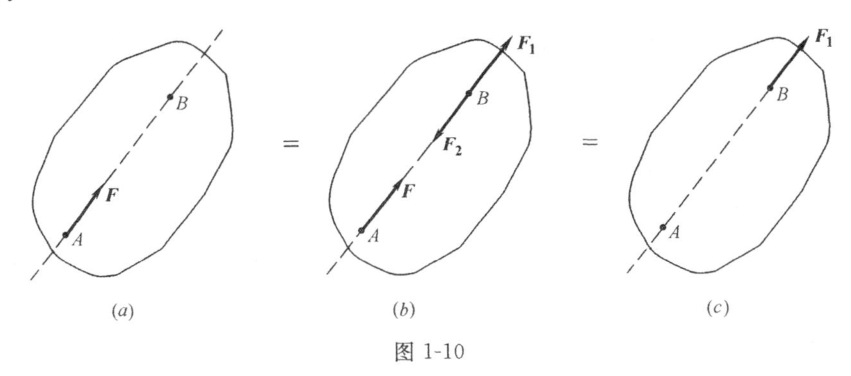

图 1-10

（1）设力 $\boldsymbol{F}$ 作用在刚体的 A 点（图 1-10*a*）。

（2）根据加减平衡力系公理，可在力 $\boldsymbol{F}$ 的作用线上任取一点 B，并在 B 点加上一个平衡力系 $\boldsymbol{F}_1$ 和 $\boldsymbol{F}_2$，并使 $\boldsymbol{F}_1=-\boldsymbol{F}_2=\boldsymbol{F}$。（图 1-10*b*）。

（3）由于力 $\boldsymbol{F}$ 和 $\boldsymbol{F}_2$ 是一个平衡力系，可以去掉，所以只剩下作用在 B 点的力 $\boldsymbol{F}_1$（图 1-10*c*）。

（4）力 $\boldsymbol{F}_1$ 和原力 $\boldsymbol{F}$ 等效，就相当于把作用在 A 点的力 $\boldsymbol{F}$ 沿其作用线移动到 B 点。

所以，推论得证。

在实践中，经验也告诉我们，在水平道路上用水平力 $\boldsymbol{F}$ 推车（图 1-11*a*）或沿同一直线用水平力 $\boldsymbol{F}$ 拉车（图 1-11*b*），两者对车（视为刚体）的作用效应相同。

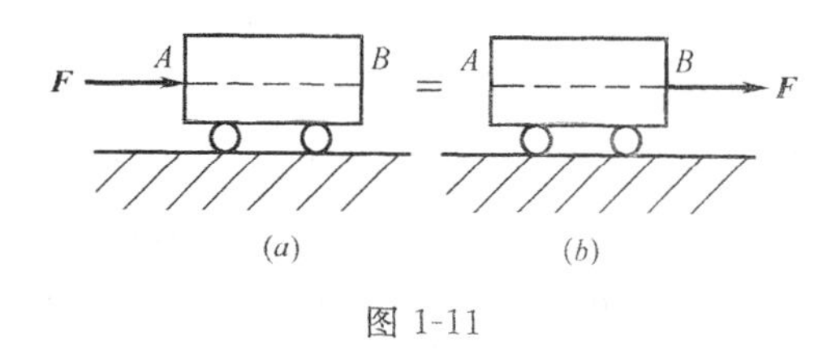

图 1-11

由力的可传性原理可知，对刚体而言，力的作用点已不是决定其效应的要素之一，而是由作用线取代。因此，作用于刚体上的**力的三要素可改为：力的大小、方向和作用线**。

必须注意，加减平衡力系公理和力的可传性原理都只适用于刚体，而不适用于变形体。因为在物体上加上或去掉一个平衡力系或将力沿其作用线移动，不改变力对物体的外效应，但要改变力对物体的内效应。例如，直杆 AB 的两端分别受到两个等值、反向、共线的力 $\boldsymbol{F}_1$、$\boldsymbol{F}_2$ 作用而处于平衡状态（图 1-12*a*）；如果将这两个力沿其作用线分别移到杆的另一端（图 1-12*b*），显然，直杆 AB 仍处于平衡状态，但是它的变形就不同了。在图 1-12（*a*）的情况下，直杆产生拉伸变形，而在图 1-12（*b*）的情况下，直杆产生压缩变形。可见力对直杆的内效应由于力沿其作用线的移动而发生了性质截然不同的改变。这说明对变形体而言，力的可传性原理就不适用了。

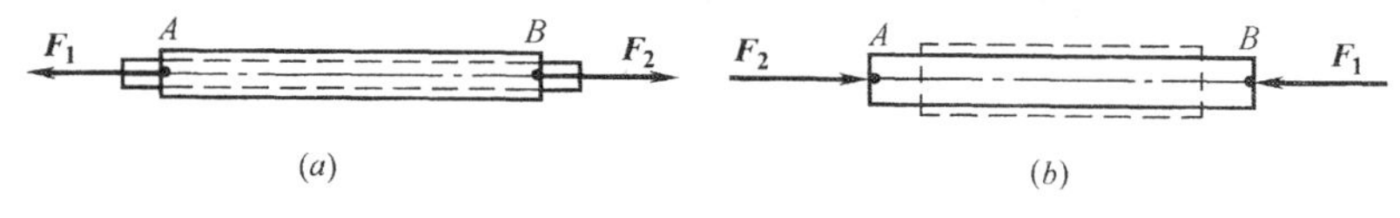

图 1-12

四、力的平行四边形公理

作用于物体上同一点的两个力，可以合成为一个合力，合力也作用于该点，合力的大小和方向由这两个力为邻边所构成的平行四边形的对角线来表示。

如图 1-13*a* 所示 $\boldsymbol{F}_1$、$\boldsymbol{F}_2$ 为作用于物体上 A 点的两个力，按比例尺以这两个力为邻边作出平行四边形 $ABCD$，则从 A 点作出的对角线表示的矢量 $\boldsymbol{AC}$，就是 $\boldsymbol{F}_1$ 与 $\boldsymbol{F}_2$ 的合力 $\boldsymbol{R}$。

由图 1-13*b* 可见，在求合力 $\boldsymbol{R}$ 时，实际上不必作出整个平行四边形，只要先从 A 点作矢量 $\boldsymbol{AB}$ 等于力矢量 $\boldsymbol{F}_1$，再从 $\boldsymbol{F}_1$ 的终点 B 作矢量 $\boldsymbol{BC}$ 等于力矢量 $\boldsymbol{F}_2$（即两力首尾相接），连接 AC，则矢量 $\boldsymbol{AC}$ 就代表合力 $\boldsymbol{R}$。分力和合力所构成的三角形 ABC 称为**力的三角形**。这种求合力的方法称为**力的三角形法则**。如果先画 $\boldsymbol{F}_2$，后画 $\boldsymbol{F}_1$（图 1-13*c*），也能得到相同的合力矢量 $\boldsymbol{R}$。可见画分力的先后次序不同，并不影响合力 $\boldsymbol{R}$ 的大小和方向。

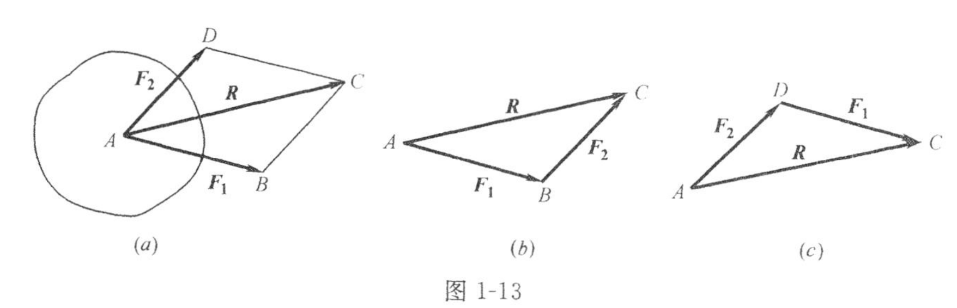

图 1-13

力的平行四边形公理表明了两个力的合成是遵循矢量加法的，只有当两个力共线时，才能用代数加法。

两个共点力可以合成为一个力，反之，也可以把作用在物体上的一个力分解为两个力。但是，将一个已知力分解为两个分力可得到无数的解答。因为用同一条对角线可以作出无穷多个不同的平行四边形，如图 1-14a 所示，力 $\boldsymbol{F}$ 既可以分解为力 $\boldsymbol{F}_1$ 和 $\boldsymbol{F}_2$，也可以分解为力 $\boldsymbol{F}_3$ 和 $\boldsymbol{F}_4$ 等等。如不附加其他条件，一个力分解为相交的两个分力可以有无穷多个解。要得出惟一的解答，必须给予限制条件。如给定两分力的方向求其大小，或给定一分力的大小和方向求另一分力等等。

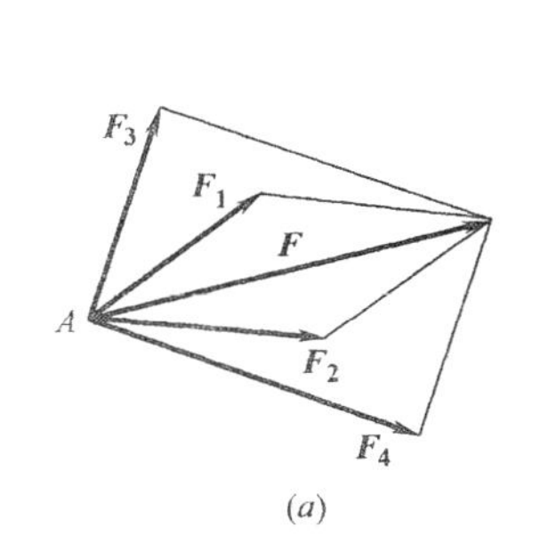

(a)

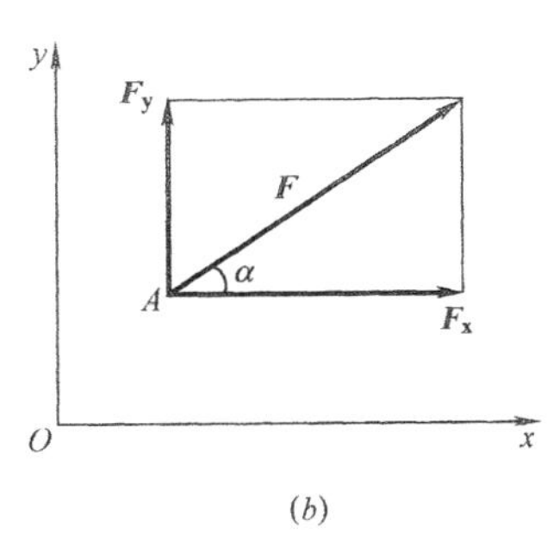

(b)

图 1-14

在工程实际问题中，常把一个力 $\boldsymbol{F}$ 沿直角坐标轴方向分解，可得出两个互相垂直的分力 $\boldsymbol{F}_x$ 和 $\boldsymbol{F}_y$，如图 1-14b 所示。$\boldsymbol{F}_x$ 和 $\boldsymbol{F}_y$ 的大小可由三角公式求得

$$\begin{cases} F_x = F\cos\alpha \\ F_y = F\sin\alpha \end{cases} \tag{1-1}$$

式中　α——力 $\boldsymbol{F}$ 与 x 轴的夹角。

推论　三力平衡汇交定理

一刚体受到共面而又互不平行的三个力作用而平衡时，则此三个力的作用线必汇交于一点。

证明：

(1) 设有共面而又互不平行的三个力 $\boldsymbol{F}_1$、$\boldsymbol{F}_2$、$\boldsymbol{F}_3$ 分别作用在一刚体上的 A_1、A_2、A_3 三点成平衡，如图 1-15 所示。

(2) 根据力的可传性原理，将其中任意两个力 $\boldsymbol{F}_1$、$\boldsymbol{F}_2$ 分别沿其作用线移到它们的交点 A 上，然后利用力的平行四边形公理求得其合力 $\boldsymbol{R}$（图 1-15），$\boldsymbol{R}$ 也作用在 A 点。

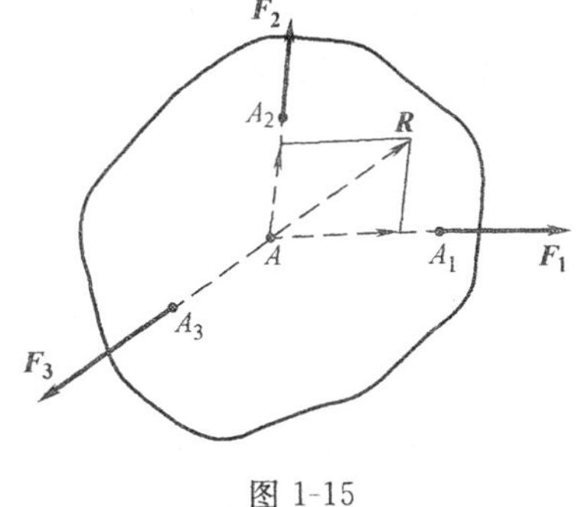

图 1-15

(3) 因为 $\boldsymbol{F}_1$、$\boldsymbol{F}_2$、$\boldsymbol{F}_3$ 三力成平衡，所以力 $\boldsymbol{R}$ 应与力 $\boldsymbol{F}_3$ 成平衡，由二力平衡公理可知，力 $\boldsymbol{R}$ 和 $\boldsymbol{F}_3$ 一定是大小相等、方向相反、且作用在同一直线上，就是说，力 $\boldsymbol{F}_3$ 的作用线必通过力 $\boldsymbol{F}_1$ 和 $\boldsymbol{F}_2$ 的交点 A，即三个力 $\boldsymbol{F}_1$、$\boldsymbol{F}_2$、$\boldsymbol{F}_3$ 的作用线必汇交于一点。于是推论得证。

三力平衡汇交定理也可以从实践中得到验证。例如，小球搁置在光滑的斜面上，并用绳子拉住，这时小球受到重力 $\boldsymbol{G}$、绳子的拉力 $\boldsymbol{T}$ 和斜面的支承力 $\boldsymbol{N}$ 的作用。如果这三个力的作用线不汇交于一点（图 1-16)，则此小球不会平衡，只有当小球滚动到如图 1-17 所示的三力汇交于一点的情况下，小球才能处于平衡状态。

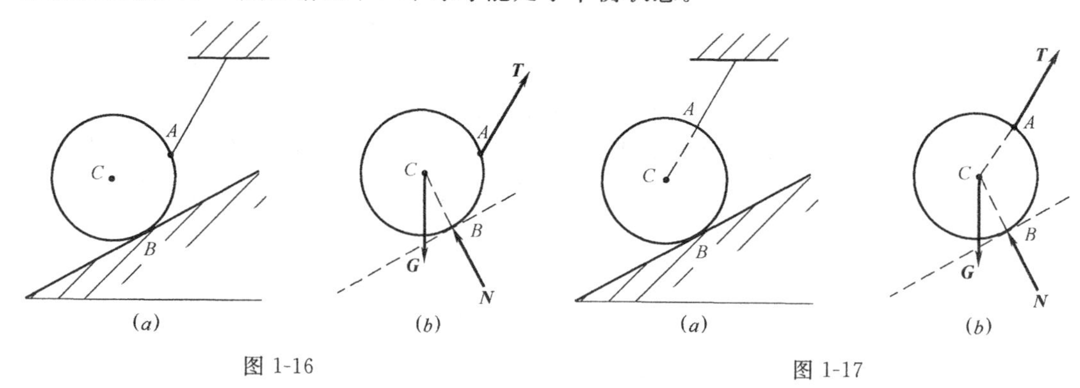

图 1-16　　图 1-17

当刚体受到共面而又互不平行的三个力作用而平衡时，只要已知其中两个力的方向，则第三个力的方向就可以利用三力平衡汇交定理来确定。

第四节　约束与约束反力

一、约束与约束反力的概念

在工程结构中，每一构件都根据工作要求以一定的方式和周围的其他构件相互联系着，它的运动因而受到一定的限制。例如，梁由于柱子的支承而不至于下落，柱子由于基础的限制而被固定，门、窗由于合页的限制只能绕固定轴转动等等。

一个物体的运动受到周围物体的限制时，这些周围物体则称为该物体的约束。例如，上面所提到的柱子就是梁的约束，基础就是柱子的约束，合页是门、窗的约束。

约束既然限制了某一物体的运动，它就必将承受该物体对它的作用力。与此同时，它也给该物体以反作用力。例如，柱子能阻止梁的下落，它就受到梁的向下压力，同时它也给梁以向上的反作用力。**约束作用在被约束物体上的力，称为约束反力，简称反力**。上述柱子给梁的力，就是梁所受到的约束反力。**约束反力的方向总是与该约束所能阻碍物体的运动方向相反**。

在物体上受到的力一般可以分为两类：一类是约束反力；另一类是能主动引起物体运动或使物体产生运动趋势的力，称为主动力。例如，重力、风力、水压力、土压力等都是主动力。主动力在工程中也称为**荷载**。

二、几种常见的约束类型

1. 柔体约束

由绳索、链条、胶带等柔性物体所构成的约束，称为柔体约束。由于柔体约束只能限制物体沿着柔体约束的中心线离开柔体约束的运动，而不能限制物体沿其他方向的运动，所以，**柔体约束的约束反力通过接触点，其方向沿着柔体约束的中心线且背离物体（为拉力)**。这种约束反力通常用 $\boldsymbol{T}$ 表示（图 1-18)。

2. 光滑接触面约束

两个相互接触的物体，如果接触面上的摩擦力很小而略去不计，那么由这种接触面所构成的约束，称为光滑接触面约束。由于光滑接触面约束只能限制物体沿着接触面的公法线而指向接触面的运动，而不能限制物体沿着接触面的公切线或离开接触面的运动。所以，**光滑接触面的约束反力通过接触点，其方向沿着接触面的公法线且指向物体（为压力）**。这种约束反力通常用 $\boldsymbol{N}$ 表示（图 1-19）。

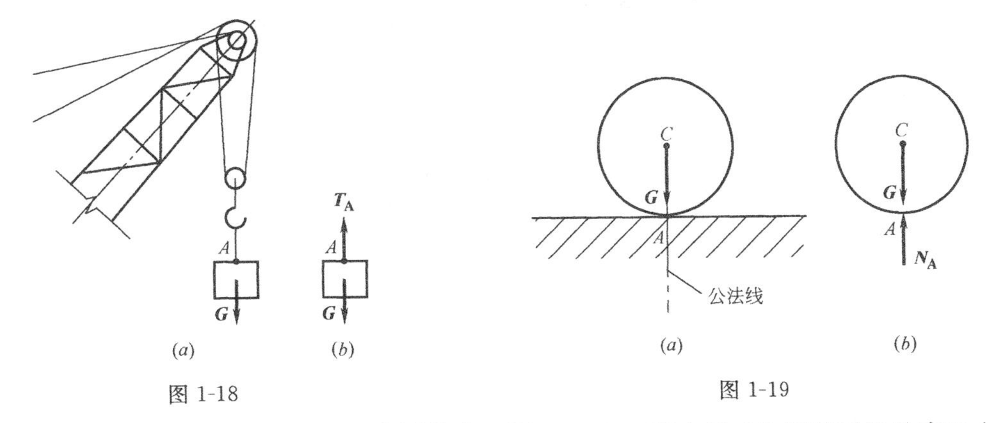

图 1-18

图 1-19

【例 1-2】 重为 $\boldsymbol{G}$ 的杆 AB 置于半圆槽中（图 1-20a），画出杆 AB 所受到的约束反力。接触处摩擦不计。

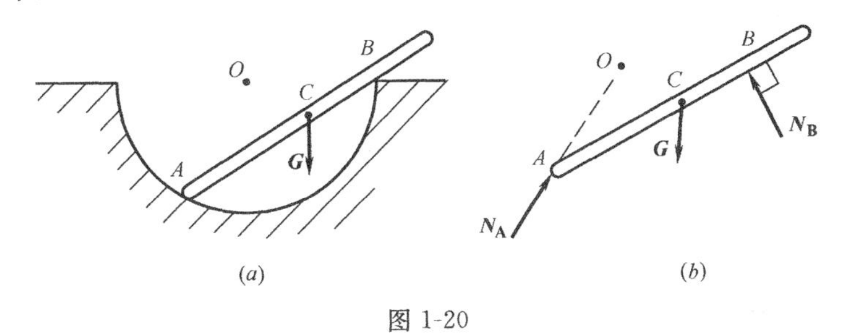

图 1-20

【解】 杆 AB 在 A、B 处受到光滑接触面约束。其约束反力应沿着接触面的公法线，所以，A 点处的约束反力 $\boldsymbol{N_A}$ 作用于 A 点，其方向沿着半径 AO 且为压力，B 处的约束反力 $\boldsymbol{N_B}$ 作用于 B 点，其方向垂直于杆 AB，也是压力。

3. 圆柱铰链约束

圆柱铰链简称铰链，门窗用的合页便是铰链的实例。它是由一个圆柱形销钉插入两个物体的圆孔中而构成（图 1-21a、b），并假设销钉与圆孔的表面都是完全光滑的。圆柱铰链的计算简图如图 1-21（c）所示。

圆柱铰链约束只能限制物体在垂直于销钉轴线的平面内沿任意方向的相对移动，而不能限制物体绕销钉作相对转动。当物体相对于另一物体有运动趋势时，销钉与孔壁便在某处成光滑接触。由光滑接触面反力的特点可知，销钉反力应沿接触点与销钉中心的连线作用（图 1-21d），但因接触面的位置一般不能预先确定，所以，约束反力的方向也不能预先确定。综上所述，可得如下结论：**圆柱铰链的约束反力在垂直于销钉轴线的平面内，通过销钉中心，而方向未定**。这种约束反力有大小和方向两个未知量，可用一个大小和方向都未知的力 $\boldsymbol{R}$ 来表示（图 1-21e）；也可用两个互相垂直的分力 $\boldsymbol{X_C}$ 和 $\boldsymbol{Y_C}$ 来表示（图 1-21f）。

4. 固定铰支座

工程上常用一种叫做支座的部件，将一个构件支承于基础或另一静止的构件上。如果将构件用光滑的圆柱形销钉与固定支座连接，则该支座称为固定铰支座（图 1-22a）。固

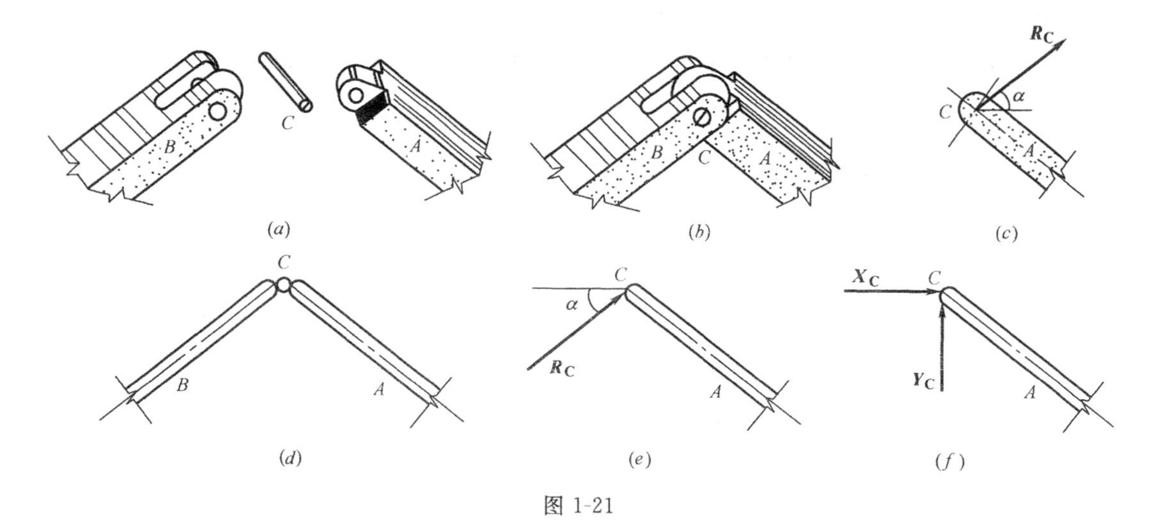

图 1-21

定铰支座的计算简图如图 1-22（*b*）或图 1-22（*c*）所示。

这种支座可以限制构件在垂直于销钉轴线的平面内沿任意方向的移动，而不能限制构件绕销钉轴线的转动。可见，固定铰支座的约束性能与圆柱铰链相同，所以**它的约束反力与圆柱铰链的约束反力也相同**，如图 1-22（*d*）或图 1-22（*e*）所示。

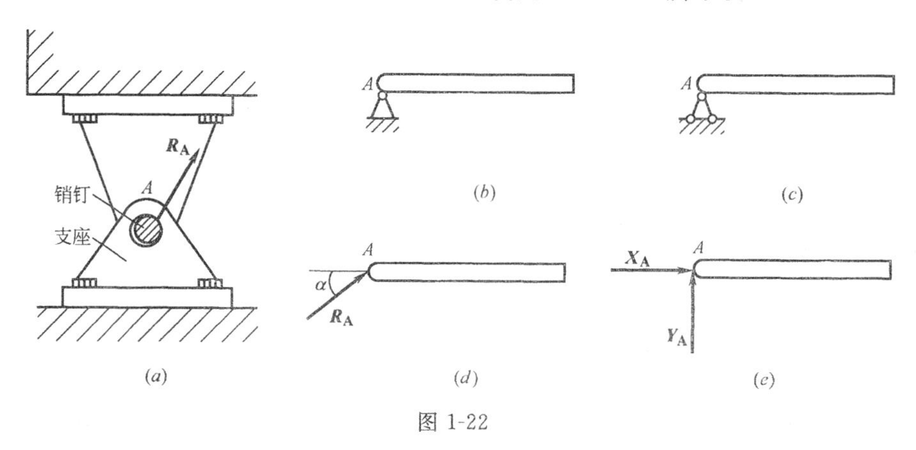

图 1-22

在房屋建筑当中的屋架，它的端部支承在柱子上，并将预埋在屋架和柱子上的两块钢板焊接起来，它可以阻止屋架的移动，但因焊缝的长度有限，对屋架的转动限制作用很小，因此，可以把这种装置视为固定铰支座（图 1-23）。

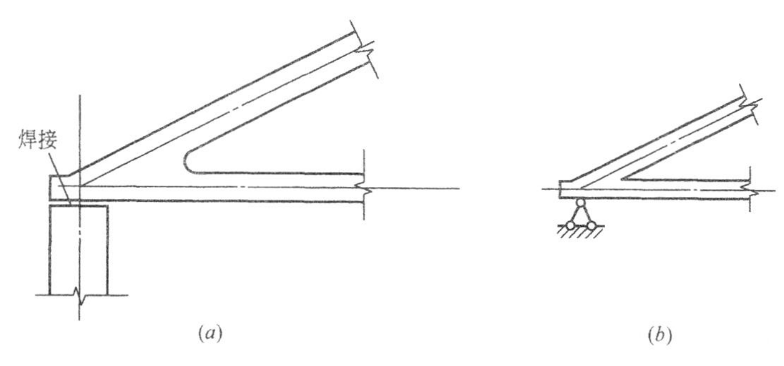

图 1-23

5. 可动铰支座

在固定铰支座的下面加几个辊轴支承于平面上，并且由于支座的连接，使它不能离开支承面，就构成可动铰支座（图 1-24*a*）。可动铰支座的计算简图如图 1-24（*b*）或图 1-24（*c*）所示。

这种支座只能限制物体垂直于支承面方向的移动，但不能限制物体沿支承面的切线方向的运动，也不能限制物体绕销钉转动。所以，**可动铰支座的约束反力通过销钉中心，垂直于支承面，指向未定**，如图 1-24（*d*）所示。图中 $\boldsymbol{Y}_{\mathrm{A}}$ 的指向是假设的。

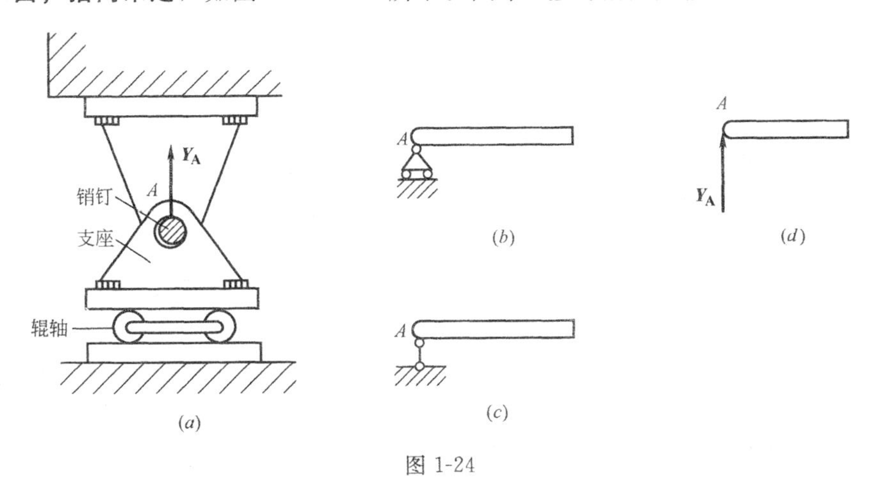

图 1-24

6. 链杆约束

两端用光滑销钉与其他物体连接而中间不受力的直杆，称为链杆。图 1-25（*a*）中的杆件 *AB* 即为链杆，它的计算简图如图 1-25（*b*）所示。

由于链杆只能限制物体沿着链杆中心线的运动，而不能限制其他方向的运动。所以，**链杆的约束反力沿着链杆中心线，指向未定**，如图 1-25（*c*）所示。图中 $\boldsymbol{Y}_{\mathrm{A}}$ 的指向是假设的。

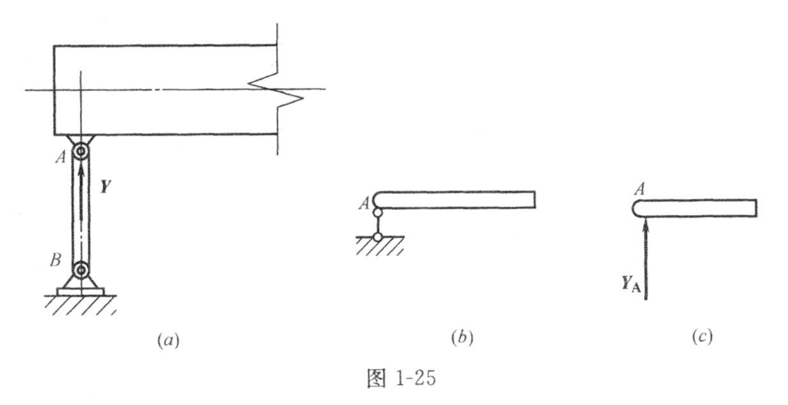

图 1-25

7. 固定端支座

如房屋建筑中的挑梁，它的一端嵌固在墙壁内，墙壁对挑梁的约束，既限制它沿任何方向的移动，又限制它的转动，这样的约束称为固定端支座。它的构造简图如图 1-26（*a*）所示，计算简图如图 1-26（*b*）所示。

由于这种支座既限制构件的移动，又限制构件的转动，所以，**它除了产生水平和竖向的约束反力外，还有一个阻止转动的约束反力偶**，如图 1-26（*c*）所示。

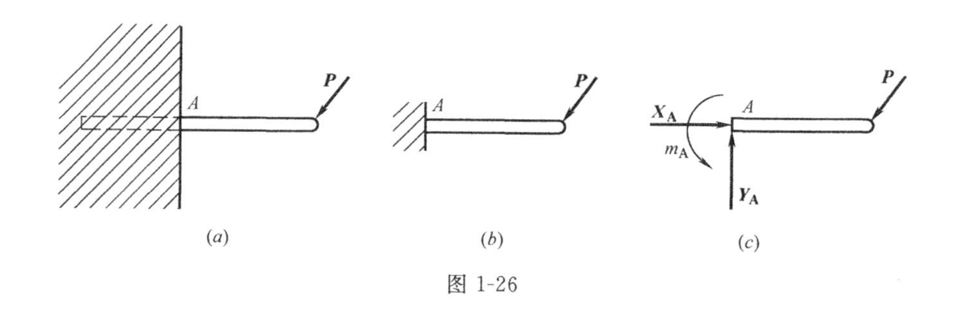

图 1-26

第五节　受　力　图

一、受力图的概念

在对物体进行力学计算时，首先要对物体进行受力分析，即分析物体受到哪些力的作用，哪些是已知的，哪些是未知的？

在工程实际中，所遇到的几乎都是几个物体或几个构件相互联系的情况。例如，楼板搁在梁上，梁支承在柱上，柱支承在基础上，基础搁在地基上。因此，我们需要明确要对哪一个物体进行受力分析，即要明确**研究对象**。为了清楚地表示研究对象的受力情况，我们通常把该研究对象从与它相联系的周围物体中分离出来，单独画出它的简图。这种从周围物体中单独分离出来的研究对象，称为**分离体**。在分离体上画出周围物体对它的全部作用力（包括主动力和约束反力），这样所得到的图形，称为**受力图**。

画受力图是解决力学问题的关键，是进行力学计算的依据。因此，必须牢固掌握。

二、单个物体的受力图

画单个物体的受力图，首先要明确研究对象，并解除研究对象所受到的全部约束而单独画出它的简图，即取出分离体。然后在分离体上画出主动力及根据约束类型在解除约束处画出相应的约束反力。

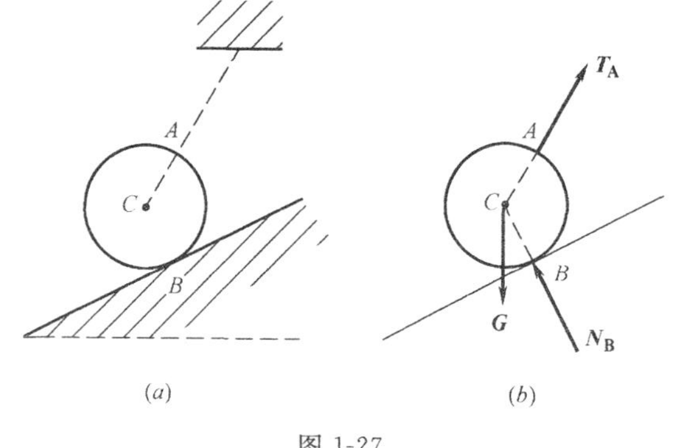

图 1-27

【例 1-3】 重量为 $\boldsymbol{G}$ 的小球置于光滑的斜面上，并用绳索系住，如图 1-27（*a*）所示，试画出小球的受力图。

【解】 取小球为研究对象。小球受到光滑接触面和绳索的约束，解除约束单独画出小球，作用在小球上的主动力是已知的重力 $\boldsymbol{G}$，它作用在球心 C，铅垂向下；光滑接触面对球的约束反力 $\boldsymbol{N_B}$，通过切点 B，沿着公法线并指向球心；绳索的约束反力 $\boldsymbol{T_A}$，作用于接触点 A，沿着绳的中心线且背离球心。小球的受力图如图 1-27（*b*）所示。

【例 1-4】 水平梁 AB 的 A 端为固定铰支座，B 端为可动铰支座，在梁的 C 点受到主动力 $\boldsymbol{P}$ 的作用，如图 1-28（*a*）所示。梁的自重不计，试画出梁 AB 的受力图。

【解】 取梁为研究对象，解除约束并将它单独画出。梁受主动力 $\boldsymbol{P}$ 作用。A 处是固定铰支座，它的反力可用两个相互垂直的分力 $\boldsymbol{X_A}$ 和 $\boldsymbol{Y_A}$ 表示，指向是假设的。B 处是可

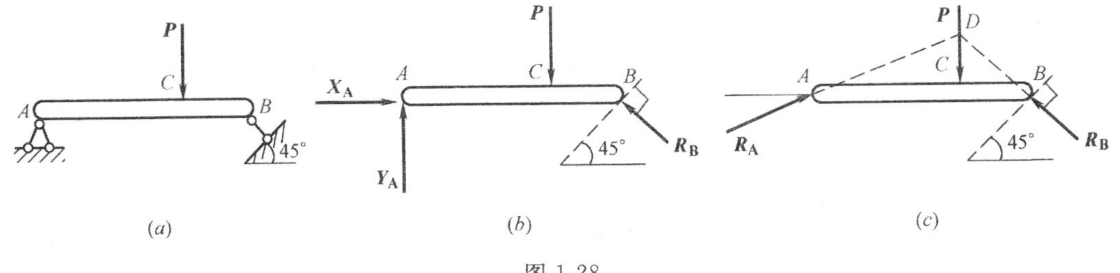

图 1-28

动铰支座，它的反力 $\boldsymbol{R}_B$ 垂直于支承面，指向假设。梁的受力图如图 1-28（b）所示。

需要指出，固定铰支座 A 的约束反力也可以用一个力 $\boldsymbol{R}_A$ 来表示。因为梁 AB 受到共面不平行的三个力作用而平衡，故可应用三力平衡汇交定理来确定反力 $\boldsymbol{R}_A$ 的作用线。若以 D 表示力 $\boldsymbol{P}$ 和 $\boldsymbol{R}_B$ 作用线的交点，反力 $\boldsymbol{R}_A$ 的作用线必通过这个交点，如图 1-28（c）所示。图中 $\boldsymbol{R}_A$ 的指向是假设的。

本例题说明，物体的受力图可能有不同的表示方法，但在实际画图时，只需画出其中一种即可。

【例 1-5】 水平梁 AB 受已知力 $\boldsymbol{P}$ 的作用，A 端是固定端支座，如图 1-29（a）所示。梁的自重不计，试画出梁 AB 的受力图。

【解】 取梁 AB 为研究对象，解除约束并将它单独画出。梁受主动力 $\boldsymbol{P}$ 的作用。A 端是固定端支座，它的反力有水平和垂直的未知力 $\boldsymbol{X}_A$、$\boldsymbol{Y}_A$ 及未知反力偶 $\boldsymbol{m}_A$。梁的受力图如图 1-29（b）所示。

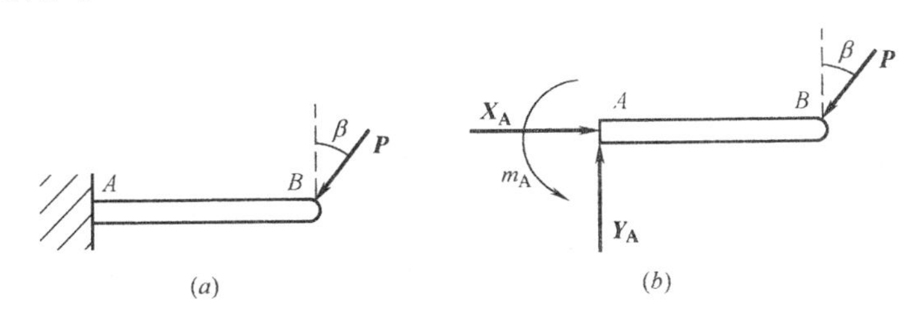

图 1-29

三、物体系统的受力图

在工程中，常常遇到由几个物体通过一定的约束联系在一起的系统，这种系统称为**物体系统**，简称为**物系**。对物体系统进行受力分析时，把作用在物体系统上的力分为外力和内力。所谓**外力**是指物系以外的物体作用在物系上的力；所谓**内力**是指物系内各物体之间的相互作用力。

画物体系统的受力图的方法，基本上与画单个物体受力图的方法相同，只是研究对象可能是整个物体系统，也可能是整个物体系统中的某一部分或某一物体。画系统的某一部分或某一物体的受力图时，要注意被拆开的相互联系处，有相应的约束反力，且约束反力是相互间的作用，一定要遵循作用与反作用公理；画整体的受力图时，只需把整体作为单个物体一样对待即可，但这时要注意，虽然物体系统内部存在内力，但是内力并不影响物系的整体平衡，所以可以不必画出。

【例 1-6】 图 1-30（a）所示为一组合梁。梁受主动力 $\boldsymbol{P}$ 的作用。C 处为铰链连接，A 处是固定铰支座，B 和 D 处都是可动铰支座。若不计梁的自重，试画出梁 AC、CD 及整

个梁 AD 的受力图。

【解】 （1）取梁 CD 为研究对象。梁 CD 受主动力 $\boldsymbol{P}$ 的作用。D 处是可动铰支座，它的反力 $\boldsymbol{Y}_D$ 垂直于支承面，指向假设；C 处为铰链约束，它的约束力可用两个相互垂直的分力 $\boldsymbol{X}_C$ 和 $\boldsymbol{Y}_C$ 来表示，指向假设。梁 CD 的受力图如图 1-30（b）所示。

（2）取梁 AC 为研究对象。A 处是固定铰支座，它的反力可用两个相互垂直的分力 $\boldsymbol{X}_A$ 和 $\boldsymbol{Y}_A$ 来表示，指向假设；B 处是可动铰支座，它的反力 $\boldsymbol{Y}_B$ 垂直于支承面，指向假设；C 处是铰链，它的反力 $\boldsymbol{X}'_C$、$\boldsymbol{Y}'_C$和作用在梁 CD 上的 $\boldsymbol{X}_C$、$\boldsymbol{Y}_C$ 是作用力与反作用力的关系，其指向不能再任意假设。梁 AC 的受力图如图 1-30（c）所示。

（3）取整个梁 AD 为研究对象。它的受力图如图 1-30（d）所示。这时没有解除铰链 C 的约束，故 AC 与 CD 两段梁相互作用的力不必画出。图中 $\boldsymbol{P}$ 是主动力，$\boldsymbol{X}_A$、$\boldsymbol{Y}_A$、$\boldsymbol{Y}_B$、$\boldsymbol{Y}_D$ 都是约束反力，约束反力的指向是假设的，并且与图 1-30（b）、（c）所画的一致。

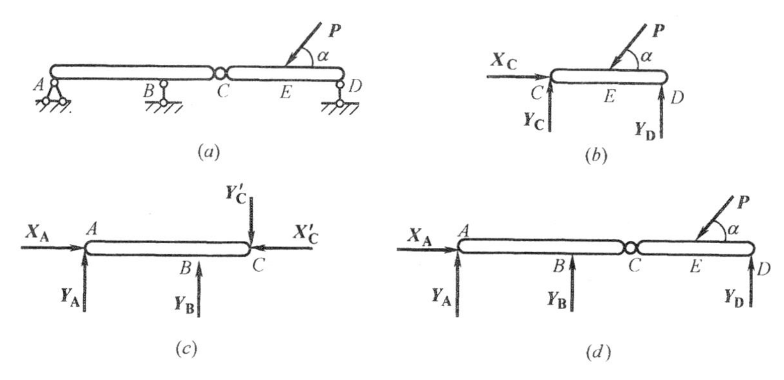

图 1-30

【例 1-7】 由横杆 AB 和斜杆 CD 构成的支架，如图 1-31（a）所示。在横杆上 B 点处有一作用力 P。不计各杆的自重，试画出杆 AB、杆 CD 及整个支架体系的受力图。

【解】 （1）取斜杆 CD 为研究对象。CD 杆只在两端各受到一个约束反力 $\boldsymbol{R}_C$、$\boldsymbol{R}_D$ 作用而平衡，所以 CD 杆为二力杆，且 $\boldsymbol{R}_C$ 和 $\boldsymbol{R}_D$ 必定大小相等，方向相反，作用线沿着 CD

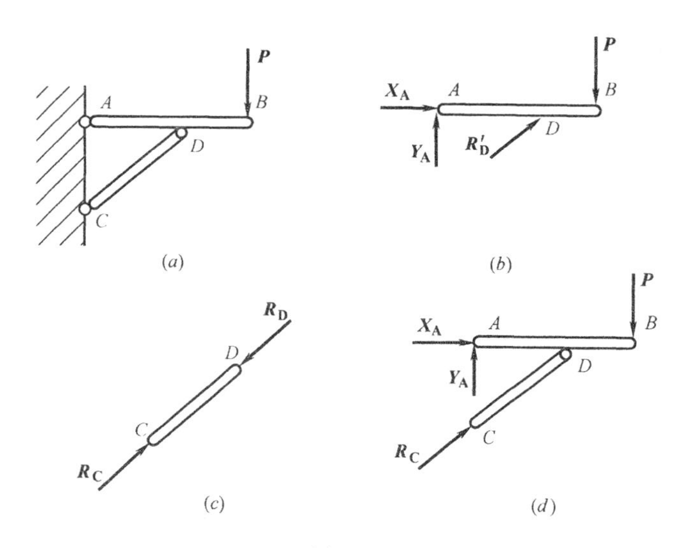

图 1-31

的连线。并且根据主动力 $\boldsymbol{P}$ 的分析，杆 CD 受到的应是压力，所以 $\boldsymbol{R}_C$ 和 $\boldsymbol{R}_D$ 的作用力方向应该指向杆 CD。如图 1-31（b）所示。

（2）取横杆 AB 为研究对象。杆 AB 在 B 点处受到一个主动力 $\boldsymbol{P}$ 的作用；A 点为铰链连接，其反力用两个互相垂直的分力 $\boldsymbol{X}_A$ 和 $\boldsymbol{Y}_A$ 来表示；D 点处也是一个铰链，根据作用力与反作用力的关系，D 点处受到的力为 $\boldsymbol{R}'_D$，它与 $\boldsymbol{R}_D$ 的大小相等，方向相反。如图 1-31（c）所示。

（3）取整个支架体系为研究对象。它的受力图如图 1-31（d）所示。图中 $\boldsymbol{P}$ 是主动力，$\boldsymbol{R}_C$、$\boldsymbol{X}_A$、$\boldsymbol{Y}_A$ 都是约束反力，约束反力的指向与图 1-31（b）、（c）中所示的一致。至于 D 处两杆之间的相互作用力对整个支架体系而言是内力，故不必画出。

通过以上各例的分析，现将画受力图时应注意的几点归纳如下：

1. 明确研究对象

画受力图时，首先要明确画哪一个物体或物体系统的受力图。研究对象一经确定，就要解除它所受到的全部约束，单独画出该研究对象的简图。

2. 约束反力与约束类型一一对应

每解除一个约束，就有与它相对应的约束反力作用在研究对象上，约束反力的方向必须严格按照约束的类型来画，不能单凭直观或者根据主动力的方向简单推断。

3. 注意作用与反作用关系

在分析两物体之间的相互作用力时，要注意作用与反作用关系，作用力的方向一经确定（或事先假定），反作用力的方向就必须与它相反。

4. 只画外力，不画内力

当画物体系统的受力图时，注意只画外力不画内力。

5. 不要多画也不要漏画任何一个力，同一约束反力，它的方向在各受力图中必须一致。

复习思考题与习题

1. 设有两个力 $\boldsymbol{F}_1$ 和 $\boldsymbol{F}_2$，下列两种情况所表示的意义有何不同？

（1）$F_1=F_2$

（2）$\boldsymbol{F}_1=\boldsymbol{F}_2$

2. 如图 1-32 所示的四种情况下，力 $\boldsymbol{F}$ 对同一小车作用的外效应是否相同？为什么？

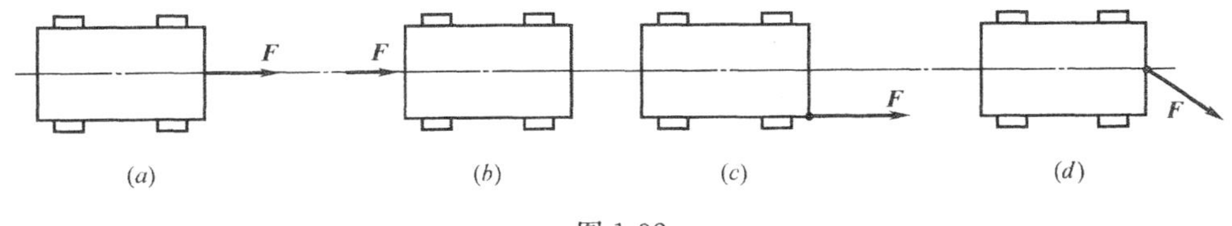

图 1-32

3. 什么是平衡？试举出一、两个实例说明物体处于平衡状态。

4. 如图 1-33 所示，A、B 两物体叠放在桌面上。A 物体重 $\boldsymbol{G}_A$，B 物体重 $\boldsymbol{G}_B$。问 A、B 物体各受到哪些力作用？这些力的反作用力各是什么？他们各作用在哪个物体上？

5. 怎样在 A、B 两点各加一个力，使图 1-34 中的物体平衡？

6. 二力平衡公理和作用与反作用公理有何不同？

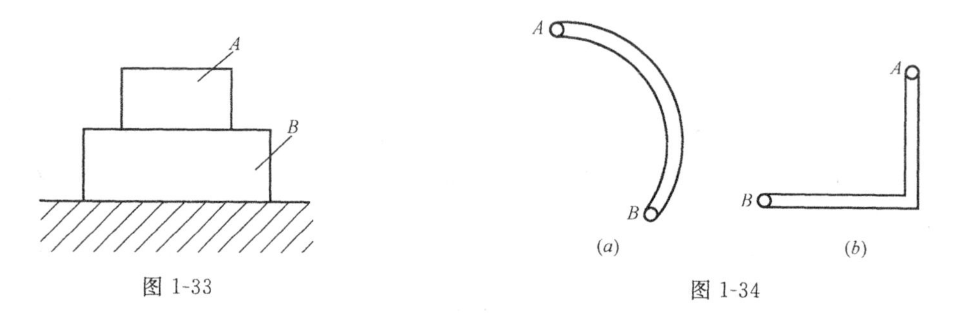

图 1-33　　　　图 1-34

7. 图 1-35 中的物体重 **G**，用两根绳索悬挂，问图示三种情况中哪种情况绳索所受到的力最大？哪种情况绳索所受到的力最小？

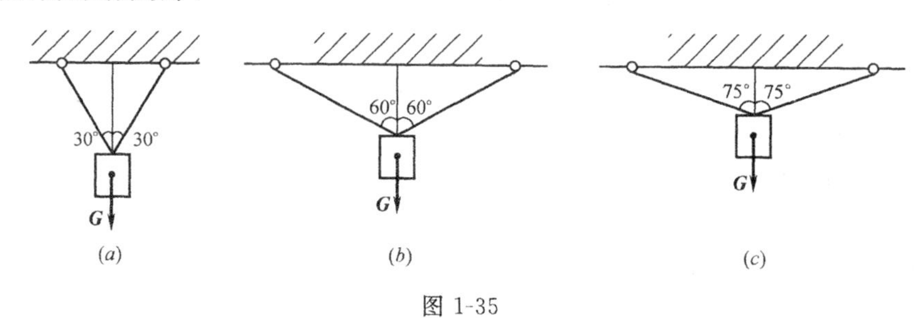

图 1-35

8. 指出图 1-36 中各物体的受力图的错误，并加以改正。

9. 如图 1-37 所示，试用平行四边形法则求出作用于物体 O 点上的两个力的合力。

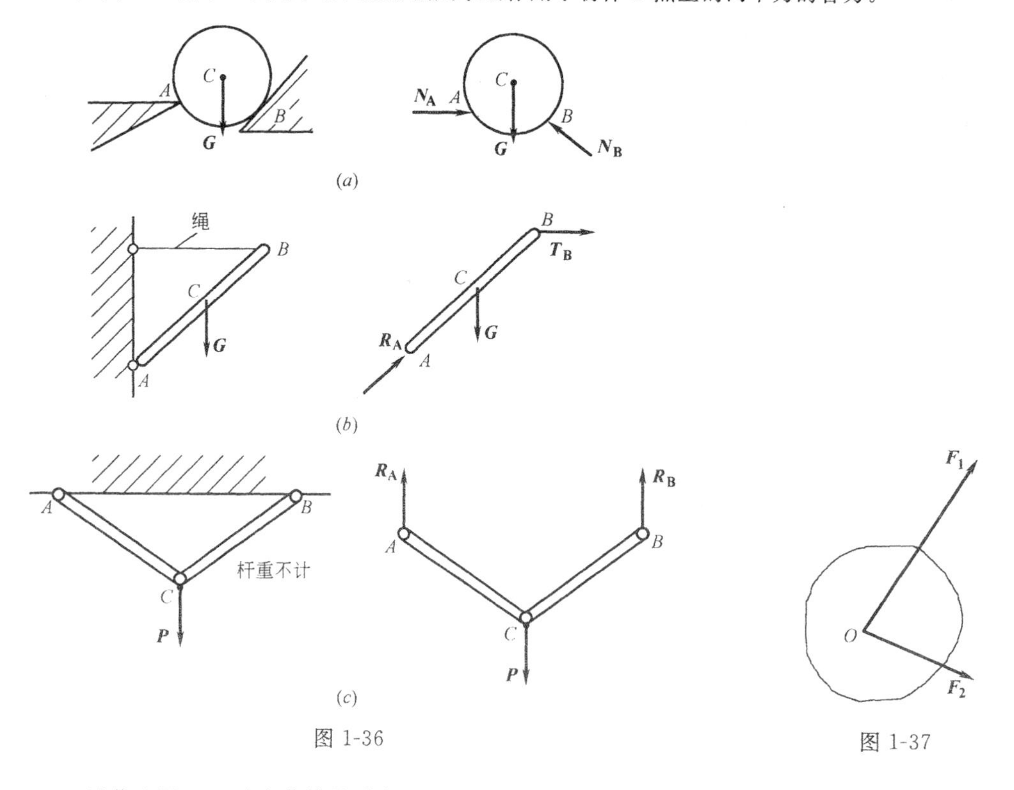

图 1-36　　　　图 1-37

10. 试作出图 1-38 中各物体的受力图。假定各接触面都是光滑的。

11. 试作图 1-39 中各梁的受力图，梁重不计。

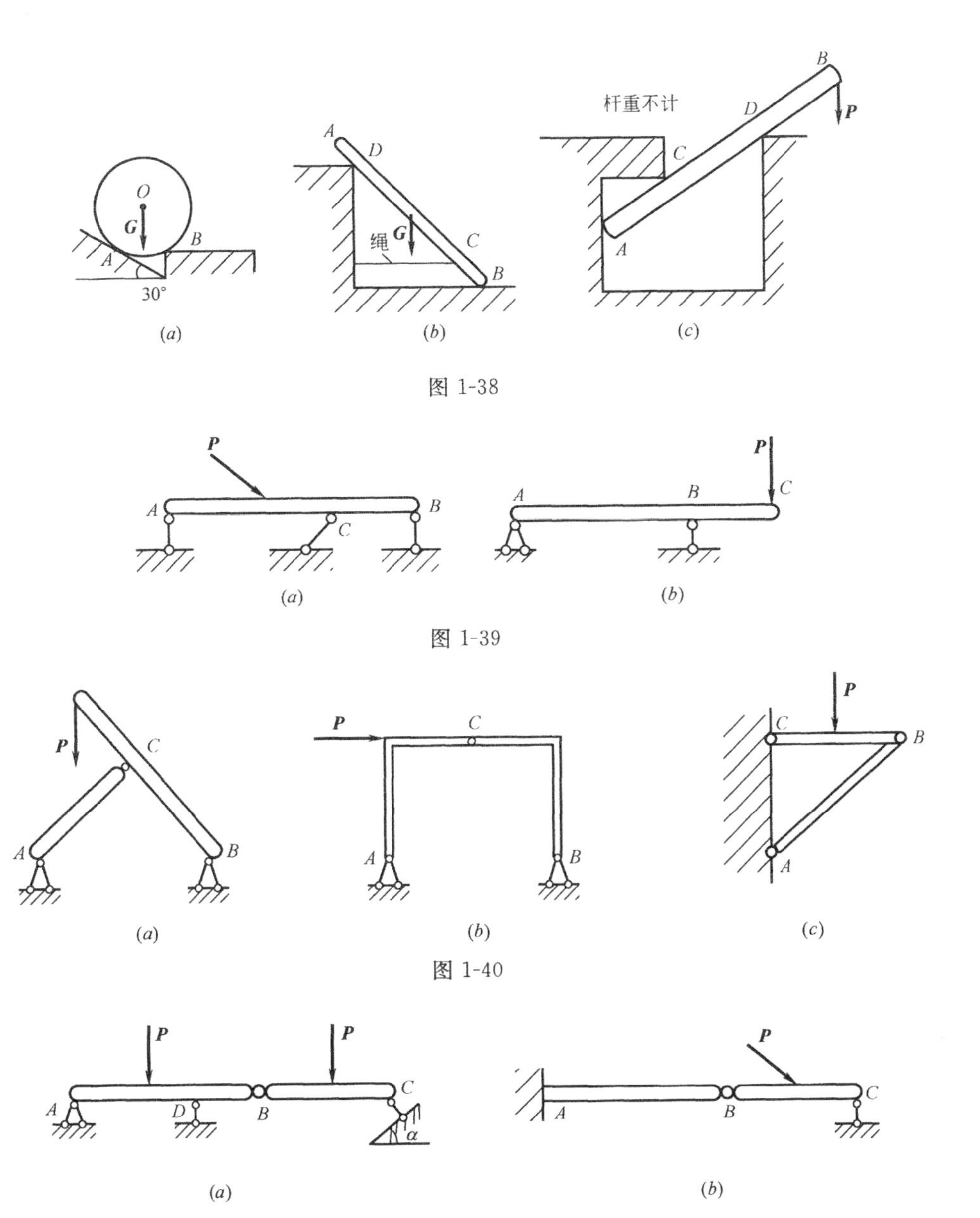

图 1-38

图 1-39

图 1-40

图 1-41

12. 指出图 1-40 各物体系统中哪些杆件是二力杆？

13. 图 1-41 中的梁 AB 和 BC 用铰链 B 连接，试作出梁 AB、BC 和整体的受力图（梁的自重不计）。

14. 图 1-42 中所示为大型起吊装置。钢梁 AB 重 $\boldsymbol{G}_1$，构件 CD 重 $\boldsymbol{G}_2$，钢梁和构件均为水平，吊钩和钢索的重量不计。试画出吊钩、钢梁 AB、构件 CD 以及整体的受力图。

15. 试作出图 1-43 所示各物体系统中各部分及整体的受力图。图中无注明的都不计自重，并假定所有接触面都是光滑的。

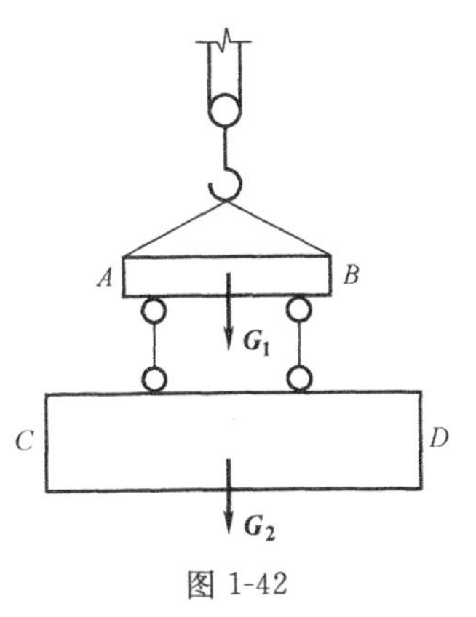

图 1-42

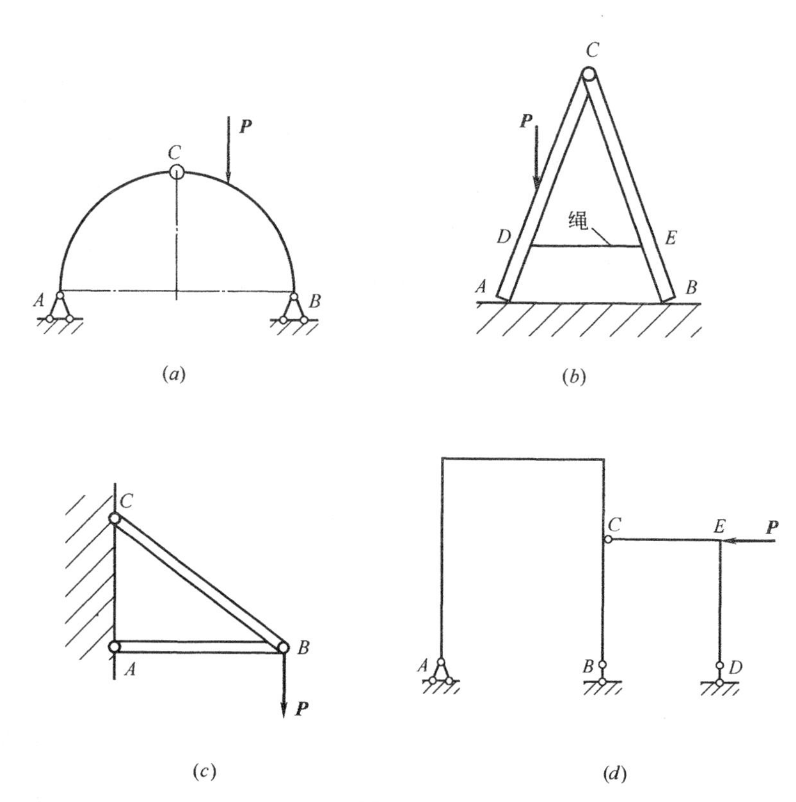

图 1-43

第二章　平面汇交力系

我们将从本章开始研究力系的合成和平衡问题，为了便于研究，通常将力系按作用线的分布情况来进行分类。凡各力的作用线都在同一平面内的力系称为**平面力系**；凡各力的作用线不在同一平面内的力系称为**空间力系**。在平面力系中，各力的作用线交于一点的力系称为**平面汇交力系**；各力的作用线相互平行的力系称为**平面平行力系**；各力的作用线任意分布（既不完全交于一点也不完全平行）的力系，称为**平面一般力系**。

平面汇交力系是工程实际中常见的一种基本力系。例如，起重机起吊重物时（图 2-1*a*），作用于吊钩 C 的三根绳索的拉力 $\boldsymbol{T}$、$\boldsymbol{T}_A$、$\boldsymbol{T}_B$ 都在同一平面内，且汇交于一点，就组成平面汇交力系（图 2-1*b*）。又如三角形支架当不计杆的自重时（图 2-2*a*）作用于铰链 B 上的三个力 $\boldsymbol{N}_A$、$\boldsymbol{N}_C$、$\boldsymbol{T}$ 也组成平面汇交力系（图 2-2*b*）。

本章将分别用几何法和解析法来研究平面汇交力系的合成和平衡问题。

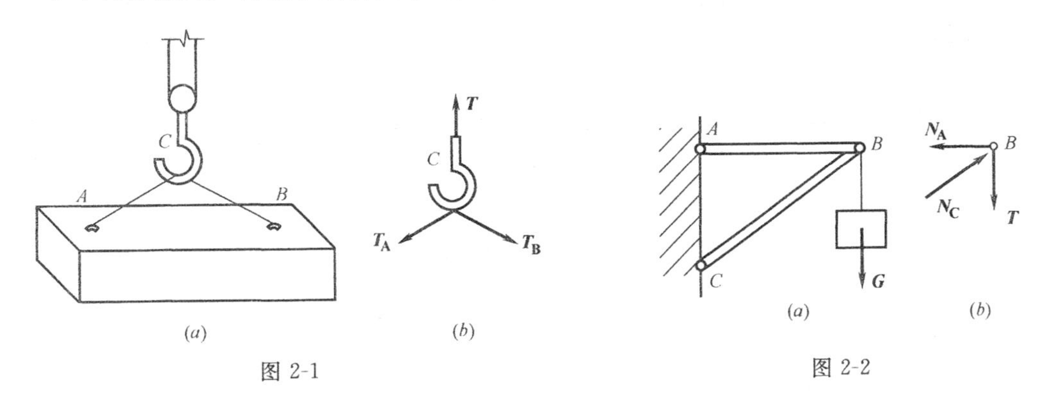

(*a*)　(*b*)

图 2-1

(*a*)　(*b*)

图 2-2

第一节　平面汇交力系合成与平衡的几何条件

一、两个汇交力的合成

设在物体上受到汇交于 O 点的两个力 $\boldsymbol{F}_1$ 和 $\boldsymbol{F}_2$ 的作用（图 2-3*a*），求这两个力的合力。根据力的平行四边形公理，可得合力的大小和方向是以两力 $\boldsymbol{F}_1$ 和 $\boldsymbol{F}_2$ 为边所构成的平行四边形的对角线来表示，合力 $\boldsymbol{R}$ 的作用点就是原两力的汇交点 O，如图 2-3（*a*）所

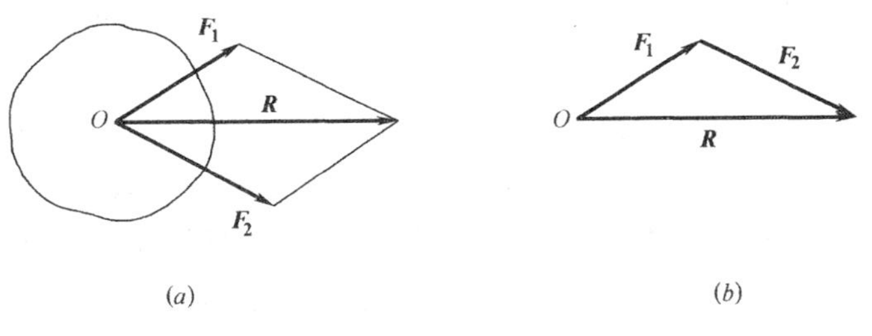

(*a*)　(*b*)

图 2-3

示。为了简便起见，求这两力的合力也可以采用力的三角形法则，如图 2-3（b）所示。以上两个力的合成可以表示为：

$$\boldsymbol{R}=\boldsymbol{F}_1+\boldsymbol{F}_2$$

应当指出上式是矢量等式，说明力的合成应当按照矢量加法，一般说，不能用代数加法。

二、任意个汇交力的合成

设在刚体上作用一平面汇交力系 $\boldsymbol{F}_1$、$\boldsymbol{F}_2$、$\boldsymbol{F}_3$、$\boldsymbol{F}_4$，各力的作用线汇交于 O 点（图 2-4a），现求该力系的合力。为此，可连续应用力的三角形法则将各力依次合成，如图 2-4（b）所示，先将力 $\boldsymbol{F}_1$ 和 $\boldsymbol{F}_2$ 合成，求得它们的合力 $\boldsymbol{R}_1$，然后将 $\boldsymbol{R}_1$ 与 $\boldsymbol{F}_3$ 合成得合力 $\boldsymbol{R}_2$，最后再将 $\boldsymbol{R}_2$ 与 $\boldsymbol{F}_4$ 合成得合力 $\boldsymbol{R}$ 。于是力 $\boldsymbol{R}$ 就是原平面汇交力系 $\boldsymbol{F}_1$、$\boldsymbol{F}_2$、$\boldsymbol{F}_3$、$\boldsymbol{F}_4$ 的合力。即

$$\boldsymbol{R}=\boldsymbol{F}_1+\boldsymbol{F}_2+\boldsymbol{F}_3+\boldsymbol{F}_4$$

实际作图时，$\boldsymbol{R}_1$ 和 $\boldsymbol{R}_2$ 可不必画出，只要按选定的比例尺依次作矢量$\overline{AB}$、$\overline{BC}$、$\overline{CD}$和$\overline{DE}$，其分别代表力矢 $\boldsymbol{F}_1$、$\boldsymbol{F}_2$、$\boldsymbol{F}_3$ 和 $\boldsymbol{F}_4$，连接$\overline{AE}$，则矢量$\overline{AE}$就代表合力矢 $\boldsymbol{R}$ 的大小和方向。合力 $\boldsymbol{R}$ 的作用点就是原力系的汇交点 O。各分力矢与其合力矢构成的多边形 $ABCDE$ 称为**力的多边形**。这种用几何作图求合力的方法，称为**力的多边形法则**。简单地说，就是各分力首尾相接，力多边形的闭合边（始点指向终点的连线），就代表合力的大小和方向。

上述方法可以推广到由任意个力组成的平面汇交力系的情形。于是可得结论：**平面汇交力系合成的结果是一个合力，合力的作用线通过原力系的汇交点，合力的大小和方向等于原力系中各力的矢量和，**可用式子表示为

$$\boldsymbol{R}=\boldsymbol{F}_1+\boldsymbol{F}_2+\cdots+\boldsymbol{F}_\mathrm{n}=\sum\boldsymbol{F} \tag{2-1}$$

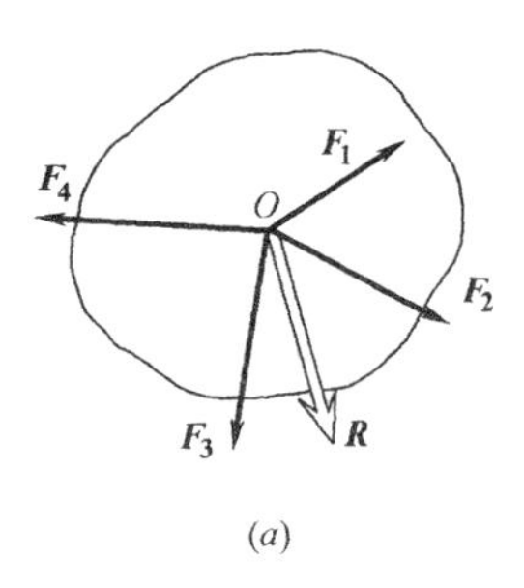

(a)

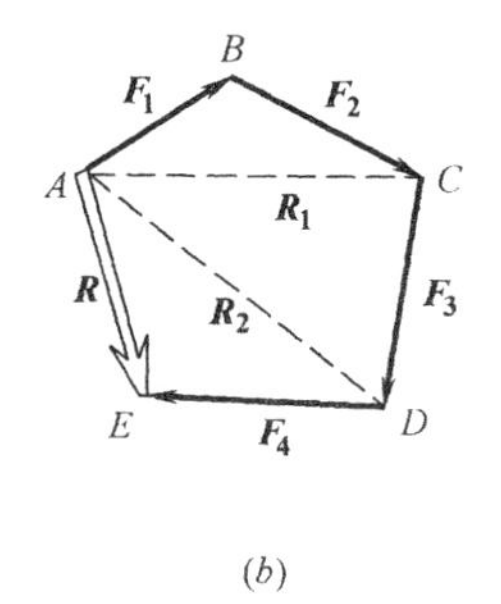

(b)

图 2-4

需要注意的是，在画力的多边形时，各分力的大小必须按照选定的比例尺画出，方向也必须按原来的方向准确画出，并且各分力一定要满足首尾相接，而合力的指向应是从最先画的分力矢的起点指向最后画的分力矢的终点，合力的大小则可按选定的比例尺量出即可。

【例 2-1】 图 2-5（a）所示的吊环上作用有三个共面的拉力，各力的大小分别是 $\boldsymbol{T}_1=3\mathrm{kN}$，$\boldsymbol{T}_2=6\mathrm{kN}$，$\boldsymbol{T}_3=15\mathrm{kN}$，方向如图 2-5 所示，试用几何法求其合力。

【解】 由于三个拉力 $\boldsymbol{T}_1$、$\boldsymbol{T}_2$、$\boldsymbol{T}_3$ 的作用线延长相交于拉环的中心 O，所以他们是平面汇交力系（图 2-5a）。选定比例尺，按力的多边形法则，取任一点 a，作$\overline{ab}=\boldsymbol{T}_1$，$\overline{bc}=\boldsymbol{T}_2$，$\overline{cd}=\boldsymbol{T}_3$，连接 $\boldsymbol{T}_1$ 的起点 a 和 $\boldsymbol{T}_3$ 的终点 d，则矢量$\overline{ad}$就是合力矢 $\boldsymbol{R}$ 的大小和方向，

如图 2-5（b）所示。依比例尺量得

$$R=16.50\text{kN}, \quad \alpha=16°10'$$

合力 $\boldsymbol{R}$ 的作用线通过原力系的汇交点 O。

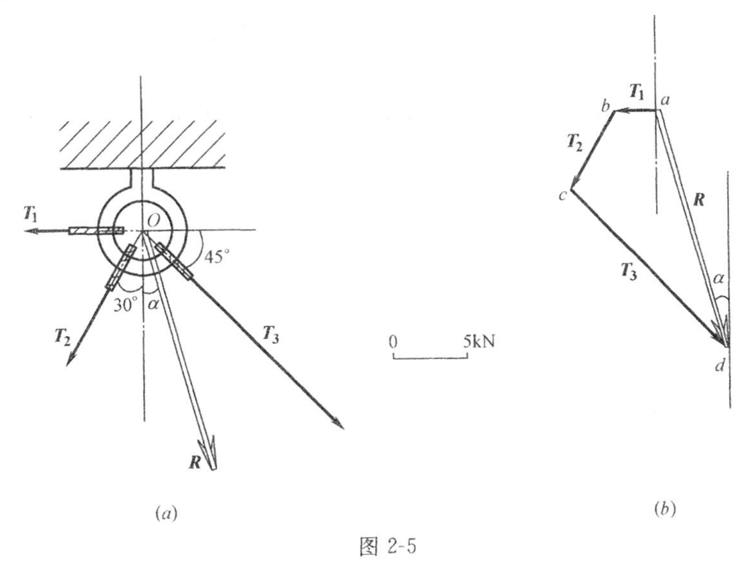

图 2-5

三、平面汇交力系平衡的几何条件

平面汇交力系可合成为一个合力 $\boldsymbol{R}$，即合力 $\boldsymbol{R}$ 与原力系等效。如果某平面汇交力系的力多边形自行闭合，即第一个力的始点和最后一个力的终点重合（图 2-6），则表示该力系的合力等于零，即物体的运动效果与不受力一样，物体处于平衡状态，该力系为平衡力系。反过来说，要使平面汇交力系成为平衡力系，必须使它的合力为零，即力的多边形自行闭合。由此可见，**平面汇交力系平衡的必要和充分的几何条件是力的多边形自行闭合——力系中各力画成一个首尾相接的封闭的力多边形**。或者说**力系的合力等于零**。以矢量式表示为

$$\boldsymbol{R}=0 \text{ 或} \sum \boldsymbol{F}=0$$

求解平面汇交力系的平衡问题时，可利用平衡的几何条件按比例先画出封闭的力多边形，然后，用尺和量角器在图上量得所要求的未知量，这种解题方法称为几何法。利用几何法求解力系的平衡问题时，最多只能求解两个未知量。

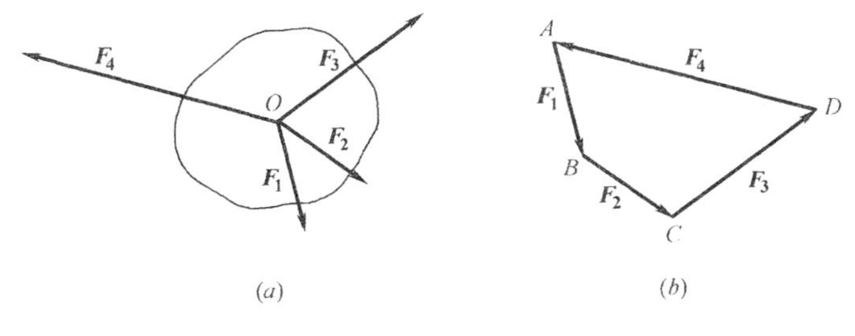

图 2-6

【例 2-2】 如图 2-7（a）所示，起重机起吊一构件。构件自重 $\boldsymbol{G}=10\text{kN}$；两钢丝绳与铅垂线的夹角都是 45°。求当构件匀速起吊时两钢丝绳的拉力。

【解】 取整个起吊系统为研究对象，拉力 $\boldsymbol{T}$ 与构件自重 $\boldsymbol{G}$ 组成平衡力系（图 2-7a），所以 $T=G=10\text{kN}$。

再取吊钩 C 为研究对象，吊钩 C 受三个共面汇交力 $\boldsymbol{T}$、T_A、T_B 作用而平衡（图 2-7b），且 T_A 和 T_B 的方向已知，但是大小未知，所以总共有两个未知量，可以用平面汇交力系平衡的几何条件求解。

从任一点 a 作 $\overline{ab}=\boldsymbol{T}$，过 a、b 分别做 T_A 和 T_B 的平行线相交于 c，得到自行闭合的力多边形 abc。矢量 $\overline{bc}$ 代表 T_B 的大小和方向，矢量 $\overline{ca}$ 代表 T_A 的大小和方向（图 2-7c）。按比例尺量得

$$T_A=T_B=7.07\text{kN}$$

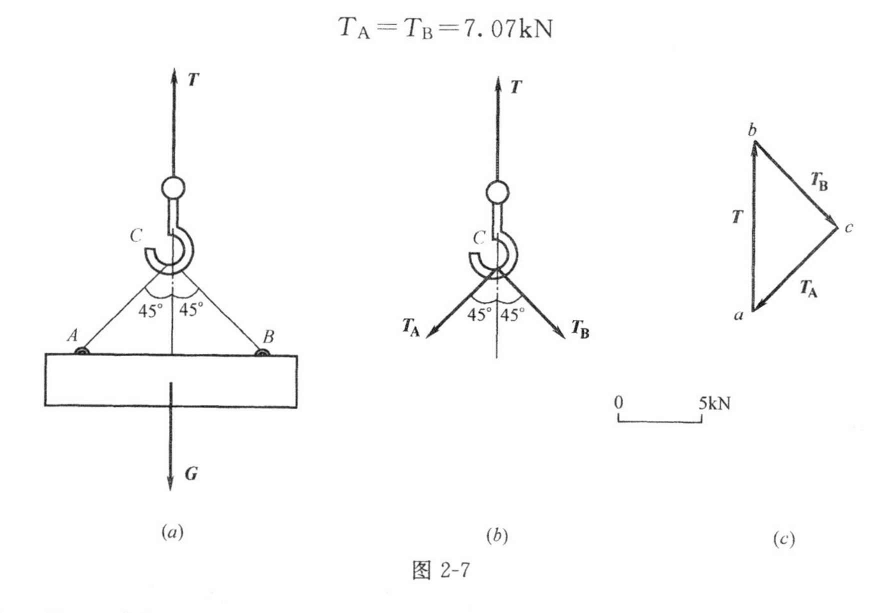

图 2-7

【例 2-3】 一支架在 B 点受到铅垂力 $P=10\text{kN}$ 的作用，如图 2-8（a）所示。设各杆的自重不计，试求固定铰支座 A 的反力和杆 CD 所受到的力。

【解】 先取杆 CD 为研究对象，其受力图如图 2-8（b）所示。因为它受到作用在杆 CD 两端的两个力 $\boldsymbol{N_C}$、$\boldsymbol{N_D}$ 而保持平衡，所以杆 CD 为二力杆，因此 $\boldsymbol{N_C}$、$\boldsymbol{N_D}$ 作用线必沿着 C、D 两点的连线，而指向假设。

再取杆 AB 为研究对象。杆 AB 在 B 点受主动力 $\boldsymbol{P}$ 的作用；还受到杆 CD 对它的作用力 N'_C，且 N'_C 与作用在杆 CD 上的 N_C 是作用力与反作用力的关系；A 处是固定铰支座，它的反力 $\boldsymbol{R_A}$ 的作用线可根据三力平衡汇交定理确定，即通过力 $\boldsymbol{P}$ 和 N'_C 作用线的交点 E，指向假设。由此可知，力 $\boldsymbol{P}$、N'_C、$\boldsymbol{R_A}$ 组成一平面汇交力系，杆 AB 的受力图如图 2-8（c）所示。

为求出 $\boldsymbol{R_A}$ 和 N'_C，根据平面汇交力系平衡的几何条件，选取一定的比例尺，作出由 $\boldsymbol{P}$、N'_C、$\boldsymbol{R_A}$ 所构成的自行闭封的力三角形 abc（图 2-8d）。在力三角形 abc 中，按所选比例尺量得

$$N'_C=28.3\text{kN}，R_A=22.4\text{kN}$$

用量角器量得 $\boldsymbol{R_A}$ 与水平方向的夹角为

$$\alpha=26°35'$$

由图 2-8（d）可见，$\boldsymbol{R_A}$ 和 N'_C 的实际指向与原假设的指向相同。因 N'_C 的实际指向已

确定，所以 N_C、N_D 的实际指向即为如图 2-8*b* 中所示的指向。它们的大小为

$$N_C = N_D = N'_C = 28.3\text{kN}$$

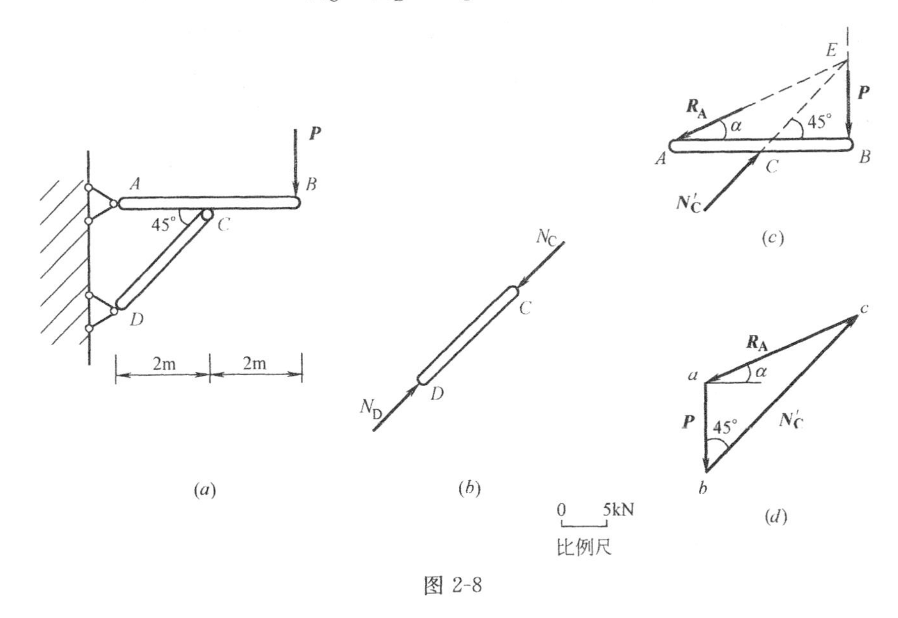

图 2-8

通过以上各例，可归纳出用几何法求解平面汇交力系平衡问题的步骤如下：

1. 选取研究对象

弄清题意，明确已知力和未知力，选取能反映出所要求的未知力和已知力关系的物体作为研究对象。

2. 画受力图

在研究对象上画出它所受到全部主动力和约束反力。正确应用二力体（杆）的性质和三力平衡汇交定理来确定约束反力的作用线，注意两物体间的作用力与反用力的关系。

3. 作封闭的力多边形

选择适当的比例尺，先画已知力，后画未知力，根据各力首尾相接的规则作出封闭的力多边形。

4. 求出未知力

用比例尺和量角器从力多边形中量出所要求的力的大小和角度，并根据力多边形上力的箭头指向确定未知力的指向。

第二节　平面汇交力系合成与平衡的解析条件

平面汇交力系合成与平衡的几何法虽然具有直观、简捷的优点，但作图要十分准确，否则将会引起较大的误差。在工程中用得较多的还是本节将要介绍的解析法，这种方法是以力在坐标轴上的投影作为基础来进行计算的。因此，首先介绍力在坐标轴上的投影。

一、力在坐标轴上的投影

设力 $\boldsymbol{F}$ 作用于物体的 A 点，如图 2-9（*a*）、（*b*）所示。在力 $\boldsymbol{F}$ 作用线所在的平面内取直角坐标系 Oxy，并使力 $\boldsymbol{F}$ 在 xy 坐标面内。从力 $\boldsymbol{F}$ 的起点 A 和终点 B 分别向 x 轴及 y

轴作垂线，得垂足 a、b 和 a'、b'，则线段 ab 加上正号或负号，称为力 $\boldsymbol{F}$ 在 x 轴上的投影，用 X 表示。线段 $a'b'$ 加上正号或负号，称为力 $\boldsymbol{F}$ 在 y 轴上的投影，用 Y 表示。并规定：当从力的起点的投影（a 或 a'）到终点的投影（b 或 b'）的方向与投影轴的正向一致时，力的投影取正值；反之，取负值。图 2-9a 中的 X、Y 均为正值，图 2-9（b）中的 X、Y 均为负值。

由图 2-9 可见，若已知力 $\boldsymbol{F}$ 的大小及其与 x 轴所夹的锐角 α，则力 $\boldsymbol{F}$ 在坐标轴上的投影 X 和 Y 可按下式计算

$$\begin{cases} X = \pm F\cos\alpha \\ Y = \pm F\sin\alpha \end{cases} \tag{2-2}$$

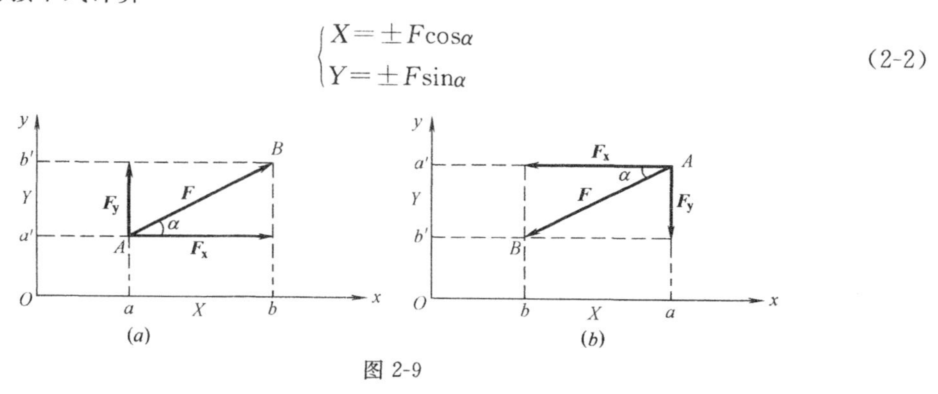

图 2-9

在图 2-9 中，还可以把力 $\boldsymbol{F}$ 沿 x、y 轴分解为两个分力 $\boldsymbol{F}_x$、$\boldsymbol{F}_y$。可以看出，力在直角坐标轴 x、y 中任一轴上的投影与力沿该轴方向的分力有如下的关系：投影的绝对值等于分力的大小，投影的正负号指明了分力是沿该轴的正向还是负向。可见，利用力在坐标轴上的投影可以同时表明力沿直角坐标轴分解时分力的大小和方向。但是应当注意，力的投影 X、Y 与力的分力 $\boldsymbol{F}_x$、$\boldsymbol{F}_y$ 是不同的，力的投影只有大小和正负，它是代数量；而力的分力是矢量，有大小、有方向，其作用效果还与作用点或作用线有关，二者不可混淆。

力在坐标轴上的投影有两种特殊情况：

（1）当力与坐标轴垂直时，力在该轴上的投影等于零。

（2）当力与坐标轴平行时，力在该轴上的投影的绝对值等于力的大小。

如果已知力 $\boldsymbol{F}$ 在直角坐标轴上的投影 X 和 Y，则力 $\boldsymbol{F}$ 的大小和方向可由下式确定

$$\left.\begin{aligned} F &= \sqrt{X^2 + Y^2} \\ \tan\alpha &= \left|\frac{Y}{X}\right| \end{aligned}\right\} \tag{2-3}$$

式中　α——$\boldsymbol{F}$ 与 x 轴所夹的锐角。

力 $\boldsymbol{F}$ 的指向可由投影 X 和 Y 的正负号来确定（表 2-1）。

力的方向与其投影的正负号　　　　**表 2-1**

力的方向	坐　　标	投影的正负号		力的方向	坐　　标	投影的正负号	
		X	Y			X	Y
F α	y O x	+	+	α F	y O x	−	−
F α	y O x	−	+	α F	y O x	+	−

【例 2-4】 试分别求出图 2-10 中各力在 x 轴和 y 轴上的投影。已知 $F_1=80\text{N}$，$F_2=120\text{N}$，$F_3=F_4=200\text{N}$，各力的方向如图 2-10 所示。

【解】 各力在 x、y 轴上的投影可由式（2-3）计算求得。

$X_1=-F_1\cos 45°=-80\times0.707=-56.56\text{N}$

$Y_1=F_1\sin45°=80\times0.707=56.56\text{N}$

$X_2=-F_2\cos30°=-120\times0.866=-103.92\text{N}$

$Y_2=-F_2\sin30°=-120\times0.5=60\text{N}$

$X_3=F_3\cos90°=200\times0=0$

$Y_3=-F_3\sin90°=-200\times1=-200\text{N}$

$X_4=F_4\cos60°=200\times0.5=100\text{N}$

$Y_4=-F_4\sin60°=-200\times0.866=-173.2\text{N}$

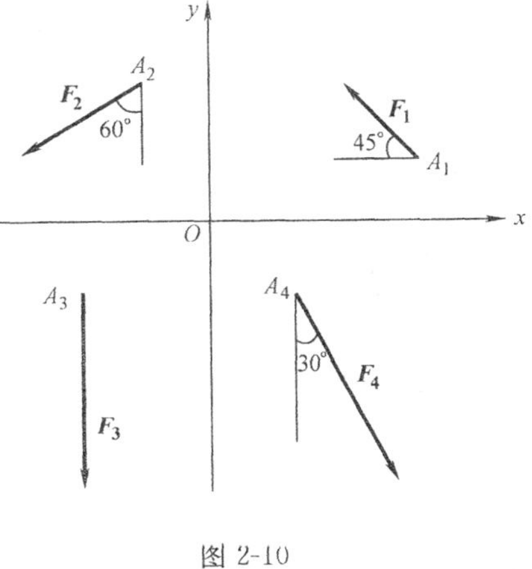

图 2-10

二、合力投影定理

为了用解析法求平面汇交力系的合力，现在来讨论合力与其分力在同一轴上投影的关系。

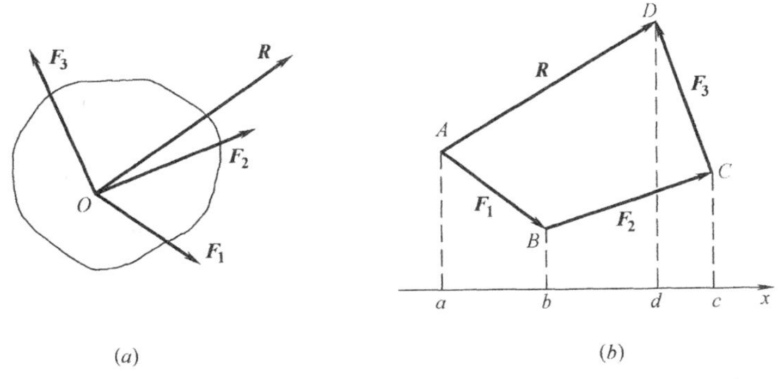

图 2-11

设有一平面汇交力系 $\boldsymbol{F_1}$、$\boldsymbol{F_2}$、$\boldsymbol{F_3}$ 作用在物体的 O 点，如图 2-11（a）所示。用力的多边形法则求出其合力，如图 2-11（b），则矢量$\overline{AD}$就表示该力系的合力 $\boldsymbol{R}$ 的大小和方向。在力的多边形 $ABCD$ 所在的平面内取任一轴 x，将力系中的各力 $\boldsymbol{F_1}$、$\boldsymbol{F_2}$、$\boldsymbol{F_3}$ 及其合力 $\boldsymbol{R}$ 向 x 轴投影，并令 X_1、X_2、X_3 和 R_x，分别表示各分力 $\boldsymbol{F_1}$、$\boldsymbol{F_2}$、$\boldsymbol{F_3}$ 和合力 $\boldsymbol{R}$ 在 x 轴上的投影，由图 2-11（b）可见：

$$X_1=ab,\ X_2=b_c,\ X_3=-cd,\ R_x=ad$$

而

$$ad=ab+bc-cd$$

因此可得

$$R_x=X_1+X_2+X_3$$

这一关系可以推广到由 n 个力 $\boldsymbol{F_1}$、$\boldsymbol{F_2}$、…、$\boldsymbol{F_n}$ 组成的平面汇交力系的情形，即

$$R_x=X_1+X_2+\cdots+X_n=\sum X \tag{2-4}$$

于是可得结论：**合力在任一轴上的投影，等于各分力在同一轴上投影的代数和。**这就是**合力投影定理。**

三、用解析法求平面汇交力系的合力

用解析法求平面汇交力系的合力，就是根据合力投影定理用数值计算的方法求出合力

的大小和方向。

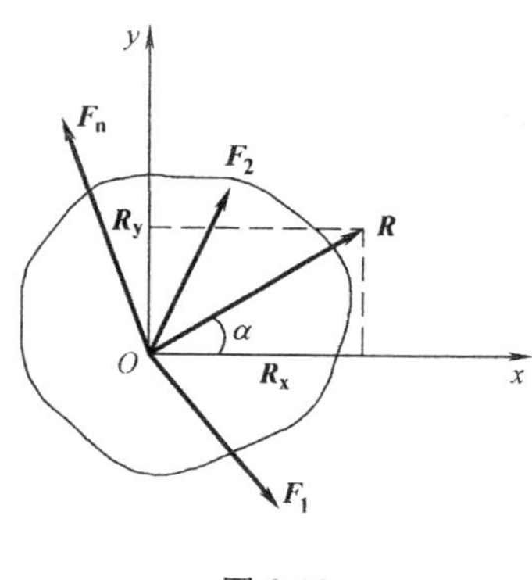

图 2-12

设在物体上作用着平面汇交力系 $\boldsymbol{F_1}$、$\boldsymbol{F_2}$、…、$\boldsymbol{F_n}$（图 2-12），为求出该力系的合力，首先选取直角坐标系 Oxy，求出力系中各力在 x、y 轴上的投影 X_1、Y_1、X_2、Y_2、…、X_n、Y_n，再由合力投影定理可求得合力 $\boldsymbol{R}$ 在 x、y 轴上的投影 R_x、R_y 为

$$R_x = X_1 + X_2 + \cdots + X_n = \sum X$$

$$R_y = Y_1 + Y_2 + \cdots + Y_n = \sum Y$$

根据式（2-3），合力 $\boldsymbol{R}$ 的大小和方向即可由下式确定

$$\left.\begin{aligned} R &= \sqrt{R_x^2 + R_y^2} = \sqrt{(\sum X)^2 + (\sum Y)^2} \\ \mathrm{tg}\alpha &= \left|\frac{R_y}{R_x}\right| = \left|\frac{\sum Y}{\sum X}\right| \end{aligned}\right\} \qquad (2\text{-}5)$$

式中　α——合力 $\boldsymbol{R}$ 与 x 轴所夹的锐角，合力的作用线仍通过力系的汇交点 O，合力的指向可根据其投影 R_x 和 R_y 的正负号来确定（表 2-1）。

【例 2-5】 试用解析法求解例题 2-1 中各力的合力（图 2-13）。

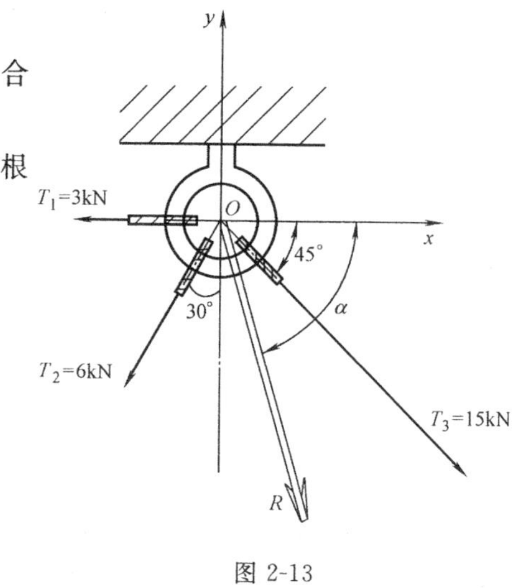

图 2-13

【解】 建立直角坐标系 Oxy 如图 2-13 所示，根据式（2-4）计算。

合力 $\boldsymbol{R}$ 在 x 轴和 y 轴上的投影为

$$\begin{aligned} R_x &= \sum X = X_1 + X_2 + X_3 \\ &= -T_1 - T_2\cos 60° + T_3\cos 45° \\ &= -3 - 6 \times 0.5 + 15 \times 0.707 \\ &= 4.605\text{kN} \end{aligned}$$

$$\begin{aligned} R_y &= \sum Y = Y_1 + Y_2 + Y_3 \\ &= 0 - T_2\sin 60° - T_3\sin 45° \\ &= -6 \times 0.866 - 15 \times 0.707 \\ &= -15.801\text{kN} \end{aligned}$$

故合力 $\boldsymbol{R}$ 的大小为

$$R = \sqrt{R_x^2 + R_y^2} = \sqrt{(4.605)^2 + (-15.801)^2} = 16.458\text{kN}$$

合力的方向为

$$\tan\alpha = \left|\frac{R_y}{R_x}\right| = \left|\frac{-15.801}{4.605}\right| = 3.431, \quad \alpha = 73.8°$$

因 R_x 为正，R_y 为负，所以合力 $\boldsymbol{R}$ 指向右下方，如图 2-13 所示，合力 $\boldsymbol{R}$ 的作用线通过三个分力的汇交点 O。

【例 2-6】 如图 2-14 所示，已知 $F_1 = 20\text{kN}$，$F_2 = 40\text{kN}$，如果三个力 $\boldsymbol{F_1}$、$\boldsymbol{F_2}$、$\boldsymbol{F_3}$ 的合力 $\boldsymbol{R}$ 沿铅垂向下，试求力 $\boldsymbol{F_3}$ 和 $\boldsymbol{R}$ 的大小。

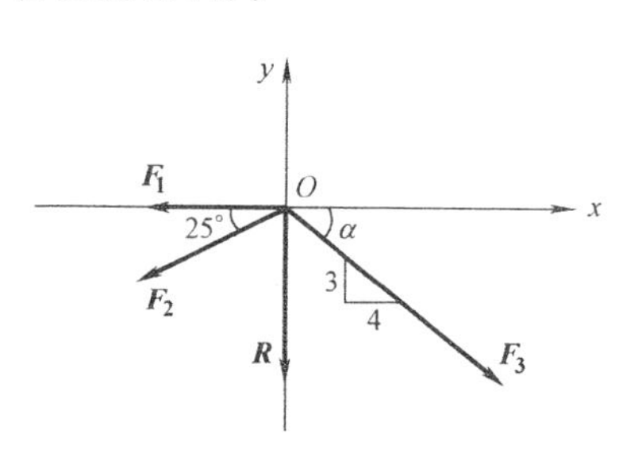

图 2-14

【解】 取直角坐标系 Oxy 如图所示，由式（2-

5）知

$$R_x=\sum X=X_1+X_2+X_3$$

即
$$0=-F_1-F_2\cos25°+F_3\cos\alpha$$
$$=-20-40\times0.906+F_3\times\frac{4}{\sqrt{3^2+4^2}}$$

解得
$$F_3=70.3\text{kN}$$

又由
$$R_y=\sum Y=Y_1+Y_2+Y_3$$

得
$$-R=0-F_2\sin25°-F_3\sin\alpha$$

即
$$-R=-40\times0.423-70.3\times\frac{3}{\sqrt{3^2+4^2}}$$

解得
$$R=59.1\text{kN}$$

四、平面汇交力系平衡的解析条件

在上一节当中，我们建立平面汇交力系平衡的几何条件时，曾经指出：平面汇交力系平衡的必要和充分条件是力系的合力等于零。而根据式（2-5）的第一式可知

$$R=\sqrt{R_x^2+R_y^2}=\sqrt{(\sum X)^2+(\sum Y)^2}=0$$

上式中（$\sum X)^2$ 与（$\sum Y)^2$ 恒为正数，欲使上式成立，必须且只须

$$\left.\begin{array}{l}\sum X=0\\ \sum Y=0\end{array}\right\}\tag{2-6}$$

于是得平面汇交力系平衡的必要和充分的解析条件为：**力系中所有各力在两个坐标轴中每一轴上的投影的代数和都等于零**。式（2-6）称为**平面汇交力系的平衡方程**。应用这两个独立的平衡方程，可以求解两个未知量。

【例 2-7】 一根钢管重 $G=5\text{kN}$，放在如图 2-15（a）所示的装置内。假设所有接触面均为光滑，杆 AB 的自重不计，试求杆 AB 和墙面对钢管的约束反力。

【解】 取钢管为研究对象，作用在它上面的力有：自重 $\mathbf{G}$，杆 AB 对它的约束反力 $\mathbf{N_D}$，墙面对它的约束反力 $\mathbf{N_E}$。其受力图如图 2-15（b）所示。三力 $\mathbf{G}$、$\mathbf{N_D}$、$\mathbf{N_E}$ 组成平面汇交力系。

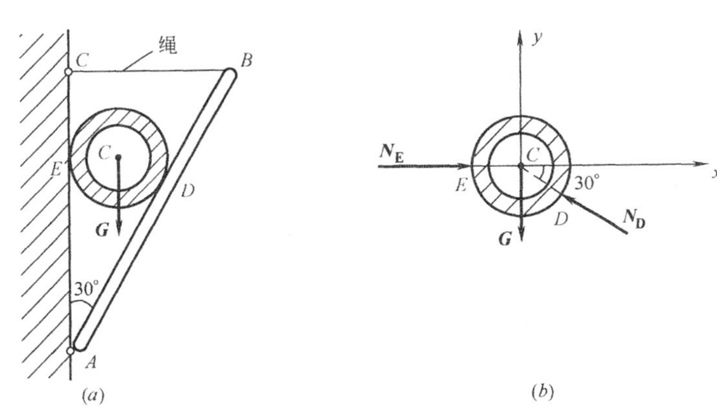

图 2-15

选直角坐标系如图，列平衡方程

$$\sum X=0\quad N_E-N_D\cos30°=0\tag{a}$$

$$\sum Y=0 \quad N_D \sin 30° - G=0 \tag{b}$$

由式（b）得，
$$N_D=\frac{G}{\sin 30°}=\frac{5}{0.5}=10\text{kN}$$

由式（a）得，
$$N_E=N_D \cos 30°=10\times 0.866=8.66\text{kN}$$

【例 2-8】 求图 2-16（a）所示三角支架中杆 AC 和杆 BC 所受的力。（已知物体的自重为 $G=10$kN。）

【解】 （1）取铰 C 为研究对象。因杆 AC 和杆 BC 都是二力杆，所以 $\boldsymbol{N}_{AC}$ 和 $\boldsymbol{N}_{BC}$ 的作用线都沿杆轴方向。现假定 $\boldsymbol{N}_{AC}$ 为拉力，$\boldsymbol{N}_{BC}$ 为压力，画受力图如图 2-16（b）所示。

（2）选取坐标轴如图 2-16（b）所示。

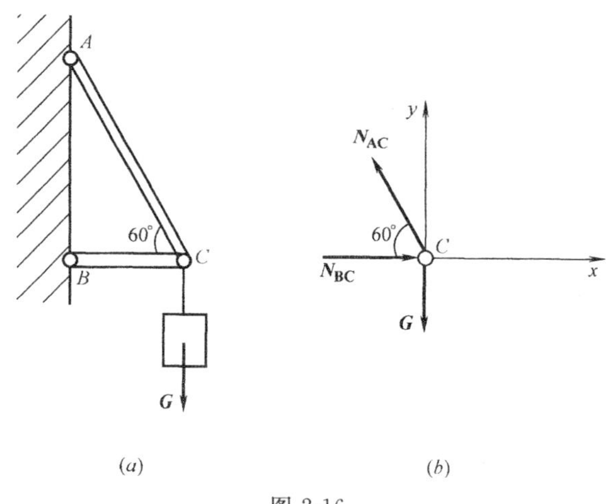

图 2-16

（3）列平衡方程，求解未知力 $\boldsymbol{N}_{AC}$ 和 $\boldsymbol{N}_{BC}$

由
$$\sum Y=0，N_{AC}\sin 60°-G=0$$

$$N_{AC}=\frac{G}{\sin 60°}=\frac{10}{0.866}11.55\text{kN}$$

又由
$$\sum X=0，N_{BC}-N_{AC}\cos 60°=0$$

得
$$N_{BC}=N_{AC}\cos 60°=11.55\times 0.5=5.77\text{kN}$$

因求出的结果均为正值，说明假定的指向与实际指向一致，即杆 AC 受拉，杆 BC 受压。

【例 2-9】 平面刚架在 C 点受水平力 $\boldsymbol{P}$ 的作用，如图 2-17（a）所示。已知 $P=30$kN，刚架自重不计，求支座 A、B 的反力。

【解】 （1）取刚架为研究对象。它受到三个力 $\boldsymbol{P}$、$\boldsymbol{R}_A$、$\boldsymbol{Y}_B$ 的作用而保持平衡，所以这三个力必汇交于一点。

（2）画出刚架的受力图，如图 2-17（b）所示，图中 $\boldsymbol{R}_A$、$\boldsymbol{Y}_B$ 的指向都是假设的。

（3）设直角坐标系如图，列平衡方程得

$$\sum X=0，P+R_A\cos\alpha=0$$

解得
$$R_A=-\frac{P}{\cos\alpha}=-\frac{30}{\cos\alpha}=-30\times\frac{\sqrt{5}}{2}=-15\sqrt{5}=-33.5\text{kN}(\swarrow)$$

得负号表示 $\boldsymbol{R}_A$ 的实际方向与假设的方向相反。再由

$$\sum Y=0,\quad Y_B+R_A\sin\alpha=0$$

由于列$\sum Y=0$时，$\boldsymbol{R_A}$仍按原假设的方向求其投影，故应将上面求得的数值连同负号一起代入，即将$R_A=-33.5\text{kN}$代入，于是得

$$Y_B=-R_A\sin\alpha=-(-15\sqrt{5})\times\frac{1}{\sqrt{5}}=15\text{kN}(\uparrow)$$

得正号表示$\boldsymbol{Y_B}$假设的方向正确。

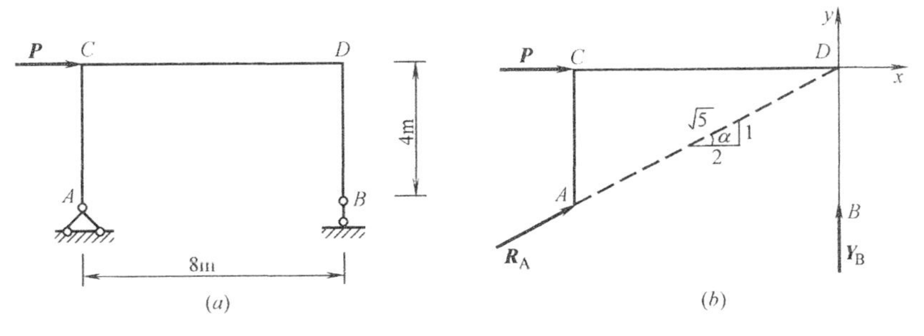

图 2-17

通过以上各例的分析，可知用解析法求解平面汇交力系平衡问题的步骤为：

(1) 选取适当的研究对象；

(2) 分析研究对象的受力情况，画出其受力图，约束反力指向未定者应先假设；

(3) 选取合适的坐标轴，最好使某一坐标轴与一个未知力垂直，以便简化计算；

(4) 列平衡方程求解未知量，列方程时注意各力投影的正负号，当求出未知力是正值时，表示该力的实际指向与受力图上所假设的指向相同，如果是负值，则表示该力的实际指向与受力图上所假设的指向相反。

复习思考题与习题

1. 图 2-18 为某平面汇交力系合成时所作的力多边形，问该力系的合力在力多边形上怎样表示？

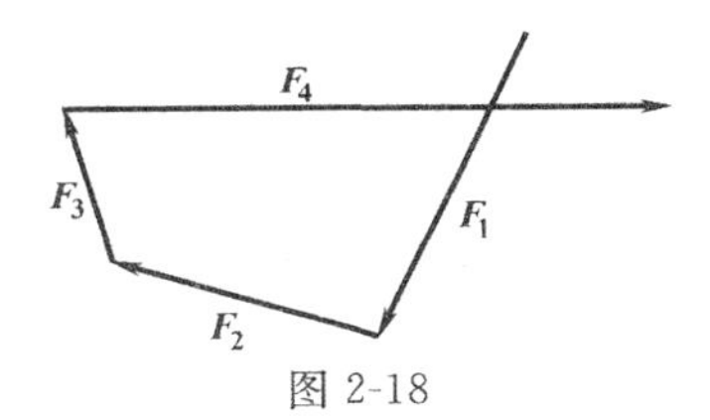

图 2-18

2. 已知四个力 $\boldsymbol{F_1}$、$\boldsymbol{F_2}$、$\boldsymbol{F_3}$ 和 $\boldsymbol{F_4}$ 交于一点，图 2-19 (a)、(b) 中所示两个力四边形表示的力学意义是什么？

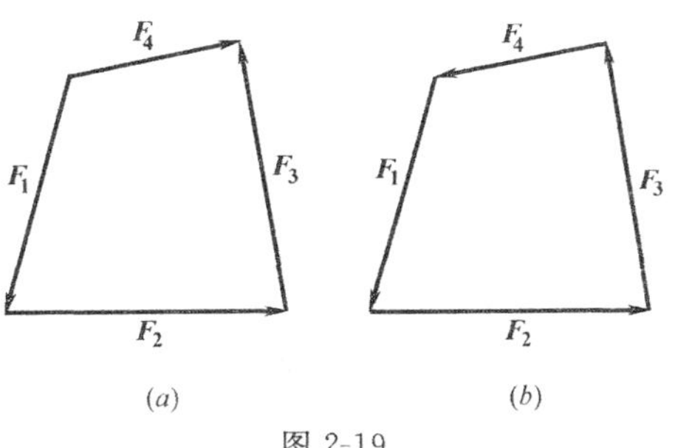

图 2-19

3. 同一个力在两个互相平行的轴上的投影是否相等？若两个力在同一轴上的投影相等，这两个力是否一定相等？

4. 如图 2-20（*a*）、（*b*）所示，两个力系的三个力都汇交于一点，且各力都不等于零，试问它们是否可能平衡？

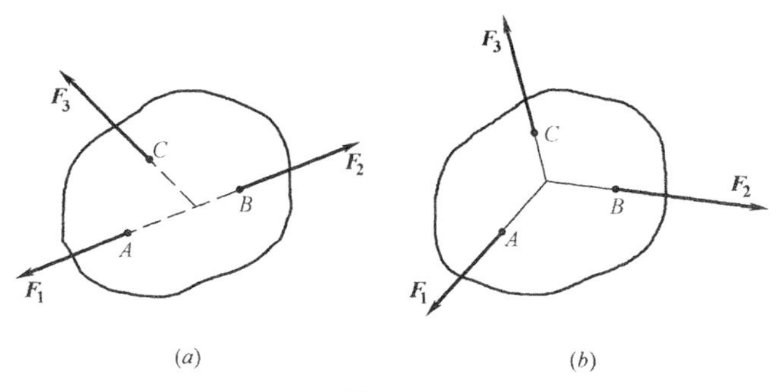

图 2-20

5. 一固定拉环受到三根绳的拉力，设 $T_1=15\text{kN}$，$T_2=21\text{kN}$，$T_3=10\text{kN}$，各拉力的方向如图 2-21 所示。试用几何法求这三个力的合力。

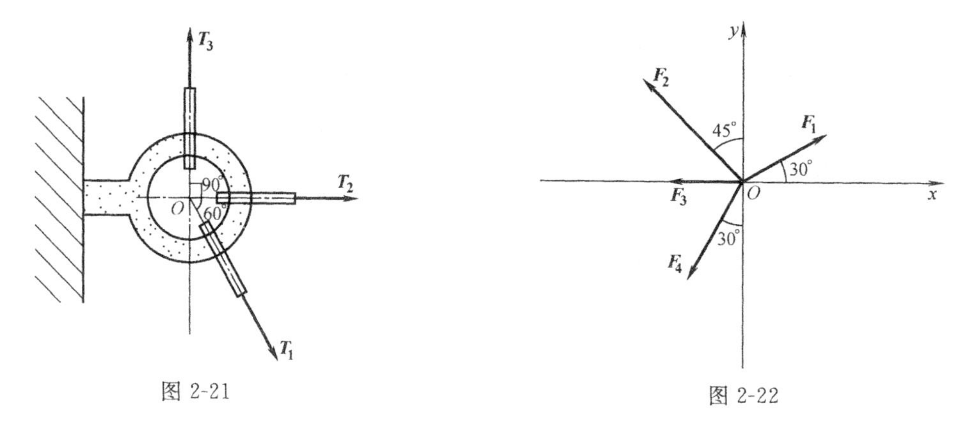

图 2-21

图 2-22

6. 已知 $F_1=400\text{N}$，$F_2=1000\text{N}$，$F_3=100\text{N}$，$F_4=500\text{N}$，试用几何法求图 2-22 中平面汇交力系的合力。

7. 起吊双曲拱桥的拱肋时，在图 2-23 所示的位置成平衡，试用几何法求钢索 AB 和 AC 的拉力。设 $G=30\text{kN}$。

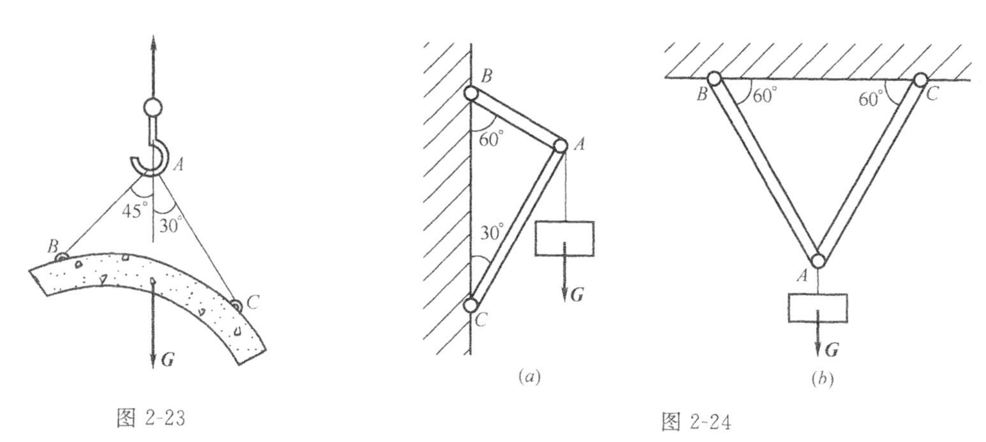

图 2-23

图 2-24

8. 支架由杆 AB、AC 构成，A、B、C 三处都是铰链，在 A 点悬挂重量为 $G=20\text{kN}$ 的重物，试用几何法求图 2-24（a）、（b）所示两种情况下，杆 AB、AC 所受的力（杆的自重不计）。

9. 梁 AB 如图 2-25 所示，梁上作用一力 $P=50\text{kN}$。梁自重不计，用几何法求 A、B 支座的反力。

10. 三铰拱在 D 处受一竖向力 $\boldsymbol{P}$，如图 2-26 所示。设拱的自重不计，试用几何法求支座 A、B 的反力。

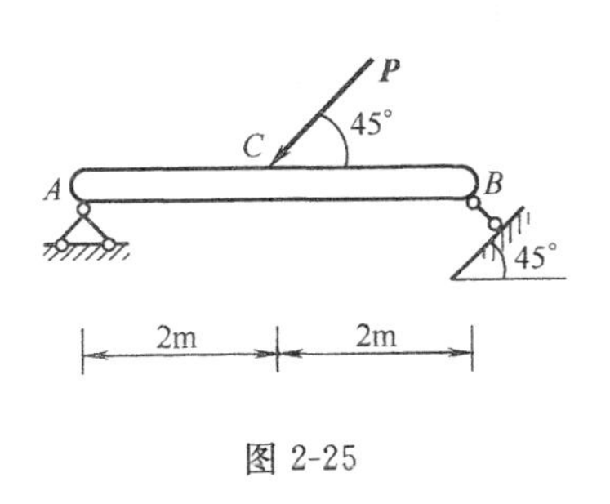

图 2-25

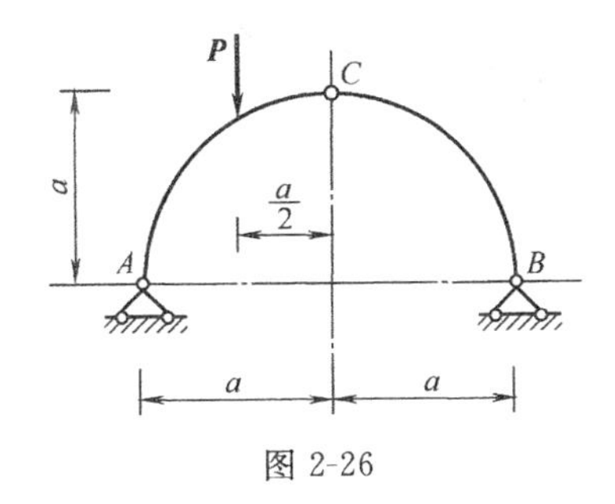

图 2-26

11. 试分别求出图 2-27 中各力在 x 轴和 y 轴上的投影。已知 $F_1=100\text{N}$，$F_2=50\text{N}$，$F_3=80\text{N}$，$F_4=150\text{N}$，各力的方向如图 2-27 所示。

12. 试用解析法计算题 2-5。

13. 试用解析法计算题 2-6。

14. 套环 C 可在铅直杆 AB 上滑动，套环受三个力 $\boldsymbol{F_1}$、$\boldsymbol{F_2}$、$\boldsymbol{F_3}$ 作用，如图 2-28 所示。已知 $F_1=2.0\text{kN}$，$F_2=1.6\text{kN}$。要使这三个力的合力沿水平方向，问 $\boldsymbol{F_3}$ 应等于多少？并求此时的合力。

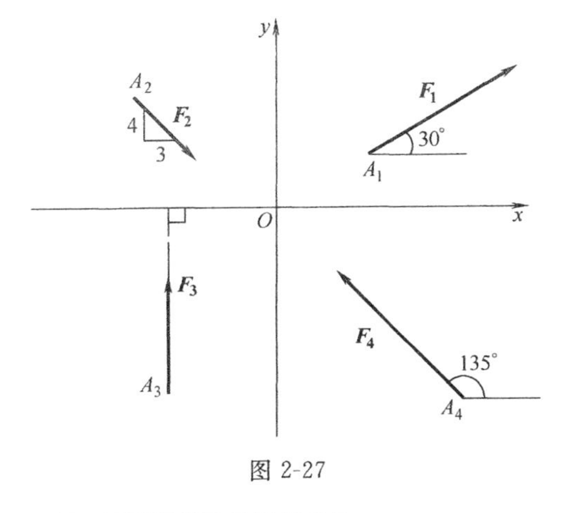

图 2-27

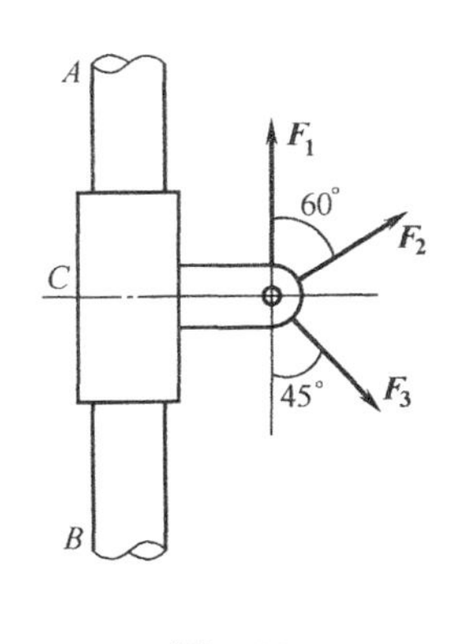

图 2-28

15. 试用解析法计算题 2-7。

16. 试用解析法计算题 2-8。

17. 小球重 $G_1=100\text{N}$，置于光滑的水平面上，受力情况如图 2-29 所示。当小球处于平衡时，用解析法求拉力 $\boldsymbol{T}$ 和平面对小球的约束反力 $\boldsymbol{N}$。已知物体 $\boldsymbol{M}$ 重 $G_2=150\text{N}$。

18. 如图 2-30 所示，用一组绳索悬挂一物体，求各绳的拉力。已知物体的自重 $G=10\text{kN}$。

19. 如图 2-31 所示，某桁架接头，由四根角钢焊接在连接板上而成。已知作用在杆件 A 和 C 上的力为 $F_A=2.0\text{kN}$，$F_C=4.0\text{kN}$，并知作用在杆件 B 和 D 上的力的方向，且该力系汇交于 O 点。求在平衡状态下力 $\boldsymbol{F_B}$、$\boldsymbol{F_D}$ 的值。

20. 如图 2-32 所示，起重机支架的杆 AB、AC 用铰链支承在可旋转的立柱上，并在 A 点用铰链互相连接。由铰车 D 水平引出钢索绕过滑轮 A 起吊重物。设重物 $G=20\text{kN}$，各杆和滑轮的自重及滑轮的大小都不计。试用解析法求杆 AB 和 AC 所受的力。

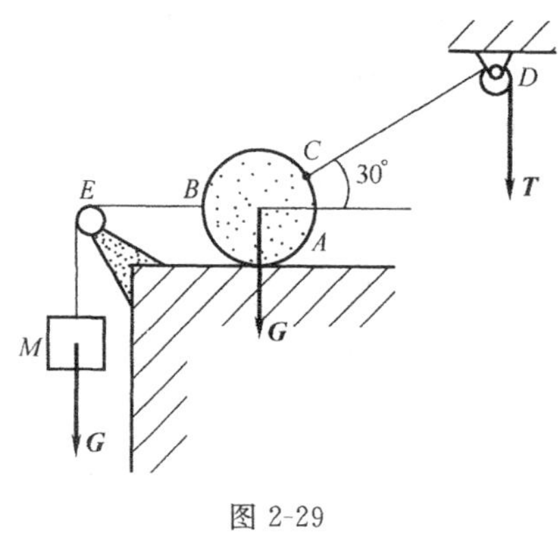

图 2-29

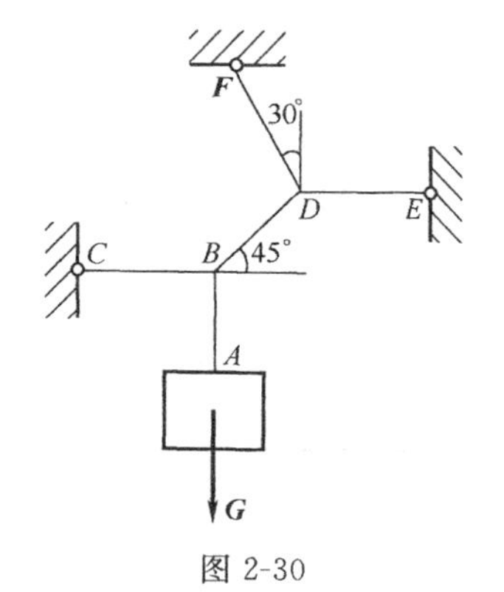

图 2-30

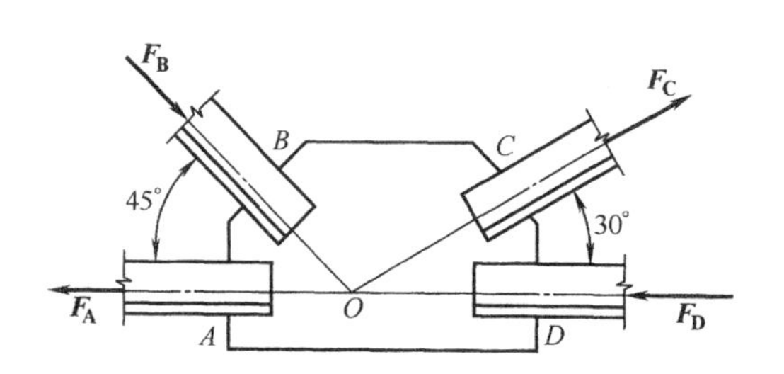

图 2-31

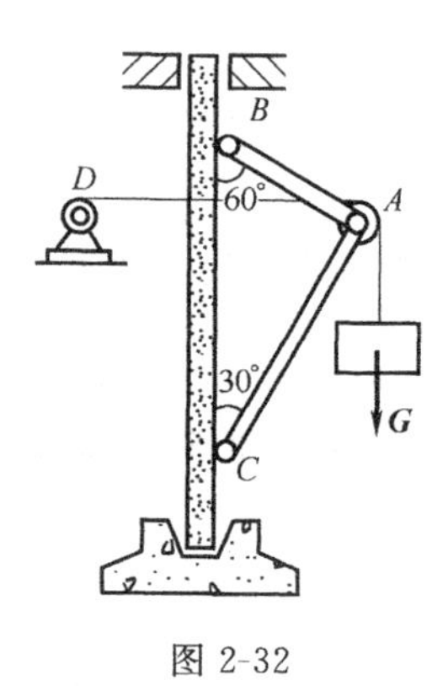

图 2-32

第三章　力矩和平面力偶系

本章我们主要研究力矩和平面力偶的概念和计算。这些知识在理论和实际应用方面都具有很重要的意义。

第一节　力对点的矩·合力矩定理

一、力对点的矩

人们从实践经验中体会到，力对物体的作用，有时会使物体移动，有时会使物体转动。例如，用扳手拧紧螺母时，加力可使扳手绕螺母中心转动；其他简单机械如杠杆、滑轮的使用等，都是物体在力的作用下产生转动效应的实例。为了度量力对物体的转动效应，现引入**力对点的矩**的概念。

试观察用扳手拧螺母的情形，如图 3-1 所示，力 $\boldsymbol{F}$ 使扳手连同螺母绕螺母中心 O 转动。由经验可知，力 $\boldsymbol{F}$ 的数值愈大，或者力 $\boldsymbol{F}$ 的作用线离螺母中心 O 愈远，则愈容易旋转螺母。这表明：力 $\boldsymbol{F}$ 使物体绕某点 O 转动的效应，不仅与力 $\boldsymbol{F}$ 的大小成正比，而且还与力 $\boldsymbol{F}$ 的作用线到 O 点的垂直距离 d 成正比。因此可用乘积 $F\cdot d$ 来作为这种转动效应的度量。此外，力对物体的转动效应，还与它的转向有关，就平面问题来说，可能产生两种转向相反的转动，即逆时针或顺时针方向的转动。对于这两种情况，可采用正负号加以区别。因此，**我们用乘积 $\boldsymbol{F}\cdot \boldsymbol{d}$ 加上正号或负号来表示力 $\boldsymbol{F}$ 使物体绕 $\boldsymbol{O}$ 点转动的效应（图 3-2），称为力 $\boldsymbol{F}$ 对 $\boldsymbol{O}$ 点的矩，简称力矩**，并用符号 $M_O(\boldsymbol{F})$ 或 M_O 表示。即

$$M_O(\boldsymbol{F})=\pm F\cdot d \tag{3-1}$$

其中，转动中心 O 点称为**矩心**，矩心 O 到力 $\boldsymbol{F}$ 作用线的垂直距离 d 称为**力臂**。式中正负号的规定是：若力使物体产生逆时针方向的转动，取正号；反之，取负号。所以，力对点的矩是代数量。

图 3-1　　　　图 3-2

由图 3-2 可见，力 $\boldsymbol{F}$ 对 O 点的矩的大小也可用以力 $\boldsymbol{F}$ 为底边，矩心 O 为顶点所构成的三角形 OAB 面积的两倍来表示，即

$$M_O(\boldsymbol{F})=\pm 2\cdot \triangle OAB \tag{3-2}$$

力矩的单位是力与长度单位的乘积。因此，在国际单位制中，力矩的单位为牛顿·米（N·m）或千牛顿·米（kN·m）。

由力矩的定义可知，它在下列两种情况下为零：

（1）当力的大小等于零时；

（2）当力的作用线通过矩心（即力臂 $d=0$）时。

并且要注意，力对点的矩不会因为力沿其作用线的任意移动而改变。这是因为力沿其作用线任意移动时，其大小、方向及力臂都没有改变。

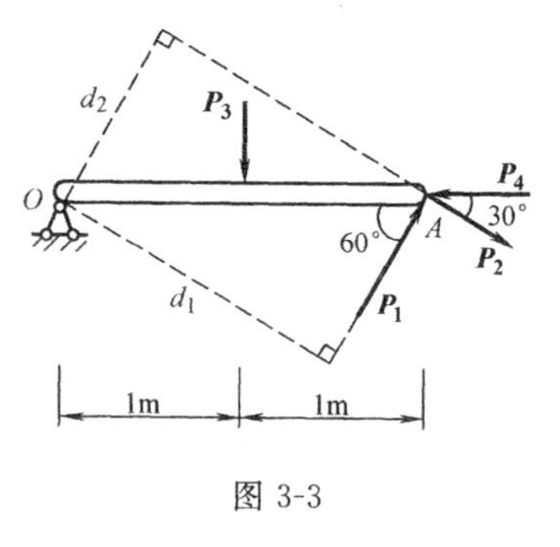

图 3-3

【例 3-1】 如图 3-3 所示，$P_1=40\text{N}$，$P_2=30\text{N}$，$P_3=50$，$P_4=60\text{N}$。试求各力对 O 点的力矩。已知杆长 $OA=2\text{m}$。

【解】 由式（3-1）得

$$M_O(\boldsymbol{P_1})=P_1\cdot d_1=40\times2\times\cos30°=69.3\text{N}\cdot\text{m}$$

$$M_O(\boldsymbol{P_2})=-P_2\cdot d_2=-30\times2\times\sin30°=-30\text{N}\cdot\text{m}$$

$$M_O(\boldsymbol{P_3})=-P_3\cdot d_3=-50\times1=-50\text{N}\cdot\text{m}$$

因为力 $\boldsymbol{P_4}$ 的作用线通过矩心 O，即有 $d_4=0$，所以

$$M_O(\boldsymbol{P_4})=P_4\cdot d_4=0$$

二、合力矩定理

在计算力矩时，最重要的是确定矩心和力臂，力臂一般可通过几何关系确定。但是在有些实际问题中，由于几何关系比较复杂，力臂不易求出，因而力矩不便于计算（如例题 3-1 当中的力 $\boldsymbol{P_1}$、$\boldsymbol{P_2}$ 对 O 点的矩）。如果将力作适当分解得其分力，考虑到合力与分力等效，合力的转动效应也应与其分力的转动效应相同，因此可以将合力对某点之矩转化为分力对某点之矩来计算，这样做往往可以使问题得到简化。合力对某一点之矩与其分力对同一点之矩有如下关系：

平面汇交力系的合力对平面内任一点之矩，等于力系中各分力对同一点之矩的代数和。这就是平面汇交力系的**合力矩定理**。现以两个汇交力的情形为例，给以证明：

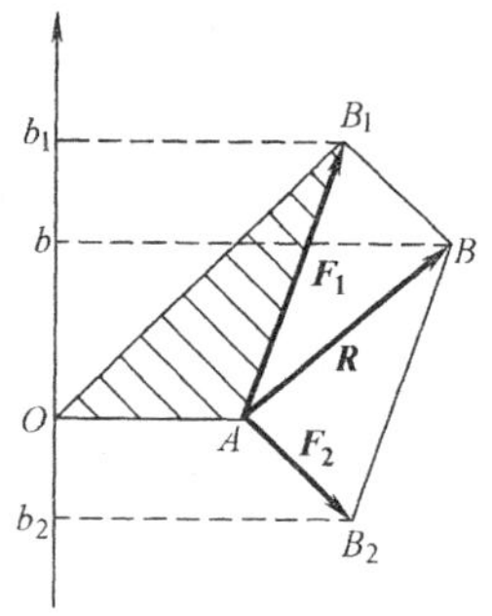

如图 3-4 所示，设在刚体上的 A 点作用两个平面汇交力 $\boldsymbol{F_1}$ 和 $\boldsymbol{F_2}$，$\boldsymbol{R}$ 为其合力。任选一点 O 为矩心，通过点 O 并垂直于 OA 作 y 轴。令 Y_1、Y_2 和 R_y 分别表示力 $\boldsymbol{F_1}$、$\boldsymbol{F_2}$ 和 $\boldsymbol{R}$ 在 y 轴上的投影。由图 3-4 可见

图 3-4

$$Y_1=Ob_1,\ Y_2=Ob_2,\ R_y=Ob$$

各力对点 O 的矩分别为

$$\left.\begin{aligned}M_O(\boldsymbol{F_1})&=2\triangle AOB_1=Ob_1\cdot OA=Y_1\cdot OA\\M_O(\boldsymbol{F_2})&=-2\triangle AOB_2=-Ob_2\cdot OA=Y_2\cdot OA\\M_O(\boldsymbol{R})&=2\triangle AOB=Ob\cdot OA=R_y\cdot OA\end{aligned}\right\}\qquad(a)$$

根据合力投影定理有

$$R_y=Y_1+Y_2$$

上式两边同乘以 OA 得

$$R_y\cdot OA=Y_1\cdot OA+Y_2\cdot OA$$

将式（a）代入，就得

$$M_O(\boldsymbol{R})=M_O(\boldsymbol{F_1})+M_O(\boldsymbol{F_2})$$

于是定理得到证明。

以上证明可以推广到任意个汇交力的情形。用式子可表示为

$$M_O(\boldsymbol{R})=M_O(\boldsymbol{F_1})+M_O(\boldsymbol{F_2})+\cdots+M_O(\boldsymbol{F_n})=\sum M_O(\boldsymbol{F}) \tag{3-3}$$

【例 3-2】 图 3-5 所示每 1m 长挡土墙所受土压力的合力为 **R**，它的大小为 $R=150\text{kN}$，方向如图 3-5 所示。求土压力 **R** 使墙倾覆的力矩。

【解】 土压力 **R** 可使挡土墙绕 A 点倾覆，所以求 **R** 使墙倾覆的力矩，就是求 **R** 对 A 点的力矩。由已知尺寸求力臂 d 不方便，但如果将 **R** 分解为两个力 $\boldsymbol{F_1}$ 和 $\boldsymbol{F_2}$，则两分力的力臂是已知的，故由式（3-3）可得

$$\begin{aligned}M_A(\boldsymbol{R})&=M_A(\boldsymbol{F_1})+M_A(\boldsymbol{F_2})=F_1\cdot h/3-F_2\cdot b\\&=150\cos30°\times1.5-150\sin30°\times1.5\\&=82.4\text{kN}\cdot\text{m}\end{aligned}$$

【例 3-3】 放在地面上的箱子如图 3-6 所示，受到 $R=120\text{kN}$ 的力作用。试求该力对点 A 的矩：

（1）根据该力的力臂计算；

（2）根据该力在作用于点 B 处的分力计算。

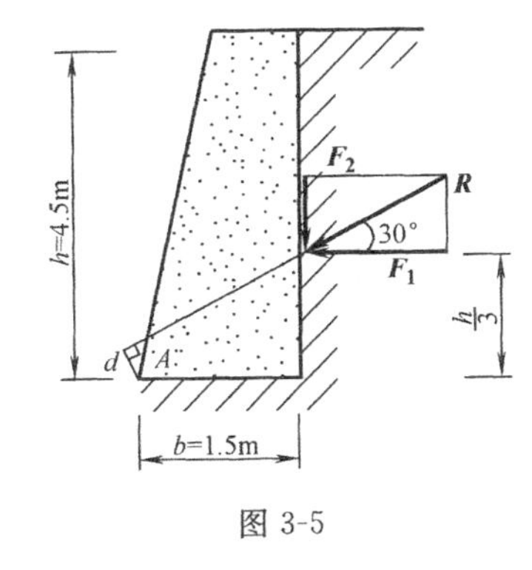

图 3-5

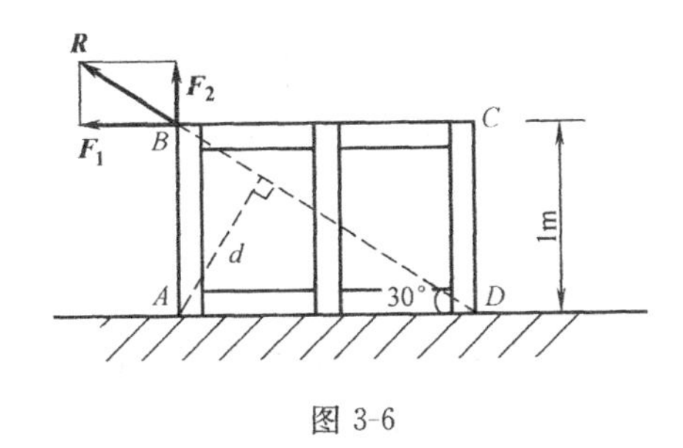

图 3-6

【解】（1）先求 R 的力臂：由图示几何关系可得

$$d=1\times\cos30°=0.866\text{m}$$

再由式（3-1）可得

$$M_A(\boldsymbol{R})=R\cdot d=120\times0.866=103.92\text{N}\cdot\text{m}$$

（2）将力 **R** 在点 A 分解为两个分力 $\boldsymbol{F_1}$ 和 $\boldsymbol{F_2}$，由式（3-3）可得，

$$\begin{aligned}M_A(\boldsymbol{R})&=M_A(\boldsymbol{F_1})+M_A(\boldsymbol{F_2})=F_1\cdot1+F_2\cdot0\\&=R\times\cos30°=120\times0.866=103.92\text{N}\cdot\text{m}\end{aligned}$$

由此可见，以上两种方法的计算结果是相同的。而且在求力 **R** 对 A 点的矩时，应用合力矩定理计算较为简便。

第二节　力偶・力偶的性质

一、力偶和力偶矩

在实际生活中，我们常常可以见到汽车司机用双手转动方向盘（图 3-7*a*），钳工用双手转动丝锥攻螺纹（图 3-7*b*），人们用两个手指拧动水龙头或用旋转钥匙开门锁等等，在

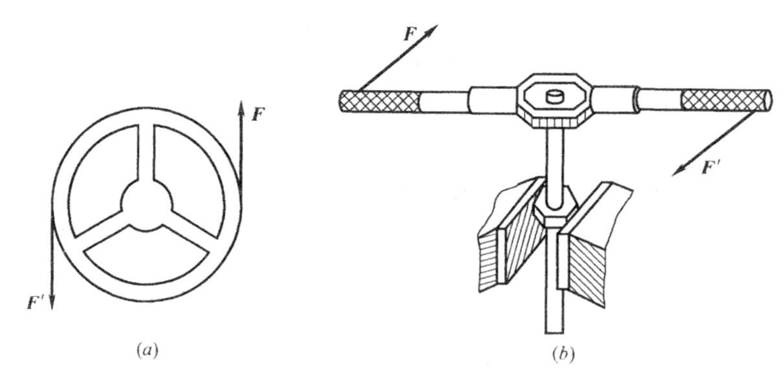

图 3-7

方向盘、丝锥、水龙头、钥匙等物体上作用了两个大小相等、方向相反、作用线平行而不重合的力。这两个等值、反向的平行力不能合成为一个力，也不能平衡。我们从实际生活中体会到，这样的两个力能使物体产生转动效应。所以，在力学当中，这种由**大小相等、方向相反、作用线平行而不重合的两个力组成的力系，称为力偶**（图 3-8），用符号（$\boldsymbol{F}$，$\boldsymbol{F}'$）表示。力偶中两力作用线间的垂直距离 d 称为**力偶臂**，力偶所在的平面称为**力偶作用面**。

图 3-8　　图 3-9

力偶是一种常见的特殊力系。由实践经验可知，在力偶作用面内，力偶能使物体产生转动。当力偶中的力 $\boldsymbol{F}$ 愈大，或者力偶臂 d 愈大时，力偶对物体的转动效应愈显著。此外，力偶在平面内的转向不同，其作用效应也不相同。可见，在力偶作用面内，力偶对物体的转动效应取决于力偶中力 $\boldsymbol{F}$ 和力偶臂 d 的大小以及力偶的转向。在力学中用力的大小 F 与力偶臂 d 的乘积 $F \cdot d$，加上正号或负号作为度量力偶对物体转动效应的物理量，该物理量称为力偶矩，并用符号 $m(\boldsymbol{F}, \boldsymbol{F}')$ 或 m 表示，即

$$m(\boldsymbol{F}, \boldsymbol{F}') = m = \pm F \cdot d \tag{3-4}$$

式中正负号的规定是：若力偶的转向是逆时针时，取正号；反之，取负号。

由图 3-9 可见，力偶矩的大小也可以通过力与力偶臂所构成的三角形面积的两倍来表示。即

$$m = \pm 2\triangle OAB \tag{3-5}$$

力偶矩的单位和力矩的单位相同，也是牛顿·米（N·m）或千牛顿·米（kN·m）。

二、力偶的基本性质

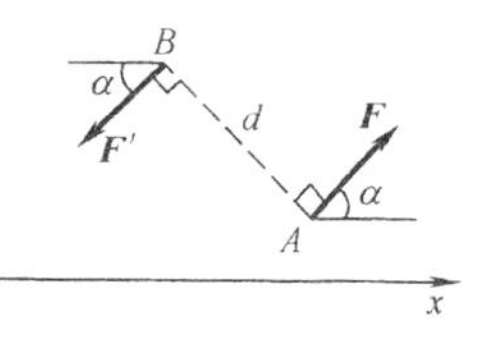

图 3-10

（1）**力偶在任一轴上的投影等于零。**

设在物体上作用一力偶（$\boldsymbol{F}$，$\boldsymbol{F}'$），并且该两力与某一轴 x 所夹的角为 α，如图 3-10 所示，由图可得

$$\sum X = F\cos\alpha - F'\cos\alpha = 0$$

由此可得，力偶在任一轴上的投影等于零。

由于力偶在任一轴上的投影等于零，所以力偶对物体不会产生移动效应，只产生转动效应。

（2）**力偶不能简化为一个合力。**

因为力偶在任一轴上的投影都为零，所以力偶对于物体不会产生移动效应，只产生转动效应。一般说，一个力可使物体产生移动和转动两种效应。例如一块平板，它的质量中心是 C 点，当力 $\boldsymbol{F}$ 的作用线通过 C 点时，平板沿力的方向移动（图 3-11a）；当力 $\boldsymbol{F}$ 的作用线不通过 C 点时，平板将同时产生移动和转动（图 3-11b）；但是，平板上作用力偶时，则只产生转动（图 3-11c）。

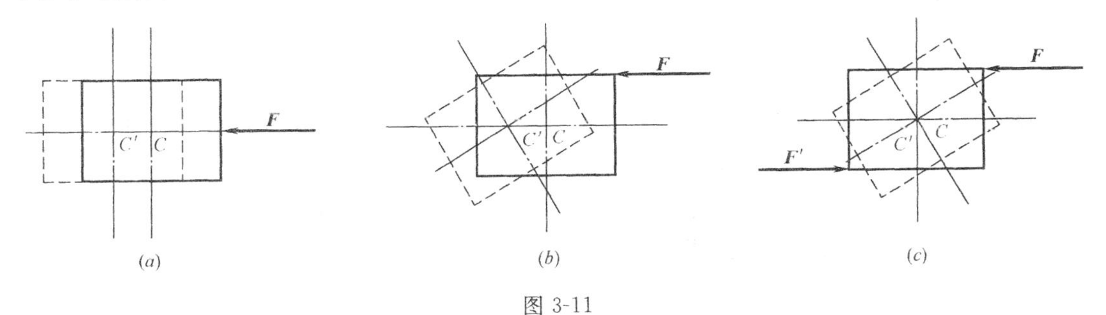

图 3-11

力偶和力对物体的作用效应不同，说明力偶不能用一个力来代替，即**力偶不能简化为一个力**，因而**力偶也不能和一个力平衡，力偶只能和力偶平衡。**

（3）**力偶对其作用面内任一点的矩都等于力偶矩，而与矩心的位置无关。**

由于力偶由两个力组成，它的作用是使物体产生转动效应，因此，力偶对物体的转动效应，可以用力偶中的两个力对其作用面内某点的矩的代数和来度量。

设在物体上作用一力偶（$\boldsymbol{F}$，$\boldsymbol{F}'$），其力偶臂为 d，如图 3-12 所示。在力偶作用面内任取一点 O 为矩心，以 $m_O(\boldsymbol{F},\boldsymbol{F}')$ 表示力偶对 O 点的矩，则

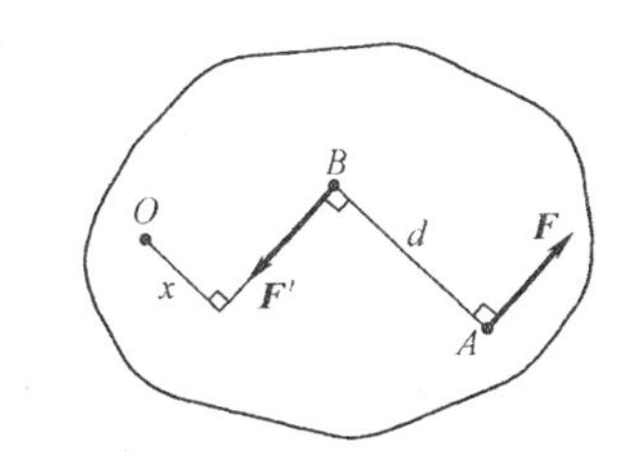

图 3-12

$$
\begin{aligned}
m_O(\boldsymbol{F},\boldsymbol{F}') &= m_O(\boldsymbol{F}) + m_O(\boldsymbol{F}') \\
&= F\cdot(x+d) - F'\cdot x = F\cdot d = m
\end{aligned}
$$

以上结果表明：力偶对其作用面内任一点的矩，恒等于力偶矩，而与矩心的位置无关。

（4）**在同一平面内的两个力偶，如果它们的力偶矩大小相等，力偶的转向相同，则这两个力偶是等效的**。这一性质称**为力偶的等效性**。

力偶的等效性可以直接由经验证实，例如，司机使汽车转弯时用双手转动方向盘（图 3-13），不管两手用力是 $\boldsymbol{F}_1$，$\boldsymbol{F}_1'$ 或是 $\boldsymbol{F}_2$，$\boldsymbol{F}_2'$，只要力的大小不变，它们的力偶矩就相等，因而转动方向盘的效应就是一样的。又如攻螺纹时，双手施加在扳手上的力不论是如图 3-14（a）还是如图 3-14（b），虽然所加力的大小和力偶臂不同，但它们的力偶矩相等，因此，它们对扳手的转动效应也是一样的。

根据力偶的等效性，可以得出两个推论：

推论 1 只要保持力偶矩的代数值不变，力偶可以在其作用面内任意移动和转动，而不会改变它对物体的转动效应，即力对物体的转动效应与它在作用面内的位置无关。

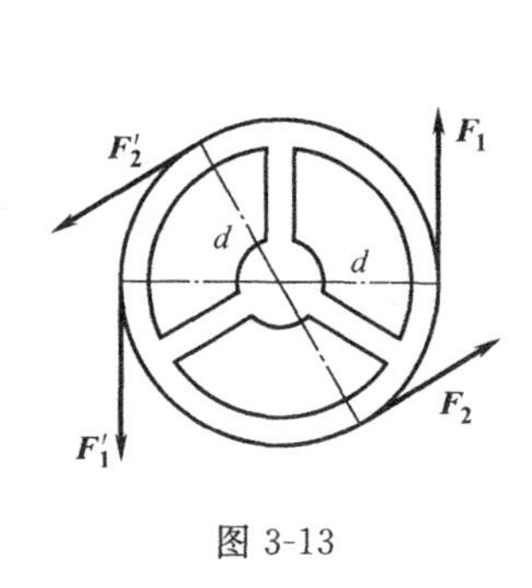

图 3-13

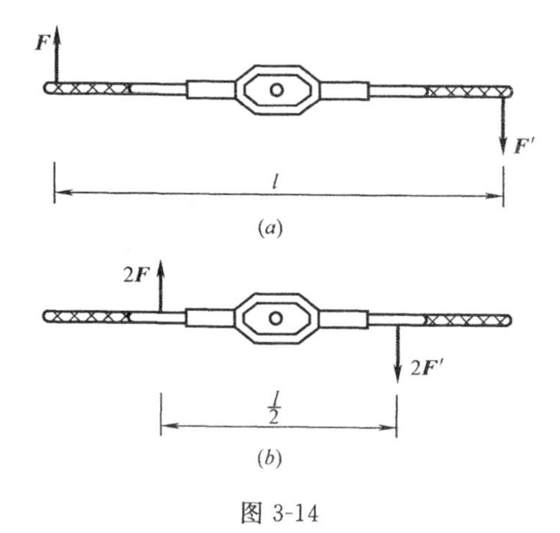

图 3-14

推论 2 只要保持力偶矩的代数值不变，可以同时改变力偶中的力和力偶臂的大小，而不会改变它对物体的转动效应。

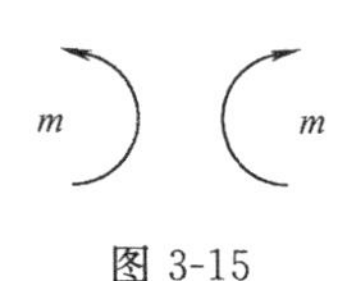

图 3-15

从以上分析可知，力偶对于物体的转动效应完全取决于**力偶矩的大小、力偶的转向及力偶的作用面**，这就是**力偶的三要素**。所以，力偶在其作用面内除了可以用两个力表示之外，通常还可用一带箭头的弧线来表示，如图 3-15 所示。其中箭头表示力偶的转向，m 表示力偶矩的大小。

第三节　平面力偶系的合成和平衡条件

在物体的某一平面内同时作用有两个或两个以上的力偶时，这群力偶就称为**平面力偶系**。

一、平面力偶系的合成

本着由简单到复杂的原则，我们先来研究同平面内三个力偶的合成，然后再推广到任意个力偶组成的平面力偶系。设在物体的同一平面内作用有三个力偶（F_1，F_1'）、（F_2，F_2'）和（F_3，F_3'），它们的力偶臂分别为 d_1、d_2 和 d_3，如图 3-16（a）所示。这三个力偶的力偶矩分别为 $m_1=F_1\cdot d_1$、$m_2=F_2\cdot d_2$、$m_3=-F_3\cdot d_3$，现在来求它们的合成结

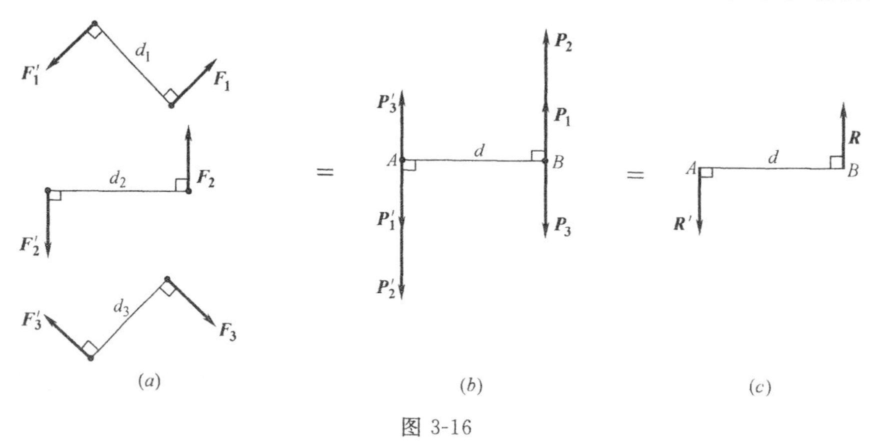

图 3-16

果。根据上一节中的推论，在保持力偶矩不变的条件下，可同时改变这三个力偶中的力和力偶臂的大小。为此，在力偶作用面内任取一线段 $AB=d$，使各力偶的力偶臂都变换为 d，得到等效力偶（$\boldsymbol{P}_1$，$\boldsymbol{P}_1'$）、（$\boldsymbol{P}_2$，$\boldsymbol{P}_2'$）和（$\boldsymbol{P}_3$，$\boldsymbol{P}_3'$），而力 $\boldsymbol{P}_1$、$\boldsymbol{P}_2$ 和 $\boldsymbol{P}_3$ 的大小可由下列各式确定：

$$P_1=\frac{m_1}{d},\ P_2=\frac{m_2}{d},\ P_3=\frac{|m_3|}{d}$$

然后将这三个同臂力偶在作用面内作适当地移动和转动，使它们的力偶臂都与 AB 重合，如图 3-16（b）所示。因作用在 A 点的三个力 $\boldsymbol{P}_1$，$\boldsymbol{P}_2$ 和 $\boldsymbol{P}_3$ 共线，故可将其合成为一合力 $\boldsymbol{R}$。设 $P_1+P_2>P_3$，则 $\boldsymbol{R}$ 的大小为

$$R=P_1+P_2-P_3$$

其方向与 $\boldsymbol{P}_1$ 相同。同样，作用在 B 点的三个力也可以合成为一合力 $\boldsymbol{R}'$。显然两合力 $\boldsymbol{R}$ 与 $\boldsymbol{R}'$ 大小相等、方向相反、作用线平行而不重合（图 3-16c），可见它们也组成一个力偶（$\boldsymbol{R}$，$\boldsymbol{R}'$），这个力偶与原来的三个力偶等效，称为原来三个力偶的合力偶，若用 M 表示该合力偶的力偶矩，则有

$$M=Rd=(P_1+P_2-P_3)d=P_1d+P_2d-P_3d$$

即

$$M=m_1+m_2+m_3$$

将上述结果推广到由 n 个力偶组成的平面力偶系，则有

$$M=m_1+m_2+\cdots+m_n=\sum m \tag{3-6}$$

于是可得到如下结论：**平面力偶系合成的结果是一个合力偶，合力偶矩等于力偶系中各分力偶矩的代数和。**

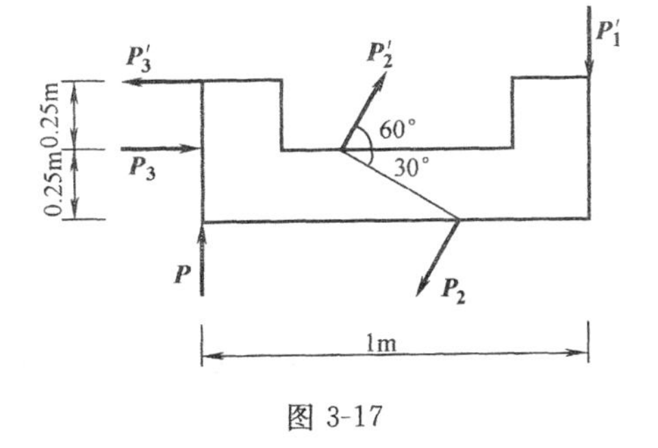

图 3-17

【例 3-4】 一物体在某平面内受到三个力偶的作用，如图 3-17 所示。已知 $P_1=P_1'=200$N，$P_2=P_2'=600$N，$P_3=P_3'=400$N，试求其合力偶。

【解】 用 m_1、m_2 和 m_3 分别表示力偶（$\boldsymbol{P}_1$，$\boldsymbol{P}_1'$）、（$\boldsymbol{P}_2$，$\boldsymbol{P}_2'$）和（$\boldsymbol{P}_3$，$\boldsymbol{P}_3'$）的力偶矩，则

$$m_1=-P_1\times 1=-200\times 1=-200\text{N}\cdot\text{m}$$

$$m_2=-P_2\times\frac{0.25}{\sin 30^\circ}=-600\times\frac{0.25}{0.5}=-300\text{N}\cdot\text{m}$$

$$m_3=P_3\times 0.25=400\times 0.25=100\text{N}\cdot\text{m}$$

由式（3-6）得合力偶矩为

$$M=m_1+m_2+m_3=-200-300+100=-400\text{N}\cdot\text{m}$$

即合力偶矩的大小等于 400N·m，合力偶的转向为顺时针方向，其作用面与原力偶系共面。

二、平面力偶系的平衡条件

平面力偶系合成的结果是一个合力偶，当合力偶矩等于零时，则力偶系中各力偶对物体的转动效应相互抵消，物体处于平衡状态；反之，当合力偶矩不等于零时，则物体必有

转动效应而不平衡。所以，**平面力偶系平衡的必要和充分条件是：力偶系中各力偶矩的代数和等于零**。用式子表示为

$$\sum m=0 \tag{3-7}$$

上式称为平面力偶系的平衡方程。应用这个平衡方程可以求解一个未知量。

【例 3-5】 简支梁 AB 上作用有两个力偶，如图 3-18（a）所示。已知 $P=P'=5\text{kN}$，$m=10\text{kN}\cdot\text{m}$，试求支座 A、B 的反力。

【解】 取梁 AB 为研究对象。作用在梁 AB 上的力有：两个已知力偶和支座 A、B 的反力 $\boldsymbol{Y}_A$ 和 $\boldsymbol{Y}_B$。B 处是可动铰支座，其反力 $\boldsymbol{Y}_B$ 应沿着铅垂线作用，指向假设向上；A 处是固定铰支座，其反力 $\boldsymbol{Y}_A$ 的方向本来未定，但因梁上的荷载只有力偶，而力偶只能和力偶相平衡，故支座 A、B 两处的反力 $\boldsymbol{Y}_A$ 和 $\boldsymbol{Y}_B$ 必组成一个力偶。因此，$\boldsymbol{Y}_A$ 也应沿着铅垂线作用，但指向与 $\boldsymbol{Y}_B$ 相反。梁 AB 的受力图如图 3-18（b）所示。

列出平面力偶系的平衡方程

$$\sum m=0,\quad P\times 0.5-m+Y_A\times 5=0$$

得

$$Y_A=\frac{m-P\times 0.5}{5}=\frac{10-5\times 0.5}{5}=1.5\text{kN}\ (\downarrow)$$

故

$$Y_B=1.5\text{kN}\ (\uparrow)$$

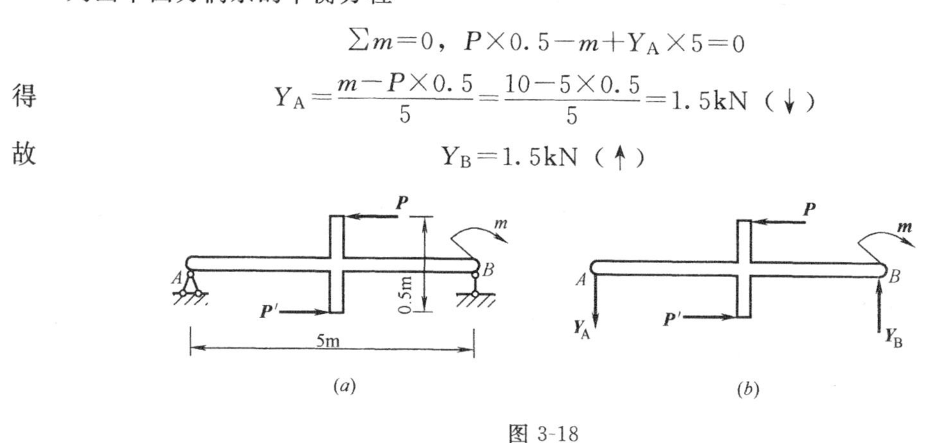

图 3-18

复习思考题与习题

1. 如图 3-19，用手拔钉子拔不出来，为什么用钉锤一下子能拔出来？我们用手开门或关门时，手的位置放在门的哪一个部位最省力？

2. 如图 3-20，力偶不能和一个力平衡，为什么图中的轮子又能平衡呢？

图 3-19　　图 3-20

3. 如图 3-21 中，四个力作用在一个物体的 A、B、C、D 四个点上，设 $\boldsymbol{P}_1$ 和 $\boldsymbol{P}_3$、$\boldsymbol{P}_2$ 和 $\boldsymbol{P}_4$ 大小相等，方向相反，且作用线互相平行，这四个力构成的力多边形闭合。试问物体是否平衡？为什么？

4. 如图 3-22 所示，图（a）与图（b）中两个小轮的半径都是 r，在这两种情况下力对小轮的作用效果是否相同？

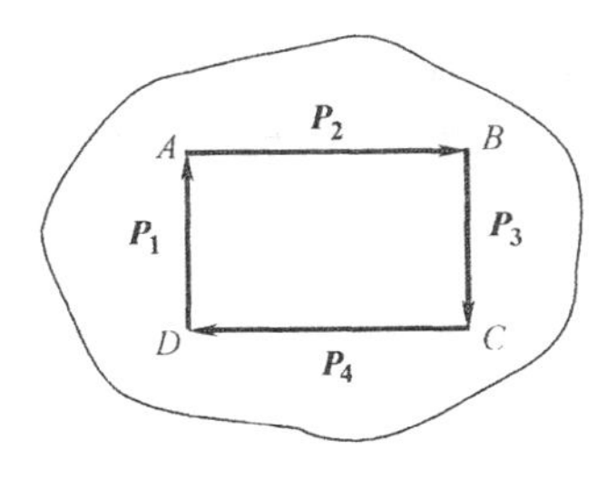

图 3-21

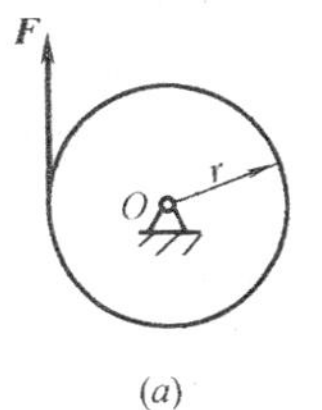

图 3-22

5. 如图 3-23 所示，力偶（$\boldsymbol{F}_1$，$\boldsymbol{F}'_1$）作用在平面 Oxy 内，力偶（$\boldsymbol{F}_2$，$\boldsymbol{F}'_2$）作用在平面 Oyz 内，它们的力偶矩的大小相等，问这两个力偶是否等效？

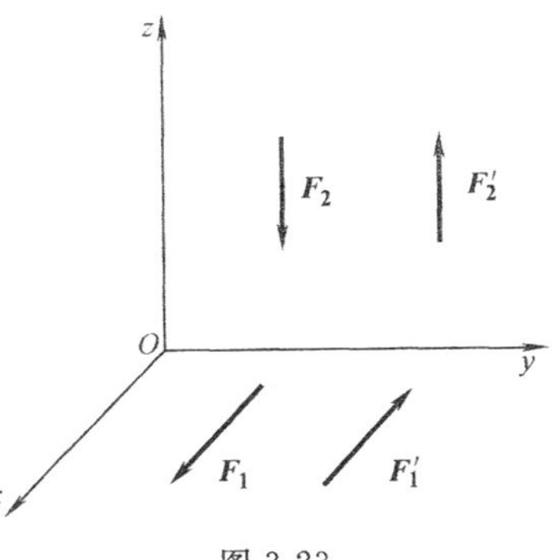

图 3-23

6. 试比较力矩与力偶矩的相同点和不同点。

7. 计算下列各图中（图 3-24）力 $\boldsymbol{P}$ 对 O 点的矩。

8. 一个 400N 的力作用在 A 点，方向如图 3-25 所示。求，

（1）此力对 O 点之矩；

（2）在 B 点应作用多大的水平力，才可使它对 O 点的矩与（1）中的力矩相同；

（3）要在 B 点加一最小力得到与（1）中对 O 点同样的力矩，求最小力。

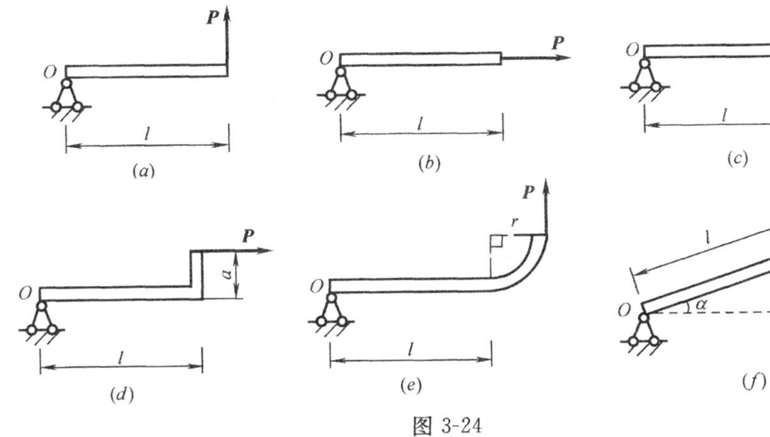

图 3-24

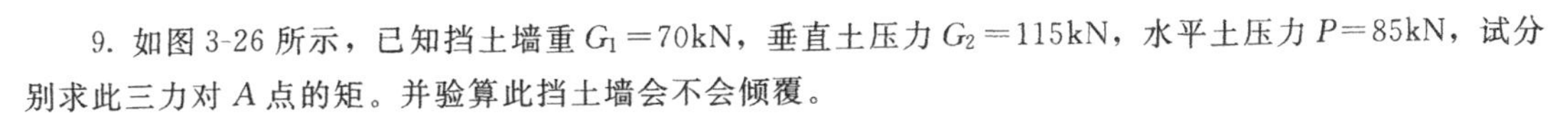

9. 如图 3-26 所示，已知挡土墙重 $G_1=70\text{kN}$，垂直土压力 $G_2=115\text{kN}$，水平土压力 $P=85\text{kN}$，试分别求此三力对 A 点的矩。并验算此挡土墙会不会倾覆。

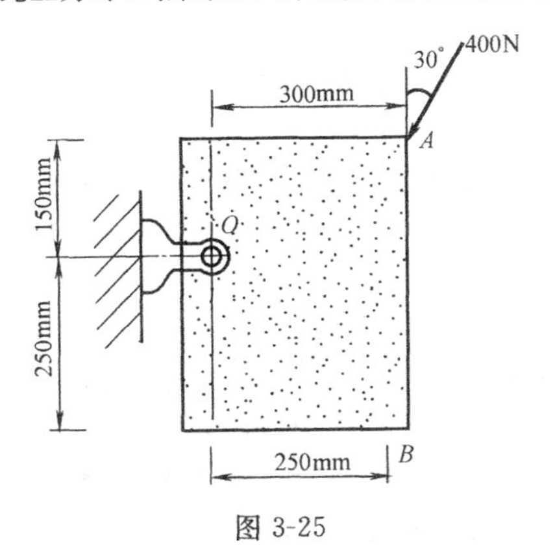

图 3-25

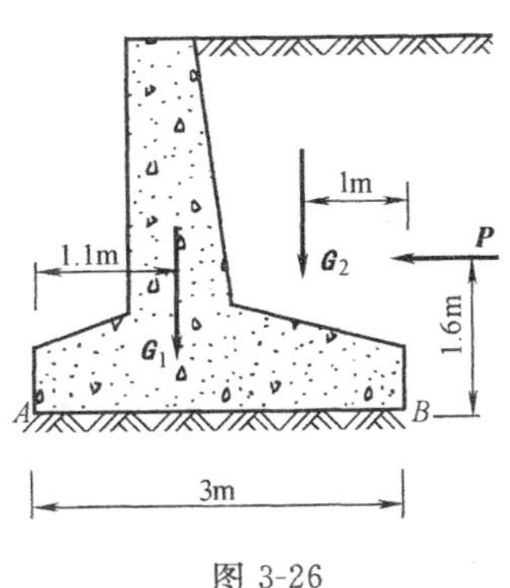

图 3-26

10. 如图 3-27 所示，压路机的碾子重 20kN，半径 $r=400$mm。如用一通过其中心的水平力 $\boldsymbol{P}$ 使碾子越过高 $h=80$mm 的台阶，求此水平力的大小。如要使作用的力为最小，问应沿哪个方向用力？并求此最小力。

11. 用以下不同方法求图 3-28 所示力 $\boldsymbol{P}$ 对 O 点的矩。

（1）用力 $\boldsymbol{P}$ 计算；

（2）用力 $\boldsymbol{P}$ 在 A 点的两分力计算；

（3）用力 $\boldsymbol{P}$ 在 B 点的两分力计算。

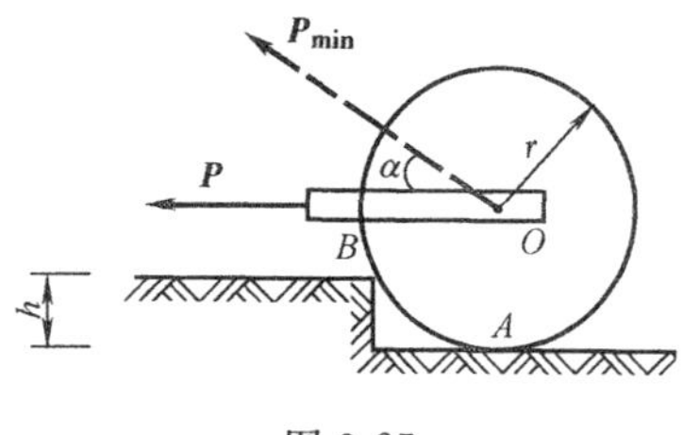

图 3-27

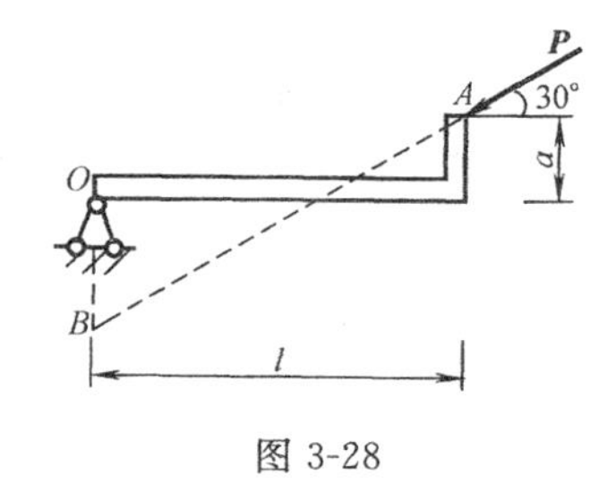

图 3-28

12. 各梁受力情况如图 3-29 所示，试求：

（1）各梁所受的力偶矩值；

（2）各力偶分别对 A、B 点的矩；

（3）各力偶在 x、y 轴上的投影。

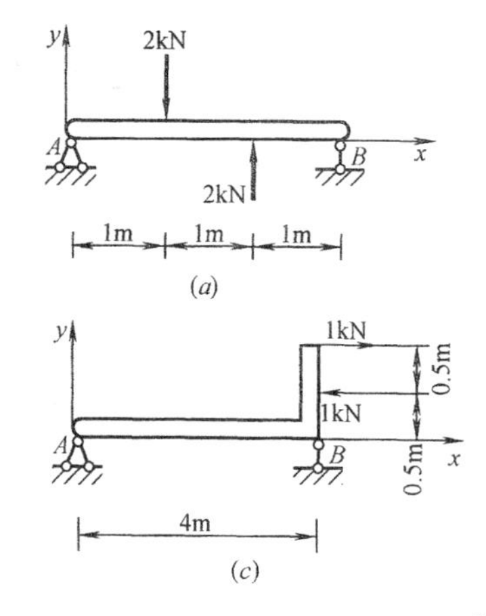

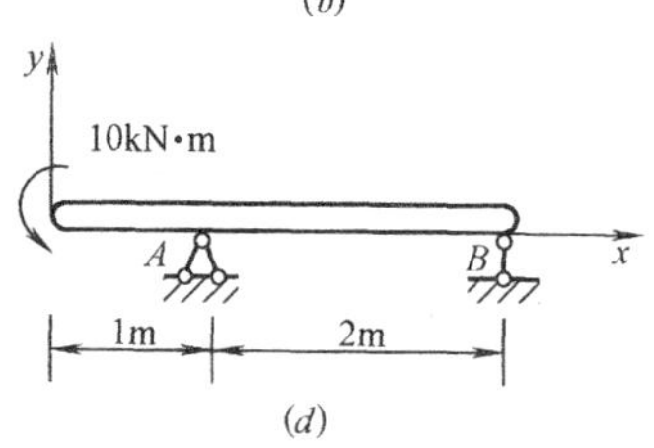

图 3-29

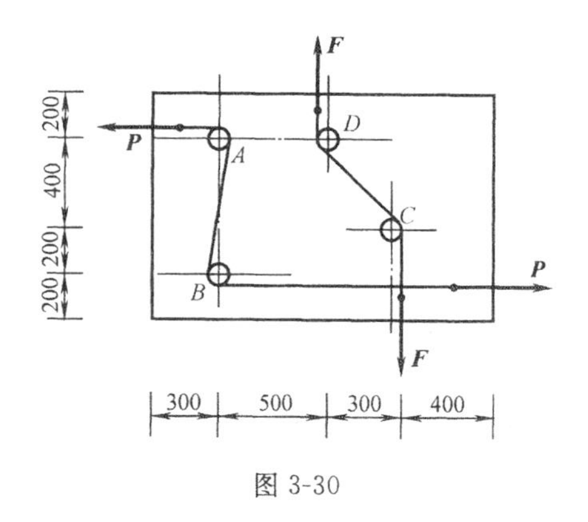

图 3-30

13. 四个直径为 10mm 的小滑轮装在板上，两根绳子通过滑轮用 $P=200$N、$F=350$N 的力拉住，如图 3-30 所示，求作用在板上的合力偶矩（图中尺寸单位为 mm）。

14. 求图 3-31 所示各梁的支座反力。

15. 一刚架受两个力偶作用如图 3-32 所示。已知 $m_1=3$kN·m，$m_2=1$kN·m，$a=1$m，试求支座 A、B 两处的约束反力。

16. 如图 3-33 所示，均质杆 AB 重为 $W=50$N，长为 $L=0.5$m，在 A 点用铰链支承。A、C 两点在同一铅垂线上，且 $AB=AC$，绳子一端拴在杆的 B 点，另一端经过滑轮 C 与重为 $G=80$N 的重物相连，试求杆的平衡位置 θ。

17. 如图 3-34 所示，工人启闭闸门时，为了省力，常将一根杆子穿入手轮中，并在杆的一端 C 加

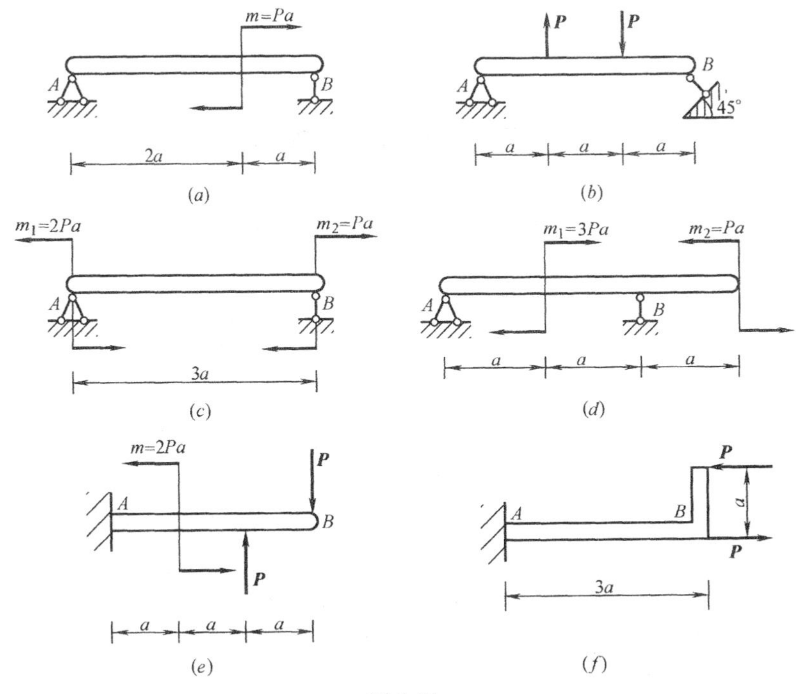

图 3-31

力，以转动手轮。设杆长 $L=1.2\mathrm{m}$，手轮直径 $D=0.6\mathrm{m}$。在 C 端加力 $P=100\mathrm{N}$ 能将闸门开启，如不用杆子而直接在手轮的 A、B 处施加力偶（$\boldsymbol{F}$，$\boldsymbol{F}'$），问 $\boldsymbol{F}$ 至少多大才能开启闸门？

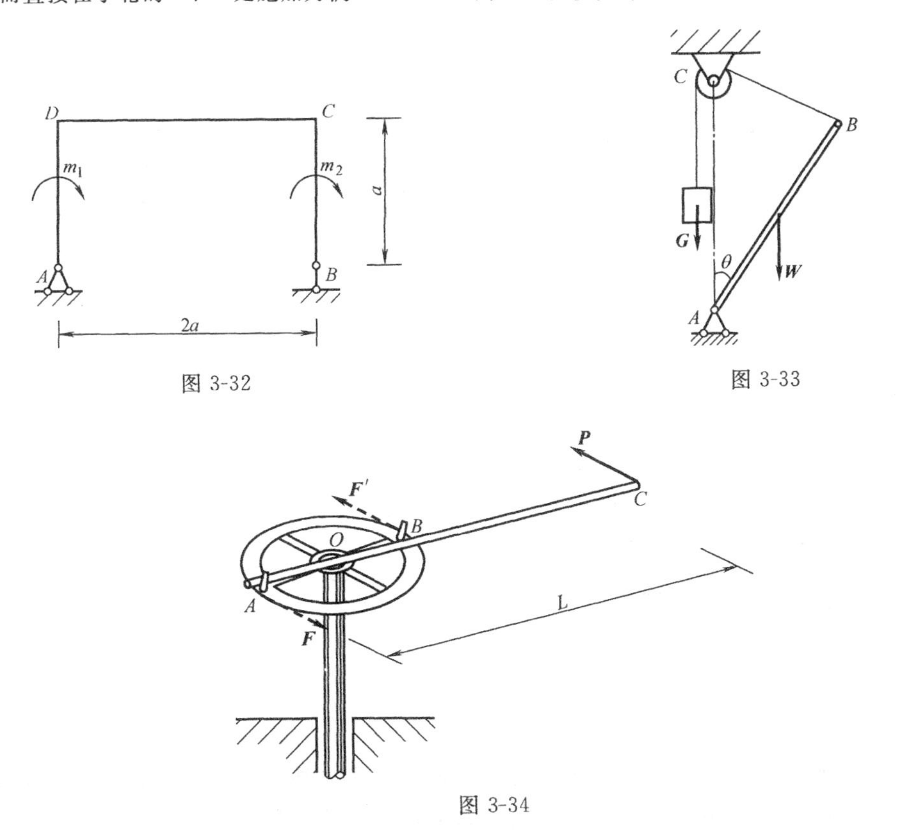

图 3-32

图 3-33

图 3-34

第四章　平面一般力系

平面一般力系是各力的作用线在同一平面内但不全部汇交于一点也不全部互相平行的力系。

在实际工程中，有些结构的厚度比其他两个方向的尺寸小得多，这种结构称为平面结构。一般情况下，作用在平面结构上的力也都分布在同一平面内，组成一个平面一般力系。例如图 4-1（*a*）所示的三角形屋架，就是一个平面结构，它受到屋面传来的竖向荷载 $\boldsymbol{P}$、风荷载 $\boldsymbol{Q}$ 以及两端支座反力 $\boldsymbol{X}_{A}$、$\boldsymbol{Y}_{A}$、$\boldsymbol{Y}_{B}$ 的作用，这些力组成了一个平面一般力系（图 4-1*b*）。此外，有些结构虽然不是受平面力系作用，但如果结构本身（包括支座）及其所承受的荷载都对称于某一个平面，那么作用在结构上的力系就可以简化为在这个对称平面内的平面力系。例如图 4-2 所示沿直线行驶的汽车，它所受到的重力 $\boldsymbol{G}$、空气阻力 $\boldsymbol{F}$ 和地面对前后轮的约束反力 $\boldsymbol{R}_{A}$、$\boldsymbol{R}_{B}$ 都可以简化到汽车的对称平面内而组成一个平面一般力系（图 4-2*a*、*b*）。又如图 4-3（*a*）所示的挡土墙，对其进行受力分析时，考虑到它沿长度方向的受力情况大致相同，通常取 1m 长的墙身作为研究对象，该段墙身所受到的重力 $\boldsymbol{G}$、土压力 $\boldsymbol{P}$ 和地基反力 $\boldsymbol{R}$ 也都可以简化到其对称平面内而组成一个平面一般力系（图 4-3*b*）。

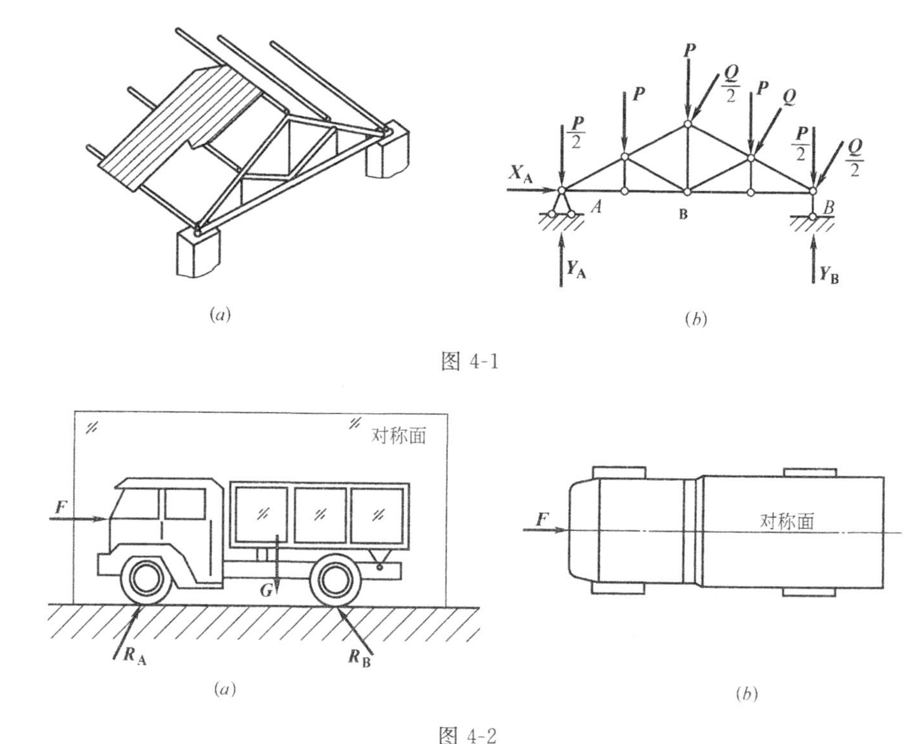

图 4-1

图 4-2

由于平面一般力系在工程实际中极为常见，而分析和解决平面一般力系问题的方法又具有普遍性，因此，本章主要研究平面一般力系的简化和平衡问题。

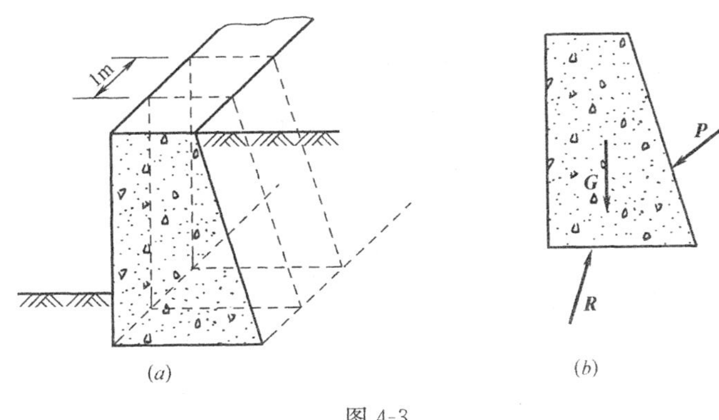

图 4-3

第一节　力的平移定理

我们前面已经研究了平面汇交力系和平面力偶系的合成和平衡问题。平面一般力系能否简化为这两种简单力系呢？如果可以的话，平面一般力系的合成和平衡问题将得到解决。要使平面一般力系中各力的作用线都汇交于一点，这就需要将力的作用线平移。由力的可传性原理可知，力可以沿其作用线任意移动而不会改变它对刚体的作用效应。但是，如果将力的作用线平移到另一位置，则它对刚体的作用效应将发生改变。下面举例说明。

设一个力 $\boldsymbol{F}$ 作用在轮子边缘上的 A 点（图 4-4a），此力可以使轮子转动，如果将其平移到轮子的中心 O 点（图 4-4b 的力 $\boldsymbol{F}'$），则它就不能使轮子转动，可见力的作用线是不能随便平移的。但是当我们将力 $\boldsymbol{F}$ 平行移到 O 点同时，再在轮子上附加一个适当的力偶（图 4-4c），就可以使轮子转动的效应和力 $\boldsymbol{F}$ 没有平移时（图 4-4a）一样。可见，要将力平移，就需要附加一个力偶才能和平移前的效果相同。

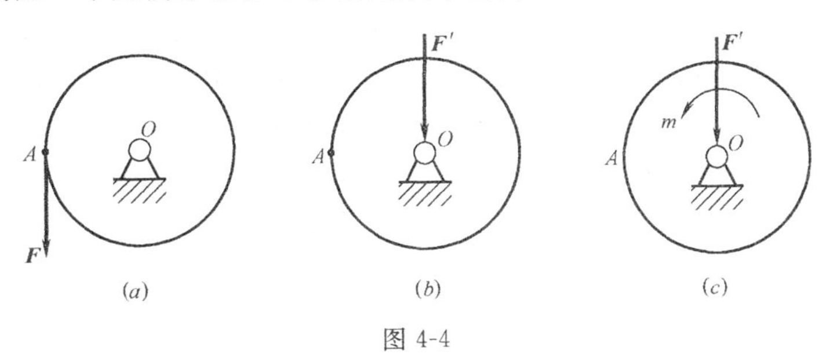

图 4-4

在一般情况下，设在物体的 A 点作用一个力 $\boldsymbol{F}$，如图 4-5（a）所示，要将此力平移到物体的任一点 O，为此，可在 O 点加上一对平衡力 $\boldsymbol{F}'$ 和 $\boldsymbol{F}''$，并使其作用线与力 $\boldsymbol{F}$ 平行、大小与力 $\boldsymbol{F}$ 的大小相等，即令 $F'=-F''=F$，如图 4-5（b）所示。由加减平衡力系公理可知，这样不会改变原力 $\boldsymbol{F}$ 对刚体的作用效应。由于作用在 A 点的力 $\boldsymbol{F}$ 与作用在 O 点的力 $\boldsymbol{F}''$ 是一对等值、反向、作用线平行而不重合的力，它们组成了一个力偶（$\boldsymbol{F}$，$\boldsymbol{F}''$），其力偶矩为

$$m=F\cdot d=m_O(\boldsymbol{F})$$

而作用在 O 点的力 $\boldsymbol{F}'$，其大小和方向与原力 $\boldsymbol{F}$ 相同，即相当于把原力 $\boldsymbol{F}$ 从点 A 平移到了

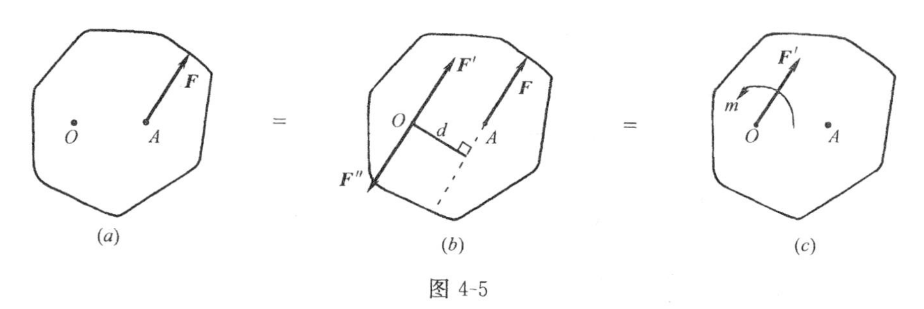

图 4-5

点 O，如图 4-5（c）所示。

由以上分析可得如下结论：**作用在刚体上的力 $\boldsymbol{F}$，可以平移到同一刚体上的任一点 O，但必须同时附加一个力偶，其力偶矩等于原力 $\boldsymbol{F}$ 对于新作用点 O 的矩**。这就是**力的平移定理**。

根据力的平移定理，可以将一个力转化为一个力和一个力偶；同样也可以反过来将同平面内的一个力 $\boldsymbol{F}'$ 和一个力偶矩为 m 的力偶合成为一个合力 $\boldsymbol{F}$，合成的过程就是图 4-5 的逆过程。这个合力 $\boldsymbol{F}$ 与 $\boldsymbol{F}'$ 大小相等、方向相同、作用线平行，且作用线间的垂直距离为

$$d=\frac{|m|}{F'}$$

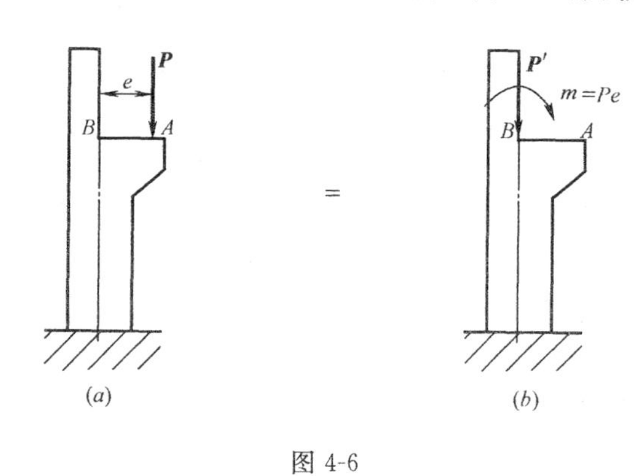

图 4-6

【例 4-1】 如图 4-6（a）所示，在支承吊车梁的牛腿柱子的 A 点受有吊车梁传来的荷载 $P=100\text{kN}$。它的作用线偏离柱子轴线的距离为 $e=400\text{mm}$（e 称为偏心矩）。因设计时计算的需要，欲将力 $\boldsymbol{P}$ 向柱子轴线上的 B 点平移，试求平移的结果。

【解】 根据力的平移定理，将作用于 A 点的力 $\boldsymbol{P}$ 平移到轴线上的 B 点得力 $\boldsymbol{P}'$，同时还必须附加一个力偶，如图 4-6（b）所示，它的力偶矩 m 等于原力 $\boldsymbol{P}$ 对 B 点的矩，即

$$m=m_{\mathrm{B}}(\boldsymbol{P})=-P\cdot e=-100\times0.4=-40\text{kN}\cdot\text{m}$$

负号表示附加力偶的转向是顺时针方向的。力 $\boldsymbol{P}$ 经过平移后，它对柱子的变形效果就可以明显看出，力 $\boldsymbol{P}'$ 使柱子轴向受压，力偶 m 使柱子弯曲。

第二节 平面一般力系的合成

一、平面一般力系向作用面内任一点简化

平面一般力系中各力在刚体上的作用点都有所不同，这对于研究刚体的平衡问题非常不方便。因此，我们可以利用力的平移定理将各力的作用点都移到同一个点，这就是平面一般力系向作用面内任一点的简化，下面将举例说明。

设在刚体上作用一平面任意力系 $\boldsymbol{F}_1$、$\boldsymbol{F}_2$、…、$\boldsymbol{F}_n$（图 4-7a）。在力系所在的平面内任取一点 O，该点称为简化中心。根据力的平移定理，将力系中的各力都平移到 O 点，于是就得到一个汇交于 O 点的平面汇交力系 $\boldsymbol{F}'_1$、$\boldsymbol{F}'_2$、…、$\boldsymbol{F}'_n$ 和力偶矩分别为 m_1、

m_2、…、m_n 的附加的平面力偶系（图 4-7b）。

对于平面汇交力系 $\boldsymbol{F}'_1$、$\boldsymbol{F}'_2$、…、$\boldsymbol{F}'_n$可以合成为作用在 O 点的一个力 $\boldsymbol{R}'$（图 4-7c），这个力 $\boldsymbol{R}'$称为原平面一般力系的**主矢**。由平面汇交力系合成的理论可知，主矢 $\boldsymbol{R}'$为

$$\boldsymbol{R}'=\boldsymbol{F}'_1+\boldsymbol{F}'_2+\cdots+\boldsymbol{F}'_n$$

而

$$\boldsymbol{F}'_1=\boldsymbol{F}_1$$

$$\boldsymbol{F}'_2=\boldsymbol{F}_2$$

$$\cdots\cdots$$

$$\boldsymbol{F}'_n=\boldsymbol{F}_n$$

所以

$$\boldsymbol{R}'=\boldsymbol{F}_1+\boldsymbol{F}_2+\cdots+\boldsymbol{F}_n=\sum\boldsymbol{F} \tag{4-1}$$

即主矢等于原力系中各力的矢量和。

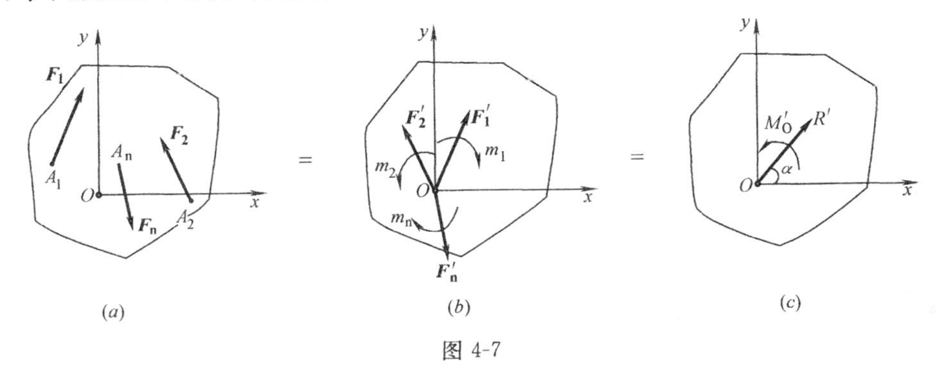

图 4-7

主矢 $\boldsymbol{R}'$的大小和方向可以用解析法确定。通过 O 点取直角坐标系 Oxy（图 4-7c），主矢 $\boldsymbol{R}'$在 x 轴和 y 轴上的投影为

$$R'_x=X'_1+X'_2+\cdots+X'_n=X_1+X_2+\cdots+X_n=\sum X$$

$$R'_y=Y'_1+Y'_2+\cdots+Y'_n=Y_1+Y_2+\cdots+Y_n=\sum Y$$

式中 X'_i、Y'_i和 X_i、Y_i 分别是力 $\boldsymbol{F}'_i$和 $\boldsymbol{F}_i$ 在坐标轴 x 和 y 上的投影。由于力 $\boldsymbol{F}'_i$和 $\boldsymbol{F}_i$ 大小相等、方向相同，所以它们在同一轴上的投影相等。

由式（2-6）可得主矢 $\boldsymbol{R}'$的大小和方向为

$$R'=\sqrt{R'^2_x+R'^2_y}=\sqrt{(\sum X)^2+(\sum Y)^2}$$

$$\tan\alpha=\left|\frac{R'_y}{R'_x}\right|=\left|\frac{\sum Y}{\sum X}\right| \tag{4-2}$$

α 为主矢 $\boldsymbol{R}'$与 x 轴所夹的锐角，$\boldsymbol{R}'$指向哪个象限由 $\sum X$ 和 $\sum Y$ 的正负号确定。从式（4-2）可知，求主矢的大小和方向时，只要求出原力系中各力在两个坐标轴上的投影就可得出，而不必将力平移后再求投影。

对于所得的附加力偶系可以合成为一个力偶（图 4-7c），这个力偶的力偶矩 M'_O称为原平面一般力系对简化中心 O 点的主矩。由平面力偶系合成的理论可知，主矩 M'_O为

$$M'_O=m_1+m_2+\cdots+m_n$$

而

$$m_1=M_O(\boldsymbol{F}_1)$$

$$m_2=M_O(\boldsymbol{F}_2)$$

$$\cdots\cdots\cdots\cdots$$

$$m_n=M_O(\boldsymbol{F}_n)$$

所以

$$M'_O = M_O(\boldsymbol{F_1}) + M_O(\boldsymbol{F_2}) + \cdots + M_O(\boldsymbol{F_n}) = \sum M_O(\boldsymbol{F}) = \sum M_O \tag{4-3}$$

即主矩等于原力系中各力对简化中心 O 点之矩的代数和。

综上所述，可得如下结论：**平面一般力系向作用面内任一点 O 简化后，可得一个力和一个力偶。这个力作用在简化中心，它的矢量称为原力系的主矢，且等于原力系中各力的矢量和；这个力偶的力偶矩称为原力系对简化中心 O 点的主矩，它等于原力系中各力对简化中心的力矩的代数和。**

需要指出的是，由于主矢等于原力系中各力的矢量和，所以它与简化中心的位置无关。而主矩等于原力系中各力对简化中心的力矩的代数和，取不同的点为简化中心，各力的力臂将会改变，则各力对简化中心的矩也会改变，所以在一般情况下，主矩与简化中心的选择有关。因此，凡是提到主矩，就必须指出是力系对于哪一点的主矩。

主矢描述原力系对物体的平移作用，主矩描述原力系对物体绕简化中心的转动作用，二者的作用总和才能代表原力系对物体的作用。因此，单独的主矢 $\boldsymbol{R}'$ 或主矩 M'_O 并不与原力系等效。

【例 4-2】 一折杆受平面任意力系 $\boldsymbol{F_1}$、$\boldsymbol{F_2}$、$\boldsymbol{F_3}$、$\boldsymbol{F_4}$ 的作用，如图 4-8（a）所示。已知 $F_1 = 50\text{N}$，$F_2 = 100\text{N}$，$F_3 = 25\text{N}$，$F_4 = 150\text{N}$。若将该力系分别向 A 点和 B 点简化，试求其主矢和主矩。

【解】 （1）以 A 点为简化中心，取直角坐标系如图 4-8（a）所示。先计算主矢 $\boldsymbol{R}'$ 在 x、y 轴上的投影为

$$R'_x = \sum X = X_1 + X_2 + \cdots + X_n = -F_1 + F_4 = -50 + 150 = 100\text{N}$$

$$R'_y = \sum Y = Y_1 + Y_2 + \cdots + Y_n = -F_2 + F_3 = -100 + 25 = -75\text{N}$$

由式（4-2）得，主矢 $\boldsymbol{R}'$ 的大小为

$$R' = \sqrt{R'^2_x + R'^2_y} = \sqrt{(100)^2 + (-75)^2} = 125\text{N}$$

主矢 $\boldsymbol{R}'$ 的方向为

$$\tan\alpha = \left|\frac{R'_y}{R'_x}\right| = \frac{75}{100} = 0.75°$$

$$\alpha = 36.9°$$

因 R'_x 为正、R'_y 为负，故 $\boldsymbol{R}'$ 指向右下方，如图 4-8（b）所示。

再由式（4-3）可求得主矩为

$$M'_A = \sum M_A(\boldsymbol{F}) = F_3 \times 2 + F_4 \times 0.5 = 25 \times 2 + 150 \times 0.5 = 125\text{N} \cdot \text{m}$$

因 M'_A 为正，故主矩转向是逆时针的，如图 4-8（b）所示。

（2）以 B 点为简化中心，仍取如图 4-8（a）所示的直角坐标系。

$$R'_x = \sum X = X_1 + X_2 + \cdots + X_n = -F_1 + F_4 = -50 + 150 = 100\text{N}$$

$$R'_y = \sum Y = Y_1 + Y_2 + \cdots + Y_n = -F_2 + F_3 = -100 + 25 = -75\text{N}$$

主矢 $\boldsymbol{R}'$ 的大小为

$$R' = \sqrt{R'^2_x + R'^2_y} = \sqrt{(100^2) + (-75)^2} = 125\text{N}$$

主矢 $\boldsymbol{R}'$ 的方向为

$$\tan\alpha = \left|\frac{R'_y}{R'_x}\right| = \frac{75}{100} = 0.75$$

$$\alpha = 36.9°$$

因 R'_x为正、R'_y为负，故 $\boldsymbol{R}'$指向右下方，如图 4-8（*c*）所示。

再由式（4-3）可求得主矩为

$$M'_B = \sum M_B(\boldsymbol{F}) = F_1 \times 0.5 + F_3 \times 2 = 50 \times 0.5 + 25 \times 2 = 75\text{N} \cdot \text{m}$$

因 M'_B为正，故主矩转向是逆时针的，如图 4-8（*c*）所示。

由上列的计算显然看出，简化中心的位置改变时，主矢的大小和方向都不变，而主矩的大小改变了。

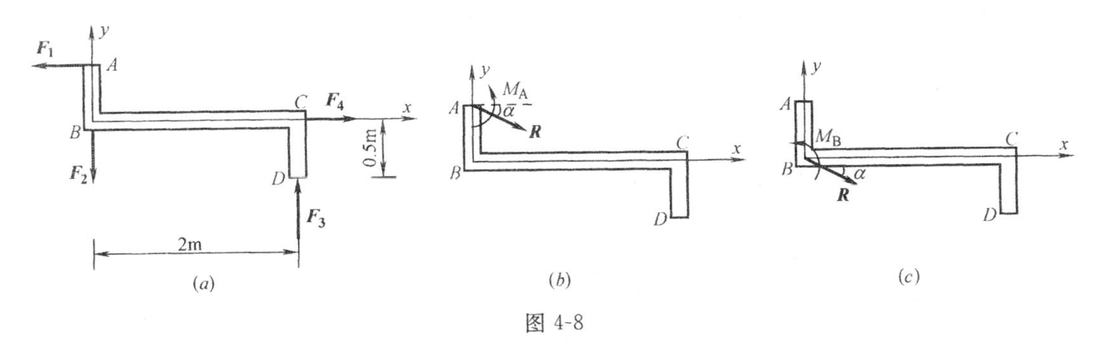

图 4-8

【例 4-3】 如图 4-9（*a*）所示，梁 *AB* 的 *A* 端是固定端支座，受荷载作用，试用力系向某点简化的方法说明固定端支座的反力情况。

【解】 梁的 *A* 端嵌固在墙内，墙能限制梁沿任何方向的移动，又能限制梁的转动，墙可视为梁的固定端支座。当梁受荷载作用时，墙对插入墙内的那段梁上作用的约束反力实际上是一个平面一般力系（图 4-9*b*）。将这力系向梁上 *A* 点简化就得到一个力 $\boldsymbol{R}_A$ 和一个力偶矩为 M_A 力偶（图 4-9*c*）。一般情况下，反力 $\boldsymbol{R}_A$ 的大小和方向都是未知量，可用两个未知分力 $\boldsymbol{X}_A$、$\boldsymbol{Y}_A$ 来代替。因此，在平面力系情况下，固定端支座的约束反力可简化为两个约束反力 $\boldsymbol{X}_A$、$\boldsymbol{Y}_A$ 和一个力偶矩为 m_A 的约束反力偶，他们的指向都是假定的（图 4-9*d*）。

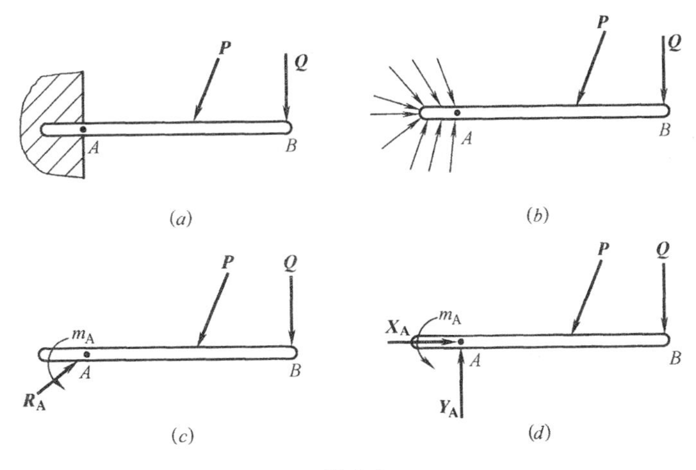

图 4-9

二、平面一般力系的合成

平面一般力系向作用面内任一点 *O* 简化后，一般可以得到一个力和一个力偶，但这不是简化的最后结果，必须进一步合成，以便得到最简单的结果。根据主矢和主矩是否存在，可能出现下列四种情形：

(1) $R'=0$，$M'_O\neq0$；

(2) $R'\neq0$，$M'_O=0$；

(3) $R'\neq0$，$M'_O\neq0$；

(4) $R'=0$，$M'_O=0$。

1. 平面一般力系合成为一个力偶的情形

当 $R'=0$ 和 $M'_O\neq0$ 时，说明原力系不论向哪一点简化，它都与一个力偶等效，即原力系合成为一个合力偶，合力偶的力偶矩等于原力系对简化中心的主矩，即

$$M'_O=\sum M_O(\boldsymbol{F})$$

显然，当力系合成为一个力偶时，主矩与简化中心的位置就无关了，因为力偶对其作用面内任一点的矩恒等于力偶矩，而与矩心的位置无关。

2. 平面一般力系合成为一个力的情形

当 $R'\neq0$ 和 $M'_O=0$ 时，说明原力系与作用在简化中心的一个力等效，即原力系合成为一个合力，这个合力就是原力系的主矢，其作用线通过简化中心。

当 $R'\neq0$ 和 $M'_O\neq0$ 时，可根据力的平移定理的逆过程，将这个力 $\boldsymbol{R}'$ 和力偶矩为 M'_O 的力偶进一步合成为一个力 $\boldsymbol{R}$，合成的过程如图 4-10 所示。即在保持力偶矩 M'_O 不变的条件下，将它所代表的力偶（图 4-10a）用两个等值、反向、作用线平行而不重合的力 $\boldsymbol{R}$ 与 $\boldsymbol{R}''$ 来代替，并且使力的大小 $R=R'=R''$，如图 4-10（b）所示。此时力 $\boldsymbol{R}'$ 与 $\boldsymbol{R}''$ 相互平衡，根据加减平衡力系公理，可将该力系去掉，于是只剩下一个力 $\boldsymbol{R}$ 与原力系等效（图 4-10c），即原力系合成为一个合力 $\boldsymbol{R}$。合力 $\boldsymbol{R}$ 的大小和方向与原力系的主矢 $\boldsymbol{R}'$ 相同，合力 $\boldsymbol{R}$ 的作用线到原简化中心 O 点的距离为

$$d=\frac{|M'_O|}{R'}=\frac{|M'_O|}{R}$$

合力 $\boldsymbol{R}$ 在 O 点的哪一侧，可由 $\boldsymbol{R}$ 对 O 点的矩的转向应与主矩 M'_O 的转向相一致来确定。

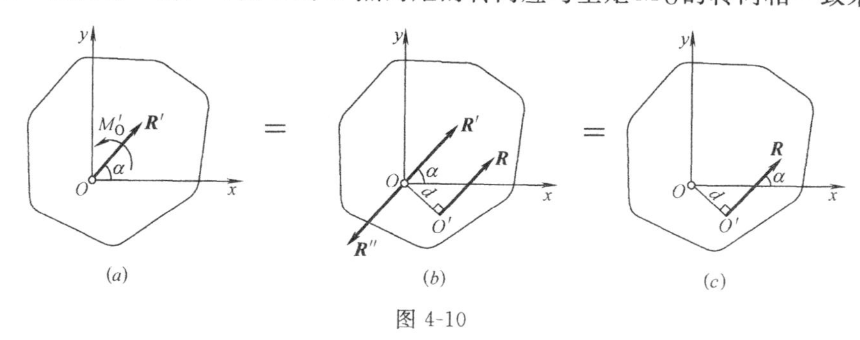

图 4-10

3. 平面一般力系平衡的情形

当 $R'=0$ 和 $M'_O=0$ 时，力系平衡，这种情形将在下一节讨论。

三、平面力系的合力矩定理

通过以上的研究，可以很方便地将第三章所述的平面汇交力系的合力矩定理推广到平面一般力系。由图 4-10（c）可见，平面一般力系的合力 $\boldsymbol{R}$ 对简化中心 O 点之矩为

$$M_O(\boldsymbol{R})=Rd=M'_O$$

但 M'_O 又等于原力系中各力对 O 点之矩的代数和，即

$$M'_O = \sum M_O(\boldsymbol{F})$$

于是得

$$M_O(\boldsymbol{R}) = \sum M_O(\boldsymbol{F}) \tag{4-4}$$

由于简化中心 O 点是任意选取的，故上式具有普遍意义，因此可得**平面力系的合力矩定理：平面一般力系的合力对作用面内任一点之矩，等于力系中各力对同一点之矩的代数和。**

利用平面力系的合力矩定理可简化力矩的计算，也可确定平面一般力系的合力的作用线位置。

【例 4-4】 已知挡土墙自重 $G=400\text{kN}$，土压力 $P=320\text{kN}$，水压力 $Q=176\text{kN}$，各力的方向与位置如图 4-11（a）所示。试将这三个力向底面中心 O 点简化，并求简化的最后结果。

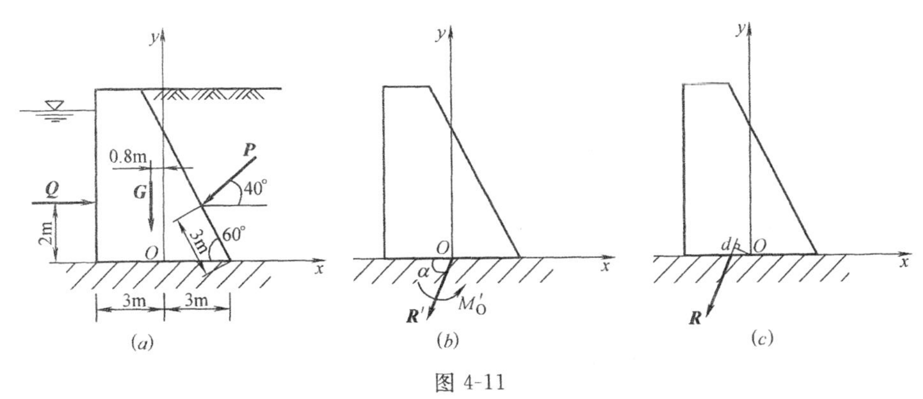

图 4-11

【解】 以底面中心 O 点为简化中心，取坐标系如图 4-11（a）所示。由式（4-2）计算可得主矢 $\boldsymbol{R}'$ 的大小和方向。由于

$$\sum X = Q - P\cos 40° = 176 - 320 \times 0.766 = -69\text{kN}$$

$$\sum Y = -P\sin 40° - G = -320 \times 0.643 - 400 = -606\text{kN}$$

故主矢 $\boldsymbol{R}'$ 的大小为

$$R' = \sqrt{(\sum X)^2 + (\sum Y)^2} = \sqrt{(-69)^2 + (-606)^2} = 610\text{kN}$$

主矢 $\boldsymbol{R}'$ 的方向为

$$\tan\alpha = \frac{|\sum Y|}{|\sum X|} = \frac{606}{69} = 8.78$$

$$\alpha = 83°30'$$

因为 $\sum X$ 和 $\sum Y$ 都为负值，故 $\boldsymbol{R}'$ 指向第三象限与 x 轴的夹角为 α，如图 4-11（b）所示。

再由式（4-3）可求得主矩为

$$\begin{aligned} M'_O &= \sum M_O(\boldsymbol{F}) = -Q \times 2 + P\cos 40° \times 3 \times \sin 60° - P\sin 40°(3 - 3\cos 60°) + G \times 0.8 \\ &= -176 \times 2 + 320 \times 0.766 \times 3 \times 0.866 - 320 \times 0.643(3 - 3 \times 0.5) + 400 \times 0.8 \\ &= 296\text{kN} \cdot \text{m} \end{aligned}$$

得正值表示 M'_O 是逆时针转向。

因为主矢 $R' \neq 0$，主矩 $M'_O \neq 0$，如图 4-11（b）所示，所以还可以进一步合成为一个合力 $\boldsymbol{R}$。$\boldsymbol{R}$ 的大小和方向与 $\boldsymbol{R}'$ 相同，它的作用线与 O 点的距离为

$$d = \frac{|M'_O|}{R'} = \frac{296}{610} = 0.485\text{m}$$

因为 M'_O 为正，故 $M_O(\boldsymbol{R})$ 也应为正，即合力 $\boldsymbol{R}$ 应在 O 点左侧，如图 4-11（c）所示。

【例 4-5】 绞盘上作用有三个力 $\boldsymbol{F_1}$、$\boldsymbol{F_2}$、$\boldsymbol{F_3}$，大小都等于 250N，方向分别与各绞杠垂直（图 4-12a）。设 $OA=OB=OC=1.2$m，试求其合成结果。

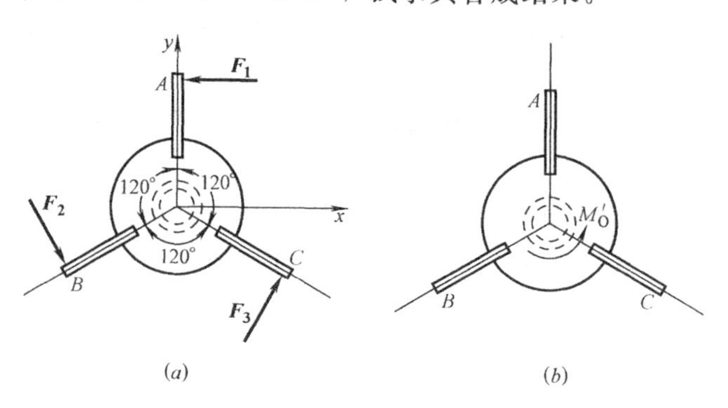

图 4-12

【解】 以 O 点为简化中心，取坐标系如图 4-12（a），则主矢 $\boldsymbol{R'}$ 在 x、y 轴上的投影为

$$R'_x=\sum X=-F_1+F_2\cos60^\circ+F_3\sin30^\circ=-250+250\times0.5+250\times0.5=0$$

$$R'_y=\sum Y=-F_2\sin60^\circ+F_3\cos30^\circ=-250\times0.866+250\times0.866=0$$

故主矢 $\boldsymbol{R'}$ 等于零。

原力系对 O 点的主矩为

$$M'_O=\sum M_O(\boldsymbol{F})=F_1\times1.2+F_2\times1.2+F_3\times1.2$$
$$=250\times1.2+250\times1.2+250\times1.2=900\text{N}\cdot\text{m}$$

因简化结果是 $R'=0$，$M'_O\neq0$，故原力系合成为一个力偶，其力偶矩等于原力系对简化中心 O 点的主矩，转向为逆时针，如图 4-12（b）所示。

【例 4-6】 某办公楼楼层的预制板由矩形截面梁支承，梁支承在柱子上，梁、柱的间距如图 4-13（a）所示。已知板及其面层的自重是 2.25kN/m^2，板上受到活荷载按 2kN/m^2 计，矩形梁截面尺寸 $b\times h=200\text{mm}\times500\text{mm}$，梁的材料容重为 25kN/m^3。试计算梁所受到的线荷载集度，并求其合力。

【解】 先介绍分布荷载的概念，当荷载连续地作用在整个构件或构件的一部分上（不能看作集中荷载时），称为**分布荷载**。如果荷载是分布在一个狭长的范围内时，则可以把它简化为沿狭长面的中心线分布的荷载，称为**线荷载**。例如，分布在梁面上的荷载就可以简化为沿梁面中心线分布的线荷载。

当线荷载各点大小都相同时，称为**均布线荷载**；当线荷载各点大小不相同时，称为**非均布线荷载**。

各点线荷载的大小用**荷载集度** q 表示，某点的荷载集度意味着线荷载在该点的密集程度。其常用单位为 N/m 或 kN/m。

本题梁受到板传来的荷载及梁的自重都是分布荷载，这些荷载可简化为线荷载。由于梁的间距为 4m，所以每根梁承担板传来的荷载范围如图 4-13（a）阴影线区域所示，即承担范围为 4m，这样，沿梁轴线方向每 1m 长所承受的荷载为

板传来荷载 $$q'=\frac{(2.25+2)\times4\times6}{6}=17\text{kN/m}$$

梁自重 $q''=\dfrac{0.2\times0.5\times6\times25}{6}=2.5\text{kN/m}$

总计线荷载集度 $q=17+2.5=19.5\text{kN/m}$

梁所受到的线荷载如图 4-13（*b*）所示。在工程计算中，通常用梁轴表示一根梁，故梁受到的线荷载可用图 4-13（*c*）表示。

线荷载 q 的合力 Q 为

$$Q=6q=6\times19.5=117\text{kN}$$

作用在梁的中点。

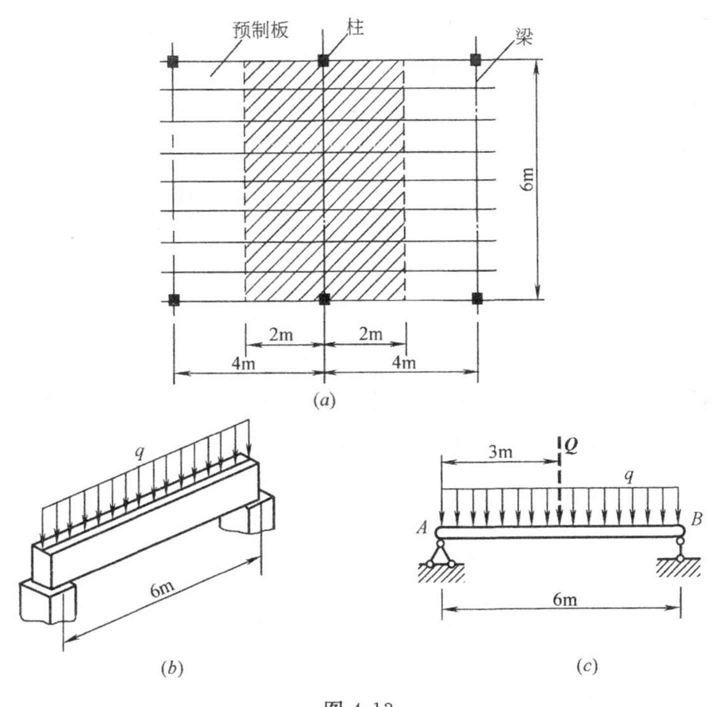

图 4-13

第三节　平面一般力系的平衡条件

一、平衡方程的基本形式

上节已经指出，如果平面一般力系的主矢 $R'=0$，且力系对作用面内任一点 O 的主矩 $M'_O=0$，则原力系平衡。这是因为当主矢和主矩都等于零时，则简化后得到的平面汇交力系和附加力偶系各自平衡，而这两个力系与原力系是等效的，所以原力系一定平衡。因此，主矢和主矩都等于零是平面一般力系平衡的充分条件，又由上节知道，如果主矢和主矩中有一个量或两个量不等于零，则原力系可合成为一个力或一个力偶，这时力系就不平衡。因此，主矢和主矩都等于零也是力系平衡的必要条件。于是**平面一般力系平衡的必要和充分条件是：力系的主矢和力系对任一点的主矩都等于零**。即

$$R'=0,\ M'_O=0$$

由于

$$R'=\sqrt{(\sum X)^2+(\sum Y)^2} \quad M'_O=\sum M_O(F)=\sum M_O$$

于是平面一般力系的平衡条件为

$$\left.\begin{aligned}\sum X=0\\ \sum Y=0\\ \sum M_O=0\end{aligned}\right\} \tag{4-5}$$

由此可见，**平面一般力系平衡的必要和充分条件也可叙述为：力系中各力在两个坐标轴上的投影的代数和分别等于零；同时力系中各力对任一点之矩的代数和也等于零。**

式（4-5）称为平面一般力系的平衡方程，它是平衡方程的基本形式，其中前两个式子称为**投影方程**，后一个式子称为**力矩方程**，故又称为力矩式。对于投影方程可以理解为：物体在力系作用下沿 x 轴和 y 轴方向都不可能移动；对于力矩方程可以理解为：物体在力系作用下绕任一矩心都不能转动。当满足平衡方程时，物体既不能移动，也不能转动，物体就处于平衡状态。当物体在平面一般力系作用下处于平衡时，就可以应用这三个平衡方程求解三个未知量。注意在应用投影方程时，投影轴应尽可能选取与较多的未知力的作用线垂直；应用力矩方程时，矩心宜选取在两个未知力的交点上。这样做的目的是，可使平衡方程中的未知量减少，以便于求解。

【例 4-7】 一刚架所受荷载及支承情况如图 4-14（*a*）所示。已知 $P=5\text{kN}$，$m=2\text{kN}\cdot\text{m}$，刚架自重不计，试求支座 A、B 的反力。

【解】 取刚架为研究对象，画其受力图如图 4-14（*b*）所示。刚架上作用有主动力 $\boldsymbol{P}$ 和力偶矩为 m 的力偶以及支座反力 $\boldsymbol{X}_A$、$\boldsymbol{Y}_A$ 和 $\boldsymbol{Y}_B$，它们组成了一个平面一般力系。

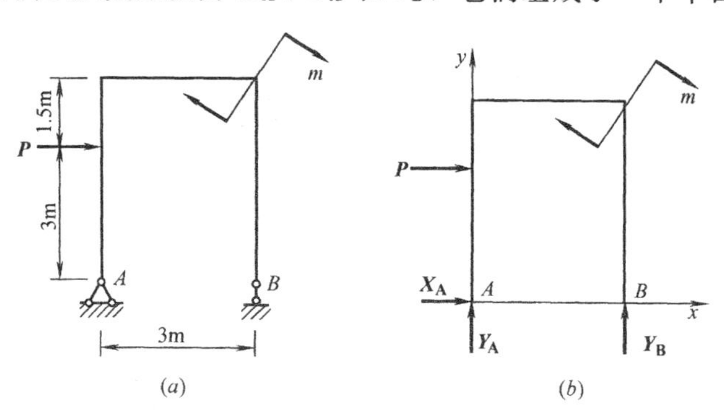

图 4-14

因刚架所受荷载中有一个力偶，而力偶在任一轴上的投影都等于零，故在写投影方程时不必考虑力偶，又由于力偶对其作用面内任一点之矩恒等于力偶矩，而与矩心的位置无关，故在写平衡方程时，可直接将力偶矩 m 列入。

取坐标系如图 4-14（*b*）所示，由

$$\sum X=0,\ P+X_A=0$$

得

$$X_A=-P=-5\text{kN}(\leftarrow)$$

由

$$\sum M_A=0,\ -P\times3-m+Y_B\times3=0$$

得

$$Y_B=\frac{3P+m}{3}=\frac{3\times5+2}{3}=5.67\text{kN}(\uparrow)$$

由

$$\sum Y=0,\ Y_A+Y_B=0$$

得 $$Y_A=-Y_B=-5.67\text{kN}(\downarrow)$$

得数为正，说明原假设的指向正确；得数为负，说明原假设的指向错误，最后可将各反力正确的指向表示在答案后面的括号内。

【例 4-8】 梁 AB 一端是固定端支座，另一端无约束，这样的梁称为悬臂梁，它承受荷载作用，如图 4-15（a）所示。已知 $P=ql$，$\alpha=45°$，梁自重不计，求支座 A 的反力。

【解】 取梁 AB 为研究对象，画其受力图如图 4-15（b）所示。梁上作用有主动力 $\boldsymbol{P}$、q 和支座反力 $\boldsymbol{X_A}$、$\boldsymbol{Y_A}$ 和 m_A，这些力组成了一个平面一般力系。应用平面一般力系的平衡方程可以求解三个未知反力 $\boldsymbol{X_A}$、$\boldsymbol{Y_A}$ 和 m_A。在列方程时，梁上 AC 段所受的均布荷载可视为一集中力 Q，Q 的方向与均布荷载的方向相同、作用点在均布荷载的中点（图 4-15b 中虚线所示）；大小等于荷载集度与均布荷载分布长度的乘积，即 $Q=q\times AC$。

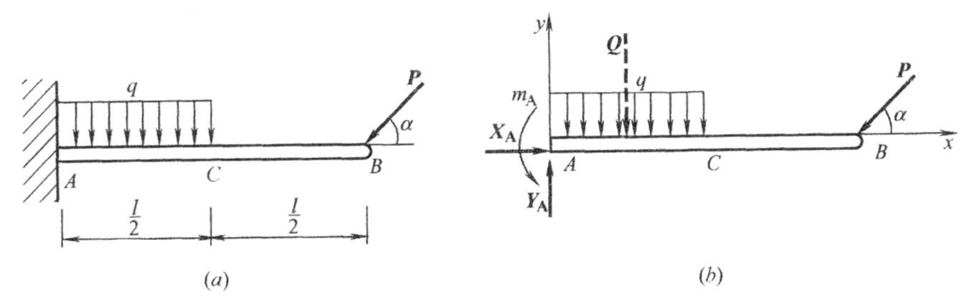

图 4-15

取坐标系如图 4-15（b），由

$$\sum X=0，X_A-P\cos45°=0$$

得 $$X_A=P\cos45°=ql\cos45°=\frac{\sqrt{2}}{2}ql\ (\rightarrow)$$

由 $$\sum Y=0，Y_A-\frac{ql}{2}-P\sin45°=0$$

得 $$Y_A=\frac{ql}{2}+P\sin45°=\frac{ql}{2}+\frac{\sqrt{2}}{2}ql=\frac{1+\sqrt{2}}{2}ql\ (\uparrow)$$

由 $$\sum M_A=0，m_A-P\sin45°\times l-\frac{ql}{2}\cdot\frac{l}{4}=0$$

得 $$m_A=\frac{ql^2}{8}+\frac{\sqrt{2}}{2}ql^2=\frac{1+4\sqrt{2}}{8}ql^2$$

力系既然平衡，则力系中各力在任一轴上的投影的代数和必然等于零，力系中各力对任一点矩的代数和也必然等于零。因此，我们可再列出其他的平衡方程，用以校核计算结果有无错误。例如，以 B 点为矩心，有

$$\sum M_B=\frac{ql}{2}\cdot\frac{3}{4}l+m_A-Y_A\cdot l=\frac{3}{8}ql^2+\frac{1+4\sqrt{2}}{8}ql^2-\frac{1+\sqrt{2}}{2}ql^2=0$$

可见 $\boldsymbol{Y_A}$ 和 m_A 计算无误。如果上式不能满足（计算误差除外），说明解答有错误，这时必须对前面的计算加以仔细检查，以求出正确的答案。

【例 4-9】 起重机在图 4-16（a）所示的位置平衡。已知吊杆 AB 长 10m，吊杆重 $G=10\text{kN}$，重心在吊杆 AB 的中点，起吊重物 $Q=30\text{kN}$，$\alpha=45°$，$\beta=30°$，试计算钢丝绳 BC 所受的拉力和铰链 A 所受的反力。

【解】 取吊杆 AB 为研究对象，画其受力图如图 4-16（b）所示。作用在吊杆 AB 上的已知力有：重物的重力 $\boldsymbol{Q}$、吊杆的自重 $\boldsymbol{G}$；未知力有：铰链 A 处的反力 $\boldsymbol{X_A}$、$\boldsymbol{Y_A}$（图中反力的指向是假设的）、钢丝绳的拉力 $\boldsymbol{T}$。以上各力组成了一个平面一般力系。

取坐标系如图 4-16（b），由

$$\sum M_A=0,\ T\times10\times\sin30°-G\times5\times\cos45°-Q\times10\times\cos45°=0$$

得

$$T=\frac{10\times5\times0.707+30\times10\times0.707}{10\times0.5}=49.5\text{kN}\ (\swarrow)$$

由

$$\sum X=0,\ X_A-T\cos15°=0$$

得

$$X_A=T\cos15°=49.5\times0.966=47.8\text{kN}\ (\rightarrow)$$

由

$$\sum Y=0,\ Y_A-T\sin15°-G-Q=0$$

得

$$Y_A=T\sin15°+G+Q=49.5\times0.259+10+30=52.8\text{kN}\ (\uparrow)$$

校核：

$$\begin{aligned}\sum M_B&=X_A\times10\times\sin45°+G\times5\times\sin45°-Y_A\times10\times\cos45°\\&=47.8\times10\times0.707+10\times5\times0.707-52.8\times10\times0.707\\&=338+35.3-373.3=0\end{aligned}$$

说明求得的反力 X_A、Y_A 是正确的。

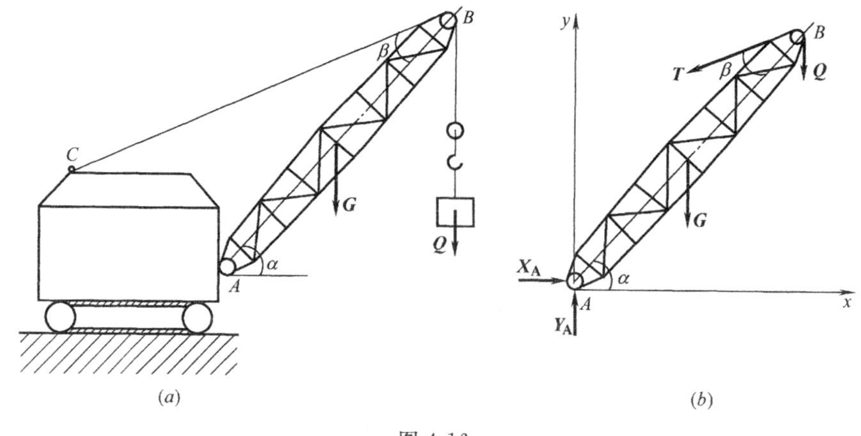

图 4-16

二、平衡方程的其他形式

前面介绍了平面一般力系平衡方程的基本形式，除了这种形式外，还可将平衡方程表示为其他两种形式，现分别介绍如下：

1. 二力矩式的平衡方程

二力矩式的平衡方程是由一个投影方程和两个力矩方程所组成，可写为

$$\left.\begin{aligned}\sum X&=0\\\sum M_A&=0\\\sum M_B&=0\end{aligned}\right\}\qquad(4\text{-}6)$$

式中 A、B **两点的连线不能与** x **轴垂直**（图 4-17）。

现对式（4-6）进行证明。设有一平面一般力系，将该力系向平面内任一点 A 简化，如果 $\sum M_A=0$ 成立，说明原力系不可能合成为一个力偶，但可能合成为一个通过 A 点的合力 $\boldsymbol{R}$ 或者平衡。如果 $\sum M_B=0$ 又成立，同理可以确定，原力系可能合成为一个沿着 A、B 两点连线作用的合力 $\boldsymbol{R}$（图 4-17），或者平衡。如果 $\sum X=0$ 也成立，且 x 轴不与 A、B

两点连线垂直，则力系也不可能合成为一个力，因为一个力不可能既通过 A、B 两点连线而又垂直于 x 轴，因此，力系必然平衡。

2. 三力矩式的平衡方程

三力矩式的平衡方程是由三个力矩方程所组成，可写为

$$\left.\begin{array}{l}\sum M_{A}=0 \\ \sum M_{B}=0 \\ \sum M_{C}=0\end{array}\right\} \tag{4-7}$$

式中 A、B、C 三点不在同一直线上（图 4-18）。

图 4-17　　图 4-18

同样可以证明式（4-7）。设有一平面一般力系，将该力系向平面内任一点 A 简化，如果 $\sum M_{A}=0$ 和 $\sum M_{B}=0$ 同时成立，说明原力系不可能合成为一个力偶，但可能合成为一个沿着 A、B 两点连作用的合力 $\boldsymbol{R}$（图 4-18）或者平衡。如果 $\sum M_{C}=0$ 也成立，说明如果原力系有合力，则合力必须同时通过 A、B、C 三点。但式（4-7）的附加条件是 A、B、C 三点不能共线，因此原力系不可能有合力。可见当原力系满足式（4-7）时，则力系既不能合成为一个力偶，也不能合成为一个力，而只能是平衡的。

平面一般力系虽然有三种不同形式的平衡方程，但不论采用哪种形式的平衡方程解题，对一个受平面一般力系作用的平衡物体，都只可能写出三个独立的平衡方程，任何第四个方程都不是独立的，它只能用来校核计算的结果。因此，应用平面一般力系的平衡方程，能够并且最多只能求解三个未知量。至于究竟选取哪种形式的平衡方程解题，则完全取决于计算是否简便。

【例 4-10】 梁 AB 的两端支承在墙内，其受荷载情况如图 4-19（a）所示。梁的自重不计，求墙体对 A、B 端的约束反力。

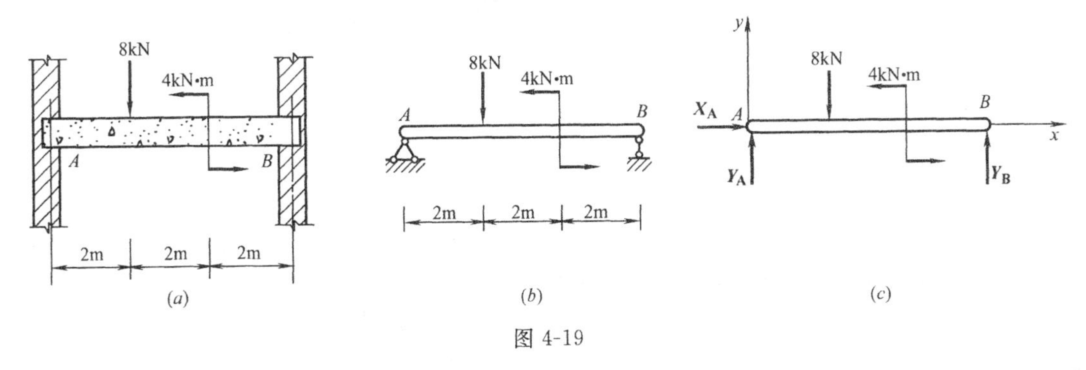

图 4-19

【解】 先考虑墙体对梁的约束应简化为哪种形式的支座。当梁端伸入墙内的长度较短时，墙体可限制梁沿水平和铅直方向的移动，而对梁端转动约束的能力很小，一般就不考

虑阻止转动的约束性能，而将它简化为固定铰支座。在工程上，为了方便计算，通常又将两端墙体之一视为可动铰支座。同时，近似地取支承长度的中点作为支座处，这种两端分别支承在固定铰支座和可动铰支座上的梁，称为简支梁。如图 4-19（*b*）所示。

下面来求支座反力。取梁 *AB* 为研究对象，画其受力图如图 4-19（*c*）所示。梁上所受到的荷载和支座反力组成一个平面一般力系（其中支座反力的方向是假设的），并设坐标系如图所示。

由
$$\sum M_A=0,\ -8\times2+4+6Y_B=0$$
得
$$Y_B=\frac{16-4}{6}=2\text{kN}\ (\uparrow)$$
由
$$\sum M_B=0,\ 8\times4+4-6Y_A=0$$
得
$$Y_A=\frac{32+4}{6}=6\text{kN}\ (\uparrow)$$
由
$$\sum X=0,$$
得
$$X_A=0$$

校核：$\sum Y=Y_A+Y_B-8=6+2-8=0$，可见 $\boldsymbol{Y_A}$、$\boldsymbol{Y_B}$ 计算无误。

本题采用二力矩形式的平衡方程，所选 x 轴与两矩心 *A*、*B* 的连线不垂直，符合平衡方程的限制条件，因而能将所有的未知力求出。

【例 4-11】 图 4-20（*a*）所示为一悬臂式起重机，*A*、*B*、*C* 处都是铰链连接。梁 *AB* 的自重 $G=1\text{kN}$，作用在梁的中点，提升重量 $P=8\text{kN}$，杆 *BC* 的自重不计，试求支座 *A* 的反力和杆 *BC* 所受的力。

【解】 取梁 *AB* 为研究对象，画其受力图如图 4-20（*b*）所示。*A* 处为固定铰支座，其反力用两分力 $\boldsymbol{X_A}$、$\boldsymbol{Y_A}$ 表示；杆 *BC* 为二力杆，它对梁的作用力 *T* 必沿 *B*、*C* 两点连线，指向假设如图。梁 *AB* 所受各力组成一个平面一般力系。

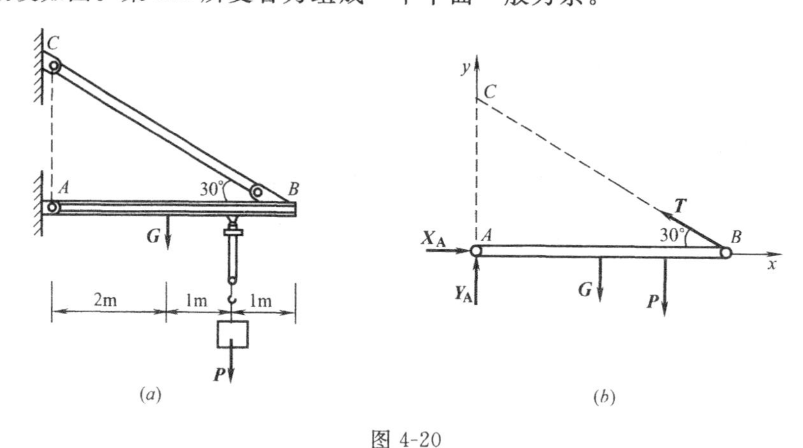

图 4-20

由受力图可见，三个未知力 $\boldsymbol{X_A}$、$\boldsymbol{Y_A}$、$\boldsymbol{T}$ 两两相交于 *A*、*B*、*C* 三点。若分别取 *A*、*B*、*C* 三点为矩心，用三力矩形式的平衡方程即可直接求出这三个未知力。由
$$\sum M_A=0,\ -G\times2-P\times2+T\times\sin30°\times4=0$$
得
$$T=\frac{2G+3P}{4\sin30°}=\frac{2\times1+3\times8}{4\times0.5}=13\text{kN}$$
由
$$\sum M_B=0,\ -Y_A\times4+G\times2+P\times1=0$$

得 $$Y_A=\frac{2G+P}{4}=\frac{2\times1+8}{4}=2.5\text{kN}\ (\uparrow)$$

由 $$\sum M_C=0,\ X_A\times4\times\text{tg}30^\circ-G\times2-P\times3=0$$

得 $$X_A=\frac{2G+3P}{4\text{tg}30^\circ}=\frac{2\times1+3\times8}{4\times0.577}=11.26\text{kN}\ (\rightarrow)$$

校核：设坐标系如图 b，由

$$\sum X=X_A-T\times\cos30^\circ=11.26-13\times0.866=0$$

$$\sum Y=Y_A-G-P+T\times\sin30^\circ=2.5-1-8+13\times0.5=0$$

可见，计算无误。

通过以上各例的分析，现将应用平面一般力系平衡方程解题的步骤总结如下：

(1) 确定研究对象。根据题意分析已知量和未知量，选取适当的物体为研究对象。

(2) 画受力图。在研究对象上画出它所受到的所有主动力和约束反力。约束反力应根据约束的类型来画。当约束反力的方向未定时，一般可用两个互相垂直的分反力表示；当约束反力的指向未定时，可以先假设其指向。如果计算结果为正，则表示假设的指向正确；如果计算结果为负，则表示实际的指向与假设的相反。

(3) 列平衡方程求解。以解题简捷为标准，选取适当的平衡方程形式、投影轴和矩心，列出平衡方程求解未知量。通常应力求在一个平衡方程中只包含一个未知量，以避免求解联立方程组。

(4) 解平衡方程，求得未知量。

(5) 校核。列出非独立的平衡方程以检查计算结果是否正确。

第四节　平面平行力系的平衡方程

各力的作用线在同一平面内并且相互平行的力系，称为平面平行力系。平面平行力系是平面一般力系的一种特殊情形，它的平衡方程可以从平面一般力系的平衡方程导出。

设一物体受平面平行力系 $\boldsymbol{F}_1$、$\boldsymbol{F}_2$、…、$\boldsymbol{F}_n$ 的作用如图 4-21 所示。取 x 轴垂直于力系中各力的作用线，y 轴与各力平行。当力系平衡时，它应满足平面一般力系的平衡方程式 (4-5)，因所选取的 x 轴与力系中的各力垂直，故式 (4-5) 中的第 1 个方程 $\sum X=0$ 就成为恒等式而可以舍弃，于是平面平行力系的平衡方程可表示为

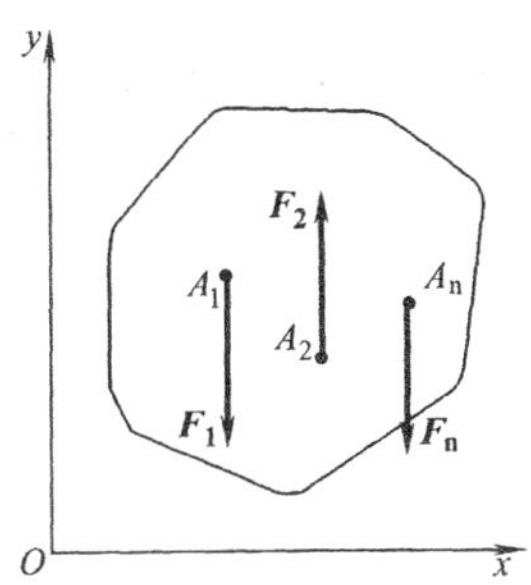

图 4-21

$$\left\{\begin{aligned}&\sum Y=0\\&\sum M_O=0\end{aligned}\right.\tag{4-8}$$

因为各力与 y 轴平行，所以 $\sum Y=0$ 就表明各力的代数和等于零。这样，**平面平行力系平衡的必要和充分条件是：力系中各力的代数和等于零，同时各力对任一点的力矩的代数和也等于零。**

类似地，由式 (4-6) 可以导出平面平行力系平衡方程的另外一种形式，即

$$\left\{\begin{aligned}&\sum M_A=0\\&\sum M_B=0\end{aligned}\right.\tag{4-9}$$

式中 A、B 两点的连线不能与各力的作用线平行。

对于一个受平面平行力系作用的平衡物体，只有两个独立的平衡方程，因而只能求解两个未知量。

【例 4-12】 图 4-22（*a*）所示为一个三角形屋架，屋架的受力如图。如不计屋架的自重，试求支座 A、B 的反力。

【解】 取屋架为研究对象，画其受力图如图 4-22（*b*）所示。屋架上作用有两个竖直方向的荷载，B 处是可动铰支座，其约束反力 $\mathbf{Y_B}$ 的作用线应为铅垂线，由于屋架所受荷载与 $\mathbf{Y_B}$ 相互平行，所以固定铰支座 A 的约束反力 $\mathbf{Y_A}$ 必与各力平行，这样才能保持该力系为平衡力系。因此屋架所受荷载和支座反力组成一平面平行力系。

取坐标系如图 4-22（*b*），由

$$\sum M_B=0，30\times9+10\times3-Y_A\times12=0$$

得

$$Y_A=\frac{30\times9+10\times3}{12}$$

$$Y_A=25\text{kN}（\uparrow）$$

由

$$\sum Y=0，Y_A+Y_B-30-10=0$$

得

$$Y_B=40-Y_A=40-25=15\text{kN}（\uparrow）$$

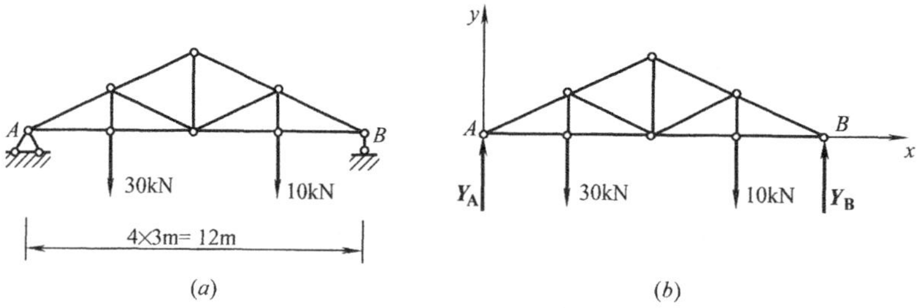

(*a*) (*b*)

图 4-22

【例 4-13】 某房屋外伸梁 AC 的尺寸如图 4-23（*a*）所示，已知该梁的 AB 段受均布荷载 $q_1=20\text{kN/m}$，BC 段受均布荷载 $q_2=25\text{kN/m}$，梁的自重不计，试求支座 A、B 的反力。

【解】 图 *a* 的外伸梁 AC 在 A、B 处的约束一般可以简化为固定铰支座和可动铰支座，如图 4-23（*b*）所示。取梁 AC 为研究对象，画其受力图如图 4-23（*c*）所示。梁上作用有均布荷载 q_1 和 q_2；B 处是可动铰支座，其反力 $\mathbf{Y_B}$ 的作用线为铅垂方向，所以固定铰支座 A 的反力 $\mathbf{Y_A}$ 也必然沿铅垂线作用。于是梁上所受荷载和支座反力组成一个平面平行力系。

现应用两个力矩式平衡方程求解 $\mathbf{Y_A}$ 和 $\mathbf{Y_B}$

由

$$\sum M_B=0，q_1\times5\times2.5-q_2\times2\times1-Y_A\times5=0$$

$$Y_A=\frac{q_1\times5\times2.5-q_2\times2\times1}{5}=\frac{20\times5\times2.5-25\times2\times1}{5}$$

得

$$Y_A=40\text{kN}（\uparrow）$$

由

$$\sum M_A=0，Y_B\times5-q_1\times5\times2.5-q_2\times2\times6=0$$

得

$$Y_B=\frac{q_1\times5\times2.5+q_2\times2\times6}{5}=\frac{20\times5\times2.5+25\times2\times6}{5}$$

$$Y_B=110\text{kN}\ (\uparrow)$$

校核：设坐标系如图 4-23（*c*）

$$\sum Y=Y_A+Y_B-q_1\times5-q_2\times2=40+110-20\times5-25\times2=0$$

说明计算无误。

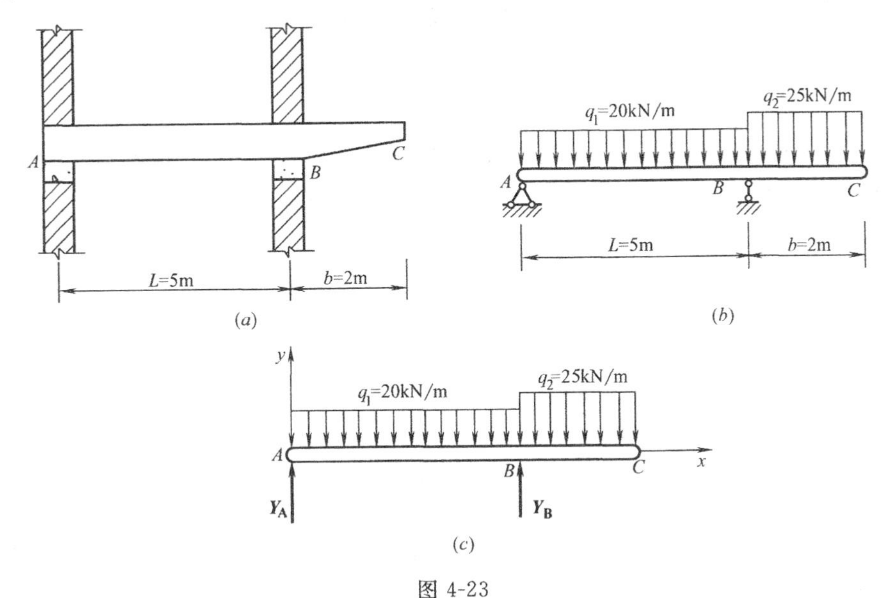

图 4-23

【例 4-14】 塔式起重机如图 4-24（*a*）所示。已知机身重 $G=220\text{kN}$，作用线通过塔架的中心，最大起吊重量 $P=50\text{kN}$，起重臂长 12m，轨道 A、B 的间距为 4m，平衡锤的重量为 Q，它到机身中心线的距离为 6m。试求：

（1）能保证起重机不会翻倒时平衡锤的重量 Q 为多少？

（2）当平衡锤的重量 $Q=30\text{kN}$ 而起重机满载时，轨道 A、B 的约束反力。

【解】 取起重机为研究对象，起重机在起吊重物时，作用在它上面的力有重力 $\boldsymbol{G}$、$\boldsymbol{P}$、$\boldsymbol{Q}$ 以及轨道的约束反力 $\boldsymbol{Y_A}$ 和 $\boldsymbol{Y_B}$；$\boldsymbol{Y_A}$、$\boldsymbol{Y_B}$ 的方向为铅垂向上。以上各力组成了一个平面平行力系。起重机起吊重物时的受力图如图 4-24（*b*）所示。

（1）求能保证起重机不会翻倒时平衡锤的重量 Q

要保证起重机不会翻倒，就是要保证起重机在满载时不绕 B 点向右翻倒；空载时不绕 A 点向左翻倒。这就要求作用在起重机上的各力在以上两种情况下都能满足平衡条件。

当满载时（$P=50\text{kN}$），起重机平衡的临界情况（即将翻未翻时）表现为 $Y_A=0$，这时由平衡方程求出的 Q 是所允许的最小值。由平衡方程的力矩式

$$\sum M_B=0,\ Q_{\min}\times(6+2)+G\times2-P\times(12-2)=0$$

得

$$Q_{\min}=\frac{P\times(12-2)-G\times2}{8}=\frac{50\times10-220\times2}{8}$$

$$Q_{\min}=7.5\text{kN}$$

当空载时（$P=0$），起重机平衡的临界情况表现为 $Y_B=0$，这时由平衡方程求出的 Q 是所允许的最大值。由平衡方程的力矩式

$$\sum M_A=0,\ Q_{\max}\times(6-2)-G\times2=0$$

得 $$Q_{max}=\frac{G\times2}{4}=\frac{220\times2}{4}$$

$$Q_{max}=110\text{kN}$$

上面的 Q_{min} 和 Q_{max} 是在满载和空载两种临界平衡状态下求得的，起重机实际工作时当然不允许处于这种危险状态。因此要保证起重机不会翻倒，平衡锤重量 Q 的大小应在这两者之间，即

$$7.5\text{kN}<Q<110\text{kN}$$

(2) 当平衡锤的重量 $Q=30\text{kN}$ 而起重机满载时，求轨道 A、B 的约束反力 $\boldsymbol{Y_A}$ 和 $\boldsymbol{Y_B}$

当 $Q=30\text{kN}$ 时，满足起重机正常工作所需 Q 值的范围。此时，起重机在图 4-24（b）所示的各力作用下处于平衡状态。由

$$\sum M_B=0,\ Q\times(6+2)+G\times2-P\times(12-2)-Y_A\times4=0$$

得 $$Y_A=\frac{Q\times8+G\times2-P\times10}{4}=\frac{30\times8+220\times2-50\times10}{4}$$

$$Y_A=45\text{kN}$$

由 $$\sum M_A=0,\ Q\times(6-2)-G\times2-P\times(12+2)+Y_B\times4=0$$

得 $$Y_B=\frac{G\times2+P\times14-Q\times4}{4}=\frac{220\times2+50\times14-30\times4}{4}$$

$$Y_B=255\text{kN}$$

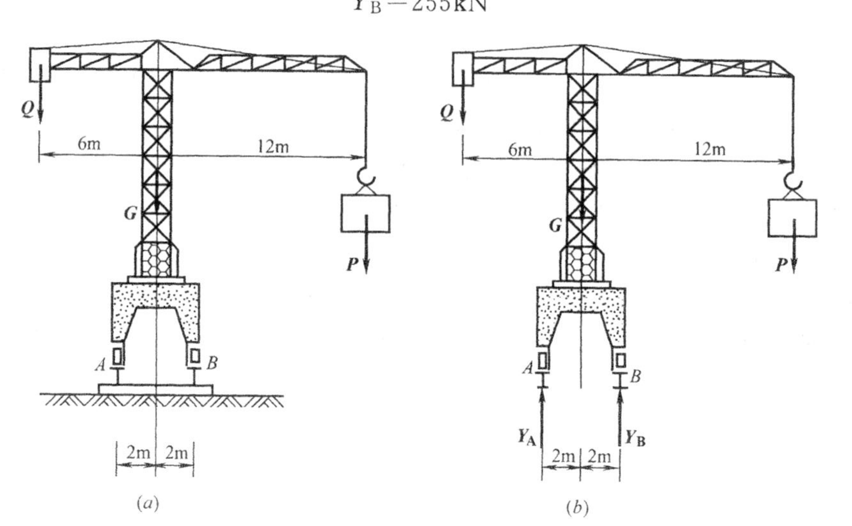

图 4-24

第五节　物体系统的平衡简介

前面研究的都是单个物体的平衡问题，本节将研究物体系统的平衡问题。所谓**物体系统**是指：由几个物体通过一定的约束联系在一起的系统。例如图 4-25 所示的组合梁，就是由梁 AB 和梁 BC 通过铰链 B 连接，并支承在 A、C 支座而组成的一个物体系统。当物体系统平衡时，组成物体系统的每个物体以及系统整体都处于平衡状态。

与单个物体相比，研究物体系统的平衡问题，不仅需要求出物体系统所受的支座反

力，而且还要求出物体系统内部各物体之间相互作用力。我们把作用在物体系统上的力分为**外力**和**内力**。所谓外力，就是系统以外的物体作用在这系统上的力；所谓内力，就是在系统内各物体之间相互作用的力。例如组合梁所受的荷载与 A、C 支座的反力就是外力（图 4-25b），而在 B 铰处左右两段梁相互作用的力就是组合梁的内力。要暴露内力，就需要将物体系统中的物件在它们相互联系的地方拆开，分别分析单个物体的受力情况，画出它们的受力图，如将组合梁在铰 B 处拆开为两段梁，分别画出这两段梁的受力图（图 4-25c、d）。需要注意的是，外力和内力的概念是相对的，取决于所选取的研究对象。例如图 4-25 所示的组合梁在 B 铰处两段梁的相互作用力，对组合梁整体来说，就是内力；而对左段梁或右段梁来说，就成为外力了。

求解物体系统的平衡问题，就是计算出物体系统的内、外约束反力。解决问题的关键在于恰当地选取研究对象，一般有两种选取的方法：

（1）先取整个物体系统为研究对象，求得某些未知量；再取物体系统中的某部分物体（一个物体或几个物体的组合）为研究对象，求出其他未知量。

（2）先取物体系统中的某部分为研究对象；再取其他部分物体或整体为研究对象，逐步求得所有的未知量。

不论取整个物体系统或是系统中的某一部分作为研究对象，都可以根据研究对象所受的力系的类别列出相应的平衡方程去求解未知量。一般地说，对于每个物体，如果受到的是平面一般力系的作用，就可以列出三个独立的平衡方程。如果物体系统是由 n 个物体所组成，则它就共可列出 $3n$ 个独立的平衡方程，从而可以求解 $3n$ 个未知量。如果物体系统

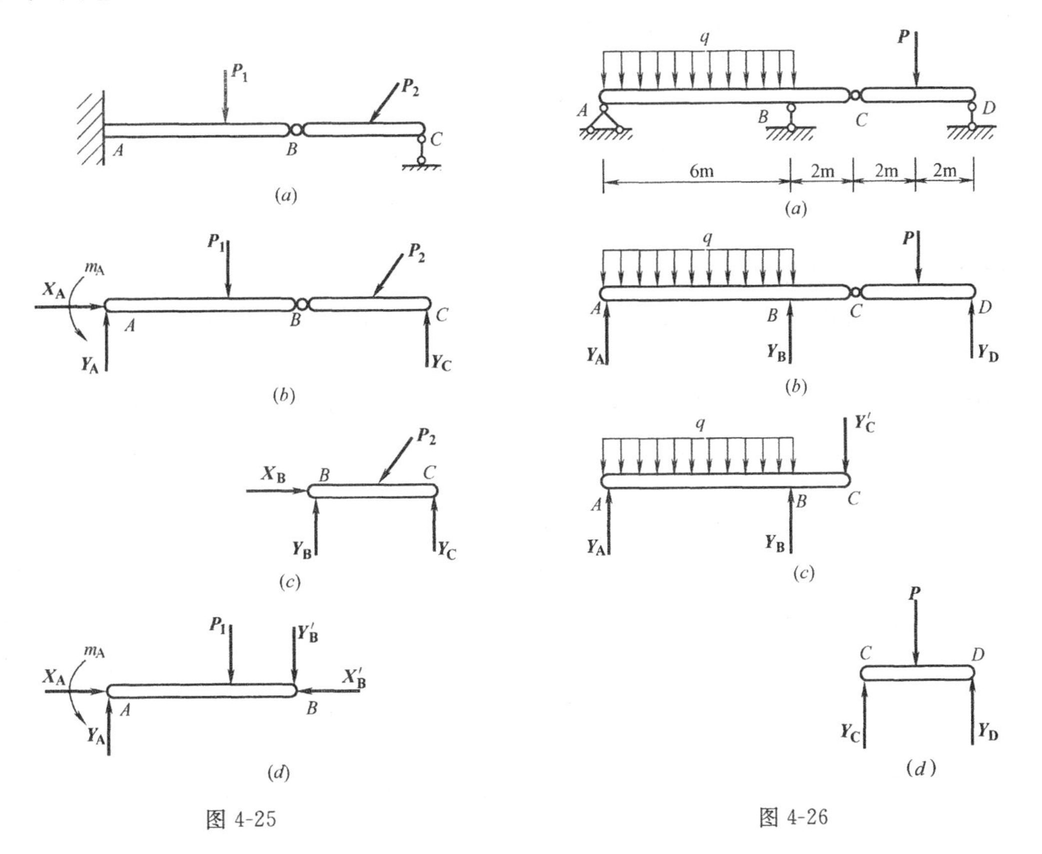

图 4-25　　图 4-26

中的某些物体受平面汇交力系或平面平行力系或平面力偶系作用，则物体系统的平衡方程的个数将相应减少，而所能求解未知量的个数也相应减少。

下面举例说明求解物体系统平衡问题的方法。

【例 4-15】 组合梁受荷载如图 4-26（a）所示。已知 $q=5\text{kN/m}$，$P=30\text{kN}$，梁的自重不计，试求支座 A、B、D 的反力。

【解】 组合梁由 AC、CD 两段组成。若取整个梁为研究对象，画其受力图如图 4-26（b）所示。因梁受到平面平行力系的作用，有 $\boldsymbol{Y_A}$、$\boldsymbol{Y_B}$ 和 $\boldsymbol{Y_D}$ 三个未知量，而独立的平衡方程只有两个，不论怎样选取坐标轴和矩心，都无法求得任何一个未知量。因此必须将梁从铰链 C 处拆开，分别考虑 AC 段和 CD 段的平衡，画出它的受力图如图 4-26（c）、（d）所示，梁 AC 段和 CD 段各受平面平行力系作用，其中 AC 段上有三个未知量，CD 段上有两个未知量，故可先考虑 CD 段，由平衡方程求出未知力 $\boldsymbol{Y_D}$ 后，再取整个梁为研究对象即可求出 $\boldsymbol{Y_A}$ 和 $\boldsymbol{Y_B}$。

根据以上分析，计算如下：

（1）取梁的 CD 段为研究对象（图 4-26d），由

$$\sum M_C=0，Y_D\times4-P\times2=0$$

得

$$Y_D=\frac{P\times2}{4}=\frac{30\times2}{4}=15\text{kN}（\uparrow）$$

（2）取整个梁为研究对象（图 4-26b），由

$$\sum M_A=0，Y_B\times6+Y_D\times12-q\times6\times3-P\times10=0$$

得

$$Y_B=\frac{q\times18+P\times10-Y_D\times12}{6}=\frac{5\times18+30\times10-15\times12}{6}=35\text{kN}（\uparrow）$$

由

$$\sum M_B=0$$

$$q\times6\times3-P\times4-Y_A\times6+Y_D\times6=0$$

得

$$Y_A=\frac{q\times18-P\times4+Y_D\times6}{6}=\frac{5\times18-30\times4+15\times6}{6}=10\text{kN}（\uparrow）$$

校核：对整个组合梁，列出

$$\sum Y=Y_A+Y_B+Y_D-q\times6-P=10+35+15-5\times6-30=0$$

可见，计算正确。

【例 4-16】 由三根杆组成的构架如图 4-27（a）所示。B、D、E 处都是铰链连接，A 处为固定端支座，在 C 处挂一重物，重力 $G=4\text{kN}$，各杆自重不计，试求支座 A 的反力、铰链 B 的约束反力及杆 DE 所受的力。

【解】 构架由三根杆件组成，其中杆 DE 为二力杆。若取整个构架为研究对象，画其受力图如图 4-27（b）所示，图中 T 为绳索拉力，且 $T=G=4\text{kN}$。因构架受平面一般力系作用，故可列出三个平衡方程求解三个未知量：$\boldsymbol{X_A}$、$\boldsymbol{Y_A}$ 和 m_A。欲求 B 处的反力及杆 DE 所受的力，可取杆 BC 为研究对象，由它的受力图（图 4-27c）可知，杆 BC 也受平面一般力系作用，其三个未知量 $\boldsymbol{X_B}$、$\boldsymbol{Y_B}$ 和 $\boldsymbol{N}$ 也可由三个平衡方程求出。

根据以上分析，计算如下：

（1）取整个构件为研究对象（图 4-27b）。设坐标系如图，由

$$\sum X=0$$

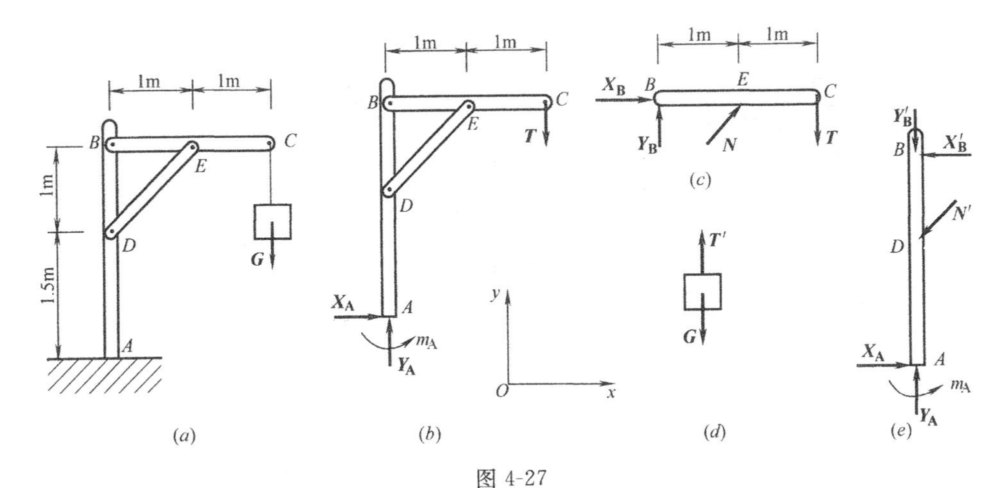

图 4-27

得 $$X_A=0$$

由 $$\sum Y=0,\ Y_A-T=0$$

得 $$Y_A=T=G=4\text{kN}\ (\uparrow)$$

由 $$\sum M_A=0,\ m_A-T\times 2=0$$

得 $$m_A=2T=2\times 4=8\text{kN}\cdot\text{m}$$

（2）取杆 BC 为研究对象（图 4-27c）。由

$$\sum M_B=0,\ -4\times 2+N\sin 45^\circ\times 1=0$$

得 $$N=\frac{4\times 2}{\sin 45^\circ}=11.32\text{kN}$$

得正号表示原假设杆 DE 受压是正确的。由

$$\sum X=0,\ X_B+N\cos 45^\circ=0$$

得 $$X_B=-N\cos 45^\circ=-11.32\times 0.707=-8\text{kN}$$

由 $$\sum Y=0,\ Y_B+N\sin 45^\circ-4=0$$

得 $$Y_B=4-N\sin 45^\circ=4-11.32\times 0.707=-4\text{kN}$$

X_B、Y_B 得负号，表示实际指向应与原假设的相反。

校核：考虑杆 AB 的平衡作为校核，画其受力图如图 4-27（e）所示。由于

$$\sum X=X_A-X'_B-N'\cos 45^\circ=0-(-8)-11.32\times 0.707=0$$

$$\sum Y=Y_A-Y'_B-N'\sin 45^\circ=4-(-4)-11.32\times 0.707=0$$

$$\sum M_D=X'_B\times 1+X_A\times 1.5+m_A=-8\times 1+0+8=0$$

可见计算正确。

【例 4-17】 钢筋混凝土三铰刚架受荷载如图 4-28（a）所示，已知 $P=12\text{kN}$，$q=8\text{kN/m}$，求支座 A、B 及顶铰 C 处的约束反力。

【解】 三铰拱由左、右两个半拱组成，其整体及每个半拱的受力图如图 4-28（b）、（c）、（d）所示。由图可见，三铰拱整体及左、右半拱都受平面一般力系作用，且都含有四个未知量，但总的未知量只有六个，欲求出这些未知量，可分别取左、右半拱为研究对象进行求解，也可分别取三铰拱整体和其中一个半拱为研究对象求解，共可列出六个独立的平衡方程，故六个未知量可完全确定。

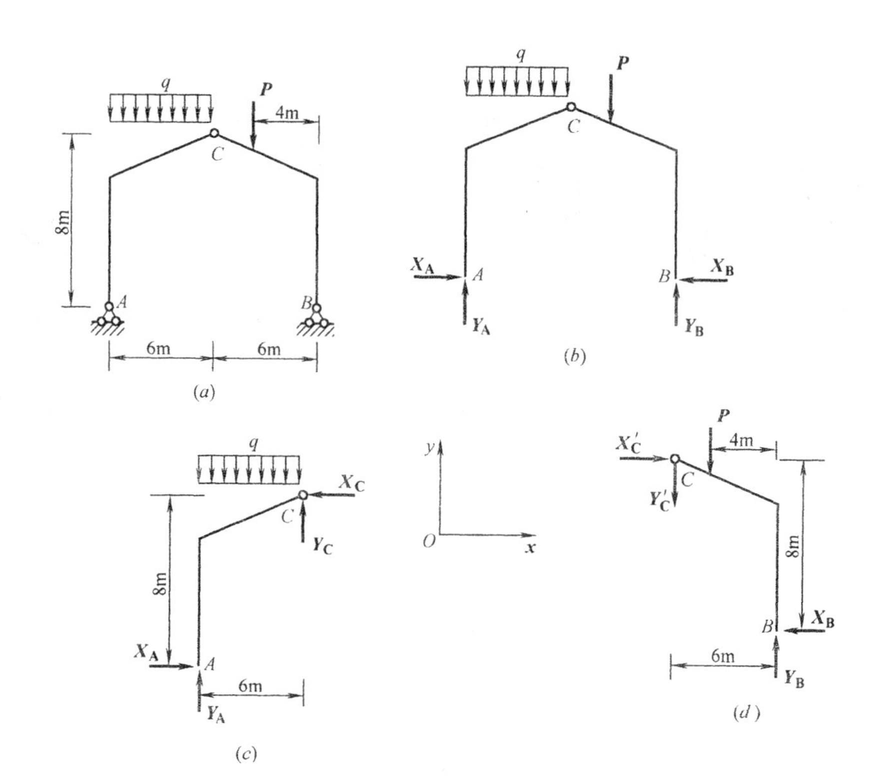

图 4-28

我们进一步注意到，整个三铰拱虽有四个未知力，但若分别以 A 和 B 为矩心，列出力矩方程，则各有三个未知力通过矩心，平衡方程中只有一个未知量，于是就可以方便地求出 $\mathbf{Y_B}$、$\mathbf{Y_A}$。然后，再考虑一个半拱的平衡，这时，每个半拱都只剩下三个未知力，问题就迎刃而解了。

根据以上分析，计算如下：

（1）取整个三铰拱为研究对象（如图 4-28b），取坐标系如图，由

$$\sum M_A=0,\ -q\times6\times3-P\times8+Y_B\times12=0$$

得

$$Y_B=\frac{q\times6\times3+P\times8}{12}=\frac{8\times6\times3+12\times8}{12}=20\text{kN}\ (\uparrow)$$

由

$$\sum M_B=0,\ q\times6\times9+P\times4-Y_A\times12=0$$

得

$$Y_A=\frac{q\times6\times9+P\times4}{12}=\frac{8\times6\times9+12\times4}{12}=40\text{kN}\ (\uparrow)$$

由

$$\sum X=0,\ X_A-X_B=0$$

得

$$X_A=X_B$$

（2）取左半拱为研究对象（图 4-28c），由

$$\sum M_C=0,\ X_A\times8-Y_A\times6+q\times6\times3=0$$

得

$$X_A=\frac{Y_A\times6-q\times6\times3}{8}=\frac{40\times6-8\times6\times3}{8}=12\text{kN}\ (\rightarrow)$$

由

$$\sum X=0,\ X_A-X_C=0$$

得

$$X_C=X_A=12\text{kN}$$

由

$$\sum Y=0,\ Y_A+Y_C-q\times6=0$$

得 $$Y_C = q\times6 - Y_A = 8\times6-40=8\text{kN}$$

将 X_A 的值代入式（a），可得

$$X_B = X_A = 12\text{kN}\ (\leftarrow)$$

校核：考虑右半拱的平衡，由于

$$\sum X = X'_C - X_B = X_C - X_B = 12-12=0$$

$$\sum Y = Y_B - Y'_C - P = Y_B - Y_C - P = 20-8-12=0$$

$$\sum M_C = -P\times2 - X_B\times8 + Y_B\times6 = -12\times2-12\times8+20\times6=0$$

可见计算正确。

通过以上实例分析，可见物体系统平衡问题的解题步骤与单个物体的平衡问题基本相同。现将物体系统平衡问题的解题特点归纳如下：

1. 适当选取研究对象

如整个系统的外约束力未知量的数目不超过三个，或虽超过三个但不拆开也能求出一部分未知量时，可先选择整个系统为研究对象。

如整个系统的外约束反力未知量的数目超过三个，必须拆开才能求出全部未知量时，通常先选择受力情形最简单的某一部分（一个物体或几个物体）作为研究对象，且最好这个研究对象所包含的未知量个数不超过此研究对象所受的力系的独立平衡方程的数目，以避免用两个研究对象的平衡方程联立求解。需要将系统拆开时，要在各个物体连接处拆开，而不应将物体或杆件切断。

选取研究对象的具体方法是：先分析整个系统及系统内各个物体的受力情况，画出它们的受力图，然后选取研究对象。

2. 画受力图

画出研究对象所受的全部外力，不画研究对象中各物体之间相互作用的内力。两个物体间相互作用的力要符合作用与反作用关系。

3. 应用不同形式的平衡方程

按照受力图中所反映的力系的特点和需要求解的未知力数目，列出必需的平衡方程。平衡方程要简单易解，最好每个方程只包含一个未知力。

复习思考题与习题

1. 如图 4-29 所示，一力 P 作用在 A 点，试求作用在 B 点与力 P 等效的力和力偶。

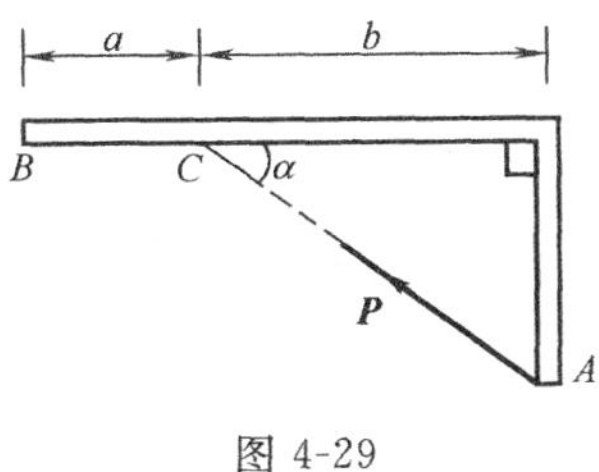

图 4-29

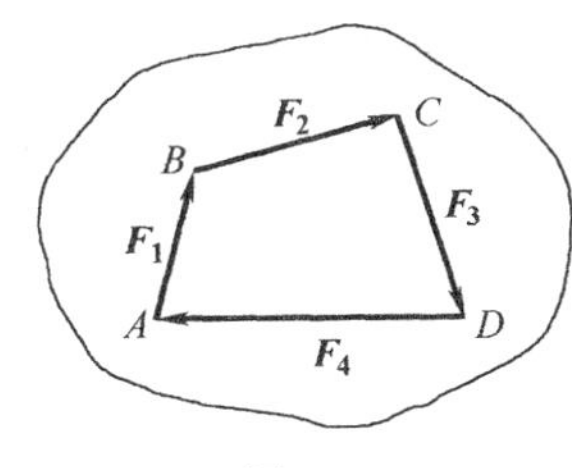

图 4-30

2. 图 4-30 所示分别作用在一平面上 A、B、C、D 四点的四个力 $\boldsymbol{F}_1$、$\boldsymbol{F}_2$、$\boldsymbol{F}_3$ 和 $\boldsymbol{F}_4$，这四个力画出的力多边形刚好首尾相接。问：

(1) 此力系是否平衡？

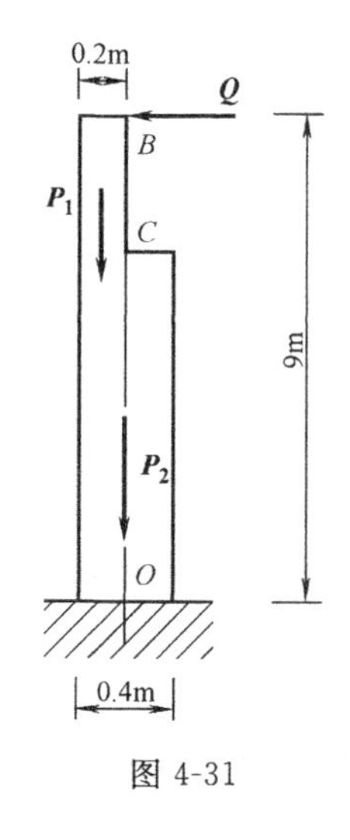

图 4-31

（2）此力系简化的结果是什么？

3. 平面一般力系的合力与其主矢的关系怎样？在什么情况下其主矢即为合力？

4. 在简化一个已知平面力系时，选取不同的简化中心，主矢和主矩是否不同？力系简化的最后结果会不会改变？为什么？

5. 当力系简化的最后结果为一个力偶时，为什么说主矩与简化中心的选择无关？

6. 在研究物体系统的平衡问题时，如以整个系统为研究对象，是否可能求出该系统的内力？为什么？

7. 如图 4-31 所示，某厂房柱高 9m，柱上段 BC 重 $P_1=6\text{kN}$，下段 CO 重 $P_2=35\text{kN}$，柱顶作用一水平力 $Q=10\text{kN}$，各力作用位置如图 4-31 所示。以柱底中心 O 点为简化中心，求这三力的主矢和主矩。

8. 如图 4-32 所示的平面力系，已知 $F_1=200\text{N}$，$F_2=500\text{N}$，$F_3=300\text{N}$，$F_4=400\sqrt{2}\text{N}$。求力系向 O 点简化的结果（每一小格间距为 100mm）。

9. 某桥墩顶部受到两边桥梁传来的铅垂力 $P_1=1940\text{kN}$、$P_2=800\text{kN}$ 及制动力 $F=193\text{kN}$。桥墩自重 $G=5280\text{kN}$，风力 $Q=140\text{kN}$。各力的作用线位置如图 4-33 所示。试将这些力向底面中心 O 点简化，并求简化的最后结果。

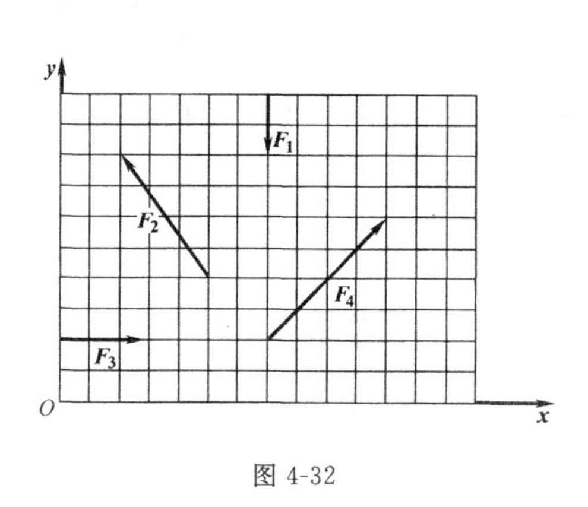

图 4-32

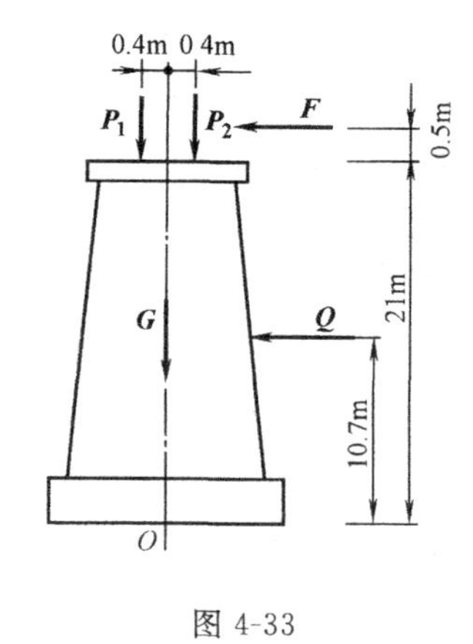

图 4-33

10. 钢筋混凝土构件如图 4-34 所示，已知各部分的重量为 $G_1=G_3=4\text{kN}$，$G_2=8\text{kN}$，$G_4=2\text{kN}$，试求这些重力的合力。

11. 求图 4-35 所示各梁的支座反力。

12. 求图 4-36 所示刚架的支座反力。

13. 某厂房柱高 9m，受力作用如图 4-37 所示。已知 $Q=5\text{kN}$，$P_1=20\text{kN}$，$P_2=50\text{kN}$，$q=4\text{kN/m}$；力 $\boldsymbol{P}_1$、$\boldsymbol{P}_2$ 至柱轴线的距离分别为 e_1、e_2，$e_1=0.15\text{m}$，$e_2=0.25\text{m}$，试求固定端支座 A 的反力。

14. 梁 AB 用三根链杆 a、b、c 支承，荷载如图 4-38 所示。已知 $P=150\text{kN}$，$m=60\text{kN}\cdot\text{m}$，求这三根链杆的反力。

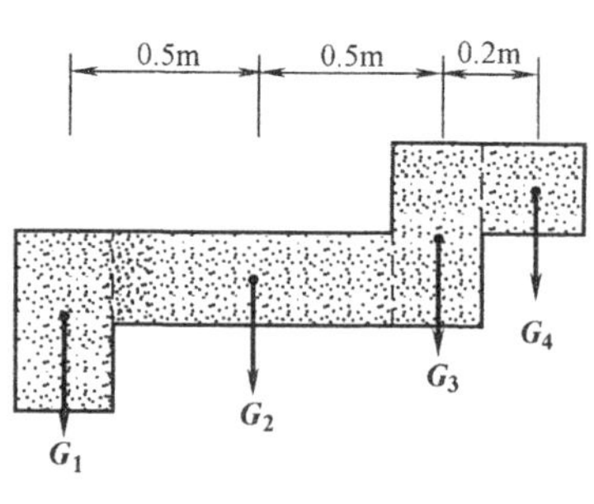

图 4-34

15. 求图 4-39 所示桁架 A、B 支座的反力。

16. 如图 4-40 所示，拱形桁架的一端 A 为固定铰支座；另一端 B 为可动铰支座，其支承面与水平面成倾角 30°。桁架自重 $G=100\text{kN}$，风压力的合力 $Q=20\text{kN}$，其方向水平向左，试求支座的反力。

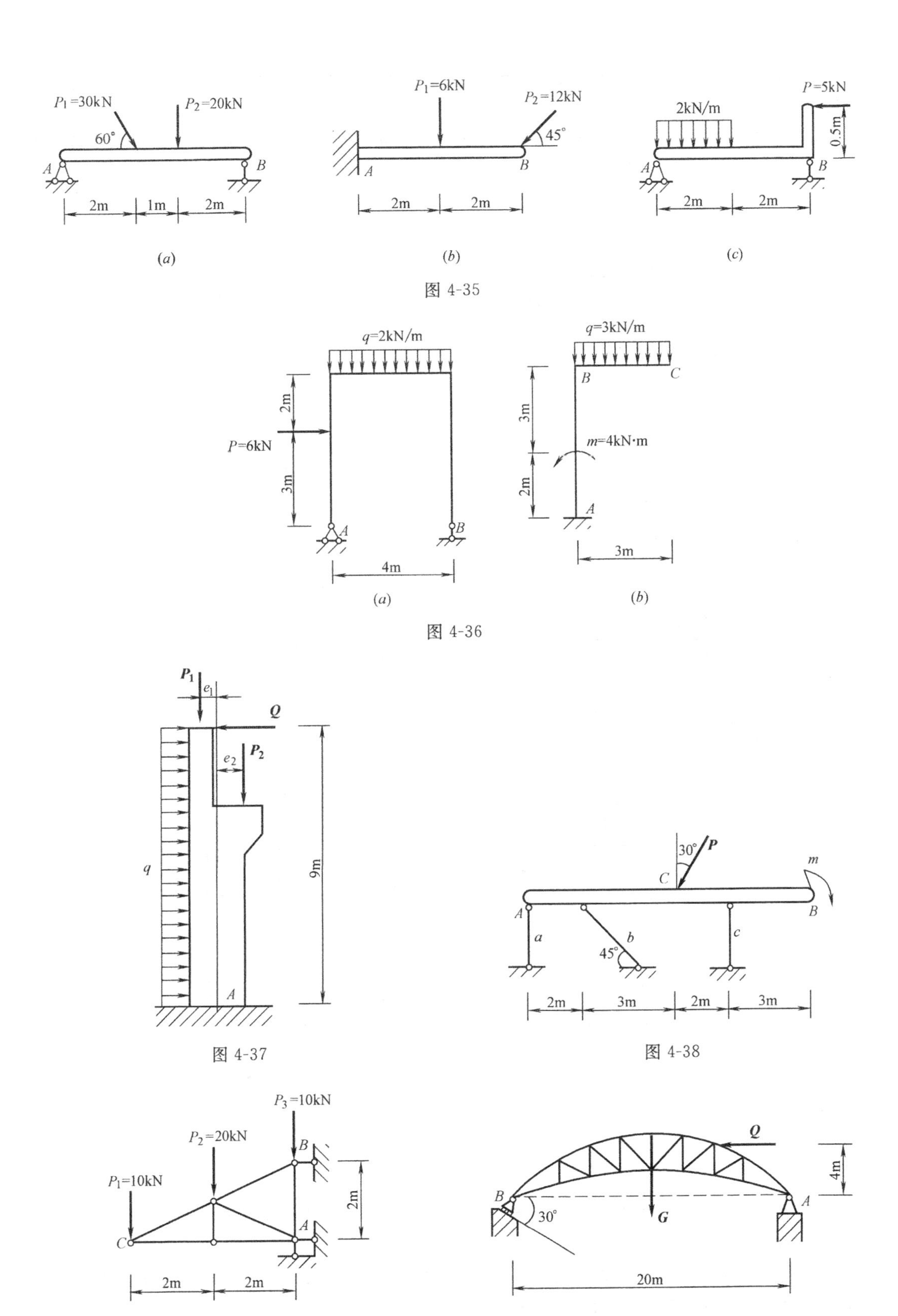

图 4-35

图 4-36

图 4-37

图 4-38

图 4-39

图 4-40

17. 如图 4-41 所示一个三角形支架的受力情况，已知 $P=10\text{kN}$，$q=2\text{kN/m}$，求铰链 A、B 处的约束反力。

18. 匀质杆 ABC 挂在绳索 AD 上而平衡，如图 4-42 所示。已知 AB 段长为 l，重为 G；BC 段长为 $2l$，重为 $2G$，$\angle ABC=90°$，求 α 角。

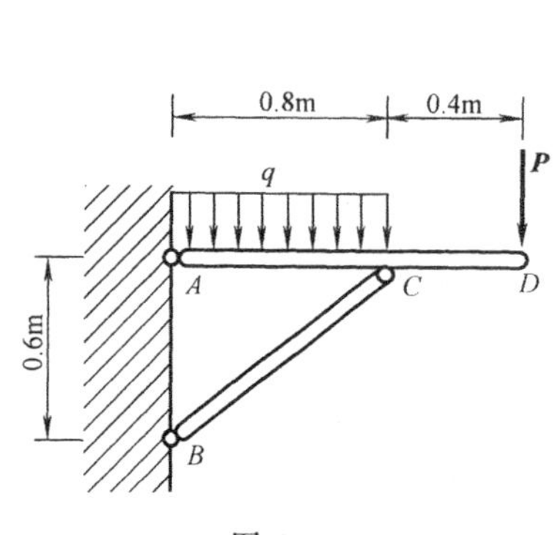

图 4-41

图 4-42

19. 求图 4-43 所示各梁的支座反力。

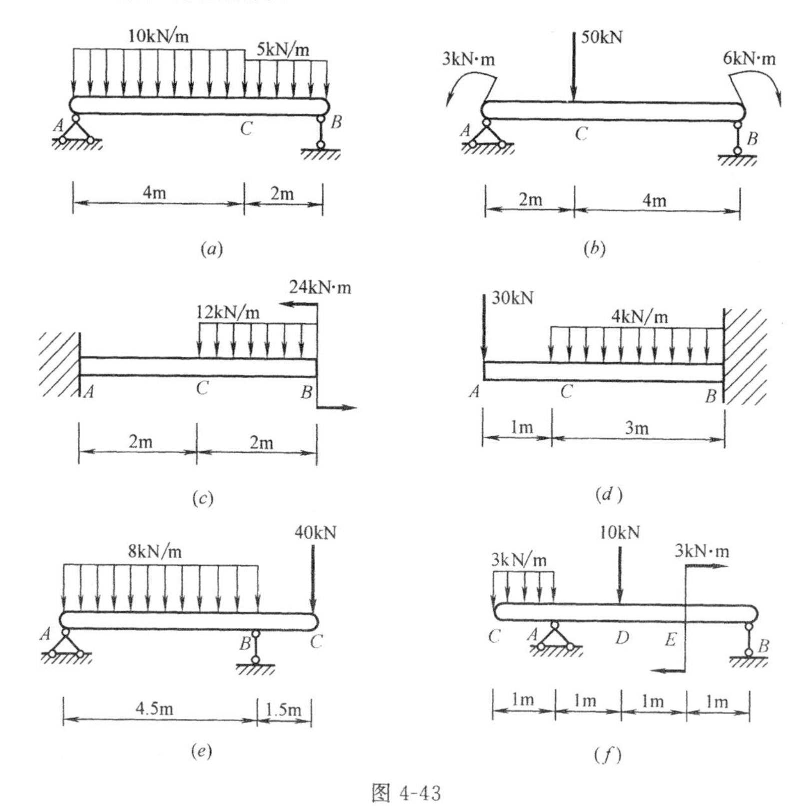

图 4-43

20. 求图 4-44 所示各梁的支座反力。图 4-44（a）斜梁 AC 上的均布荷载沿梁的长度分布，其余的均布荷载都是沿水平方向分布的。

21. 如图 4-45 所示，起重机重 $G=50\text{kN}$，搁置在水平梁上，其重力作用线沿 CD；起吊重量 $P=10\text{kN}$；梁重 $Q=30\text{kN}$，作用在梁的中点。试求：

（1）当起重机的 CD 线通过梁的中点时，求支座 A、B 的反力；

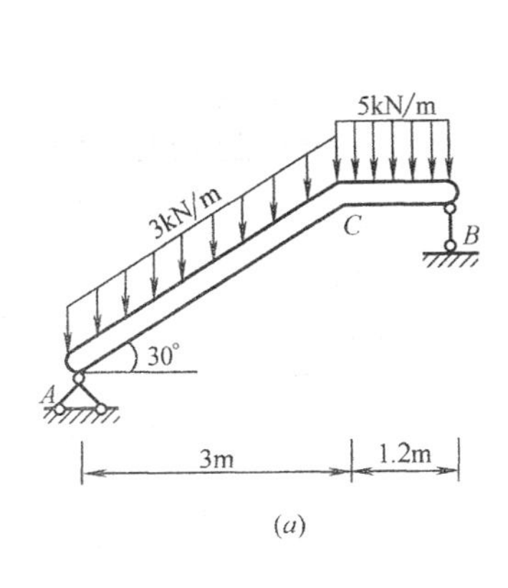

(a)

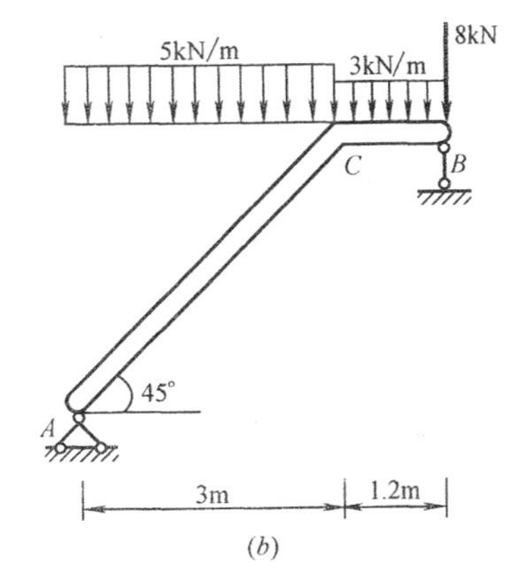

(b)

图 4-44

(2) CD 线离开支座 A 多远时，支座 A、B 的反力相等。

22. 一滑轮组布置如图 4-46 所示，各段绳索都是铅垂的。已知 $G_1=50\text{kN}$，求平衡时 G_2 的值。

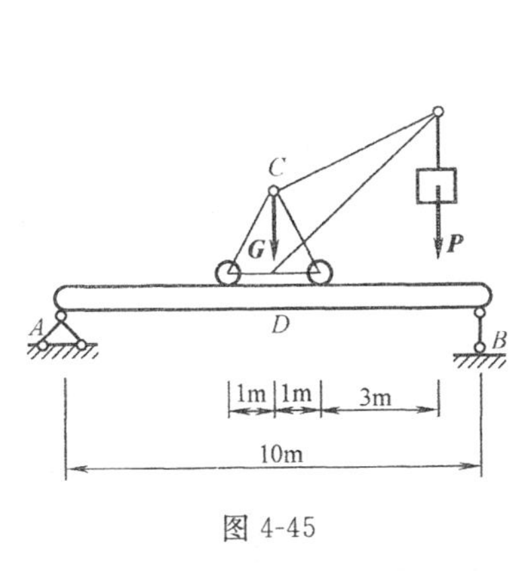

图 4-45

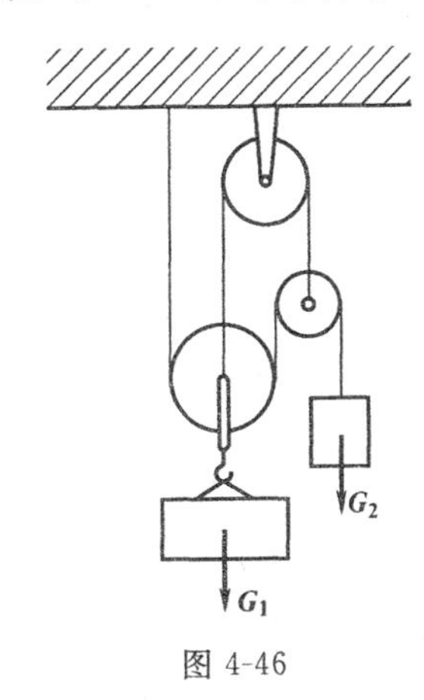

图 4-46

23. 求图 4-47 所示多跨静定梁的支座反力。

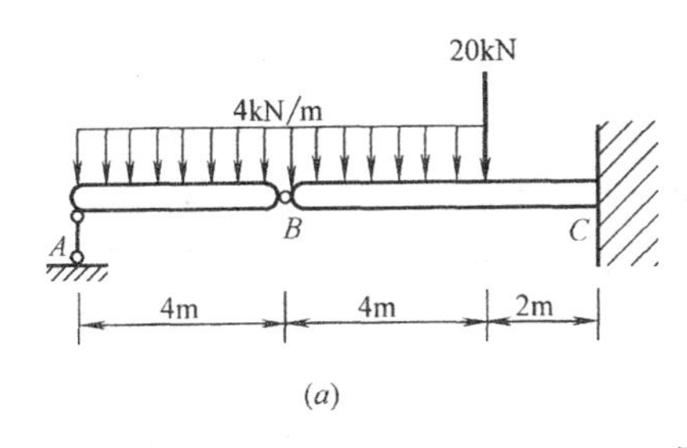

(a)

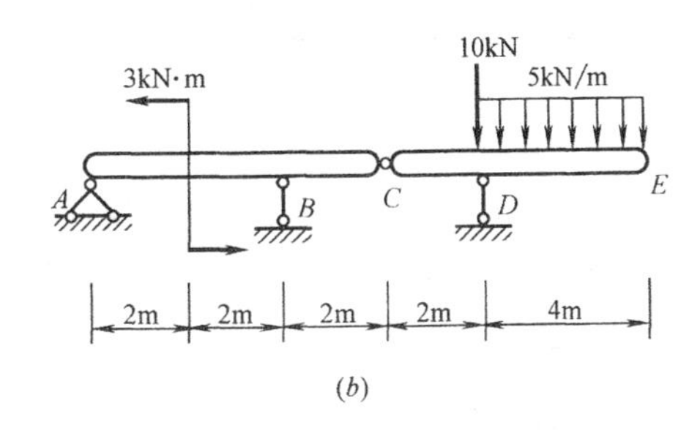

(b)

图 4-47

24. 求图 4-48 所示两跨刚架的支座 A、B 和 C 的反力。

25. 如图 4-49 所示三铰拱，求其支座 A、B 的反力及铰链 C 的约束反力。

26. 三铰拱式组合屋架如图 4-50 所示，求其支座 A、B 的反力，拉杆 AB 的拉力及铰链 C 所受的力。

27. 杠杆扩力机如图 4-51 所示，它利用两个同样的杠杆 AB 和 CD 来增加工件的压紧力，工作时，压力 P 经过两个杠杆压到工件 F 上。已知 $P=100\text{N}$，$l_1=50\text{mm}$，$l_2=200\text{mm}$，试求对工件的压紧力。

28. 如图 4-52 所示，一个折梯支于光滑的地面上，C 为铰链，DE 为一根水平拉绳，折梯自重不计。在 AC 边上作用有铅垂向下的荷载 $P=600\text{N}$，求 A、B 两点的反力，绳 DE 的拉力及铰链 C 处的相互作用力。

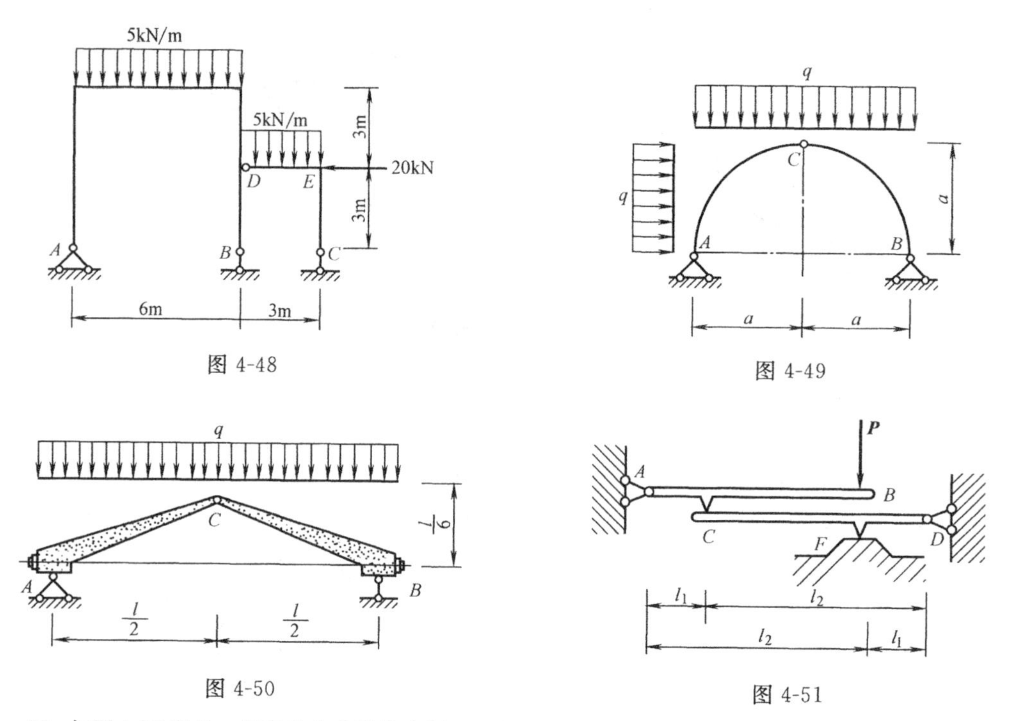

图 4-48　　图 4-49

图 4-50　　图 4-51

29. 如图 4-53 所示，起重机在多跨静定梁上，载有重物 $P=10$kN，起重机重 $G=50$kN，其重心位于铅垂线 EC 上。梁自重不计，求支座 A、B 和 D 的反力。

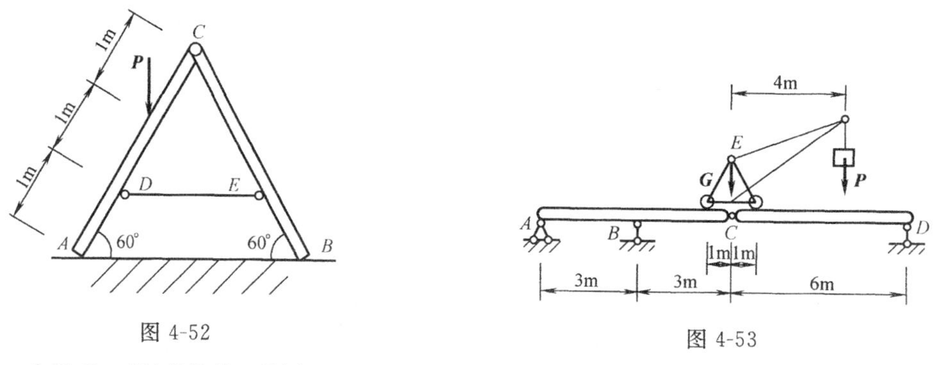

图 4-52　　图 4-53

30. 一个重 $G=4$kN 的物体，按图 4-54 所示的三种方式悬挂在支架上。已知滑轮直径 $d=300$mm，其余尺寸如图 4-54（a）所示。求这三种情况下立柱固定端支座 A 的反力及连杆 DE 所受的力。

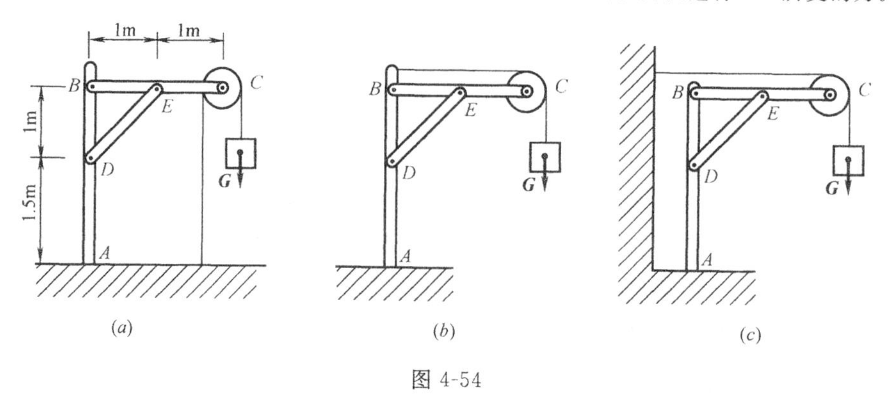

图 4-54

第五章　材料力学的基本概念

第一节　变形固体的基本假定

一、变形固体

实际工程中的结构构件都是用固体材料制成的，如梁、板、柱等，一般是用钢材或混凝土浇筑而成。这些固体材料在外力作用下会产生一定的变形，称为变形固体。在理论力学中，我们只研究物体的外部效应，把物体看作是理想刚体，完全忽略物体在外力作用下的微小变形。在材料力学中我们着重研究物体的内部效应，因此必须考虑物体的变形，认为一切物体都是变形固体。由于材料力学研究的主要内容是构件在外力作用下的强度、刚度和稳定等问题，所以变形就成了物体主要的基本性质之一。

建筑工程中所用的固体材料，在外力作用下的变形是由两部分组成的。一部分是外力不超过一定限度，当外力解除后，变形也会随着消失的变形，这种变形称为弹性变形；另一部是外力超过一定限度，当外力解除后，只能部分复原，而残余下不能消失的变形，这种残余部分的变形称为塑性变形（或称残余变形）。但在建筑工程常用的材料中，当作用的外力数值不超过一定限度时，塑性变形很小，可以近似地看成是只有弹性变形而没有塑性变形，这种只有弹性变形的物体称为完全弹性体或理想弹性体。只引起弹性变形的外力范围称为弹性范围。同时产生弹性变形和塑性变形的物体称为部分弹性体。本书只限于讨论材料在弹性范围内的变形及受力。

需要指出的是，在自然界中并没有理想的弹性体。一般变形固体，既有弹性也有塑性，只有在特定的条件下，才可以看成是完全弹性体。

二、基本假设

如前所述，工程中制成各种物件的材料一般均为变形固体，且多种多样，其性质也十分复杂。为了便于研究，在进行变形固体的强度、刚度和稳定性计算时，往往略去变形固体的一些次要性质，而保留其主要性质，将它们抽象为一种理想化的模型，便于理论分析，简化计算。在材料力学中常采用以下基本假设，作为变形固体理论分析的基础。

1. 连续性假设

这个假设认为在变形固体内毫无空隙地充满了物质。对于钢、铜、铁等一些材料而言，由于组成物质的粒子之间的空隙与构件尺寸相比极为微小，可以忽略不计，不会影响分析的结果。但对于木材、混凝土、砖石等材料，因固体的内部组成与假设出入较大，故分析计算结果是比较粗糙的。

2. 均匀性假设

这个假定认为在变形固体内各处的力学性质完全相同，变形固体内任一点的力学性质完全可代表整个固体。因此，我们可以从变形固体的任何部分取出一微元体来研究分析它的性质。也可以把由较大尺寸通过实验所得变形固体性质，用到微元体上去。

3. 各向同性假设

这个假设固体材料在任何一个方向都有相同的力学性质，具备这种属性的固体材料称为各向同性材料。实际工程中所用的固体材料都不完全符合这个假定，例如金属材料是由晶粒组成，在不同方向其力学性质并不相同，但是组成金属材料极多数量的晶粒，在各个方向的排列极不规则，这就使得金属材料在各方向的力学性质虽不同，但很接近。铸铁、玻璃、铸铜、混凝土等都可以看作是各向同性材料。根据这个假设得出来的理论，基本上是正确的，说明这个假设是符合实际情况的。材料力学范围内所研究的变形固体，都假设为各项同性的。

根据这个假定，我们在研究变形固体的性质时，从固体中任何部分取出的微元体，其理论结果都是一致的。

在工程中也有一些固体材料，其力学性质是有方向性的，如木材、纤维制品、复合材料、钢丝等。这些在各个方向具有不同力学性质的材料，称为各向异性材料。根据各向同性假设得出的理论，如用于各向异性材料，只能得到近似的结果，在一定范围内还是可以满足工程精度要求的。

4. 小变形的假设

这是一个近似假设，假设变形固体几何形状的改变与其总尺寸比较起来是很微小的。

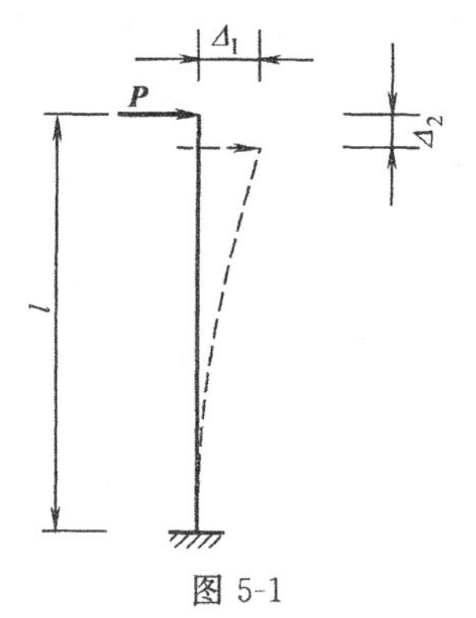

图 5-1

在工程中，构件因外力作用情况不同，变形值可能较大，也可能很小，为了满足构件的适用性，一般构件允许产生的变形值都很小。当构件的变形值与构件尺寸相比很微小时，在研究构件的平衡过程中，就可以忽略这个微小的变形值，而按变形前的原始尺寸和形状来分析计算，这样会使问题大为简化，由此引起的误差值可以不去考虑。例如在图 5-1 中，杆件因受外力 $\boldsymbol{P}$ 作用，在产生弯曲变形的同时，也引起外力位置的变化。但由于 Δ_1 和 Δ_2 都远小于杆件的原始尺寸 l，所以在进行杆件受力分析和计算时，仍可采用杆件的原始尺寸 l。所以材料力学所研究的是杆件在弹性范围内的小变形问题。

第二节　杆件变形的基本形式

一、杆件及其分类

所谓杆件，是指长度远大于横截面尺寸的构件（图 5-2）。如房屋结构中的梁、柱等。材料力学研究的主要对象就是杆件。横截面是指垂直于杆件长度方向的截面，而杆件各横

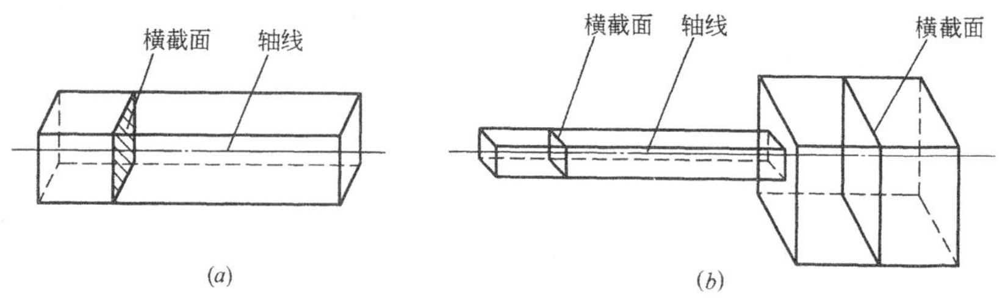

图 5-2

截面形心的连线称为杆件的轴线。轴线为直线的杆件称为直杆。

在实际工程中，杆件有不同的形状，有的杆件横截面沿轴线没有变化，各横截面尺寸相同（图 5-2*a*），有的杆件横截面尺寸沿轴线在变化（图 5-2*b*）。轴线为直线，各横截面尺寸相同的杆件为等截面直杆，简称等直杆；轴线为直线，横截面尺寸有变化的杆件为变截面直杆。材料力学主要研究等直杆。

二、杆件变形的基本形式

工程中，结构形式和结构受力情况各有不同，因而组成结构的杆件，其受力和变形情况也是多种多样的，根据杆件的变形特点，可归纳为以下四种基本变形形式：

1. 轴向拉伸和压缩

杆件两端在一对大小相等、方向相反、作用线沿杆轴线的外力作用下，发生沿杆轴线方向的伸长或缩短，如图 5-3 所示。工程中屋架的腹杆属于轴向拉伸或压缩的杆件。

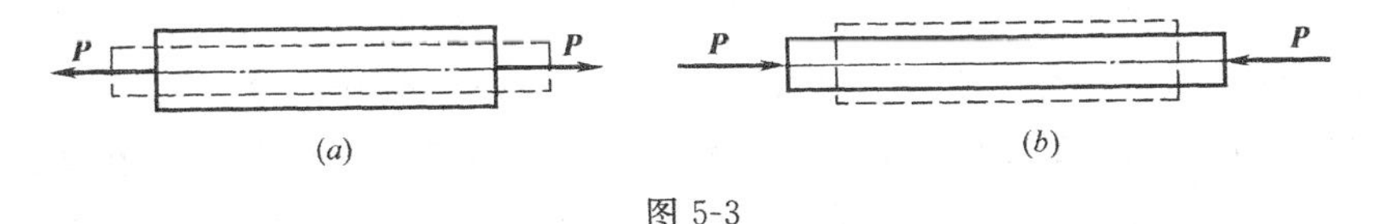

图 5-3

2. 剪切

杆件在一对相距很近，大小相等、方向相反，作用线垂直杆轴线的外力作用下，其横截面产生沿外力作用方向的相互错动，如图 5-4 所示。

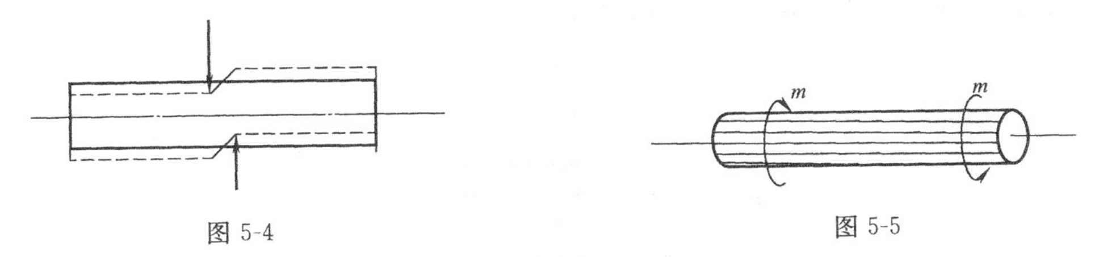

图 5-4　　图 5-5

3. 扭转

杆件在一对方向相反，作用面与杆轴线垂直的力偶作用下，任意两横截面发生绕轴线相对转动，如图 5-5 所示。工程中的雨篷梁、边框架梁等都属于受扭构件。

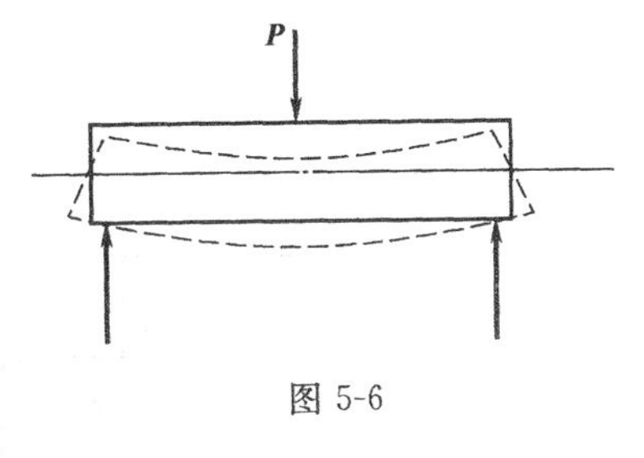

图 5-6

4. 弯曲

杆件在垂直于轴线的外力（横向力）作用下，杆件轴线由直线变为曲线，如图 5-6 所示。弯曲是工程中最常见的变形形式，如框架梁、楼面梁、屋面梁、屋面板等都属于受弯构件。

工程中，一切构件的变形，不外是这四种基本变形之一，或为其中几种基本变形的组合形式，本书主要讨论这四种基本变形的强度及刚度问题。

第三节　内力、截面法、应力

一、内力的概念

变形体受到外力作用时，要发生变形，同时产生抵抗变形的力，例如我们用手拉橡皮带时，会感到在橡皮带内有一种抵抗拉长的力，这种抵抗拉长的力就是橡皮带的内力。所以说，内力是杆件在外力作用下，杆件内部的一部分与另一部分或质点与质点之间相互作用的力。所谓外力是一个物体对另一个物体的作用力，外力又称荷载。

变形固体内部各质点间本来就存在着相互作用的力，使固体保持一定的形状，当物体受到外力作用而变形时，内部各质点的相互作用力也就发生了改变，这种相互作用力的改变量，能抵抗外力所引起的变形，即内力。内力随变形而产生，随外力的变化而变化。当到达某一限值时就会引起构件的破坏。因此，它与构件强度密切相关，要研究杆件强度必须先分析和计算出这种内力。

二、截面法

用假想截面将杆件截开，将截面上的内力显示出来，并用静力平衡条件确定内力的方法，称为截面法。这个方法可以把内力转化成外力形式，是计算内力最方便的方法。

处于平衡状态的物体，其各个部分均应保持平衡。例如（图 5-7*a*），等直杆在一对轴向拉力作用下处于平衡状态。设以一假想平面 *m*-*m* 把杆件截开，分为两段，如以 *A* 段为研究对象（图 5-7*b*），则 *A* 段也应处于平衡状态，为了保持该段的平衡，在截面上也必须有力 ***N*** 与外力 ***P*** 平衡，这样，原 *B* 段对它的作用的内力此时已变成 *A* 段上的外力而显示出来。按照连续性假设和内力的定义，*m*-*m* 截面上的内力是分布于整个截面上的一个空间分布力系，如图 5-7*b* 所示。***N*** 为该力系的合力。若取 *B* 段为对象（图 5-7*c*），由力的作用与反作用原理可知，*A* 段对于 *B* 段也必有大小相等而方向相反的力 ***N*** 作用着。所以同一截面，无论取左段还是右段均能确定该截面的内力。

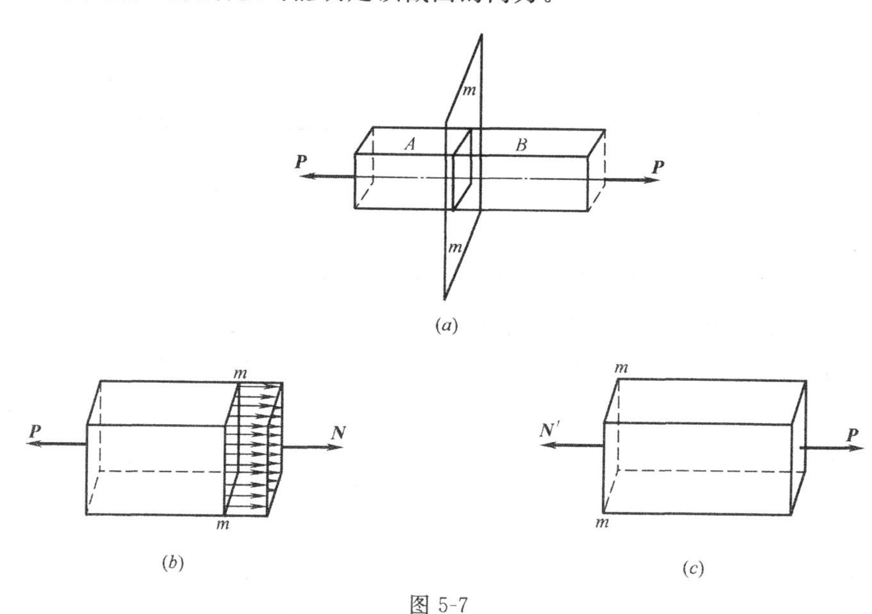

图 5-7

据上所述，截面法求内力的步骤可归纳如下：

1. 显示内力

要求杆件某一截面上的内力时，可假想地将杆件沿这个截面截开，移去一部分，保留另一部分作为研究对象。

2. 代替

用作用于截面上的内力代替移去部分对保留部分的作用，画出受力图。

3. 确定内力

列出保留部分的平衡方程，确定内力的大小和方向。

由上述可知，截面法和静力学中取分离体的方法是相类似的。只是这里的分离体不是一个物体，而是物体中的一部分，所求的未知量也不是支座的约束反力，而是某一截面的内力。还应注意，这里研究的是变形体，而不是刚体，因此，在应用截面法之前，不能将外力移动，也不能用合力或分力代替作用于物体上的某些力。

运用截面法，我们可以把内力转化为外力的形式，应用静力平衡条件来求解它的大小和方向。

三、应力

由前述可知，应用截面法我们可以求出杆件在外力作用下任一截面的内力，但是，知道了内力，并不能因此而判断杆件在外力作用下是否破坏，可能沿哪个截面破坏，或从截面上哪一点开始破坏。例如，用相同材料做成的两截面面积不同的杆件（$A_1>A_2$），在相同的轴向拉力 $\boldsymbol{P}$ 作用下，两根杆件截面上的内力显然是相同的（$N_1=N_2$），当拉力达到某一数值时，则由经验可知，细杆将先被拉断，这说明，即使杆件的内力相等，杆件的强度并不一定相同。因为杆件截面面积不同，单位面积上分布的内力值也不相同，分布面积小，则内力分布密集程度就高，密集程度高其作用就大。可见单位面积上的内力，分布密集程度与杆件强度密切相关，要解决杆件强度问题，仅仅知道截面上的内力是不够的，还必须知道内力在截面上各点的分布情况。

我们把单位面积上的内力称为应力。用 p 表示。应力反映了内力的分布密集程度（简称集度），它并不是作用于物体内某一点的内力，它仅表示内力分布在某点上的强弱程度。

应力 p 是一个矢量，即有大小又有方向。通常情况下，它与截面即不垂直也不相切，计算时，将它分解为垂直于截面和相切于截面的两个分量，如图 5-8 所示。垂直于截面的应力分量称为正应力或法向应力，用 σ 表示；相切于截面的应力分量称为剪应力或切向应力，用 τ 表示。

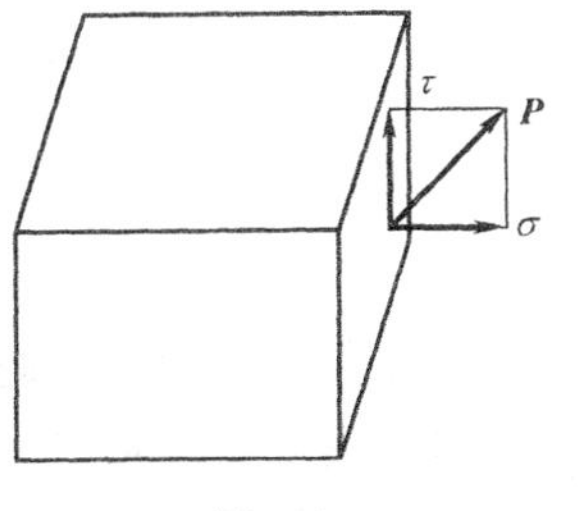

图 5-8

工程中应力的单位常用 Pa（帕或帕斯卡）、kPa（千帕）、MPa（兆帕）、GPa（吉帕）。

$1\text{Pa}=1\text{N/m}^2$　　　　$1\text{kPa}=10^3\text{Pa}$

$1\text{MPa}=10^6\text{Pa}$　　　　$1\text{GMPa}=10^9\text{Pa}$

工程中主要采用 $1\text{MPa}=1\text{N/mm}^2$ 的单位。

复习思考题与习题

1. 简述变形固体的概念，材料力学对变形固体作了哪些基本假定？
2. 什么是杆件？举例说明。杆件可分为哪几种类型？材料力学主要研究哪一种？
3. 杆件变形的基本形式有哪几种？例举一些工程中产生各种基本变形的实例。
4. 简述内力、应力、截面法的概念，用截面法求内力的步骤是什么？

第六章　轴向拉伸和压缩

第一节　轴向拉伸和压缩时的内力

一、轴向拉伸和压缩的概念

在建筑结构中，我们经常遇到承受轴向拉伸和压缩的等直杆件，例如图 6-1（a）所示承受节点荷载屋架中的各杆，图 6-1（b）所示的柱子，图 6-1（c）所示简易起重架的各杆等。

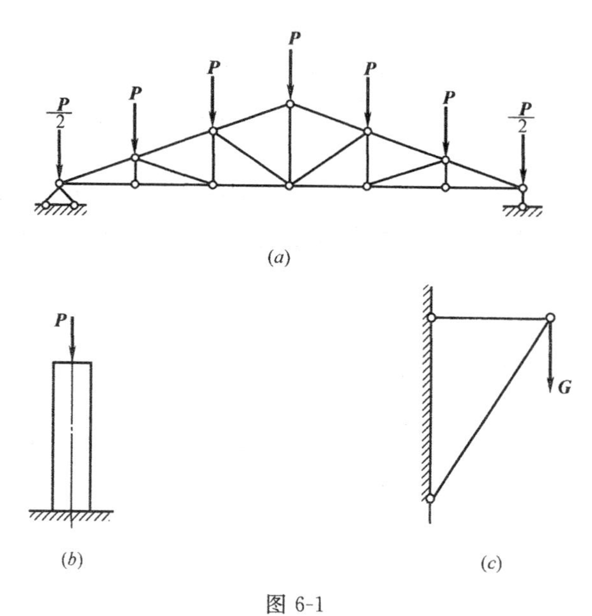

图 6-1

通过分析可知，它们有共同的受力特点和变形特点。作用于杆端的外力（或外力合力）的作用线与杆轴线重合。在这种受力情况下，杆件产生沿轴线方向的伸长或缩短。这种变形形式称为轴向拉伸或压缩，这类杆件称为拉杆或压杆。如图 6-2 所示。

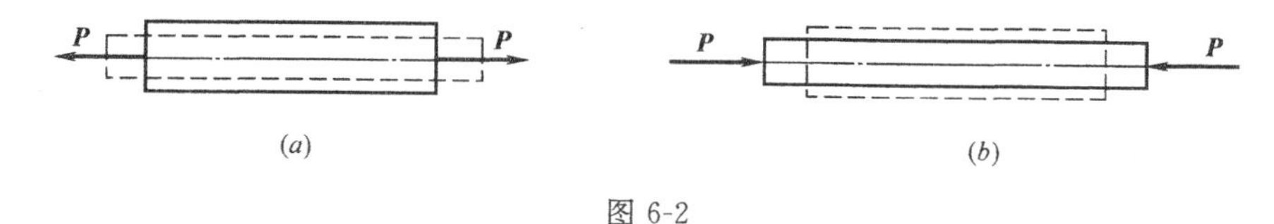

图 6-2

二、轴力与轴力图

为了进行拉（压）杆的强度计算，首先要研究杆件的内力。前面已经讲到，发生轴向拉伸或压缩的杆件其受力特点之一，是外力的作用线与杆的轴线重合。因此，根据二力平衡公理，在研究段上与外力 $\boldsymbol{P}$ 平衡的内力 $\boldsymbol{N}$（图 5-7b），其作用线也必须与杆的轴线重合，这种内力称为轴力，用符号 **N** 表示。

由平衡条件

$$\sum X=0 \qquad N-P=0$$

得

$$N=P$$

由图 5-7（c），用以上相同的方法可得

$$N'=P$$

实际上，**N** 和 **N**′大小相等，都等于 P，方向相反，是一对作用力与反作用力。

轴力的正负号是根据杆件的变形情况确定的：当杆件受拉伸长时，轴力背离截面，取正号；反之取负号。这样，对于图 5-7 中的杆件，无论取 A 段或 B 段，所得的结果相等，$N=N'=P$，正负号相同，均为正号。

轴力的单位为牛顿（N）或千牛顿（kN）。

如果杆件承受两个以上的轴向外力作用（称为多力杆），其杆件内轴力仍可用截面法分段求出。为便于计算，先假定轴力为拉力，如计算结果为正，表示实际轴力与假定方向一致，如计算结果为负，表示实际轴力与假定方向相反，应为压力。

【例 6-1】 杆件受力如图 6-3（a）所示，试求杆件各段横截面上的轴力。

【解】 首先从外力变化点将杆件分为 AB 和 BC 两段，然后在 AB 段上取截面 1-1，在 BC 段上取截面 2-2，分别取保留部分为研究对象，以 $\mathbf{N_1}$、$\mathbf{N_2}$ 表示截面轴力，并假定为拉力。

（1）求 AB 段轴力

取 1-1 截面左段为研究对象，如图 6-3（b）所示。

由 $\sum X=0$　得　　$10+N_1=0$

$$N_1=-10\text{kN（压力）}$$

负号说明假设方向与实际方向相反，AB 段实际为压力。

（2）求 BC 段轴力

取 2-2 截面左段为研究对象，如图 6-3（c）所示。

由 $\sum X=0$　得

$$10-20+N_2=0$$

$$N_2=20-10$$

$$N_2=10\text{kN（拉力）}$$

正号说明假设方向与实际方向相同，BC 段轴力为拉力。

若取右段为研究对象，如图 6-3（d）所示。

由 $\sum X=0$　得

$$-N_2+10=0$$

$$N_2=10\text{kN（拉力）}$$

结果与取左段为研究对象一样。因此，为了简化计算，通常取杆段上外力较少的那段为研究对象。

从以上分析可以看出，当杆件上作用有多个轴向外力时，杆内不同截面上的轴力随外

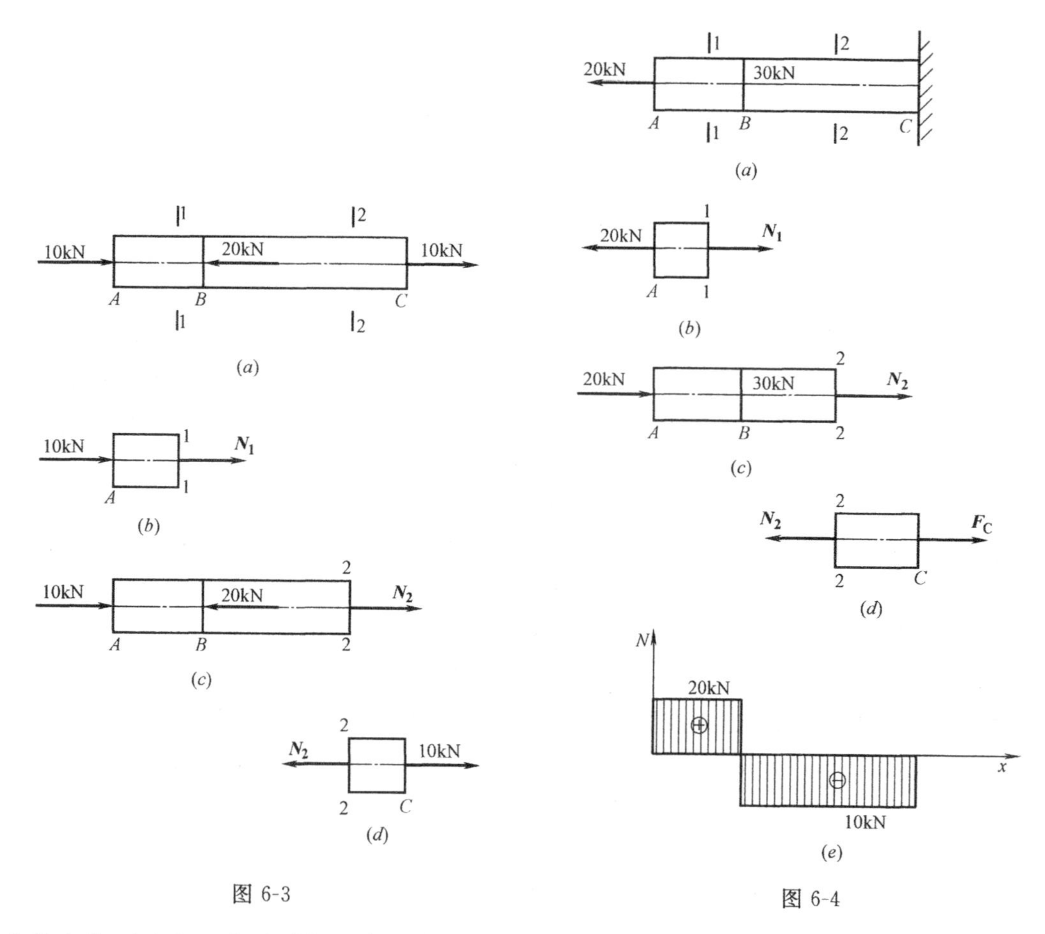

图 6-3

图 6-4

力的变化而改变。为了形象地表示轴力沿杆轴线的变化规律，可沿杆轴线方向取坐标 x，表示横截面的位置；以垂直杆轴的另一坐标表示横截面上的轴力 $\boldsymbol{N}$，并按适当的比例将正的轴力画在轴线上侧，负的轴力画在轴线下侧，这样绘出的轴力随横截面位置而变化的图形，称为轴力图。从轴力图上可以清楚看出最大轴力的数值及其所在位置。

下面举例说明轴力图的绘制方法。

【例 6-2】 杆件受力如图 6-4（a）所示，试绘出该杆件的轴力图。

【解】（1）计算各段杆的轴力。根据杆件受力情况将杆件分为 AB、BC 两段。

AB 段：运用截面法，在 AB 段内任意位置 1-1 截面处假想将杆截开，取左段为研究对象，画出受力图如图 6-4（b）所示。

由 $\sum X=0$ 得 $\quad -20+N_1=0$

$N_1=20\text{kN}$（拉力）

正号说明假设方向与实际方向一致，AB 段轴力为拉力。

BC 段：同样运用截面法取左段为研究对象，画出受力图如图 6-4（c）所示。

由 $\sum X=0$ 得 $\quad -20+30+N_2=0$

$N_2=20-30$

$N_2=-10\text{kN}$（压力）

负号说明假设方向与实际方向相反，BC 段轴力实际为压力。

如果取右段为研究对象，在求出 C 点的支座反力后，运用平衡方程可得到相同的结果。受力图如图 6-4（d）。此处不再计算，读者可以自己练习。

（2）作轴力图

以平行于杆轴线的 x 轴为横坐标，垂直于 x 轴的纵坐标轴为 N 轴，按一定比例将各段轴力标在坐标轴上，并连以直线，可作出轴力图，如图 6-4（e）所示。

由图 6-4（e）可见，绝对值最大的轴力，发生在 AB 段，其值为

$$|N|_{max}=20\text{kN}$$

【例 6-3】 试画图 6-5（a）所示钢筋混凝柱子的轴力图。

【解】（1）计算各段柱的轴力。因该柱各部尺寸和荷载都对称，合力作用线通过柱轴线，故可看成是受多力作用的轴向受压构件。此柱可分为 AB、BC 两段。

AB 段：用 1-1 截面在 AB 段上将柱截开，取上段为研究对象，受力图如图 6-5（b）所示。

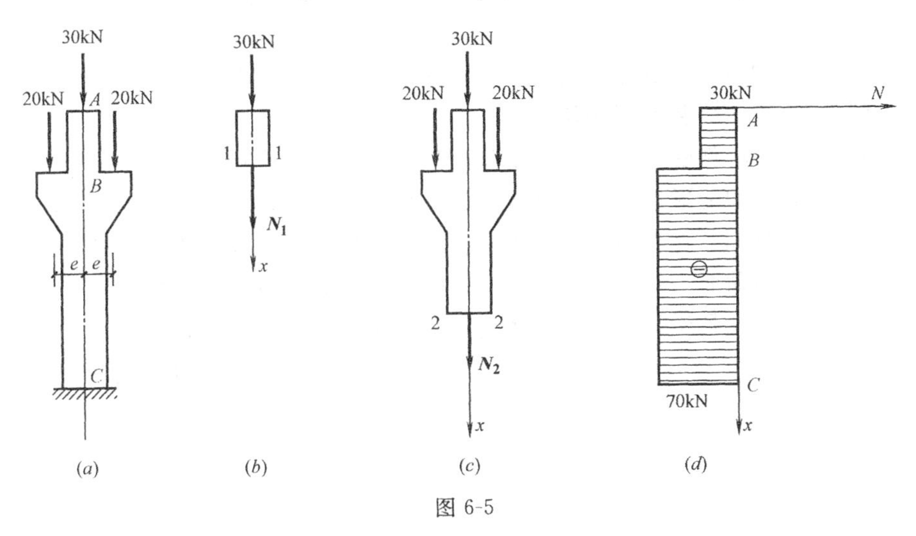

图 6-5

由 $\sum X=0$　得　　　$30+N_1=0$

$$N_1=-30\text{kN}（压力）$$

BC 段：同样用截面法取上段为研究对象，受力图如图 6-5（c）所示。

由 $\sum X=0$　得　　　$30+20+20+N_2=0$

$$N_2=-30-20-20$$

$$N_2=-70\text{kN}（压力）$$

（2）作轴力图

以平行柱轴线的 x 轴为截面位置坐标轴，N 轴垂直于 x 轴，按一定比例将各段轴力标在坐标上，得轴力图如图 6-5（d）所示。

由图可见，$|N|_{max}$发生在 BC 段，其值为 70kN。

第二节　轴向拉、压杆横截面上的正应力

从第五章我们已经知道，要解决拉、压杆的强度问题，仅仅知道杆件截面上的内力情

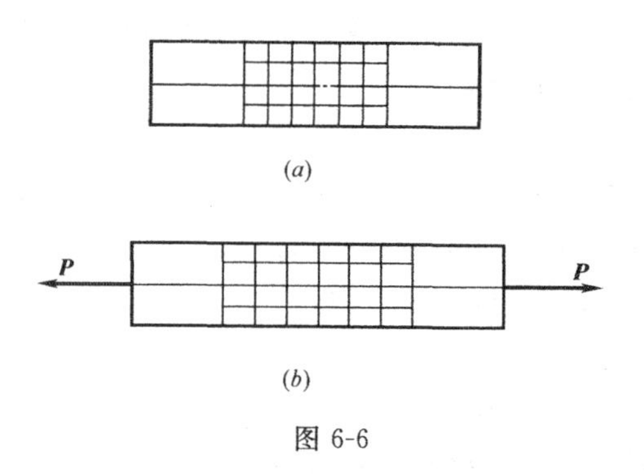

(a)
(b)
图 6-6

况是不够的，还要求出横截面上各点应力大小和方向。而应力的分布规律不能直接找出来，但应力与内力有关，内力与变形有关。因此，我们可从分析变形入手，通过变形的几何条件来推测出应力的分布。

一、试验结果

取一等直杆进行试验，观察其变形情况。为便于观察分析，在杆件表面画出一些垂直于杆轴线的横线和平行于杆轴线的纵线（图 6-6a）。然后施加一对轴向拉力 $\boldsymbol{P}$（图 6-6b），使杆件发生拉伸变形。可以观察到：所有横线都发生了平移，且仍垂直于杆轴，只是相对距离加大了。所有的纵线也发生了平移，且仍平行于轴线，只是伸长了。根据这一表面变形现象，可以对轴向拉伸杆的变形作出如下假设：

变形前为平面的截面，变形后仍为平面。这个假设称为平面假设。

二、横截面上正应力及适用条件

根据平面假定，杆件受力变形时各横截面只是沿杆轴线作相对平移。在杆上，所有纵向纤维的伸长相等，即变形均相同。也就是说，直杆受力后，杆内各点产生均匀的变形。

由均匀性假设可知，材料的力学性质在各点处是相同的。既然变形相同，因而受力也就一样。所以杆件横截面上的内力是均匀分布的，即在横截面上各点的应力大小相等、方向垂直于横截面。也就是说，拉杆横截面上只有正应力 σ，且为常数。

若用 A 表示杆件横截面面积，$\boldsymbol{N}$ 表示该截面的轴力，则等直拉杆横截面上的正应力 σ 计算公式为：

$$\sigma=\frac{N}{A} \tag{6-1}$$

对于轴向压缩的等直杆，正应力计算式（6-1）仍然适用。当拉伸时，轴力 $\boldsymbol{N}$ 为正，正应力 σ 取正值；压缩时，轴力 $\boldsymbol{N}$ 为负，正应力取负值。计算时，只需将轴力 $\boldsymbol{N}$ 的代数值代入式（6-1）即可。

从上述分析可知，正应力计算式（6-1）应符合下列适用条件：

（1）外力作用线必须与杆轴线相重合。

（2）杆件必须是等截面直杆。否则，截面上的应力分布将是不均匀的。

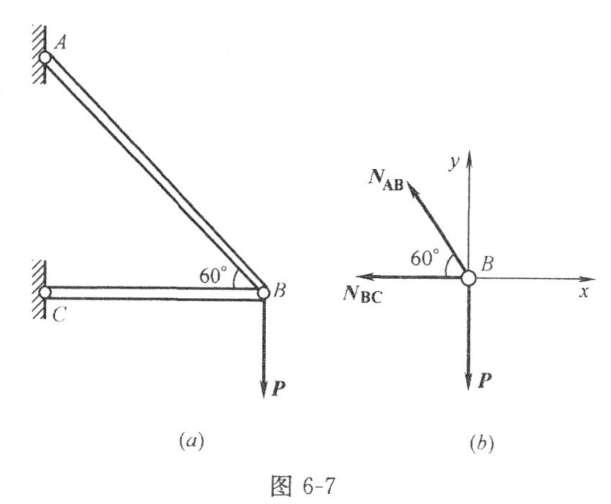

(a)
(b)
图 6-7

【例 6-4】 图 6-7（a）所示三角形支架。AB 杆为钢制圆杆，直径 $d=18$mm，BC 杆为正方形截面木杆，边长 $a=80$mm，已知 $P=16$kN，求各杆横截面上的正应力（不计杆件自重）。

【解】 由于 AB、BC 杆两端为铰接，且不计自重，故均为二力杆。即为轴向拉压杆。

（1）求各杆轴力

现取铰 B 为研究对象（图 6-7b）由平衡条件：

$\sum X=0$　　　　$-N_{AB}\cos60°-N_{BC}=0$　　　　(a)

$\sum Y=0$　　　　$N_{AB}\sin60°-P=0$　　　　(b)

由（b）式解得　$N_{AB}=\dfrac{P}{\sin60°}=\dfrac{16}{0.866}=18.48\text{kN}$（拉力）

将 N_{AB} 代入（a）式得

$$N_{BC}=-N_{AB}\cdot\cos60°=-18.48\times\cos60°=-9.24\text{kN}\text{（压力）}$$

（2）求各杆正应力

AB 杆：横截面面积　$A_{AB}=\dfrac{\pi d^2}{4}=\dfrac{\pi\times18^2}{4}=254.34\text{mm}^2$

$$\sigma_{AB}=\frac{N_{AB}}{A_{AB}}=\frac{18.44\times10^3}{254.34}=72.5\text{MPa}\text{（拉应力）}$$

BC 杆：横截面面积　$A_{BC}=a^2=80^2=64\times10^2\text{mm}^2$

$$\sigma_{AB}=\frac{N_{BC}}{A_{BC}}=\frac{-9.24\times10^3}{64\times10^2}=-1.44\text{MPa}\text{（压应力）}$$

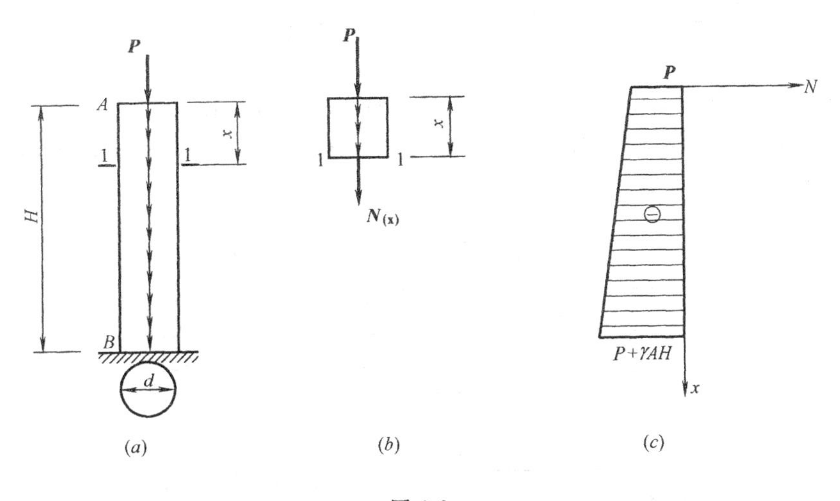

图 6-8

【例 6-5】 某钢筋混凝土柱子（图 6-8a），柱顶承受轴心压力 $\boldsymbol{P}$，截面为圆形，直径为 d，柱高为 H，钢筋混凝土的重度为 γ，求柱子截面的最大应力。

【解】 （1）计算柱子轴力

在计算柱子轴力时，需要考虑柱自重的影响。由于柱自重随截面位置 x 而变化，因此，在外力 $\boldsymbol{P}$ 和自重共同作用下，柱内各截面上的轴力大小也是变化的。运用截面法在距柱顶力处用截面 1-1 将柱截开，取上段为研究对象，受力图如图 6-8（b）所示。则 x 段自重为

$$G_{(x)}=\gamma Ax$$

其中：A 为柱的横截面面积。

$$A=\frac{\pi d^2}{4}$$

由$\sum X=0$　得　　　　$P+G_{(x)}+N_{(x)}=0$

距柱顶 x 的轴力为　　　$N_{(x)}=-P-G_{(x)}=-P-\gamma Ax$

由上式可知，当 P、γ、A 为常数时，$N_{(x)}$与截面位置坐标 x 为一次函数关系，即轴力 N 沿柱高呈直线变化。

当 $x=0$ 时　　　　$N_A=-P$（压力）

当 $x=H$ 时　　　　$N_B=-P-\gamma AH$（压力）

（2）作轴力图

绘出轴力图如图 6-8（c）所示。

（3）求最大应力

由图 6-8（c）可见，最大轴力发生在柱底截面处，又因该柱为等直杆，故最大应力也应在柱底截面上，其值为

$$\sigma_{max}=-\frac{P+\gamma AH}{A}\text{（压应力）}$$

第三节　轴向拉、压杆的变形·虎克定律

通过上一节的学习，我们已经知道，直杆受轴向外力作用时，杆的长度将发生纵向伸长或缩短，即产生纵向变形。同时杆的横向尺寸也随之改变，产生增大或缩小，即产生横向变形。如图 6-9 所示。

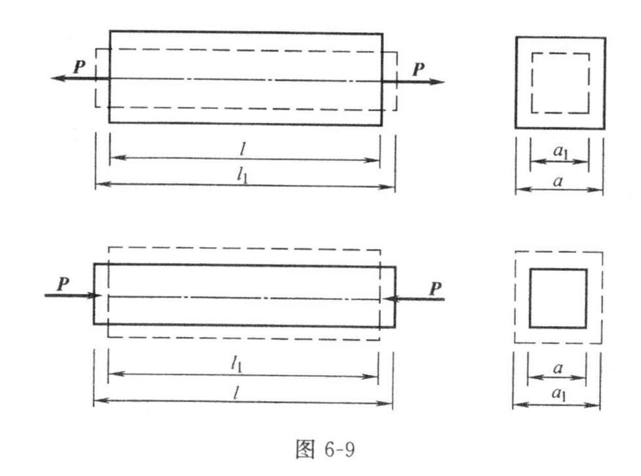

图 6-9

一、纵向变形

设杆件原长 l，受力变形后，杆的长度为 l_1（图 6-9），则杆件纵向变形为

$$\Delta l=l_1-l$$

拉伸时纵向变形是伸长，规定为正；压缩时纵向变形是缩短，规定为负。其单位为米（m）或毫米（mm）。

杆件的纵向变形与杆长 l 有关，在其他条件相同的情况下，杆件愈长则纵向变形愈

大。为了消除原始尺寸对变形的影响，说明杆件的变形程度，需用单位长度的变形量来度量杆件的变形程度。单位长度的纵向变形为

$$\varepsilon=\frac{\Delta l}{l}$$

ε 称为纵向线应变，简称线应变。

拉伸时 $\Delta l>0$，ε 为正；压缩时 $\Delta l<0$，ε 为负。

二、横向变形

轴向拉压杆件在产生纵向变形的同时，还发生横向变形，设杆件变形前的横向尺寸为 a，变形后为 a_1（图 6-9），则横向变形为

$$\Delta a=a_1-a$$

同理，将杆件的横向变形量 Δa 除以杆的原截面边长 a，得到杆件横向线应变

$$\varepsilon'=\frac{\Delta a}{a}$$

式中　ε'——横向线应变。

拉伸时，$\Delta a<0$，$\varepsilon'<0$，Δa、ε' 为负值；压缩时，$\Delta a>0$，$\varepsilon'>0$，Δa、ε' 为正值。

ε、ε' 均为无量纲的量。

三、虎克定律

工程中，拉压杆的主要变形形式是纵向伸长或缩短，要计算杆件的变形值，首先应求出杆件的纵向变形 Δl 或线应变 ε。实验证明，当外力未超过某一范围（应力不超过某一限度）时，杆件的纵向变形 Δl 与外力 $\boldsymbol{P}$ 和杆长 l 成正比，而与横截面面积 A 成反比。即：

$$\Delta l\propto\frac{Pl}{A}$$

引进比例常数 E，并注意到，在内力不变的杆段中，$N=P$，则上式可改写为：

$$\Delta l=\frac{Pl}{EA}=\frac{Nl}{EA} \tag{6-2}$$

这一比例关系，由英国科学家 R·Hooke 首先发现，故称为虎克定律。

式中 E 称为弹性模量。表示材料抵抗弹性变形的能力。其值随材料而异，可由试验测定。单位与应力相同。

由式（6-2）可知，对长度相同、轴力相等的杆件，EA 越大，变形 Δl 越小；反之 EA 越小，变形 Δl 越大。它反映了杆件抵抗拉伸或压缩变形的能力。因而称 EA 为杆件抗拉（压）刚度。

虎克定律还可以用另一种形式来表述：如将 $\varepsilon=\frac{\Delta l}{l}$ 及 $\sigma=\frac{N}{A}$ 代入式（6-2），可得

$$\varepsilon=\frac{\sigma}{E}$$

或

$$\sigma=E\varepsilon \tag{6-3}$$

由式（6-3）可知，虎克定律可简述为：当应力不超过某一限度（这一限度称为比例

极限，各种材料的数值可由试验测定）时，应力与应变成正比。

根据式（6-2）、式（6-3），可计算直杆轴向拉伸或压缩时的变形或应力。并可进行杆系结点位移的计算。

四、泊松比（横向变形系数）

对于各向同性材料，试验证明，在比例极限范围内，横向应变 ε' 与线应变 ε 比值的绝对值是一常数。此比值称为泊松比或横向变形系数，用 μ 表示。

$$\mu=\left|\frac{\varepsilon'}{\varepsilon}\right| \tag{6-4}$$

常数 μ 是一个无量纲的量。它是反映材料弹性性质的一个特征值。其值与材料有关，可由试验得到。

由于纵向应变 ε 与横向应变 ε' 的符号始终相反，由式（6-4）可得

$$\varepsilon'=-\mu\varepsilon \tag{6-5}$$

在工程中只要计算出杆的纵向变形，然后就可以通过泊松比确定横向变形。

常用材料的 E、μ 值，见表 6-1。

常用材料的 E、μ 值　　　　**表 6-1**

材料名称	弹性模量 E(GPa)	泊松比
Q235　低碳钢	200～210	0.24～0.28
Q345　16Mn 钢	200～220	0.25～0.33
混凝土	15～36	0.16～0.18
木材(顺文)	9～12	
砖石料	2.7～3.5	0.12～0.20
铝合金	70～72	0.26～0.33
花岗石	49	0.16～0.34
铸铁	115～160	0.23～0.27
石灰石	42	

【例 6-6】 图 6-10（a）所示一混凝土柱子承受轴向外力作用，$P_1=120\text{kN}$，$P_2=80\text{kN}$。柱子为正方形截面，边长 $a_1=200\text{mm}$，$a_2=300\text{mm}$，混凝土弹性模量 $E=15\text{GPa}$。求柱子的总变形。

【解】 此柱受两个轴向外力作用，柱内轴力各段不同，应分别求出两段变形，然后求其总和。

（1）求柱各段轴力，画轴力图

AB 段：运用截面法，在任意位置 1-1 截开，取上段为研究对象（图 6-10b），由平衡条件

$\sum X=0$　　$P_1+N_{AB}=0$　　$N_{AB}=-P=-120\text{kN}$（压力）

BC 段：同样运用截面法从 2-2 处截开，取上段为研究对象（图 6-10c），由平衡条件

$\sum X=0$　　$P_1+P_2+N_{BC}=0$

$N_{BC}=-P_1-P_2=-120-80=-200\text{kN}$（压力）

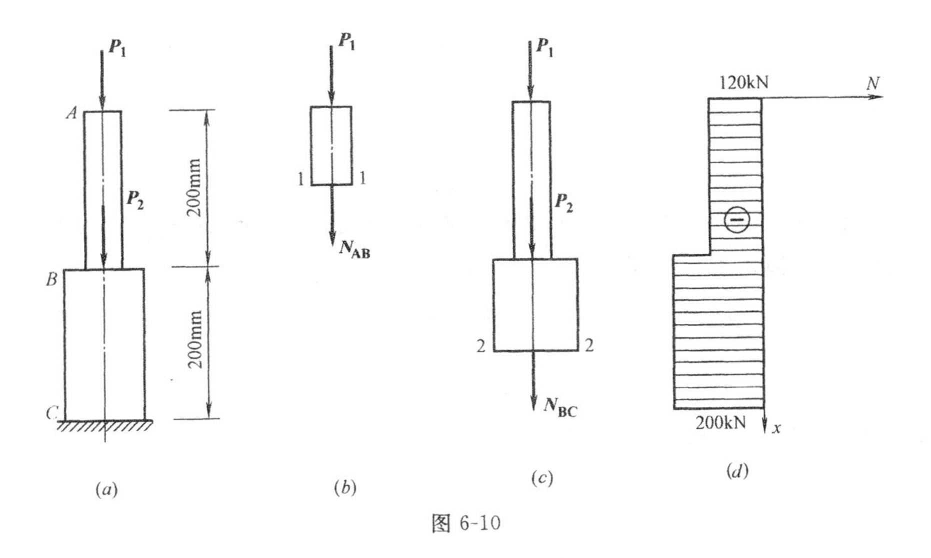

图 6-10

画轴力图，如图 6-10（d）所示。

(2) 计算柱的变形

式（6-2）适用于相同材料等直杆两端受轴向力作用的情况。对截面变化的阶梯杆件，或轴力沿轴线有变化的杆件，应在截面和轴力变化处分段计算。

AB 段：$A_{AB}=200\times200=4\times10^4\text{mm}^2$

$$\Delta l_{AB}=\frac{N_{AB}l_{AB}}{EA_{AB}}=\frac{-120\times10^3\times2\times10^3}{15\times10^3\times4\times10^4}=-0.4\text{mm}$$

BC 段：$A_{BC}=300\times300=9\times10^4\text{mm}^2$

$$\Delta l_{BC}=\frac{N_{BC}l_{BC}}{EA_{BC}}=\frac{-200\times10^3\times2\times10^3}{15\times10^3\times9\times10^4}=-0.3\text{mm}$$

整个柱的变形应为各段柱变形的代数和。

$$\Delta l_{AC}=\Delta l_{AB}+\Delta l_{BC}=-0.4+-0.3=-0.7\text{mm}$$

柱的总变形为压缩 0.7mm。

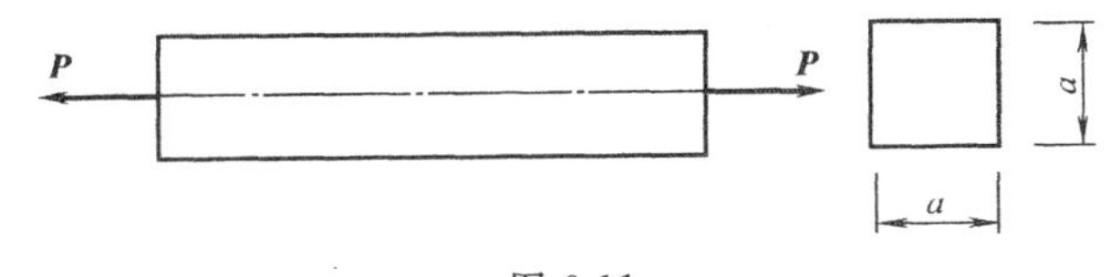

图 6-11

【例 6-7】 计算如图 6-11 所示钢杆材料的泊松比。已知钢杆横截面尺寸 $a\times a=15\text{mm}\times15\text{mm}$，承受轴向拉力 $\boldsymbol{P}$。由试验测得：在纵向 80mm 的长度内，杆件伸长值为 0.08mm；在横向边长内，杆件尺寸小了 0.005mm。

【解】 杆的纵向线应变

$$\varepsilon=\frac{\Delta l}{l}=\frac{0.08}{80}=1\times10^{-3}$$

杆的横向线应变

$$\varepsilon'=\frac{\Delta a}{a}=\frac{-0.005}{15}=-0.33\times10^{-3}$$

求泊松比 μ

$$\mu=\left|\frac{\varepsilon'}{\varepsilon}\right|=\left|\frac{-0.33\times10^{-3}}{1\times10^{-3}}\right|=0.33$$

【例 6-8】 试求图 6-12（a）所示圆截面等直钢杆的总变形 Δl。已知杆直径 $d=30\text{mm}$，钢的弹性模量 $E=200\text{GPa}$。

【解】 为了下面的计算方便，应首先求出支座反力 $\boldsymbol{X}_\text{E}$（图 6-12b）。由平衡条件

$\sum X=0$ $\quad -30+40-60+40+X_\text{E}=0$

$$X_\text{E}=30-40+60-40=10\text{kN}$$

（1）运用截面法，求杆各段轴力

AB 段：图 6-12（c），由平衡条件

$\sum X=0$ $\quad -30+N_1=0$

$N_1=30\text{kN}$（拉力）

BC 段：图 6-12（d），由平衡条件

$\sum X=0$ $\quad -30+40+N_2=0$

$N_2=30-40=-10\text{kN}$（压力）

CD 段：图 6-12（e），由平衡条件

$\sum X=0$ $\quad -N_3+40+10=0$

$N_3=40+10=50\text{kN}$（拉力）

DE 段：图 6-12（f），由平衡条件

$\sum X=0$ $\quad -N_4+10=0$

$N_4=10\text{kN}$（拉力）

（2）作轴力图如图 6-12（g）。

（3）求变形

AB 段：

$$\Delta l_\text{AB}=\frac{N_\text{AB}l_\text{AB}}{EA}=\frac{30\times10^3\times60}{200\times10^3\times\frac{\pi}{4}(30)^2}=0.013\text{mm}$$

BC 段：

$$\Delta l_\text{BC}=\frac{N_\text{BC}l_\text{BC}}{EA}=\frac{-10\times10^3\times50}{200\times10^3\times\frac{\pi}{4}(30)^2}=-0.003\text{mm}$$

CD 段：

$$\Delta l_\text{CD}=\frac{N_\text{CD}l_\text{CD}}{EA}=\frac{50\times10^3\times30}{200\times10^3\times\frac{\pi}{4}(30)^2}=0.01\text{mm}$$

DE 段：

$$\Delta l_\text{DE}=\frac{N_\text{DE}l_\text{DE}}{EA}=\frac{10\times10^3\times40}{200\times10^3\times\frac{\pi}{4}(30)^2}=0.003\text{mm}$$

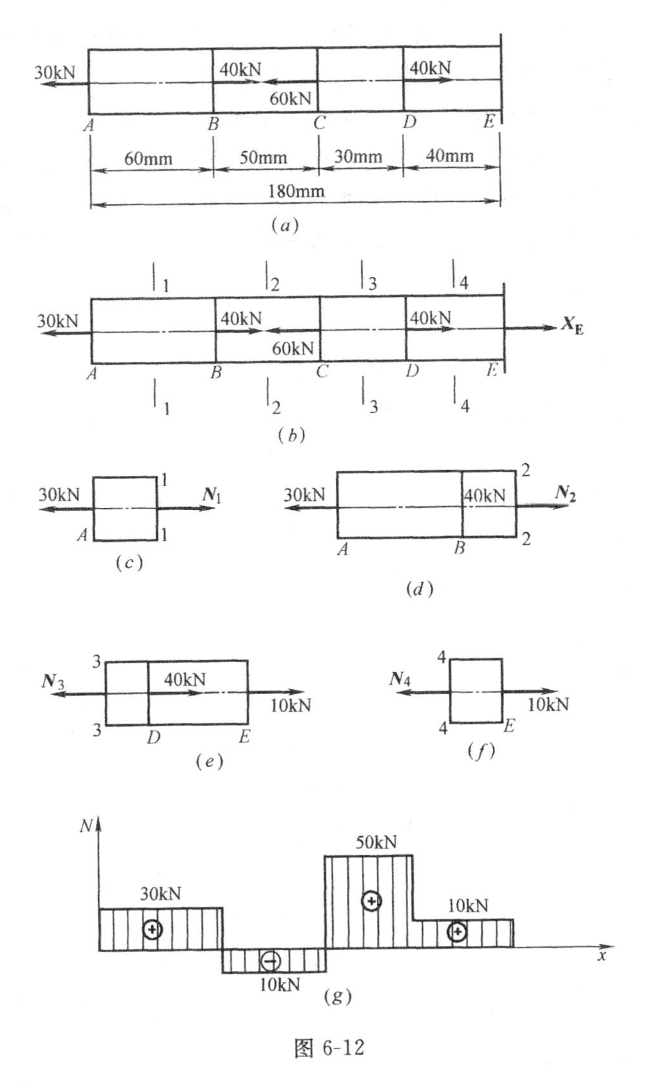

图 6-12

全杆的总变形 Δl_{AE} 等于各段杆变形的代数和，即

$$\Delta l_{AE}=\Delta l_{AB}+\Delta l_{BC}+\Delta l_{CD}+\Delta l_{DE}=0.013-0.003+0.01+0.003=0.023\text{mm}$$

杆的总变形为拉伸 0.023mm。

第四节　材料在轴向拉伸和压缩时的力学性能

从前面讨论的轴向拉伸和压缩杆件的计算中已经得知，要对杆件进行强度计算，需要知道杆件材料能够承担的应力（许用应力），计算变形要知道材料的弹性模量，应用虎克定律还应知道材料的比例极限等等。这些物理量都属于材料的力学性能。因此，要解决杆件的强度、变形问题，还需了解材料的力学性能。

所谓材料的力学性能是指材料在外力作用下所表现出的强度和变形方面的性能，也就是材料在受力过程中各种物理性质的特征数据。它不仅决定于材料本身的成分、冶炼、加工和热处理等过程，而且还决定于荷载的性质、温度、受力状态等，因此，材料的力学性能主要通过材料本身的拉伸和压缩试验来确定。本节只讨论材料在常温（指室温）、静载（指从零开始缓慢、平稳地加载）情况下的力学性能。

工程中常将建筑材料分为两类：一类是经过显著塑性变形后才破坏的材料属于塑性材料，如低碳钢、合金钢、铜等；另一类是在微小的变形下就破坏的材料属于脆性材料，如混凝土、砖、石、铸铁等。由于低碳钢是典型的塑性材料，铸铁是典型的脆性材料，一般常用低碳钢的拉伸试验和铸铁的压缩试验作为上述两类材料的代表性试验。

一、材料在拉伸时的力学性能

（一）低碳钢的拉伸试验

低碳钢的拉伸试验采用国家规定的标准试件。标准试件的形状和尺寸分为两种：一种为矩形截面，一种为圆形截面，如图 6-13 所示。标准拉伸试件做成两端较粗而中间段为等直的部分，这个等直段称为工作长度。其中用来测量变形部分的长度 l，称为标距。为了使实验结果能彼此比较，通常规定，标距 l 与截面直径 d 或横截面面积 A 的比例为：

圆形截面标准试件　$l=10d$ 或 $l=5d$

矩形截面标准试件　$l=11.3\sqrt{A}$ 或 $l=5.65\sqrt{A}$

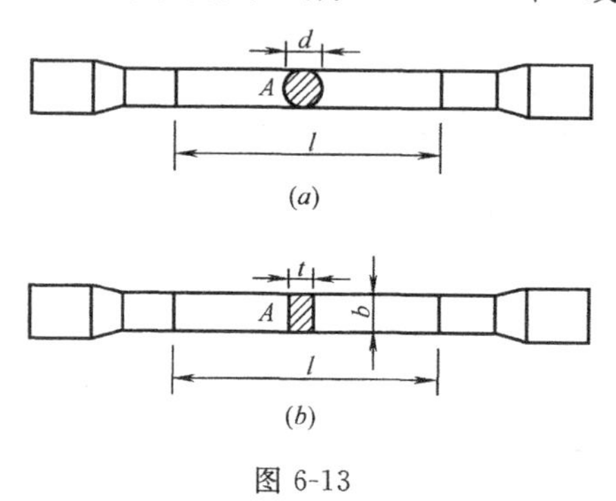

图 6-13

试验时，先将标准试件装在试验机夹头上，然后开动机器，缓慢、平稳地施加压力，从零开始直至试件破坏。在试件受力过程中，每加一定 ΔP，从试验机示力盘上读出其拉力值，同时从变形仪表上测出相应的变形值 Δl。于是可得到一系列的拉力 P_1、P_2、P_3……，与相应的 Δl_1、Δl_2、Δl_3……，取拉力 P 为纵坐标，Δl 为横坐标，在坐标图上，即可按一定比例绘出 P 与 Δl 的关系曲线，习惯上称为拉伸图。如图 6-14 所示。一般试验机上都装有自动绘图装置，拉伸图可在拉伸过程中自动绘出。

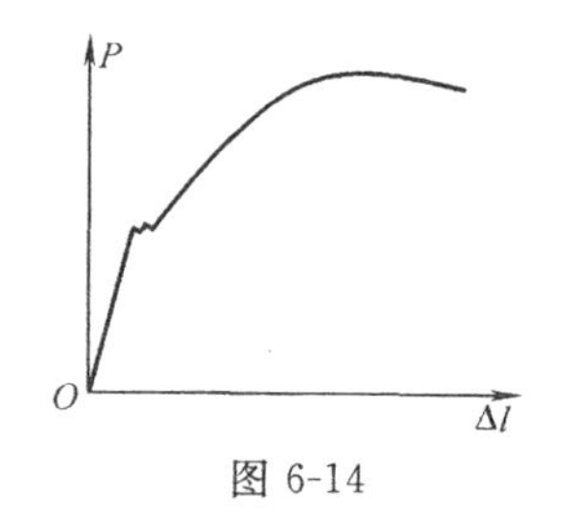

图 6-14

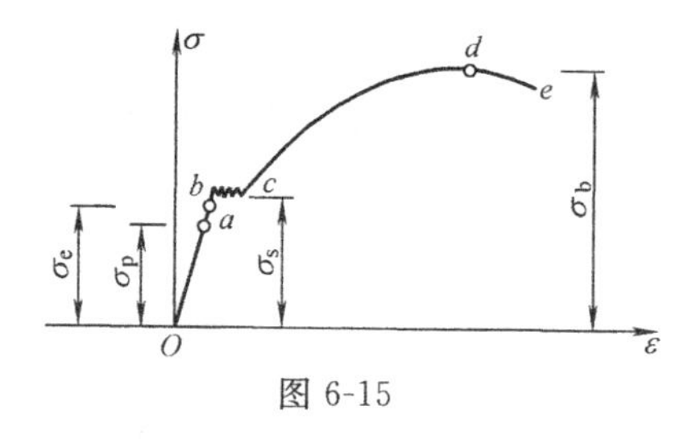

图 6-15

显然，用拉力 P 和伸长量 Δl 作为纵横坐标所绘制出的曲线与标距 l 及截面面积 A 有关，用同一种材料作成长短、粗细不同的试件，由拉伸试验所得的拉伸图也不同。这样，拉伸图只能代表试件的性能，不能用来说明材料的性能。因此，为了消除试件尺寸的影响，反映材料本身的力学性能，可将拉伸图纵坐标 P 除以试件横截面面积 A 即：$\frac{P}{A}=\sigma$，可将拉伸图横坐标 Δl 除以试件标距 l 即：$\frac{\Delta l}{l}=\varepsilon$，这样绘出的曲线称为应力-应变曲线或 σ-ε 曲线。如图 6-15 所示。根据低碳钢的 σ-ε 曲线，并结合试验过程中所观察到的现象，整个拉伸过程大致可分为以下四个阶段：

1. 弹性阶段

如图 6-15 Ob 段所示。在试件的应力不超过 b 点的所对应的应力时，材料的变形完全是弹性的，也就是说，卸除拉力后，试件的变形将全部消失，试件恢复到原来的尺寸。b 点所对应的应力是材料只出现弹性变形的极限值，称为弹性极限。用 σ_e 表示。

从图中可以看出，Oa 为一直线，这表明在段内应力和应变成正比关系，材料服从虎克定律，即

$$\sigma=E\varepsilon$$

上式中弹性模量 E 等于直线 Oa 与横坐标 ε 夹角的正切：

$$E=\frac{\sigma}{\varepsilon}=\tan\alpha \tag{6-6}$$

因此 E 的数值可由上式求得。

过了 a 点后，变形增长的速度快于应力增长速度，应力应变图开始微弯，应力与变形已不再成正比关系。Oa 段的最高点 a 对应的应力值 σ_p，称为材料的比例极限。Q235 钢的比例极限约为 200MPa。

弹性极限 σ_e 和比例极限 σ_p 两者的意义虽然不同，但数值相差极小，很难辨别。在实际应用中我们常认为 a 与 b 点重合，忽略其微小的塑性变形，近似认为在弹性范围内材料服从虎克定律。

2. 屈服阶段

如图 6-15bc 段所示。当应力超过弹性极限之后，应力和变形之间不再保持正比例关系，当达到 b 点后，应力应变曲线出现了一段接近于水平的锯齿形线段 bc。这表明在这个阶段内应力虽有波动，但几乎没有增加，而变形却急剧增加，材料好像失去了抵抗变形的能力，表现为对外力屈服了一样，这一现象称为屈服或流动。此阶段称为屈服阶段或流动阶段。屈服阶段中的最低应力称为屈服极限，用 σ_s 表示。Q235 钢的屈服极限约为 240MPa。

当材料进入屈服阶段时，在经过抛光的试件表面，由于轴向拉伸时 45°斜面上产生了最大剪切应力，使材料内部晶体间发生相对滑移，导致与试件轴线成 45°的斜线（图6-16），通常称为滑移线。

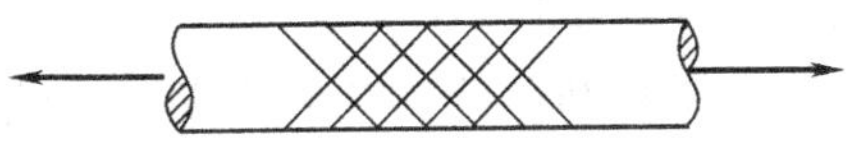

图 6-16

材料进入屈服阶段后，将产生很大的塑性变形，实际工程中的构件，一般不允许产生较大的塑性变形，以保证构件的正常使用，所以在结构构件的设计时常取屈服极限 σ_s 作为材料强度的取值依据。

3. 强化阶段

如图 6-15cd 段所示。屈服阶段结束后，应力应变曲线开始逐渐上升，材料又恢复了抵抗变形的能力。这时，要使试件继续变形，必须要增大荷载，这种现象称为强化，这一阶段称为强化阶段。在图 6-15 中表现为上凸的曲线 cd 段。强化阶段的最高点 d 所对应的应力 σ_b，称为材料的强度极限，它是材料所能承受的最大应力。Q235 钢的强度极限约为 400MPa。

4. 颈缩阶段

如图 6-15de 段所示。在应力达到最高点 d 之前，试件在标距长度内，通常是纵向均匀伸长，横向均匀收缩。当应力达到强度极限之后，在试件最薄弱处将发生急剧的局部收缩，试件变形集中在一局部范围内，横截面面积显著缩小，出现颈缩现象（图 6-17），用原始截面面积计算的应力与实际应力的差别将愈来愈大，试件继续伸长所需的拉力也相应减少，这一阶段称为颈缩阶段，至 e 点试件被拉断。

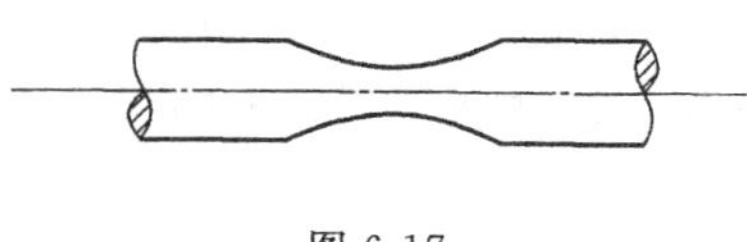

图 6-17

由以上所述可知，在试件拉伸整个过程中，材料经历了四个阶段，即：比例阶段、屈服阶段、强化阶段、颈缩阶段，并存在三个应力特征点，它们是比例极限 σ_p 屈服极限 σ_s 和强度极限 σ_b，它们反映了不同阶段材料的变形和强度特征。σ_p 表示了材料的弹性范围；σ_s 表示了材料出现了显著的塑性变形，若工程中的构件应力达到 σ_s 时，构件就会出现很大的塑性变形，使得无法正常使用，如低碳钢屈服阶段所产生的应变是比例极限时产生应变的 10～15 倍；强度极限是表示材料所能承受的最大应力，当应力达到强度极限 σ_b 时，构件将出现颈缩并很快破坏，产生严重的后果。因此，σ_s 和 σ_b 是衡量材料强度的两个重要指标。

下面来研究试件卸载和再加载时材料的力学性质。试验表明，如果在弹性阶段的某一点停止加载并逐渐卸载，则可以看到，在卸载过程中应力应变曲线之间仍保持直线关系，且沿直线 bO 回到 O 点，变形完全消失（图 6-18）。也就是说，在此阶段内只产生弹性变形。在超过弹性阶段后，试件除产生弹性变形外，还要产生塑性变形，即卸载后不能消失的变形。例如，将试件拉伸到强化阶段的某一点 k 时停止加载并逐渐卸载至零，则卸载时应力应变曲线将沿着与 Oa 近似平行的 O_1k 回到应力为零的 O_1 点（图 6-18），这说明卸去的应力和卸去的应变成正比。线段 OO_1 即卸载后残留下的塑性应变，O_1k_1 则代表可恢复的弹性应变，而 Ok_1 代表总应变，这时材料表现为弹塑性。

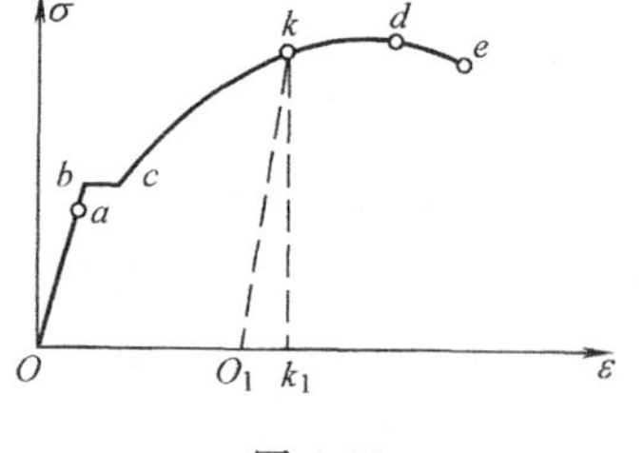

图 6-18

如果将卸载后具有塑性变形的试件再重新加载，则应力应变曲线基本上沿卸载时直线 O_1k 上升到 k 点，过 k 点后，仍沿曲线 kde 变化，至 e 点断裂（图 6-18）比较曲线 $Oabck$-de 和 O_1kde 所代表的两个应力-应变曲线，可以看出，在重新加载时，直到 k 点之前材料的变形都是弹性变形，k 点对应的应力为重新加载时材料的弹性极限，所以，材料的弹性极限得到了提高，另外，重新加载时直到 k 点后才开始出现塑性变形，可见材料的屈服极限也得到了提高。但断裂后的塑性变形减少了，这种现象称为冷作硬化。工程中常利用冷作硬化来提高构件在弹性阶段的承载能力，例如建筑工程中对受拉钢筋进行冷拉就是为了提高它的屈服极限，达到节省钢材的目的。但在提高材料承载力的同时材料的塑性性能也在降低，使材料变脆，导致不良的后果，在工程中应给予高度重视。

由以上分析可知，试件拉断后，总变形中包括弹性变形和塑性变形两部分，弹性变形随荷载的消失而全部消失，而塑性变形保留了下来，塑性变形 Δl 与试件原标距长度 l 比值的百分率，称为材料的延伸率 δ。即

$$\delta=\frac{l_1-l}{l}\times100\%=\frac{\Delta l}{l}\times100\% \tag{6-7}$$

式中 l——试件原标距长度；

l_1——断裂后标距的长度。

延伸率是衡量材料塑性变形程度的重要指标，塑性变形的大小表示材料塑性性质好坏。延伸率 δ 值越大，说明材料的塑性越好，塑性变形也越大，反之则越小。工程中需按延伸率的大小来划分材料的类别，$\delta\geqslant5\%$ 的材料为塑性材料，如低碳钢、低合金钢、铝等；$\delta<5\%$ 的材料为脆性材料，如混凝土、砖、石、铸铁等，低碳钢的延伸率 $\delta=20\%\sim30\%$。

衡量材料塑性变形能力的另一指标是截面收缩率。用 ψ 表示。试件拉断后，截面收缩量与原截面面积比值的百分率称为截面收缩率。即

$$\psi=\frac{\Delta A}{A}\times100\%=\frac{A-A_1}{A}\times100\% \tag{6-8}$$

式中 A——试件原横截面面积；

A_1——断口处横截面面积。

ψ 越大，也说明材料的塑性性能越好。低碳钢的截面收缩率 $\psi=60\%$。

（二）其他塑性材料的拉伸试验

低合金钢、铝合金、黄铜等其他塑性材料的应力-应变曲线如图 6-19 所示。由图可以看出，它们和低碳钢的应力-应变曲线基本相似，它们的共同特点是延伸率都比较大，断裂后均有较大的塑性变形。不同的是，有的材料没有明显的屈服阶段，有的材料没有局部变形阶段。

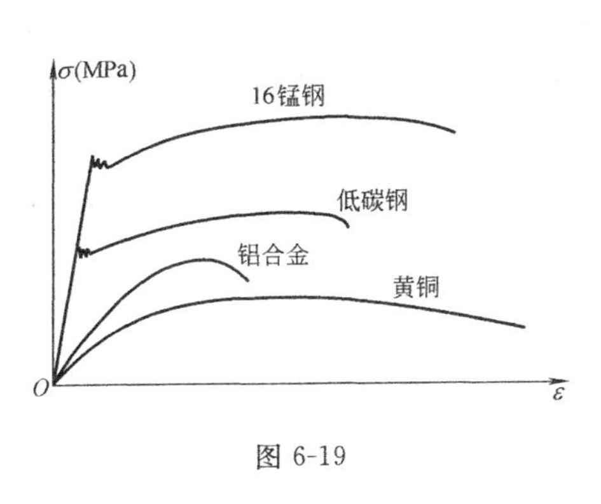

图 6-19

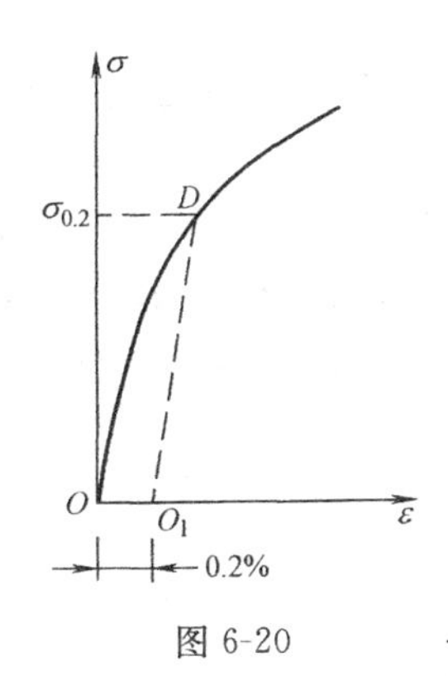

图 6-20

对于没有明显屈服阶段的塑性材料，工程中常用名义屈服极限作为衡量材料强度的指标。这是人为规定的极限应力，通常取对应于试件卸载后残留 0.2% 的塑性变形时的应力值，名义屈服极限用 $\sigma_{0.2}$ 表示。如图 6-20 所示。

（三）脆性材料的拉伸试验

铸铁是典型的脆性材料，拉伸时的 σ-ε 曲线如图 6-21 所示。由试验过程及应力-应变曲线可知，在整个试验过程中，应力一开始就急剧地增加，一直到试件突然断裂为止，应力没有降低现象。变形始终很小，断裂时的应变只不过 0.4%～0.5%，即无屈服阶段，也无颈缩现象。断裂时的应力是强度极限，是衡量脆性材料强度的惟一指标。从图中还可

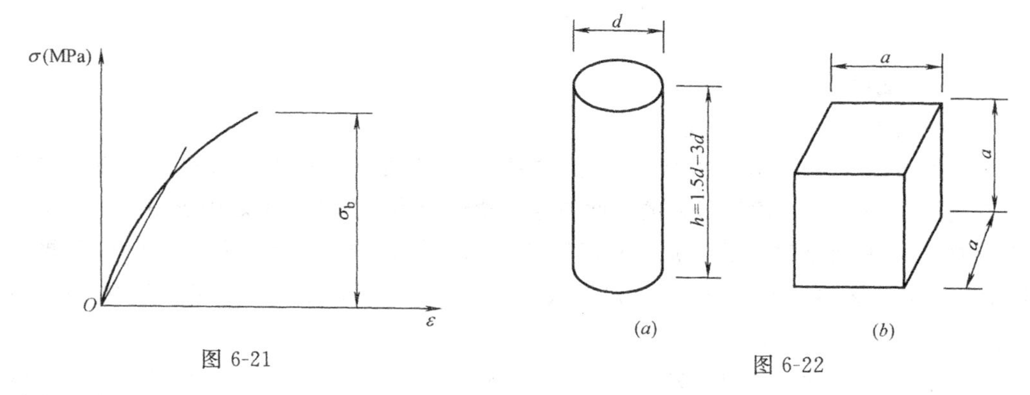

图 6-21　　图 6-22

以看出，应力不大时，应力和应变便开始不成正比，但是，在实际工程中凡用在结构中的脆性材料，拉应力都不应太大，应力-应变曲线的曲率很小，可近似地将其 σ-ε 曲线的绝大部分看作直线，用一根弦线近似地代替曲线，并认为材料在这一范围内服从虎克定律。以割线的斜率 $\tan x$ 为近似的弹性模量，称为割线模量，铸铁的弹性模量 $E=115\sim160$GPa。

二、材料在压缩时的力学性能

金属材料压缩试验的试件一般为圆柱体，如图 6-22（a）所示。为了避免试件被压弯，通常取试件高度为直径的 1.5～3 倍。非金属材料（混凝土、石材等）试件则为立方体，如图 6-22（b）所示。

（一）低碳钢的压缩试验

低碳钢的压缩试验与拉伸试验相同，将短圆柱体压缩试件放在万能试验机的两压座间，并施加轴向压力使其产生轴向压缩变形，利用万能试验机上的自动绘图装置，绘出低碳钢压缩时的应力-应变曲线。如图 6-23 所示。图中虚线为拉伸时的 σ-ε 曲线，比较两曲线可以看出，在屈服阶段以前，压缩曲线与拉伸曲线大致重合，这表明低碳钢压缩时的比例极限、屈服极限、弹性模量与拉伸时相同。当应力达到屈服极限以后，出现了显著的塑性变形，试件明显缩短，横截面面积愈压愈大，最后试件被压成饼状。压力增大受压面积也随之增大，这就使得试件的压缩强度极限无法测定（图 6-23）。

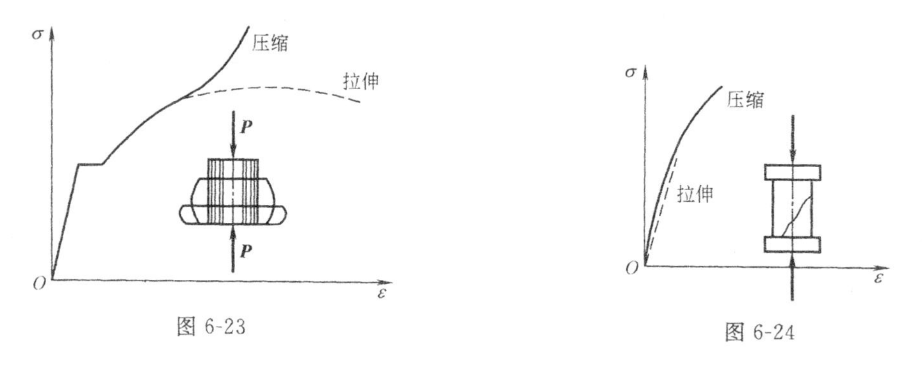

图 6-23　　图 6-24

由于低碳钢压缩时的力学性能与拉伸时基本一致，压缩时的强度极限又无法确定，故通常不作低碳钢的压缩试验，压缩时的力学性能可通过拉伸试验来测定。

（二）铸铁的压缩试验

铸铁压缩时的应力-应变曲线如图 6-24 所示。它与拉伸时的 σ-ε 曲线相似，仍是一条曲线，也没有明显的直线部分及屈服阶段，也只能认为在低应力区符合虎克定律。但所不同的是铸铁在压缩时无论是强度极限 σ_b，还是衡量塑性性能的延伸率 δ 都比拉伸时大得多。而且抗压强度极限远高于抗拉强度极限（约 4～5 倍）。从而可知，铸铁宜用作受压构件。

铸铁试件受压破坏时，断口与轴线大约成 45°（图 6-24），试件受压时沿斜截面发生剪切错动破坏，这就说明铸铁的抗剪能力低于抗压能力。

（三）其他脆性材料的压缩试验

工程中常用的脆性材料，如混凝土、砖、石料等非金属材料的抗压强度也远高于抗拉强度，如表 6-2 中所示。从对混凝土试块加载和卸载所得的应力-应变曲线（图 6-25）可以看出，当将试块上的应力加至 σ_c 时，其总应变为 ε_c，但卸载后，应变 ε_c 并不完全消失，而将其一部分 ε_s 残留下来。这说明，即使在应力不大时，混凝土在初始变形中就出现了塑性变形 ε_s，所以，它不服从虎克定律。由于混凝土弹性模量是变量，一般用多次重复加

几种常用材料的主要力学性能 表 6-2

材料名称	屈服极限 σ_s(MPa)	强度极限 σ_b(MPa)		延伸率(%)
		受 拉	受 压	
Q235 低碳钢	220～240	370～460		25～27
Q345 16Mn 钢	280～340	470～510		19～21
灰口铸铁		98～390	640～1300	<0.5
混凝土 C20		1.6	14.2	
混凝土 C30		2.1	21	
红松(顺纹)		96	32.2	

载卸载以消除其塑性变形方法来确定。试验表明，经过多次荷载反复作用，混凝土的变形不仅比较稳定，而且 σ-ε 曲线也趋于直线。我们可以取此直线的斜率作为混凝土的弹性模量，即

$$E_c = \tan\alpha$$

混凝土的弹性模量 $E_c = 14.5 \sim 36$GPa，受压与受拉大体相同。横向变形系数 μ 值约为 1/7～1/5；破坏时的伸长率仅 0.01%左右。

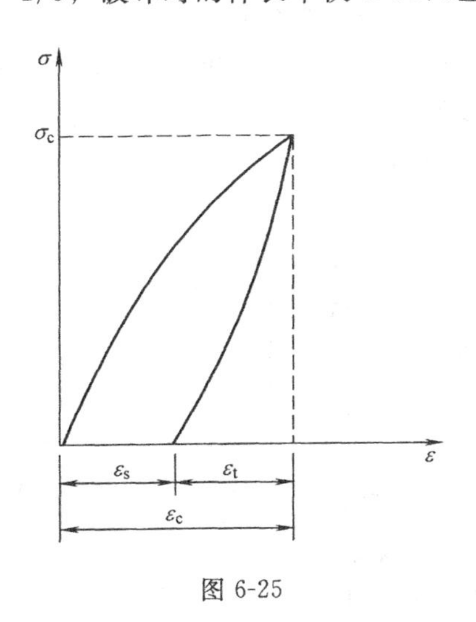

图 6-25

图 6-26

混凝土、石材等脆性材料，受压破坏时，由于两端受试验机压板摩擦力的影响，中部逐渐剥落，形成两个相连的截顶角锥体（图 6-26a）。若在压力板上涂上润滑剂减少摩擦力的影响后，其破坏形式则如图 6-26（b）所示。两种破坏形式所对应的强度极限是不相同的，由此可见，对于这种材料，只有做成标准尺寸的试件并规定其端部的条件，在压缩试验中所得到的强度极限才能作为衡量材料强度的一种比较性指标。在相关规范中统一规定采用试块端部不加润滑剂的试验结果，作为确定混凝土强度等级的标准。

三、木材在拉伸与压缩时的力学性能

木材是建筑工程中最常用的材料之一。木材是单向同性材料，一般情况下，顺纹方向的强度比横纹方向的强度高得多，而且抗拉强度高于抗压强度。图 6-27 为顺纹受拉和顺纹受压时的应力-应变曲线。由图可见，顺纹拉（压）时都有直线段。弹性模量约为 10～12MPa。

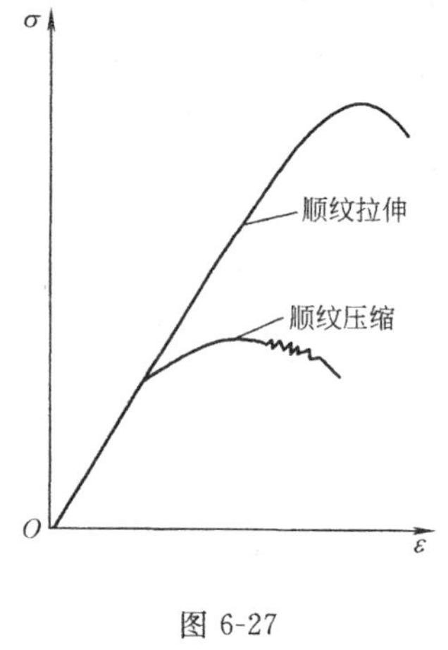

图 6-27

拉伸时，在接近破坏一小段，应力-应变图变为曲线，破坏时塑性变形很小，属于脆性材料。松、杉顺纹受拉的强度极限为 69～118MPa。

压缩时，在压应力达到抗拉强度极限的 60％左右，应力-应变关系便不成正比关系。破坏时的塑性变形较大，属塑性材料。松、杉受压强度极限约为 29～54MPa。

在工程中，木材的木节、斜纹、裂缝、虫眼等病害，以及含水率、树种、加载速度和持续时间等对木材的力学性能都会产生较大的影响。

表 6-2 列出了建筑工程中常用材料在常温、静载条件下的力学性能。

以上研究了具有代表性的低碳钢和铸铁两种材料在拉伸和压缩时的力学性能。将塑性材料与脆性材料的力学性能进行一下比较，可以看出以下方面的不同。

（1）强度方面　由于塑性材料受拉、受压时的强度指标大致相同，因而可用于受拉构件或受压构件。但脆性材料的受压强度指标远大于受拉强度指标，一般只适宜作受压构件。由试验可知，塑性材料中的低碳钢、低合金钢等，当应力达到屈服极限后，会发生明显的屈服现象，而脆性材料在破坏前，无明显征兆，破坏是突然发生的。

（2）变形方面　塑性材料在破坏前有较大的塑性变形，延伸率 δ 和截面收缩率 ψ 都较大，表示材料有较大的可塑性，便于加工，在构件安装中矫正形状时，不容易损坏。脆性材料是在延伸率和截面收缩率很小的情况下破坏的，材料的可塑性差，难以加工，矫正时容易发生裂纹。

（3）对应力集中的敏感性方面　由于杆件外形的突然变化而引起局部应力急剧增大的现象，称为应力集中。例如开有圆孔的直杆，在轴向拉力作用下（图 6-28a），在圆孔附近的局部区域内，应力数值剧烈增加，而在离开这一区域稍远处，应力迅速下降而趋于均匀（图 6-28b）。

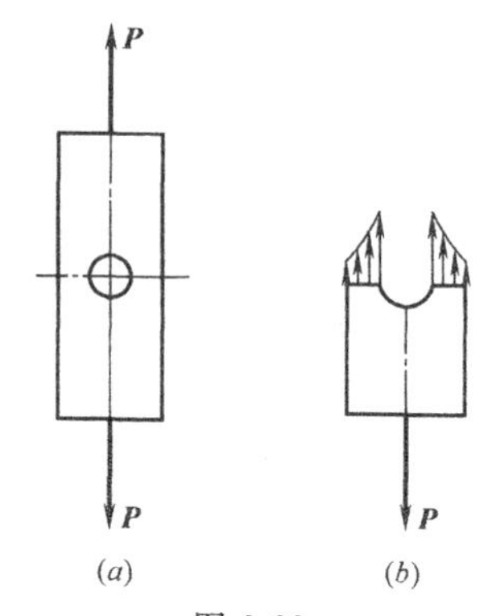

图 6-28

塑性材料和脆性材料对应力集中反应差别很大。塑性材料构件发生应力集中时，截面上的应力会发生应力重分布现象。当构件截面上的应力非均匀分布时，随着荷载的增加，孔边的

最大应力 σ_{max} 达到屈服极限时，如果在增加荷载，该点处的应力几乎不再增加，而应变继续增长。与此同时，在这一点以外的区域，应力尚未达到屈服极限，应力将随荷载的增加而增大，先后达到屈服极限，而使整个截面上的应力趋于均匀分布（图6-29），这种现象称为应力重分布。因此，构件内部即使发生应力集中，也不会显著降低构件的承载力，所以在强度计算中可以不考虑应力集中的影响。但是，脆性材料则因无屈服阶段，当产生应力集中时，应力集中处的最大应力 σ_{max} 达到强度极限时，将发生局部断裂，很快导致整个构件的破坏。因此，应力集中会严重降低脆性材料构件的承载力，应力集中对脆性材料构件的破坏性比对塑性构件危害要严重得多。

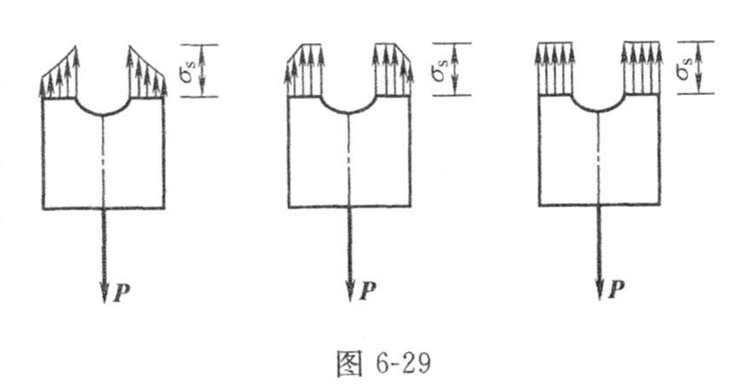

图 6-29

总的来说，塑性材料的力学性能优于脆性材料，塑性材料无论是抗拉能力还是抗压能力都比较好，即可用于受拉构件又能用于受压构件；而脆性材料的抗压性能好于抗拉性能，一般只用于受压构件，如墙、柱、基础等。

需要特别指出，塑性材料与脆性材料的力学性能是有条件的，同一种材料在不同的外界因素的影响下（如加载速度、温度、受力状态等），可能表现为塑性，也可能表现为脆性。例如，低碳钢在常温下表现为塑性，而在低温时则会倾向于变脆性。

第五节　拉、压杆的强度计算

一、许用应力与安全系数

（一）材料的极限应力

由上一节所述内容可知，任何一种材料都有一个自己能承受的最高应力值，这个最高应力叫做材料的极限应力，用 σ^0 表示。当结构构件的工作应力达到了材料的极限应力时，构件将丧失正常工作能力。

从材料的力学试验中得知：塑性材料的构件，当截面上的工作应力达到屈服极限 σ_s 或 $\sigma_{0.2}$ 时，会产生很大的塑性变形而影响构件的正常工作。脆性材料，当截面上的工作应力达到强度极限 σ_b 时，构件就会发生断裂而破坏。工程中的结构构件即不允许出现过大的塑性变形，也更不允许发生断裂破坏。所以，对塑性材料取屈服极限作为极限应力，对脆性材料取强度极限作为极限应力。即

对塑性材料　　　　$\sigma^0=\sigma_s$

对脆性材料　　　　$\sigma^0=\sigma_b$

（二）许用应力与安全系数

许用应力 $[\sigma]$ 是强度计算中一个重要指标。其值由材料的极限应力 σ^0 和安全系数 n 决定。即

$$[\sigma]=\frac{\sigma^0}{n}$$

对于塑性材料，取 $\sigma^0=\sigma_s$，$n=n_s$，则有

$$[\sigma]=\frac{\sigma_s}{n_s}$$

对于脆性材料，取 $\sigma^0=\sigma_b$，$n=n_b$，则有

$$[\sigma]=\frac{\sigma_b}{n_b}$$

式中　n_s、n_b——分别为塑性材料的安全系数和脆性材料的安全系数，n_s、n_b 均为大于 1 的数。

由此可见，许用应力等于材料极限应力 σ^0 除以材料安全系数，它是衡量材料承载力的依据。如何确定材料的许用应力，是工程设计中极其重要的问题，它直接关系到安全与经济的问题，因为设计结构构件截面尺寸时，如果许用应力规定得过低，则设计出的构件截面尺寸就会过大，材料耗费过多，不仅增加了构件自重荷载，而且也造成了人力和物力的浪费；如果许用应力规定得过高，则设计出的构件截面尺寸过小，不能保证结构安全。因此，正确地确定许用应力，是保证结构构件安全适用，经济合理的前提条件。

安全系数 n 是决定许用应力的一个重要因素。如选用偏大，则许用应力降低，安全储备增大，用料增多；如选用过小，则许用应力提高，安全储备减少，构件又偏于不安全。所以，安全系数的确定相当重要而又比较复杂，需要考虑各方面的因素。

确定安全系数时，一般应考虑以下几个因素：

(1) 材料组成的均匀程度，质地好坏。试验是选用少数材料作成试件来测定材料的力学性能，它并不能完全真实地反映工程构件所用材料的情况。

(2) 塑性材料或脆性材料。脆性材料的均匀性差，破坏前没有明显变形的预兆，所以，安全储备应大些，所取的安全系数比塑性材料大。

(3) 荷载取值是否准确、荷载的性质。对设计荷载估计不够精确，设计荷载值与实际荷载值不太相符，以及计算时所作的简化与实际情况有出入等等，构件承受的荷载是静荷载还是动荷载。

(4) 计算方法的精确程度，材料力学性能试验方法的可靠程度。

(5) 结构及构件的使用性质、工作条件及重要性。对于工作环境差、易腐蚀、破坏后引起的后果较严重的构件，安全储备应大一些。

(6) 施工方法、施工质量等。

(7) 构件的实际尺寸与设计尺寸的偏差。

总之，确定安全系数是一个非常复杂、涉及面也较广泛的问题，选定时，应综合考虑各个方面，根据具体情况进行具体分析。一般材料的安全系数和许用应力值，由国家有关部门作了规定，可参考使用。

对于一般工程，根据实际经验，塑性材料的 n_s 值可取 1.4～1.7，脆性材料的 n_b 值可取 2.5～3.0。

常用材料的许用应力见表 6-3。

二、拉、压杆的强度条件和强度计算

按式 (6-1) 求得的应力，是当直杆受轴向外力作用时，杆内横截面上实际发生的应力，也称为工作应力。知道了工作应力 σ，还不能判断杆件是否因此而破坏，杆件是否破坏，还与杆件的材料能够承受的最大许用应力 $[\sigma]$ 有关。为保证杆件在外力作用时能安

常用材料许用应力 [σ] **表 6-3**

材料名称	许用应力[σ](MPa)	
	轴向拉伸	轴向压缩
低碳钢	170	170
16Mn 钢	230	230
灰口铸铁	34～54	160～200
混凝土 C20	0.44	7
混凝土 C30	0.6	10.3
红松(顺纹)	6.4	10
砖砌体	0～0.2	0.6～2.5
石砌体	0～0.3	0.4～4

全、可靠地工作，不发生破坏，就必须使杆内的应力不得超过材料的许用应力。即

$$\sigma=\frac{N}{A}\leqslant[\sigma] \tag{6-9a}$$

式（6-9a）是保证拉杆或压杆是有足够强度所必须的条件，故称为杆件轴向拉、压时的强度条件。

式中 σ——杆件截面上的正应力；

N——杆件横截面上的轴力；

A——杆件横截面面积；

$[\sigma]$——杆件材料的许用应力。

运用上述强度条件时，工作应力 σ 应取杆内截面上的最大工作应力 σ_{max}，对于轴力沿杆轴变化，而截面尺寸不变的等截面直杆，则杆中最大轴力 $\mathbf{N_{max}}$ 所在截面的应力，即为最大工作应力 σ_{max}；对于轴力不变，而截面沿轴线呈阶梯形变化的阶梯形直杆，则截面面积 A 最小处的应力为最大工作应力 σ_{max}；如果轴力和截面面积均沿杆轴变化，则 $\sigma_{max}=\left(\frac{N}{A}\right)_{max}$。所以，上式又可写成

$$\sigma_{max}=\left(\frac{N}{A}\right)_{max}\leqslant[\sigma] \tag{6-9b}$$

最大工作应力所在截面，称为危险截面。危险截面上最大应力所在点，称为危险点。由于轴向拉伸和压缩时，正应力 σ 沿截面均匀分布，故危险截面上各点均为危险点。杆件的破坏往往是从危险截面上危险点开始的。

由于塑性材料的许用拉、压应力相等，其强度条件为式（6-9b）。

由于脆性材料的抗压能力高于抗拉能力，材料的许用拉、压应力不相等，所以，对于脆性材料杆件，其强度条件可写为

$$\left.\begin{aligned}\sigma_{tmax}&=\left(\frac{N_t}{A}\right)_{max}\leqslant[\sigma_t]\\\sigma_{cmax}&=\left(\frac{N_c}{A}\right)_{max}\leqslant[\sigma_c]\end{aligned}\right. \tag{6-10}$$

式中 σ_{tmax}——最大工作拉应力；

σ_{cmax}——最大工作压应力；

$[\sigma_t]$——许用拉应力；

$[\sigma_c]$——许用压应力；

N_t——轴向拉力；

N_c——轴向压力。

利用强度条件式（6-9）和式（6-10），可以解决实际工程中有关构件强度的三种问题。

1. 强度校核

已知构件截面尺寸、荷载大小和杆件所用材料，即已知 A、N 和 $[\sigma]$，则可用强度条件判断构件是否满足强度要求。此时可由式（6-1）计算出杆件内的工作应力 $\sigma=\frac{N}{A}$，并与许用应力 $[\sigma]$ 比较，若计算结果 $\sigma_{max}\leqslant[\sigma]$，则构件满足强度要求，能安全正常使用，若计算结果 $\sigma_{max}>[\sigma]$，则构件强度不满足要求，构件不安全。

2. 截面设计

已知构件所受荷载及材料许用应力，即已知 N、$[\sigma]$，确定构件满足强度要求时，构件所需的截面面积或截面有关尺寸。此时，式（6-9）可改写为

$$A\geqslant\frac{N}{[\sigma]} \tag{6-11}$$

求出截面面积后可根据截面形状，求出有关尺寸。

3. 计算许用荷载

已知构件截面尺寸和所用材料，即已知 A 和 $[\sigma]$，则可由强度条件式（6-9）计算出构件所能承受的最大轴力 N_{max}，并根据结构构件所确定的轴力与外荷载之间的关系，由 N_{max} 进而确定出构件或结构所能承受的许用荷载值。此时，式（6-9）可改写为

$$N_{max}\leqslant A[\sigma] \tag{6-12}$$

下面举例说明强度条件在工程中的应用。

【例 6-9】 三角形组合屋架，其计算简图如图 6-30（a）所示。已知荷载 $P=100\text{kN}$，杆 AB 为钢拉杆，$[\sigma]=170\text{MPa}$，截面面积 $A_1=520\text{mm}^2$，杆 AC 为钢筋混凝土压杆，$[\sigma]=7\text{MPa}$，截面面积 $A_2=15000\text{mm}^2$，试校核杆 AB 和 AC 的强度。

【解】（1）计算支座反力

由平衡条件　　$\sum M_B=0$，得

$$4R_A-2P=0$$

$$R_A=\frac{1}{2}P=\frac{1}{2}\times100=50\text{kN}$$

（2）计算杆 AB 和杆 AC 的内力

因不计杆自重，杆两端为铰接，故 AB 杆和 AC 杆均为二力杆。用垂直于杆 AB 与 AC 的截面 1-1 将屋架截开，取左部分为研究对象，用轴向力 $\mathbf{N_{AB}}$ 与 $\mathbf{N_{AC}}$ 代替去掉部分对留下部分的作用，受力图如图 6-30（b）所示。由平衡条件

$$\sum X=0\quad 得$$

$$N_{AB}+N_{AC}\cos30^\circ=0 \tag{1}$$

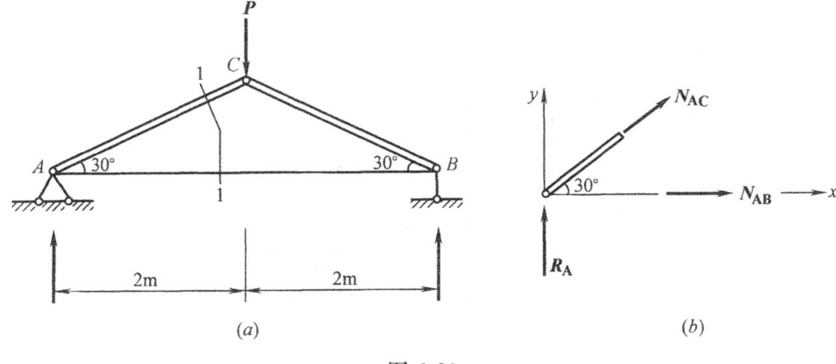

图 6-30

$$\sum Y=0 \quad 得$$

$$N_{AC}\sin30^\circ+R_A=0 \tag{2}$$

由（2）式得 $N_{AC}=-\dfrac{R_A}{\sin30^\circ}=-\dfrac{50}{\sin30^\circ}=-100\text{kN}$（压力）

将 $N_{AC}=-100\text{kN}$ 代入（1）式　得

$$N_{AB}-100\cos30^\circ=0$$

$$N_{AB}=100\cos30^\circ=86.6\text{kN}（拉力）$$

（3）强度校核

由式（6-9）

$$\sigma_{AB}=\frac{N_{AB}}{A_1}=\frac{86.6\times10^3}{520}=166.5\text{MPa}$$

由于 $\sigma_{AB}=166.5\text{MPa}<[\sigma]=170\text{MPa}$，故钢拉杆 AB 满足强度条件。

$$\sigma_{AC}=\frac{N_{AC}}{A_2}=\frac{-100\times10^3}{15000}=-6.7\text{MPa}$$

负号表示 AC 杆为压应力，其值 $\sigma_{AC}=6.7\text{MPa}<[\sigma]=7\text{MPa}$，故钢筋混凝土杆 AC 也满足强度条件。

【例 6-10】 图 6-31（a）三角形支架，AB 杆为实心圆钢杆，横截面面积 $A_1=113\text{mm}^2$，许用应力 $[\sigma]_1=170\text{MPa}$；AC 杆为正方形木杆，横截面面积 $A_2=6400\text{mm}^2$，许用应力 $[\sigma]_2=5\text{MPa}$，结点 B 承受集中荷载 $P=36\text{kN}$，试求 AB 杆和 AC 杆的强度。若强度不够，则应重新选择截面。

【解】（1）杆的受力分析

杆 AB、AC 两端均为铰接，且不计自重，均为二力杆。取节点 A 为研究对象（图 6-31b），由平衡条件

$$\sum X=0 \quad 得 \qquad N_{AB}+N_{AC}\cos\alpha=0 \tag{a}$$

$$\sum Y=0 \quad 得 \qquad -P-N_{AC}\sin\alpha=0 \tag{b}$$

联立求解，可得 N_{AB}、N_{AC}。

因为
$$\sin\alpha=\frac{2}{\sqrt{2^2+1.5^2}}=0.8$$

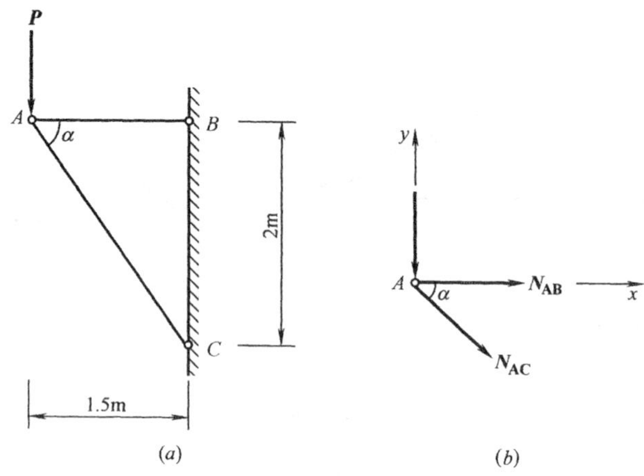

图 6-31

$$\cos\alpha=\frac{1.5}{\sqrt{2^2+1.5^2}}=0.6$$

由（b）式可得 $N_{AC}=-\frac{P}{\sin\alpha}=-\frac{36}{0.8}=-45\text{kN}$（压力）

由（a）式可得 $N_{AB}=-N_{AC}\cos\alpha=-(-45\times0.6)=27\text{kN}$(拉力)

（2）校核强度

杆 AB：由式（6-9）得

$$\sigma_{AB}=\frac{N_{AB}}{A_1}=\frac{27\times10^3}{113}=239\text{MPa}$$

由于 $\sigma_{AB}=239\text{MPa}>[\sigma]_1=170\text{MPa}$

可见，AB 杆不满足强度要求，应重选截面。

由强度条件（6-11）式，得

$$A_1\geqslant\frac{N_{AB}}{[\sigma]_1}=\frac{27\times10^3}{170}=159\text{mm}^2$$

$$d=\sqrt{\frac{4A_1}{\pi}}=\sqrt{\frac{4\times159}{\pi}}=14.23\text{mm}\quad 取\ d=15\text{mm}$$

杆 AC：由式（6-9）得

$$\sigma_{AC}=\frac{N_{AC}}{A_2}=\frac{-45\times10^3}{6400}=-7\text{MPa}$$

负号表示 AC 杆为压应力。

由于 $\sigma_{AC}=7\text{MPa}>[\sigma]_2=5\text{MPa}$，说明 AC 杆也不满足强度要求，需重选截面。

由强度条件（6-11）式，得

$$A_2\geqslant\frac{N_{AC}}{[\sigma]_2}=\frac{45\times10^3}{5}=9000\text{mm}^2$$

截面边长为 $a=\sqrt{A_2}=\sqrt{9000}=94.87\text{mm}$，取 $a=95\text{mm}$。

【例 6-11】 如图 6-32 所示一轴心受压柱的基础，已知柱底（基础顶面）的轴心压力

$P=600\text{kN}$，基础埋深 $d=2\text{m}$，基础和填土的平均重度 $\gamma_G=20\text{kN/m}^3$，地基土的许用压力用 f_a 表示，$f_a=200\text{kN/m}^2$，试确定基础底面尺寸。

【解】 图 6-32 所示为阶梯形基础，所受荷载包括由柱底传来的轴向压力 $\boldsymbol{P}$、基础自重和基础上的回填土重 G。由于土压力均匀作用在阶梯面上，且基础截面具有对称性，故基础自重和回填土重 G 也过基础轴线。于是，可将基础看成承受轴向压力作用的阶梯形构件，可用轴向压杆强度计算相似的方法进行计算。

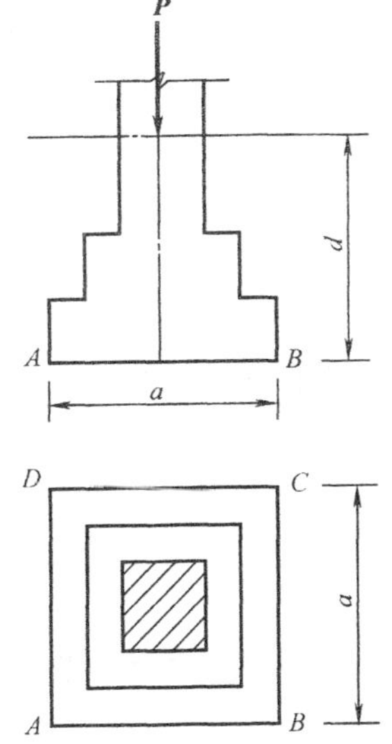

图 6-32

(1) 计算基础底面 $ABCD$ 处（图 6-32）的轴向压力 N。

由平衡条件　$\sum Y=0$　得

$$N=P+G$$

$$G=r_G dA$$

式中　A——基础底面面积。

于是，基础底面轴向压力

$$N=P+r_G dA$$

(2) 设计基础底面尺寸

为了保证建筑物的安全，基础底面的压力不得超过地基土的许用压应力 f_a，否则，由于地基的破坏而引起建筑物的破坏。因此，相应的强度条件可表示为

$$\sigma=\frac{P+G}{A}\leqslant f_a$$

$$P+r_G dA\leqslant f_a A$$

$$A\geqslant\frac{P}{f_a-r_G d}$$

代入数据 $P=600\text{kN}$，$f_a=200\text{kN/m}^2$，$d=2\text{m}$，$r_G=2\text{kN/m}^3$。

$$A\geqslant\frac{600}{200-2\times2}=3.06\text{m}^2$$

如采用正方形基础，则基础底面边长

$$a=\sqrt{A}=\sqrt{3.06}=1.75\text{m}$$

取 $a=1.8\text{m}$。

【例 6-12】 在图 6-33 (a) 所示结构中，AC 杆的截面面积为 $A_1=500\text{mm}^2$，材料的许用应力 $[\sigma]_1=170\text{MPa}$；BC 杆的截面面积为 $A_2=800\text{mm}^2$，材料的许用应力 $[\sigma]_2=110\text{MPa}$。试求结构的许用荷载 $[P]$。

【解】 (1) 计算各杆的轴力

截取结点 C 为研究对象（图 6-33b）。由平衡条件

$\sum X=0$　得　$N_{BC}\sin60°-N_{AC}\sin60°=0$

$\sum Y=0$　得　$N_{BC}\cos60°+N_{AC}\cos60°-P=0$

联立解得　　$N_{AC}=N_{BC}$，$N_{AC}=N_{BC}=P$

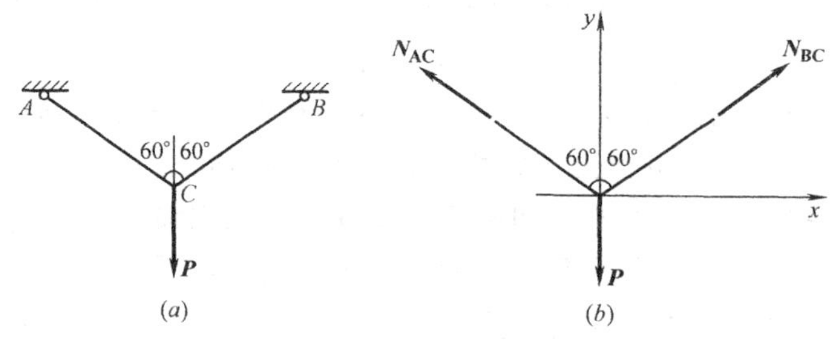

图 6-33

（2）计算许用荷载

根据 AC 杆的强度条件计算杆 AC 的许用轴力

$$[N_{AC}]=A_1[\sigma]_1=500\times170=85\times10^3\text{N}=85\text{kN}$$

而 $$[N_{AC}]=[P]$$

所以 $$[P]=[N_{AC}]=85\text{kN}$$

因为 $$[N_{BC}]=[N_{AC}]$$

所以整个结构的许用荷载为 $[P]=85\text{kN}$。

复习思考题与习题

1. 简述轴向拉（压）杆的受力特点和变形特点。

2. 什么是轴力？轴力的正负是怎样规定的？

3. 什么是轴力图？简述绘制轴力图的方法。

4. 简述虎克定律和泊松比的基本概念，它们的工程意义是什么？

5. 一根钢杆，一根铜杆，承受相同的轴向拉力，但截面面积不同，问它们的轴力图是否相同？横截面上的应力是否相同？

6. 低碳钢拉伸时的应力-应变曲线可分为哪四个阶段？简述每个阶段对应的特征应力极限值或出现的特殊现象。

7. 截面法与静力学中取隔离体并由平衡方程计算未知力的方法有何异同？重力是外力还是内力？

8. 指出下列概念的区别：

（1）轴力与应力；

（2）极限应力与许用应力；

（3）弹性变形与塑性变形；

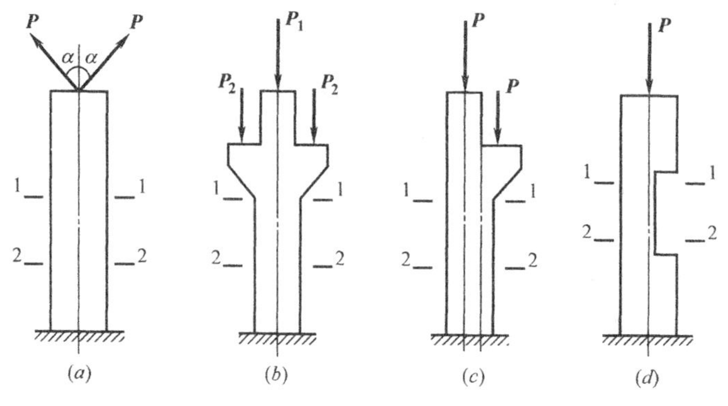

图 6-34

(4) 延伸率 δ 与截面收缩率 ψ；

(5) 屈服极限与强度极限。

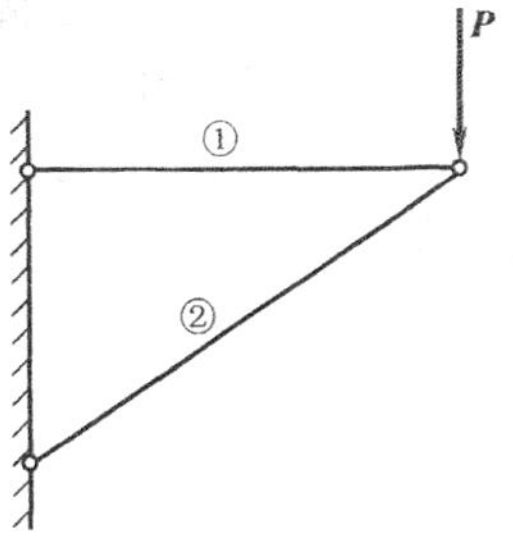

9. 拉（压）杆横截面上正应力的公式是如何建立的？该公式的使用条件是什么？为什么？

10. 试判断图 6-34 中各杆 1-1、2-2 两截面间哪些属于轴向拉伸？哪些属于轴向压缩？

11. 现有低碳钢和铸铁两种材料，在图 6-35 所示结构中，若①杆选用铸铁，②杆选用低碳钢是否合理？为什么？如何选材才合理？

图 6-35

12. 对图 6-36 所示等直杆，欲求 1-1 截面的内力，试问：①当荷载作用于 A 点（图 6-36a）并沿作用线移至 B 点时（图 6-36b）1-1 截面上的内力有无变化？②杆件沿 1-1 截面截开后（图 6-36c），外力 $\boldsymbol{P}$ 沿作用线移动时，1-1 截面内力有无变化？

13. 如图 6-37 所示，两杆横截面面积 A、长度 l 及荷载 $\boldsymbol{P}$ 均相等而材料不相同，试问：两杆的应力是否相等？变形是否相同？

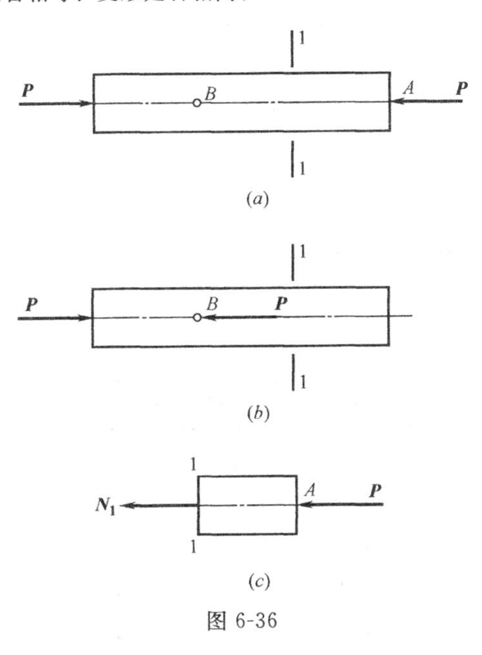

图 6-36

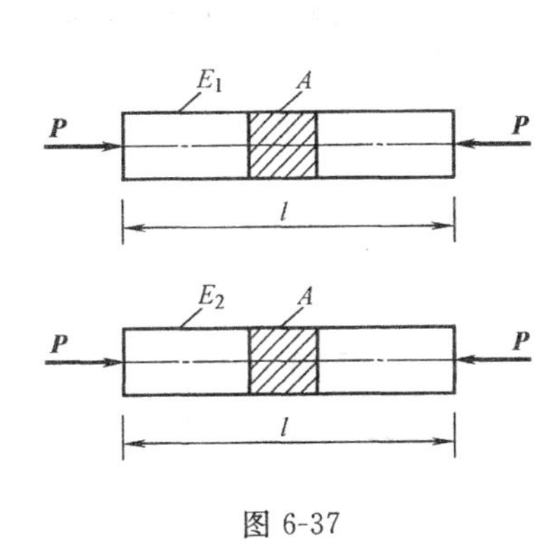

图 6-37

14. 已知 $E_1=200\text{GPa}$，$E_2=74\text{GPa}$，试比较在同一应力下，哪种材料的应变大？在同一应变下，哪种材料的应力大？

15. 已知一低碳钢试件，弹性模量 $E=200\text{GPa}$，由试验测得其应变 $\varepsilon=0.002$，钢的比例极限 $\sigma_p=200\text{MPa}$，是否可由此计算出 $\sigma=E\varepsilon=200\times10^9\times0.002=400\times10^6\text{Pa}=400\text{MPa}$，为什么？

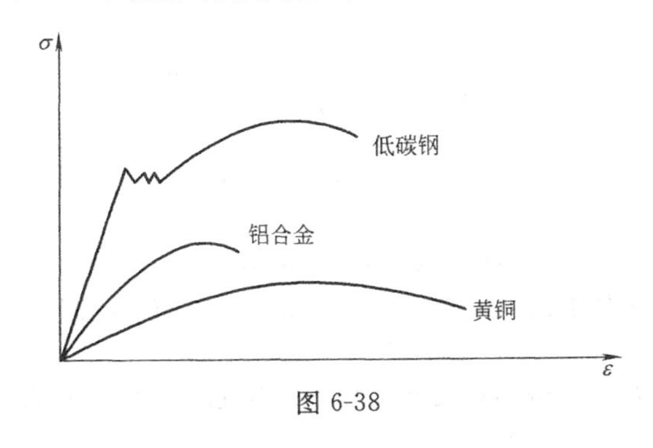

图 6-38

16. 材料经过冷作硬化处理后，其力学性能有何变化？

17. 如图 6-38 所示三种材料的应力-应变曲线，问哪一种材料①强度高，②刚度大，③塑性好？

18. 已知低碳钢的弹性模量 $E_1=210\text{GPa}$，混凝土弹性模量 $E_2=36\text{MPa}$，试求：

(1) 当应变 $\varepsilon=0.0002$ 时，钢和混凝土的正应力。

(2) 在正应力相同的情况下，钢和混凝土的应变 ε 之比值。

(3) 在应变 ε 相同的情况下，钢和混凝土的正应力 σ 之比值。

19. 分别写出塑性材料和脆性材料在轴向拉伸及轴向压缩时的强度条件，并简述强度条件在工程中的应用。

20. 求图 6-39 所示各杆指定截面上的轴力。

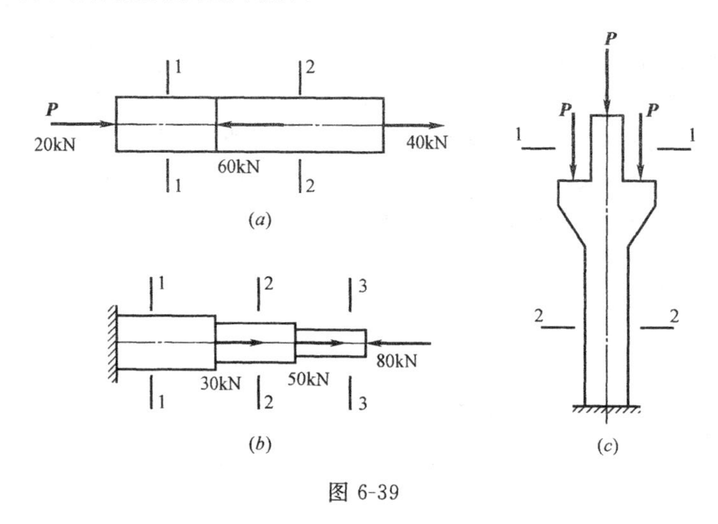

图 6-39

21. 图 6-40 所示直杆截面为圆形，直径 $d=200$mm，杆长 $l=4$mm，轴向外力 $P=2$kN，材料重度 $r=2$kN/m^3。求此杆 1-1、2-2 截面的轴力。

22. 试绘出图 6-41 所示各杆的轴力图。

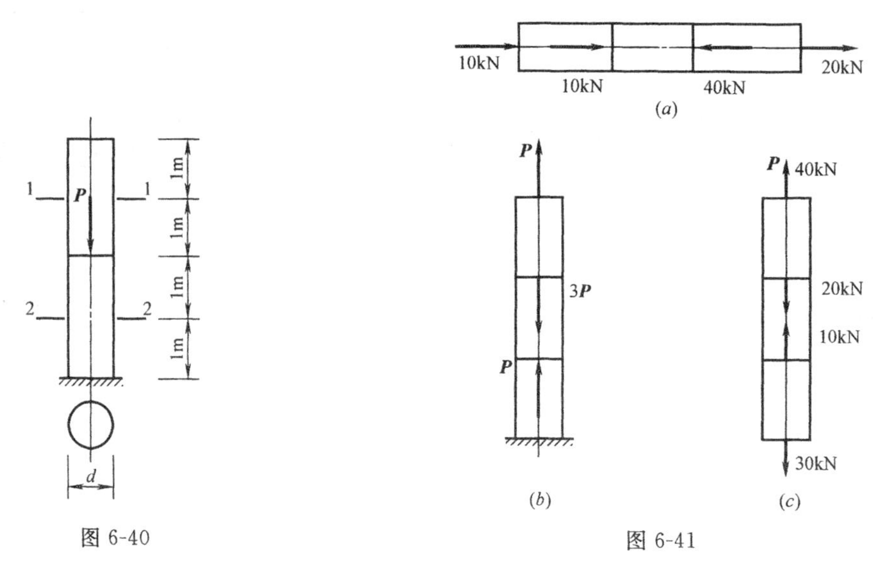

图 6-40　　图 6-41

23. 图 6-42 所示三角形支架中，AB 杆为圆截面，直径 $d=200$mm，BC 杆为正方形截面，边长 $a=100$mm，$P=40$kN。试求各杆截面上的正应力。

24. 求图 6-43 所示杆件横截面上的最大应力及其所在截面位置（长度单位：mm）。

25. 求图 6-44 所示杆件的总纵向变形。已知杆件横截面面积 $A=3000$mm^2，材料的弹性模量 $E=210$GPa。

26. 拉伸试验时，钢筋的直径 $d=10$mm 在标距 $l=120$mm 内伸长为 0.05mm，问此时试件内的应力

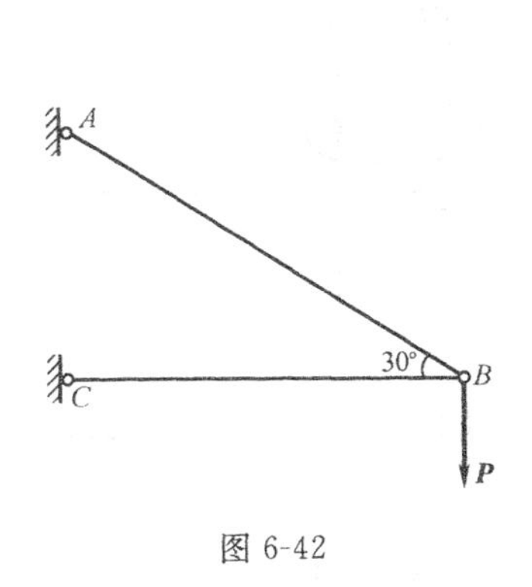

图 6-42

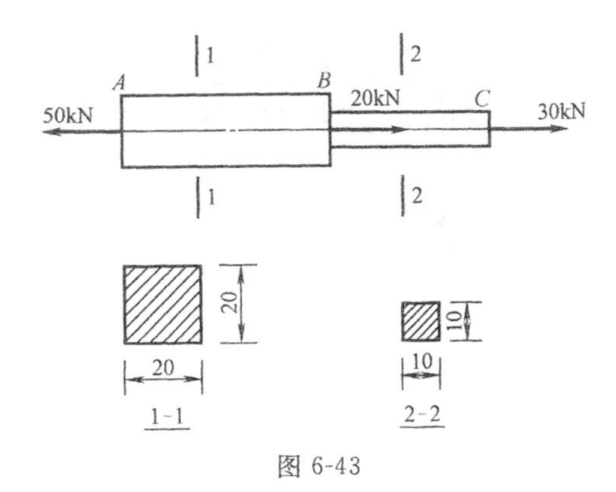

图 6-43

是多少？试验机的拉力是多少（$E=2.0\times10^5$ MPa）？

27. 图 6-45 所示为起重吊钩，上端用螺母固定，吊钩螺栓内径 $d=60$mm，外径 $D=68.5$mm，材料的许用应力 $[\sigma]=80$MPa，试校核吊钩起吊重物 $P=180$kN 时螺栓的强度。

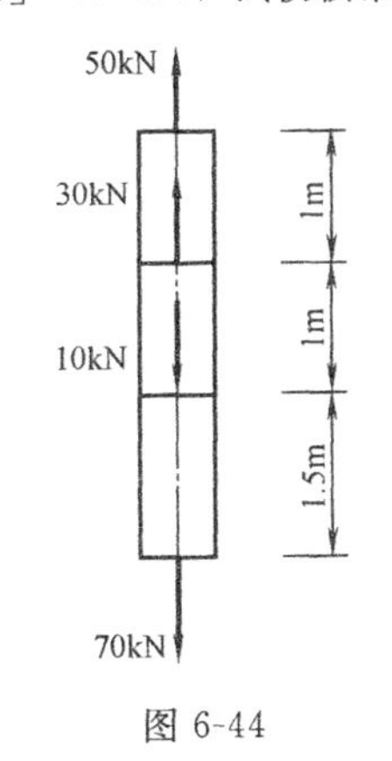

图 6-44

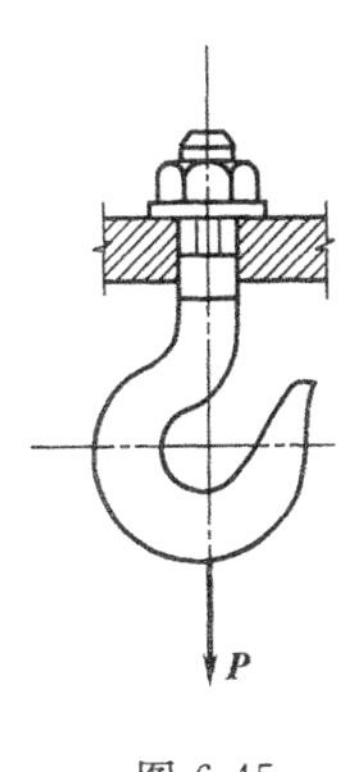

图 6-45

28. 用绳索吊起钢筋混凝土管，如图 6-46 所示，已知管重 $W=13$kN，绳的直径 $d=40$mm，许用应力 $[\sigma]=10$MPa，试校核 $\alpha=45°$及 60°时绳索的强度。

29. 图 6-47 所示一桁架，杆 1、杆 2 的横截面均为圆形，直径分别为 $d_1=40$mm 和$d_2=30$mm，两杆材料相同，许用应力 $[\sigma]=170$MPa，在结点 A 处受荷载 P 作用，试确定其许用荷载。

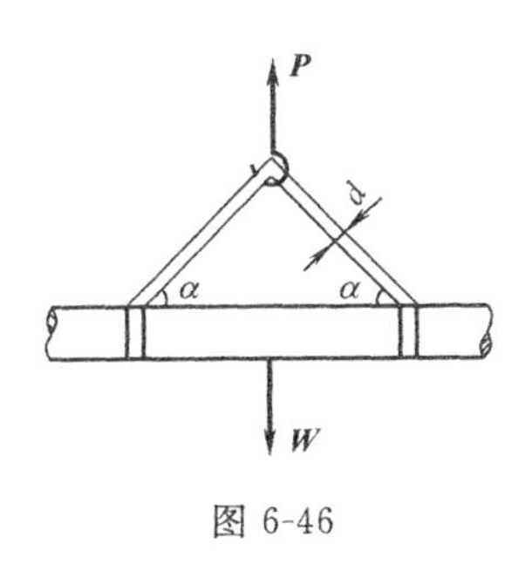

图 6-46

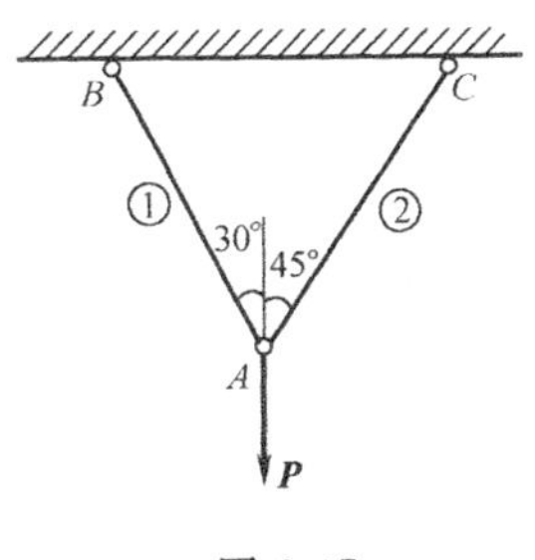

图 6-47

30. 图 6-48 所示木构架承受集中荷载 $P=20$kN，斜杆 AB 采用正方形截面，木材的许用应力 $[\sigma]=4$MPa，试确定 AB 杆截面的边长。

31. 图 6-49 中若地基土的许用应力 $f_a=10$MPa，求立柱底部横截面所需尺寸（不计柱自重）（提示：吊车一个轮子行至柱顶上时，立柱受力最大）。

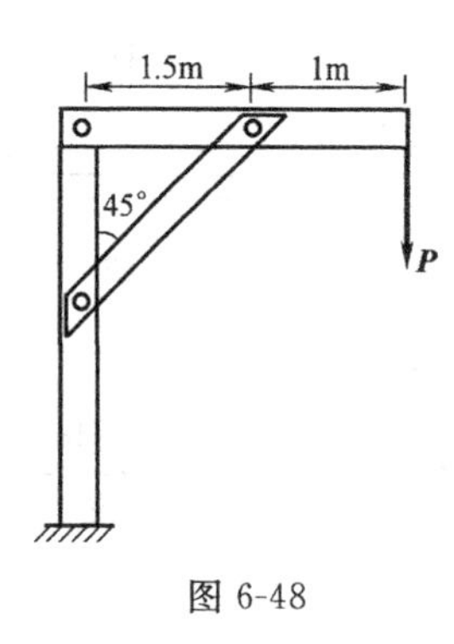

图 6-48

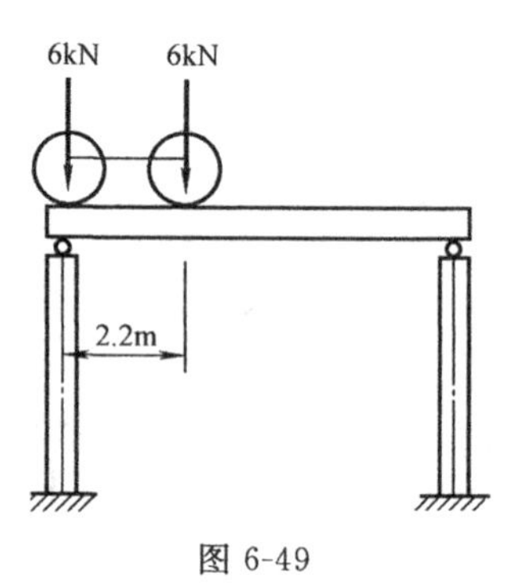

图 6-49

32. 在图 6-50 所示结构中，AC 杆的截面积为 $A_1=700\text{mm}$，材料的许用应力 $[\sigma]_1=160\text{MPa}$，BC 杆的截面积为 $A_2=900\text{mm}^2$，材料的许用应力 $[\sigma]_2=110\text{MPa}$，试求结构的许用荷载 $[P]$。

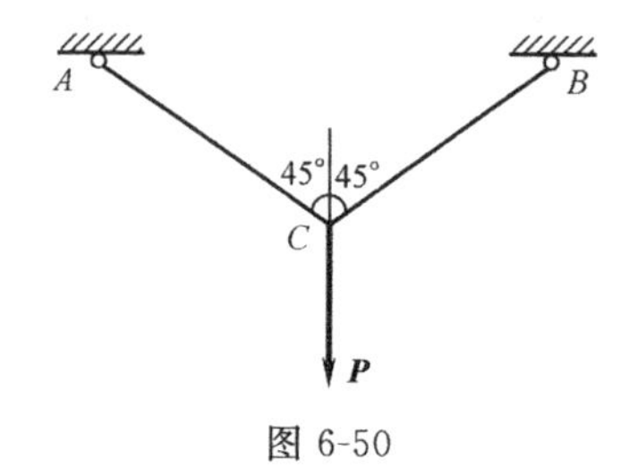

图 6-50

第七章 扭 转

扭转是杆件变形的另一种基本变形形式。在实际工程中，单独发生扭转变形的构件较少，多数构件在发生扭转变形的同时，伴有其他的变形。构件如以扭转为主要变形形式，而其他变形并不显著而可以忽略不计，这种构件可以当作受扭构件来计算。习惯上，以扭转为主要变形的杆件称为轴，截面为圆形的轴称为圆轴。本章仅讨论圆轴的强度计算。

在工程中，发生扭转的杆件很多。例如用螺钉旋具（俗称螺丝刀）拧紧螺钉时（图7-1），螺丝刀的上端通过手柄对刀杆施加一力偶后，螺钉的阻力在螺丝刀的刀口上产生一个方向相反的力偶与之平衡。这两个力偶的作用面垂直于杆轴，大小相等、转向相反，使刀杆产生扭转变形。又如连接汽车方向盘的转向轴（图 7-2)、钻探机的钻杆、房屋的雨篷梁（图 7-3)、钢筋混凝土框架的边梁等也有扭转变形。

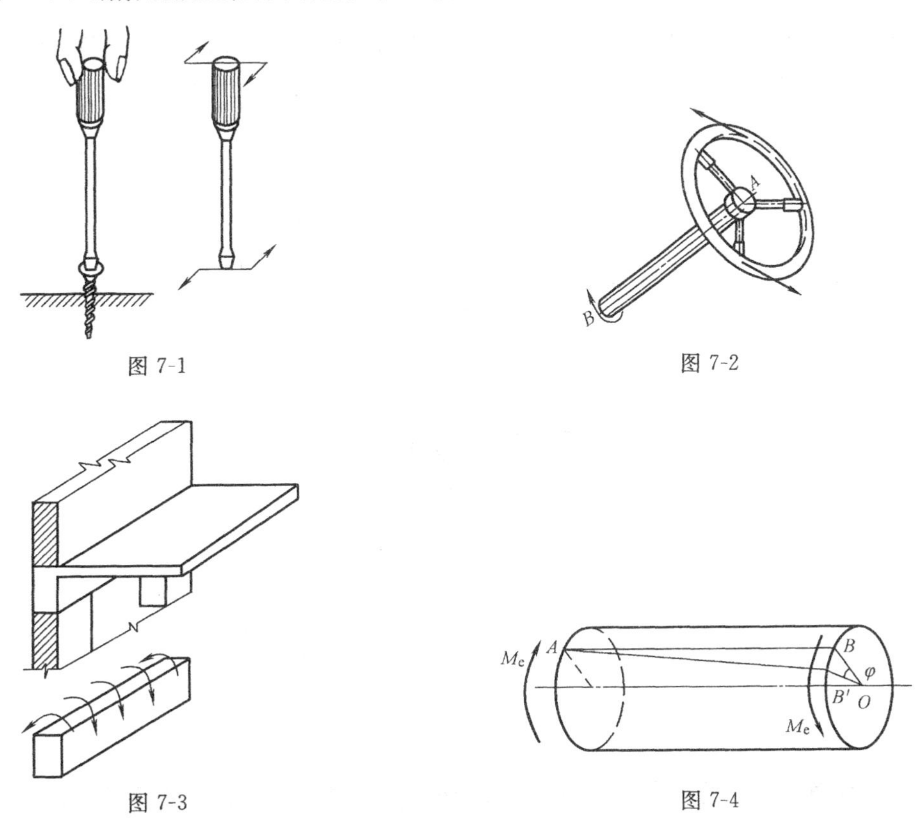

图 7-1

图 7-2

图 7-3

图 7-4

这些构件，虽然受力方式不同，但都有共同的受力特点和变形特点。其受力特点是：在垂直于杆件轴线的平面内，作用两个大小相等、转向相反的力偶。变形特点是：在这对力偶作用下，各横截面发生绕杆轴线的相对转动，如图 7-4 所示。任意两横截面间相对转角，称为扭转角，通常用 φ 表示，单位为弧度（rad)。

第一节　圆轴扭转的内力—扭矩

一、外力偶矩计算

从上述可知，使构件发生扭转的外因，是垂直于杆轴的两个平行平面上的外力偶。这个外力偶的力偶矩在工程中并不是已知的，而需要通过轴所传递的功率和转速计算出来，即

$$M_e = 9549 \frac{N}{n} \ (\mathrm{N \cdot m}) \tag{7-1}$$

式中　N——轴所传递的功率，以千瓦（kW）计；

n——轴的转速，以每分钟转数（r/min）计。

若功率的单位为马力，则外力偶矩的计算公式为

$$M_e = 7024 \frac{N}{n} \ (\mathrm{N \cdot m}) \tag{7-2}$$

二、扭矩

外力偶矩确定后，便可利用截面法求出圆轴横截面上的内力。设等直圆轴 AB 在两个大小相等、转向相反、作用面与杆轴线垂直的外力偶矩 M_e 作用下产生扭转变形（图 7-5a）。

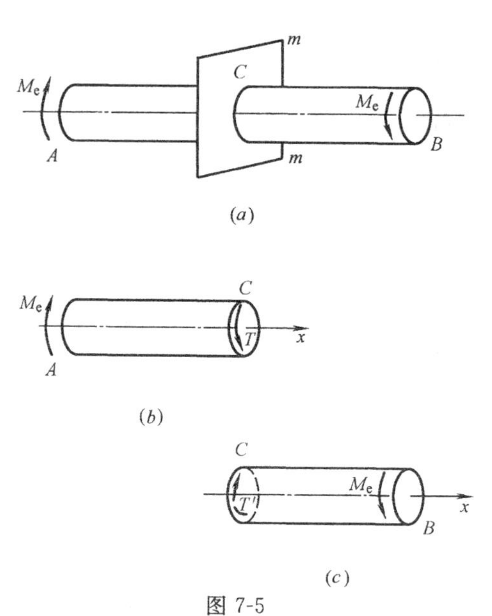

图 7-5

为求任意截面上的内力，假想用平面 m-m 将轴截开，分为左右两段，取左段为研究对象（图 7-5b）。由于圆轴 AB 是平衡的，因此所截取部分也应处于平衡状态，由受力图可知，为保持研究对象的平衡，在 m-m 截面上的分布内力也必须构成一个内力偶矩与外力偶矩 M_e 平衡，我们称这个内力偶矩为扭矩，用 T 表示，单位为 N·m 或 kN·m。由研究段的平衡条件

$\sum M_x = 0$　得　　　　　　　$T - M_e = 0$

$$T=M_e$$

同理，如取右段为研究对象（图 7-5*c*），也可求出 *m-m* 截面上的扭矩 T'。根据作用与反作用的关系，其结果必然有 T'与 T 大小相等、转向相反。为使从截面左侧和截面右侧求得同一截面的扭矩不但数值相等，而且正负号也相同，故对扭矩的符号作如下规定：

按右手螺旋法规将扭矩用矢量表示，若矢量的指向离开截面，则该扭矩为正，反之为负。即用右手四指表示扭矩的转向，当拇指的指向背离截面时为正；反之，为负，如图 7-6 所示。

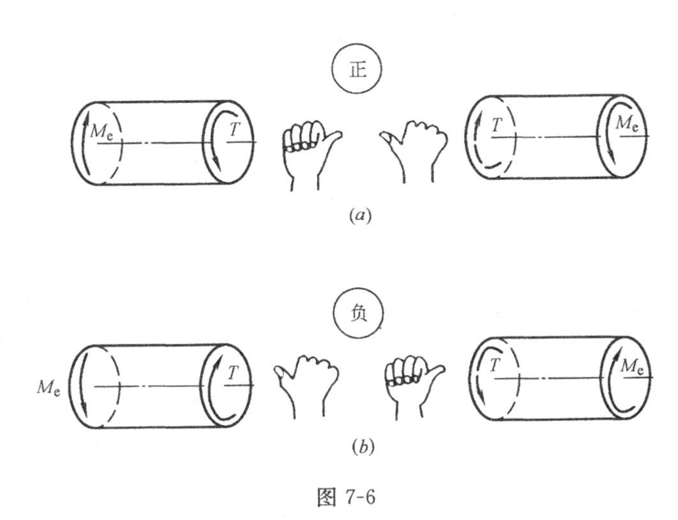

图 7-6

按此规定，图 7-5 中所示的 *m-m* 截面的扭矩不论取左段或右段，均为正扭矩。由此可见，扭矩的正负号与轴向拉压时一样，是根据杆件的变形规定的。

扭矩的常用单位为牛顿・米（N・m）或千牛顿・米（kN・m）。

在计算时，如横截面上扭矩实际转向未知，一般先假设扭矩为正，若求得的结果也为正，表示扭矩实际转向与假设相同；若求得的结果为负，则表示扭矩实际转向与假设相反。

三、扭矩图

一般情况下，圆轴上同时受有几个外力偶作用，这时，各横截面上的扭转也不尽相同。为了形象地表示扭矩沿轴线的变化情况，可仿照作轴力图的方法，沿轴线方向取坐标表示横截面位置，以垂直轴线的另一坐标表示扭矩，得到扭矩随横截面位置而变化的图形，称为扭矩图。正扭矩画在横坐标轴的上方，负扭矩画在下方。

下面举例说明扭矩计算及扭矩图的绘制方法和步骤。

【例 7-1】 图 7-7（*a*）表示传动轴，转速 $n=500\text{r/min}$，A 轴为主动轮，输入功率 $N_A=10\text{kW}$，B、C 轴为从动轮，输出功率为 $N_B=4\text{kW}$、$N_C=6\text{kW}$。试计算轴内各段的扭矩并作扭矩图。

【解】（1）外力偶矩的计算

由式（7-1）可求得 A、B、C 轮外力偶矩为

$$M_{eA}=9549\frac{N_A}{n}=9549\frac{10}{500}=191\text{N}\cdot\text{m}$$

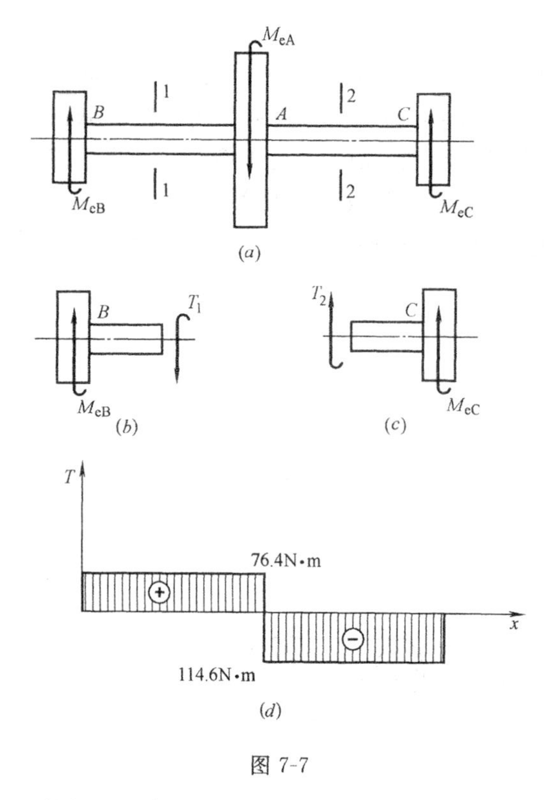

图 7-7

$$M_{eB}=9549\frac{N_B}{n}=9549\frac{4}{500}=76.4\text{N}\cdot\text{m}$$

$$M_{eC}=9549\frac{N_C}{n}=9549\frac{6}{500}=114.6\text{N}\cdot\text{m}$$

（2）扭矩计算

因轴上作用有三个外力偶矩，需将轴分成 AB 和 AC 两段，用截面法计算各段轴的扭矩。

AB 段：用截面 1-1 将轴截开，取左段为研究对象，以 T_1 表示该截面的扭矩（假设为正向），如图 7-7（b）所示。由研究段的平衡条件

$$\sum M_x=0 \quad 得 \qquad T_1-M_{eB}=0$$

$$T_1=M_{eB}=76.4\text{N}\cdot\text{m}$$

所得结果为正值，表示实际转向与假设方向一致，为正扭矩。

AC 段：用 2-2 截面将轴在 AC 段内截开，取右段为研究对象，以 T_2 表示该截面上的扭矩（假设为正向），如图 7-7（c）所示。由平衡条件

$$\sum M_x=0 \quad 得 \qquad T_2+M_{eC}=0$$

$$T_2=-M_{eC}=-114.6\text{N}\cdot\text{m}$$

所得结果为负值，说明实际方向与假设方向相反，应为负扭矩。

（3）作扭矩图

以平行轴线的横坐标轴为 x 轴，表示截面位置，纵坐标表示扭矩，按一定比例分别将 T_1、T_2 画在 x 轴的上、下方，得扭矩图如图 7-7（d）所示。

从扭矩图可以看出，在集中力偶作用处，其左右截面扭矩不同，此处发生突变，突变值等于集中力偶矩的大小。最大扭矩 $|T|_{max}=114.6\text{N}\cdot\text{m}$，发生在 AC 段。

第二节　圆轴扭转时的应力及强度条件

一、圆轴扭转时横截面上的应力

应用截面法求得圆轴横截面上的扭矩后，还要进一步研究圆轴横截面上的应力，作为杆轴在扭转时强度计算的基础。

为了确定扭转时圆轴内部应力的分布，与研究拉、压杆正应力一样，从研究变形入手，通过试验、观察，分析其变形规律。为此，取一根圆形橡皮棒，在表面上等距离地画上纵线和圆周线，形成一系列大小相同的矩形网格（图 7-8a）。然后在橡皮棒两端垂直轴线的平面内加上两个大小相等、转向相反的外力偶 M_e，使其发生扭转变形（图 7-8b）。这时可观察到：

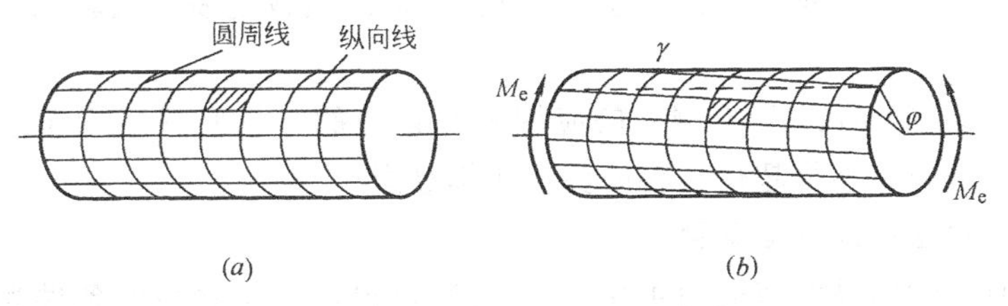

图 7-8

(1) 各圆周线有相对转动，但形状、大小及两圆周线的距离不变；

(2) 各纵向线仍为直线，但都倾斜了同一角度 γ，原来的小矩形歪斜成平行四边形。

根据这一表面变形现象，如果认为轴内变形与表面相似，可对圆轴内部变形作出如下假设：

(1) 变形后，横截面仍保持平面，其形状和大小均不改变，半径仍为直线。这个假设称为圆轴扭转的平面假设（图 7-9a）。

(2) 变形后，相邻横截面间的距离不变。

通过以上分析，可以推断：

(1) 实心圆轴扭转时横截面上没有正应力（因变形后，相邻横截面间的间距未变，无线应变），只有剪应力（有剪应变 γ）。

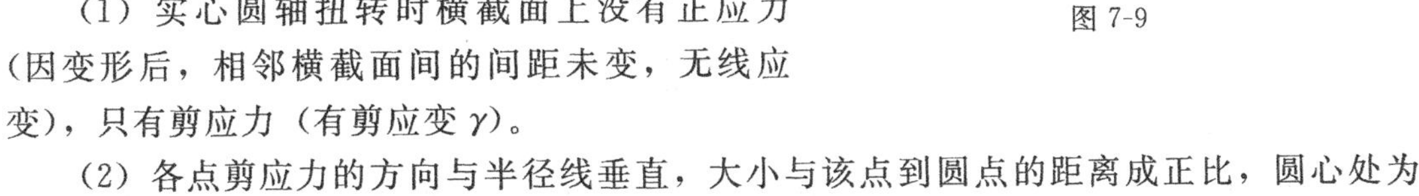

(a) (b)

图 7-9

(2) 各点剪应力的方向与半径线垂直，大小与该点到圆点的距离成正比，圆心处为零，圆周处最大，如图 7-9 (b) 所示。

由于截面上各点剪应力对截面圆心的力矩之和，就等于该截面的扭矩，从而可得剪应力的计算公式

$$\tau_{\rho}=\frac{T\rho}{I_{\mathrm{P}}} \tag{7-3}$$

式中 τ_{ρ}——横截面上任一点的剪应力；

T——横截面上的扭矩；

ρ——剪应力计算点到圆心的距离；

I_{P}——该截面对圆心的极惯性矩，常用单位“mm^4”或“m^4”。对实心圆截面

$$I_{\mathrm{P}}=\frac{\pi d^4}{32}$$

式中 d——截面直径。

剪应力的最大值发生在横截面圆周上，其值为

$$\tau_{\max}=\frac{T\rho_{\max}}{I_{\mathrm{P}}}=\frac{T}{W_{\mathrm{P}}} \tag{7-4}$$

式中 W_{P}——抗扭截面系数。

$$W_{\mathrm{P}}=\frac{I_{\mathrm{P}}}{\rho_{\max}}=\frac{I_{\mathrm{P}}}{\frac{d}{2}}=\frac{\frac{\pi d^4}{32}}{\frac{d}{2}}=\frac{\pi d^3}{16} \tag{7-5}$$

式（7-4）表明，W_P 越大，τ_{max}越小，故抗扭截面系数是表示圆轴抵抗扭转破坏能力的几何量。

还应指出，式（7-3）、式（7-4）的应用是有条件的，它们只适用于圆截面轴，并且横截面上的最大剪应力不得超过材料的剪切比例极限。

二、实心圆轴扭转的强度条件

圆轴扭转时，轴内最大剪应力可由式（7-4）求得，为建立强度条件尚需找出材料的许用剪应力 $[\tau]$。材料许用剪应力是通过扭转试验得到材料的极限应力 τ^0，再除以大于 1 的安全系数 n 求得。

试验表明，由于材料不同，受扭圆轴的破坏形式仍为屈服与断裂两种。对于塑性材料（如 Q235）试件受扭时，当截面上最大剪应力达到一定数值时，也会发生类似拉伸时的屈服现象，屈服阶段后也有强化阶段，直到横截面上的最大剪应力达到材料的抗剪强度极限，试件被剪断而破坏。对于脆性材料（如铸铁）试件受扭时，当变形很小时便发生断裂破坏，且没有屈服现象。破坏时横截面上的最大剪应力达到材料的抗剪强度极限。

由此可见，对于塑性材料的扭转破坏是屈服破坏，故取屈服极限 τ_s 作为极限应力，即 $\tau^0=\tau_s$；对于脆性材料的扭转破坏是断裂破坏，则取强度极限 τ_b 作为极限应力，即 $\tau^0=\tau_b$。于是，材料的许用剪应力为

$$[\tau]=\frac{\tau^0}{n}$$

式中　n——安全系数。

各种材料的 $[\tau]$ 值，可在有关手册中查到，也可按许用剪应力 $[\tau]$ 与许用拉应力 $[\sigma]$ 之间关系式确定：

对于塑性材料　　$[\tau]=(0.5\sim0.6)[\sigma]$

对于脆性材料　　$[\tau]=(0.8\sim1.0)[\sigma]$

因此，圆轴扭转时的强度条件可表示为

$$\tau_{max}=\frac{T}{W_P}\leqslant[\tau] \tag{7-6}$$

式（7-6）表示，为保证圆轴正常工作，轴内最大剪应力不得超过材料的许用剪应力。

对于承受多个外力偶作用的等直圆轴，最大剪应力发生在最大扭矩 $(T)_{max}$所在截面的圆周上，这时

$$\tau_{max}=\frac{(T)_{max}}{W_P}$$

对于承受多个外力偶作用的阶梯圆轴，最大剪应力发生在扭矩与抗扭截面系数比值最大的截面圆周上，这时

$$\tau_{max}=\left(\frac{T}{W_P}\right)_{max}$$

【例 7-2】 图 7-10 所示为一胶带传动轴，马达带动胶带轮，通过 AB 轴带动另一胶带轮 B 转动，已知 A 轮输入功率 $N_A=20\text{kW}$，B 轮输出功率 $N_B=20\text{kW}$，轴的转速 $n=400\text{r/min}$，轴的直径 $d=35\text{mm}$，许用剪应力 $[\tau]=70\text{MPa}$。试校核轴的强度。

【解】（1）计算扭矩

主动轮 A 输入的功率与被动轮 B 输出的功率都等于 $N=20\mathrm{kW}$。作用在 A 轮与 B 轮的外力偶矩相互平衡（图 7-10a），其值为

$$M_{\mathrm{eA}}=M_{\mathrm{eB}}=9549\frac{N_{\mathrm{A}}}{n}=9549\frac{20}{400}=477.5\mathrm{N\cdot m}$$

轴内横截面上的扭矩可由平衡条件求得（图 7-10b）

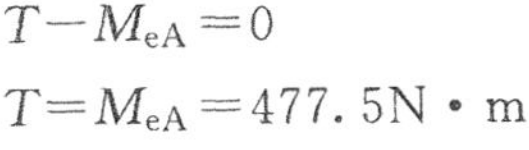
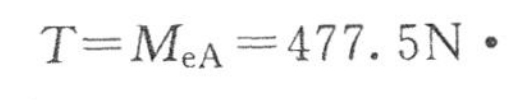

$$T-M_{\mathrm{eA}}=0$$

$$T=M_{\mathrm{eA}}=477.5\mathrm{N\cdot m}$$

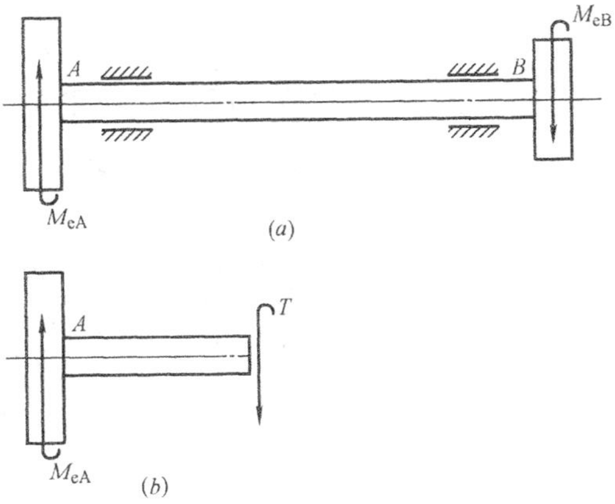

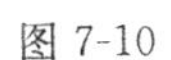
图 7-10

（2）校核强度

轴的抗扭截面系数

$$W_{\mathrm{P}}=\frac{\pi d^3}{16}=\frac{\pi\times35^3}{16}=8414\mathrm{mm}^3$$

由式（7-6）得

$$\tau_{\max}=\frac{T}{W_{\mathrm{P}}}=\frac{477.5\times10^3}{8414}=56.8\mathrm{N/mm^2}=56.8\mathrm{MPa}<[\tau]=70\mathrm{MPa}$$

圆轴满足强度要求。

【例 7-3】 某传动轴，横截面上的扭矩为 $T=2\mathrm{kN\cdot m}$，材料的许用剪应力 $[\tau]=60\mathrm{MPa}$。若采用实心圆轴，试确定其直径 d。

【解】（1）由强度条件得传动轴所需抗扭截面系数为

$$W_{\mathrm{P}}\geqslant\frac{T}{[\tau]}=\frac{2\times10^6}{60}=33333\mathrm{mm}^3$$

（2）确定实心轴的直径 d

因 $W_{\mathrm{P}}=\frac{\pi d^3}{16}$，所以

$$d=\sqrt[3]{\frac{16W_{\mathrm{P}}}{\pi}}\geqslant\sqrt[3]{\frac{16\times33333}{\pi}}=55.4\mathrm{mm}$$

取 $d=56\mathrm{mm}$

复习思考题与习题

1. 试指出图 7-11 所示各轴中哪些产生扭转变形？并画出其受力简图。
2. 轴的转速、所传递功率与外力偶矩之间有何关系？
3. 何为扭矩？扭矩的正负号是怎样规定的？扭矩与外力偶矩有何区别？
4. 圆轴扭转时提出了什么假设？
5. 圆轴扭转剪应力公式的应用条件是什么？
6. 从强度观点看，图 7-12 中三个轮的布置哪一种比较合理？
7. 试绘图 7-13 中各轴的扭矩图。
8. 图 7-14 所示传动轴，转速 $n=300$ 转/分，A 轮为主动轮，输入功率 $N_{\mathrm{A}}=50\mathrm{kW}$，轮 B、C、D 均为从动轮，输出功率分别为 $N_{\mathrm{B}}=10\mathrm{kW}$，$N_{\mathrm{C}}=N_{\mathrm{D}}=20\mathrm{kW}$，试绘制轴的扭矩图。

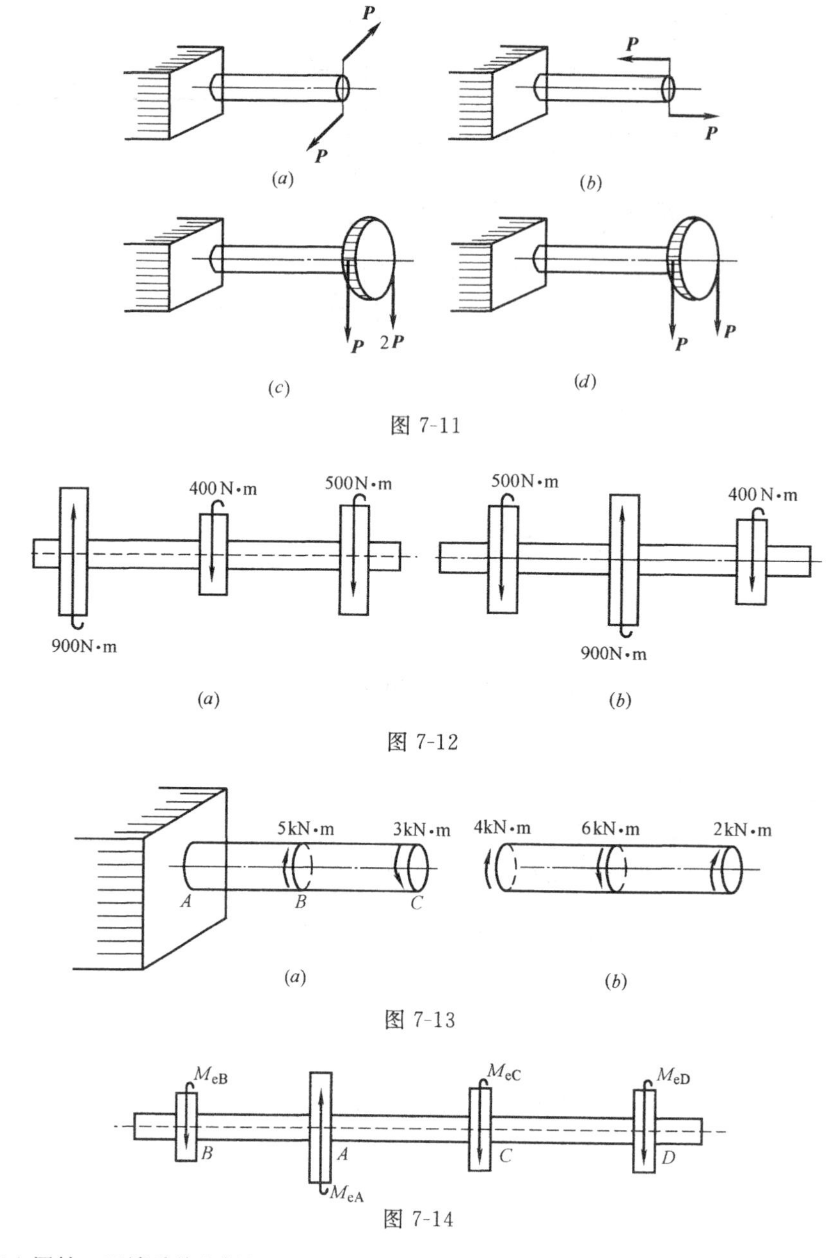

图 7-11

图 7-12

图 7-13

图 7-14

9. 某实心圆轴，两端受外力偶矩 $M_e=300\text{N}\cdot\text{m}$ 作用，已知材料的许用剪应力 $[\tau]=70\text{MPa}$，圆轴直径 $d=30\text{mm}$，试校核轴的强度。

10. 图 7-15 所示传动轴的转速 $n=250$ 转/分，主动轮输入功率 $N_B=7\text{kW}$，从动轮的输出功率分别为 $N_A=3\text{kW}$，$N_C=2\text{kW}$，$N_b=2\text{kW}$。若已知材料的许用剪应力 $[\tau]=40\text{MPa}$，试设计该轴的直径 d。

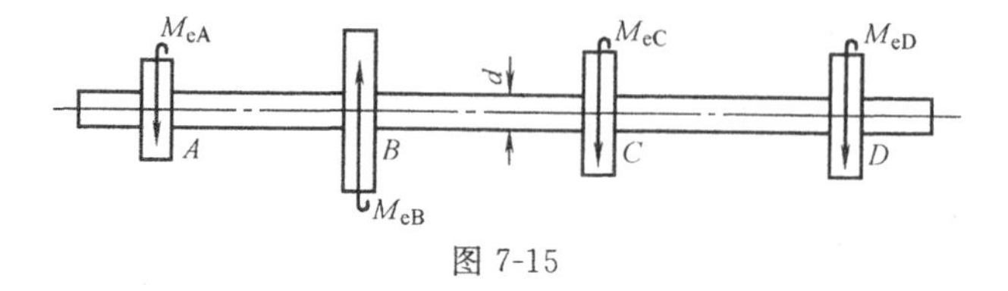

图 7-15

第八章 梁的弯曲

第一节 平面弯曲和梁的类型

弯曲变形是工程中常见的一种基本变形。杆件受到垂直于杆件轴线的外力或在纵向平面内的力偶作用。在这些外力的作用下，杆件的轴线将由直线变成曲线，这种变形称为弯曲（图 8-1)。

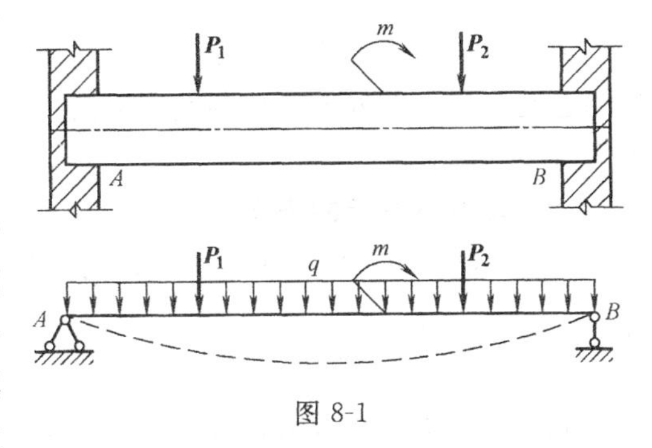

图 8-1

凡以弯曲为主要变形的杆件通常均称为梁。工程中最常用到的梁横截面一般都具有一根竖向对称轴，这根对称轴与梁的轴线所组成的平面称为纵向对称平面。如果梁上所有的外力均作用在纵向对称平面内，当梁变形时，其轴线即在该纵向平面内弯成一条平面曲线。这种弯曲称为平面弯曲（图 8-2)。这是弯曲问题中最常见和最简单的情况，本章就研究这种平面弯曲。

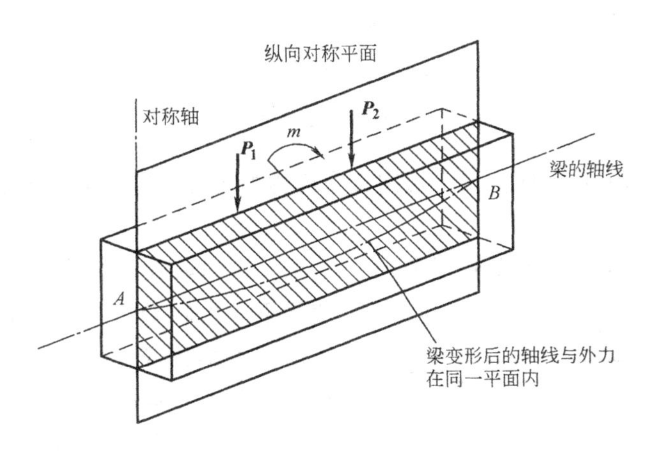

图 8-2

如前所述，这里研究的主要是等截面的梁，外力均作用在梁的纵向对称平面内。因此，在梁的计算简图中就用梁的轴线代表梁。全部支座反力可由平面力系的三个平衡方程求出，这种梁称为静定梁。工程中常见的单跨静定梁按支座情况可分为下列三种基本形式：

(1) 简支梁：梁的一端为固定铰支座，另一端为可动铰支座，计算简图为图 8-3（*a*)。

(2) 外伸梁：支座形式与简支梁相同，但一端或两端伸出支座的梁，计算简图为图 8-3（*b*)、(*c*)。

(3) 悬臂梁：一端为固定端，另一端为自由端的梁，计算简图为图 8-3（*d*)。

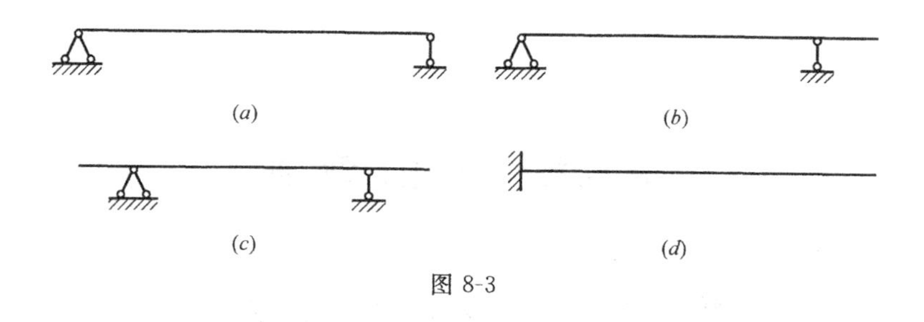

图 8-3

第二节 梁的内力

为了解决梁的强度和刚度问题，首先应确定梁在外力作用下任一横截面上的内力。当作用在梁上的全部外力（包括荷载和支座反力）均为已知时，用截面法根据这些已知的外力即可求出内力。

一、剪力与弯矩的概念

图 8-4（*a*）所示的受集中力 **P** 作用的简支梁为例，来分析梁横截面上的内力。设横截面 *m*-*m* 到左端支座 *A* 的距离为 *x*，由平衡条件求得支座 *A*、*B* 处的支座反力 $Y_A=\frac{Pb}{l}$，$Y_B=\frac{Pa}{l}$，指向均为上，然后用截面假想沿 *m*-*m* 处将梁截开为左、右两段。取左段梁为研究对象，见图 8-4（*b*）。由于梁是平衡的，截开后的每一段也应该是平衡的。从图 8-4（*b*）中可看到梁上有支座反力 Y_A 作用，要使左段梁上不发生移动，在横截面 *m*-*m* 上必定有一个作用线与 Y_A 平行而指向与 Y_A 相反的内力与之平衡。设此力为 *Q*，则有平衡方程

$$\sum Y=0 \quad Y_A-Q=0$$

可得
$$Q=Y_A=\frac{Pb}{l}$$

Q 称为剪力，它实际上是梁横截面上切向分布内力的合力。剪力 **Q** 的单位为牛顿（N）或千牛顿（kN）。

同时，Y_A 对 *m*-*m* 截面的形心 *O* 将有一个矩，会引起左段梁沿 *O* 点顺时针转动，为使梁不发生转动，在截面上必须有一个与上述力矩大小相等，方向相反的力偶矩与之平衡。设此内力偶矩为 *M*，则有平衡方程

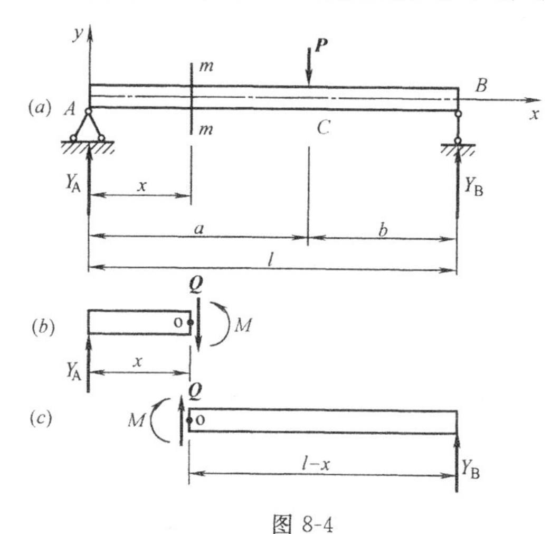

图 8-4

$$\sum M_O=0 \quad M-Y_A x=0$$

可得
$$M=Y_A\cdot x=\frac{Pb}{l}x$$

M 称为弯矩，它实际上是梁横截面上的法向分布内力合成的一个拉力和一个压力组成的一力偶，其矩就是弯矩。弯矩 *M* 的单位为牛顿·米（N·m）或千牛顿·米（kN·m）。

如果取右段梁为研究对象，图 8-4（*c*），同样可求得 **Q** 和 *M*。但 **Q** 的方向和 *M* 的转向

同左段梁上的 Q 和 M 正好相反。

二、剪力与弯矩的正负号规定

为了使图 8-4 的简支梁在取左段梁或右段梁作为研究对象求得的同一截面 m-m 上的剪力与弯矩在正负号上也能相同，在横截面 m-m 处，从梁上取出一微段 dx，对剪力 Q 与弯矩 M 的正负号规定如下：

（1）若剪力 Q 使微段顺时针转动，则截面上的剪力 Q 为正，如图 8-5（a）；反之为负（图 8-5b）。

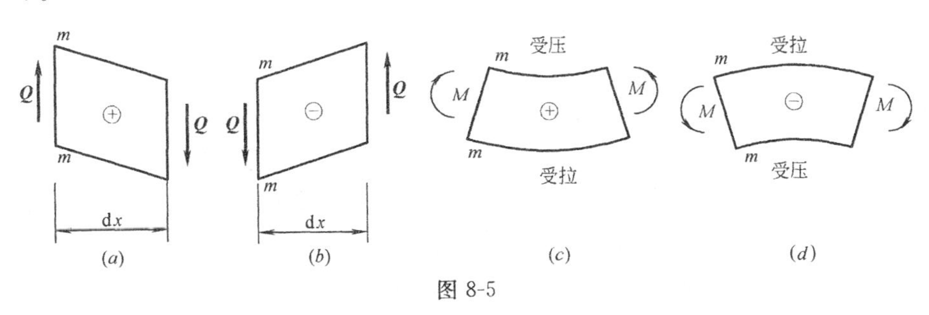

图 8-5

（2）若弯矩 M 使微段产生向下凸的变形，上部受压，下部受拉，则截面上的弯矩为正（图 8-5c）；反之为负（图 8-5d）。

按此规定，在图 8-4（b）、（c）所示的横截面 m-m 上的剪力与弯矩均为正号。下面举例说明用截面法求梁指定截面上的剪力和弯矩。

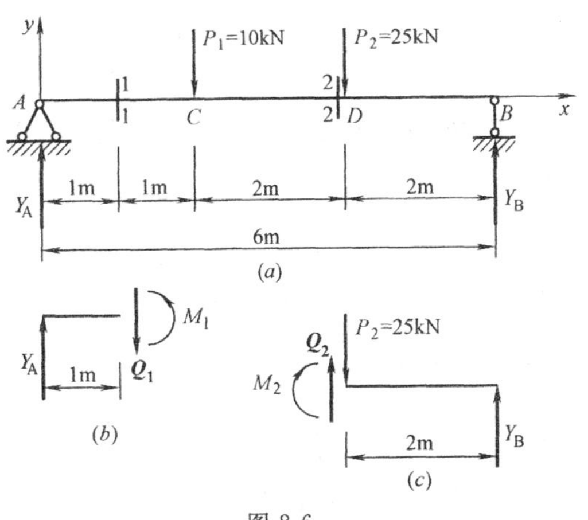

图 8-6

【例 8-1】 图 8-6（a）所示的简支梁，$P_1=10\text{kN}$，$P_2=25\text{kN}$。试求 1-1 截面和无限接近于 D 点的 2-2 截面上的剪力与弯矩。

【解】 （1）求支座反力。由梁的整体平衡条件

$$\sum M_B=0 \quad -Y_A\times6+P_1\times4+P_2\times2=0$$

得
$$Y_A=\frac{P_1\times4+P_2\times2}{6}=\frac{10\times4+25\times2}{6}=15\text{kN}\ (\uparrow)$$

$$\sum M_A=0 \quad Y_B\times6-P_1\times2-P_2\times4=0$$

得
$$Y_B=\frac{P_1\times2+P_2\times4}{6}=\frac{10\times2+25\times4}{6}=20\text{kN}\ (\uparrow)$$

校核
$$\sum Y=0$$

$$Y_A+Y_B-P_1-P_2=15+20-10-25=0$$

计算结果正确。

（2）求 1-1 截面的内力

取 1-1 截面以左梁段为研究对象，受力图如图 8-6（b）所示。由平衡方程

$$\sum Y=0 \quad Y_A-Q_1=0$$

得
$$Q_1=Y_A=15\text{kN}$$

$$\sum M_1=0 \quad -Y_A\times1+M_1=0$$

得
$$M_1=Y_A\times1=15\times1=15\text{kN}\cdot\text{m}$$

Q_1、M_1 均为正值，说明与假设方向相同，是正剪力、正弯矩。

（3）求 2-2 截面的内力

取 2-2 截面以右梁段为研究对象，受力图如图 8-6（*c*）所示。由平衡方程

$$\sum Y=0 \quad Y_B+Q_2-P_2=0$$

得
$$Q_2=P_2-Y_B=25-20=5\text{kN}$$

$$\sum M_2=0 \quad Y_B\times2-M_2=0$$

得
$$M_2=Y_B\times2=20\times2=40\text{kN}\cdot\text{m}$$

Q_2、M_2 均为正值，说明与假设方向相同，是正剪力、正弯矩。

【例 8-2】 如图 8-7（*a*）所示的悬臂梁。试求 1-1 截面的剪力与弯矩。

【解】 取 1-1 截面以左梁段为研究对象，受力图如图 8-7（*b*）所示。由平衡方程

$$\sum Y=0 \quad -P-q\times1-Q_1=0$$

得
$$Q_1=-P-q\times1=-10-6\times1=-16\text{kN}$$

$$\sum M_1=0 \quad P\times1+q\times1\times0.5+M_1=0$$

得
$$M_1=-P\times1-q\times1\times0.5=-10\times1-6\times1\times0.5=-13\text{kN}\cdot\text{m}$$

Q_1、M_1 均为负值，说明与假设方向相反，是负剪力、负弯矩。

【例 8-3】 如图 8-8（*a*）所示的外伸梁。试求 1-1、2-2 截面的剪力与弯矩。

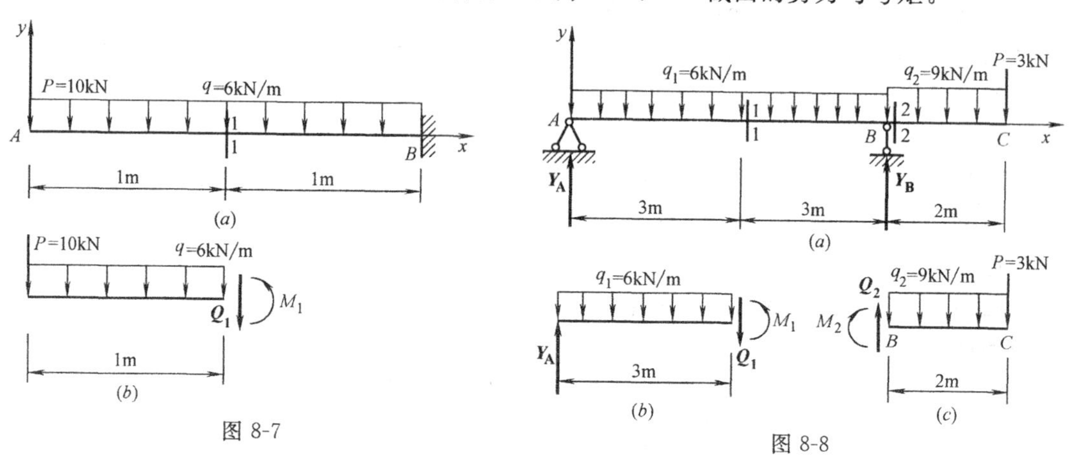

图 8-7

图 8-8

【解】 （1）求支座反力。由梁的整体平衡条件

$$\sum M_B=0 \quad -Y_A\times6+q_1\times6\times3-q_2\times2\times1-P\times2=0$$

得
$$Y_A=\frac{q_1\times6\times3-q_2\times2\times1-P\times2}{6}$$

$$=\frac{6\times6\times3-9\times2\times1-3\times2}{6}=14\text{kN}（\uparrow）$$

$$\sum M_A=0 \quad Y_B\times6-q_1\times6\times3-q_2\times2\times7-P\times8=0$$

得
$$Y_B=\frac{q_1\times6\times3+q_2\times2\times7+P\times2}{6}$$

$$=\frac{6\times6\times3+9\times2\times7+3\times8}{6}=43\text{kN}（\uparrow）$$

校核 $$\sum Y=0$$

$$Y_A+Y_B-6\times6-9\times2-3=14+43-36-18-3=0$$

计算结果正确。

(2) 求 1-1 截面的内力

取 1-1 截面以左梁段为研究对象，受力图如图 8-8 (*b*) 所示。由平衡方程

$$\sum Y=0 \quad Y_A-q_1\times3-Q_1=0$$

得 $$Q_1=Y_A-q_1\times3=14-6\times3=-4\text{kN}$$

$$\sum M_1=0 \quad -Y_A\times3+q_1\times3\times1.5+M_1=0$$

得 $$M_1=Y_A\times3-q_1\times3\times1.5=14\times3-6\times3\times1.5=15\text{kN}\cdot\text{m}$$

Q_1 为负值，说明与假设方向相反，是负剪力；M_1 为正值，说明与假设方向相同，是正弯矩。

(3) 求 2-2 截面的内力

取 2-2 截面以右梁段为研究对象，受力图如图 8-8 (*c*) 所示。由平衡方程

$$\sum Y=0 \quad -P-q_2\times2+Q_2=0$$

得 $$Q_2=P+q_2\times2=3+9\times2=21\text{kN}$$

$$\sum M_2=0 \quad -M_2-q_2\times2\times1-P\times2=0$$

得 $$M_2=-q_2\times2\times1-P\times2=-9\times2\times1-3\times2=-24\text{kN}\cdot\text{m}$$

Q_2 为正值，说明与假设方向相同，是正剪力；M_2 为负值，说明与假设方向相反，是负弯矩。

三、剪力与弯矩的计算步骤

由上述例题可知，用截面法求梁指定截面上的剪力和弯矩的计算步骤如下：

(1) 求出支座反力；

(2) 在欲求内力处用假想的截面将梁截为两段，任取一段为研究对象；

(3) 画出研究对象的受力图（截面内力假设为正号）；

(4) 列平衡方程，求出内力。

同时从上述例题可以看出，用截面法计算横截面上的内力时，截面上的剪力和弯矩与作用在梁上的外力之间存在着以下关系：

(1) 梁上任一截面的剪力，在数值上等于该截面一侧（左侧或右侧）所有外力沿截面方向投影的代数和；

(2) 梁上任一截面的弯矩，在数值上等于该截面一侧（左侧或右侧）所有外力对截面形心力矩的代数和。

第三节　梁的内力图

一、剪力方程和弯矩方程

由上节各例题可知，在一般情况下，梁横截面上的剪力和弯矩是随横截面位置而变化的。设横截面沿梁轴线的位置用坐标 x 表示，则梁的各个横截面上的剪力和弯矩可以表示为坐标 x 的函数，即

$$Q=Q(x) \tag{8-1a}$$

$$M=M(x) \tag{8-1b}$$

式（8-1a）、式（8-1b）分别称为剪力方程和弯矩方程。

二、剪力图和弯矩图

在计算梁的强度和刚度时，必须知道最大剪力、弯矩及其所在截面位置。为此，还需了解剪力和弯矩沿梁轴线变化的规律。

为表示剪力和弯矩在全梁范围内的变化规律，常取平行于梁轴线的横坐标为基线表示横截面位置，以垂直于梁轴线的剪力或弯矩为纵坐标，按一定比例画出的图形分别叫做剪力图和弯矩图。

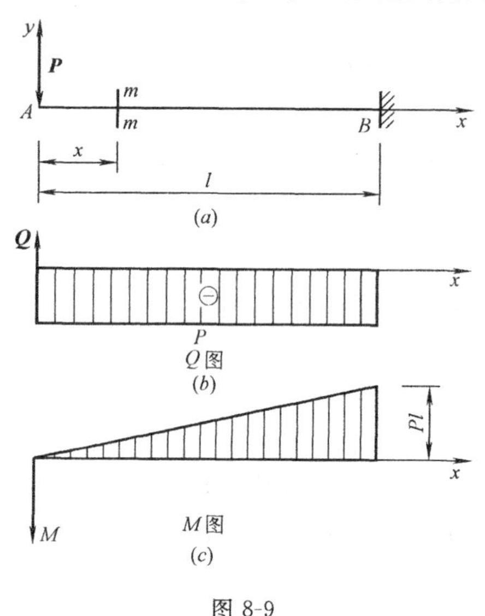

图 8-9

绘图时将正值的剪力画在基线的上侧，并标明正号；负值的剪力画在基线的下侧，并标明负号。正弯矩画在基线下侧，负弯矩画在基线上侧（即在土建工程中习惯将弯矩图画在梁受拉的一侧），不注正负号。

绘剪力图和弯矩图的最基本方法是：首先分别写出梁的剪力方程和弯矩方程，然后根据它们来作图，这也是数学中作函数 $y=f(x)$ 的图形所用的方法。下面通过例题说明剪力图和弯矩图的画法。

【例 8-4】 图 8-9（a）所示一悬臂梁，在自由端受集中荷载 $\boldsymbol{P}$ 的作用，试作出该梁的剪力图与弯矩图。

【解】 1. 列剪力方程与弯矩方程

如图 8-9（a）所示建立坐标体系。在距原点 A 为 x 处用一假象截面 m-m 将梁截开，取左段梁为研究对象，得到距原点 A 为 x 处截面的剪力方程和弯矩方程如下：

$$Q=Q(x)=-P \qquad (0\leqslant x\leqslant l) \tag{a}$$

$$M=M(x)=-Px \qquad (0\leqslant x\leqslant l) \tag{b}$$

2. 画剪力图与弯矩图

式（a）可知 $Q(x)$ 为常数，表明梁各横截面上的剪力均相同，其值为 $-P$，所以剪力图为一条平行于 x 轴的直线（图 8-9b），并标明负号。

式（b）可知 $M(x)$ 为 x 的一次函数，所以弯矩图为一倾斜直线，只要确定直线上的两个点，就可以画出此直线。

当 $x=0$ 时　$M_A=0$

$x=l$ 时　$M_B=-Pl$

由弯矩正负号规定，即可画出该梁的弯矩图（图 8-9c），不标注负号。

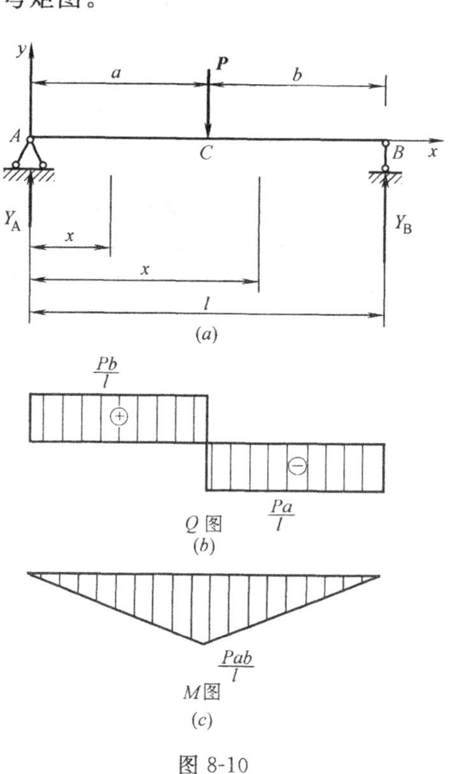

图 8-10

【例 8-5】 图 8-10（a）所示一简支梁，在 C 点处受集中荷载 $\boldsymbol{P}$ 的作用，试作出该梁的剪力图与弯矩图。

【解】 1. 求支座反力

由平衡方程　$\sum M_B=0$，可知 $Y_A=\dfrac{Pb}{l}$（↑）

$$\sum M_A=0,\ Y_B=\frac{Pa}{l}\ (\uparrow)$$

2. 列剪力方程与弯矩方程

如图 8-10（a）所示建立坐标体系。由于 C 截面处有集中力，使得 AC 段梁与 CB 段梁的内力方程不同，所以需分别列出。

AC 段

$$Q(x)=Y_A=\frac{Pb}{l}\qquad (0\leqslant x\leqslant a)\qquad (a)$$

$$M(x)=Y_A x=\frac{Pb}{l}x\qquad (0\leqslant x\leqslant a)\qquad (b)$$

CB 段

$$Q(x)=\frac{Pb}{l}-P=-\frac{P(l-b)}{l}=-\frac{Pa}{l}\qquad (a<x\leqslant l)\qquad (c)$$

$$M(x)=\frac{Pb}{l}x-P(x-a)=\frac{Pa}{l}(l-x)\qquad (a<x\leqslant l)\qquad (d)$$

3. 画剪力图和弯矩图

由式（a）可知 $Q(x)$ 为常数，表明 AC 段梁各横截面上的剪力均相同，其值为 $\dfrac{Pb}{l}$，所以剪力图为一条平行于 x 轴的直线。

由式（c）可知 $Q(x)$ 为常数，表明 CB 段梁各横截面上的剪力均相同，其值为 $-\dfrac{Pa}{l}$，所以剪力图为一条平行于 x 轴的直线。

按此画出的剪力图见图 8-10（b）。

由式（b）可知 $M(x)$ 为 x 的一次函数，所以弯矩图为一倾斜直线，只要确定直线上的两个点，就可以画出此直线。

当 $x=0$ 时　$M=0$

$x=a$ 时　$M=\dfrac{Pab}{l}$

由式（d）可知 $M(x)$ 为 x 的一次函数，所以弯矩图为一倾斜直线，只要确定直线上的两个点，就可以画出此直线。

当 $x=a$ 时　$M=\dfrac{Pab}{l}$

$x=l$ 时　　$M=0$

按此画出的弯矩图见图 8-10（c）。

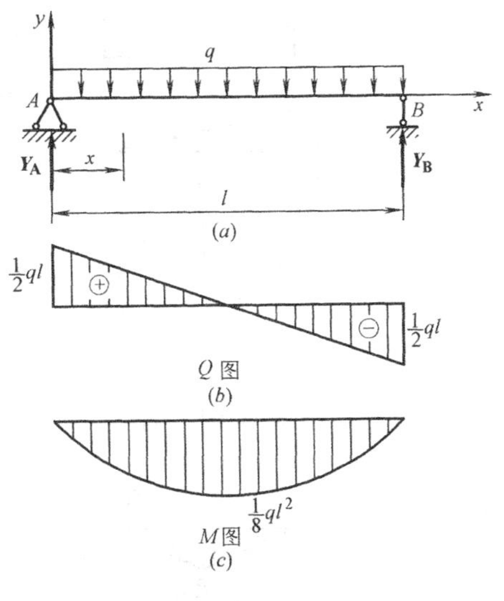

图 8-11

【例 8-6】 图 8-11（a）所示一简支梁，受均布荷载 q 的作用，试作出该梁的剪力图与弯矩图。

【解】 1. 求支座反力

由平衡方程　$\sum M_B=0$ 可知 $Y_A=\dfrac{ql}{2}$（↑）

$$\sum M_A=0,\ Y_B=\frac{ql}{2}\ (\uparrow)$$

2. 列剪力方程与弯矩方程

如图 8-11（a）所示建立坐标体系。取距左端（坐标原点 A 点所在处）为 x 的任意截面。此截面上梁的剪力和弯矩方程分别为

$$Q(x)=Y_A-qx=\frac{ql}{2}-qx \qquad (0<x<l) \qquad (a)$$

$$M(x)=Y_A x-qx\,\frac{x}{2}=\frac{qlx}{2}-\frac{qx^2}{2} \qquad (0\leqslant x\leqslant l) \qquad (b)$$

由式（a）得知剪力图为一倾斜直线，故可取两个控制点作该直线

$$x=0 \qquad Q_A=\frac{ql}{2}$$

$$x=1 \qquad Q_B=-\frac{ql}{2}$$

该梁的剪力图为 8-11（b）。

由式（b）得知弯矩图为一条二次抛物线，故至少取三个控制点作该抛物线

$$x=0 \qquad M_A=0$$

$$x=\frac{l}{2} \qquad M_{中}=\frac{ql^2}{8}$$

$$x=l \qquad M_B=0$$

该梁的弯矩图为图 8-11（c）。

根据内力方程式作图，是绘制内力图的基本方法。表 8-1 列出了简单梁在单一荷载作用下的内力图。

静定梁在单一荷载作用下的 Q、M 图　　　　**表 8-1**

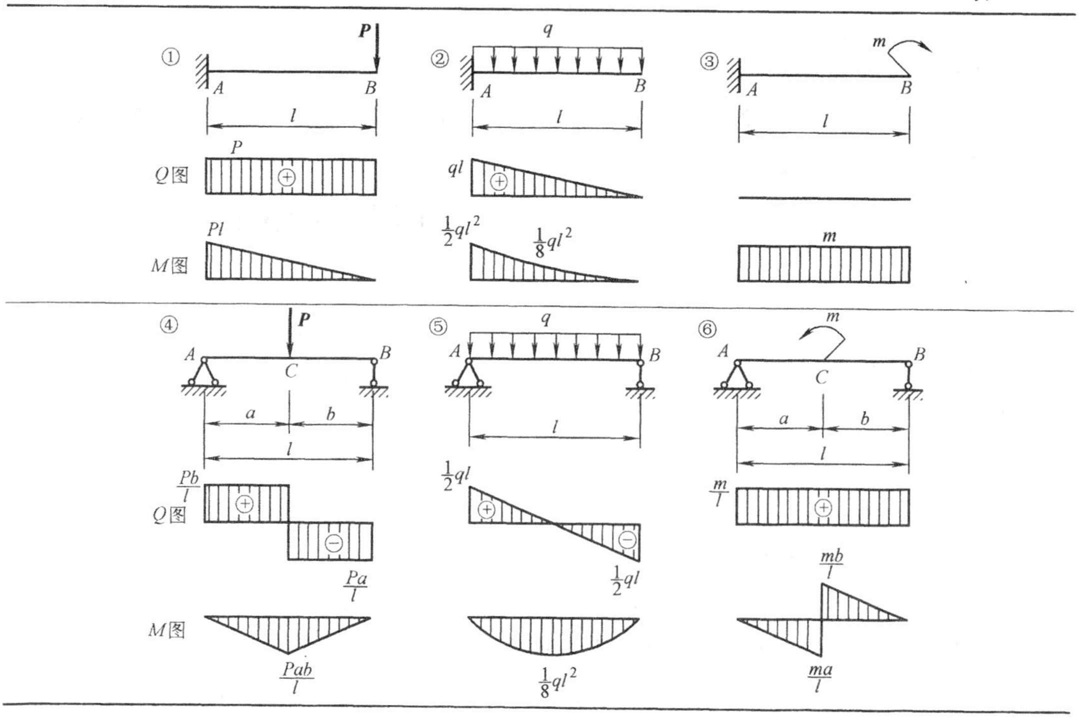

三、叠加法画弯矩图

结构在几个荷载共同作用下所引起的某一量值（支座反力、内力、应力、变形）等于各个荷载单独作用时所引起的该量值的代数和，这就是叠加原理。应用叠加原理的条件是所要计算的量值必须与荷载成线性关系。叠加原理在力学计算中应用很广。

当梁上有几项荷载同时作用时，利用叠加原理作弯矩图的方法是：先分别作出在各项荷载单独作用下梁的弯矩图，然后将其相应的纵坐标叠加，即得梁在这几项荷载共同作用下的弯矩图。举例说明如下：

【例 8-7】 试按叠加原理作图 8-12（a）所示悬臂梁的弯矩图。

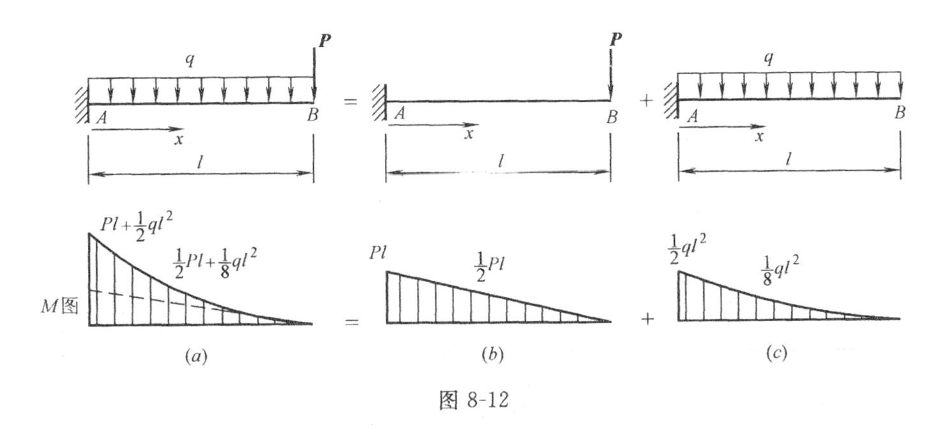

图 8-12

【解】 将荷载分成 $\boldsymbol{P}$ 和 q 单独作用两种情况，分别绘出在 $\boldsymbol{P}$ 和 q 单独作用下的弯矩图（图 8-12b 和 8-12c），然后将各个截面对应的纵坐标叠加。由于在 $\boldsymbol{P}$ 作用下弯矩图为一条直线，在 q 作用下弯矩图为一条二次抛物线，故叠加时取三个截面的对应截面弯矩相加。

$$x=0 \qquad M_{\mathrm{A}}=Pl+\frac{ql^2}{2}$$

$$x=\frac{l}{2} \qquad M_{\text{中}}=\frac{Pl}{2}+\frac{ql^2}{8}$$

$$x=l \qquad M_{\mathrm{B}}=0$$

按照上述三点的弯矩值即可作出在 $\boldsymbol{P}$ 和 q 两种荷载共同作用下的弯矩图（图 8-12a）。

【例 8-8】 试按叠加原理作图 8-13（a）所示简支梁的弯矩图。

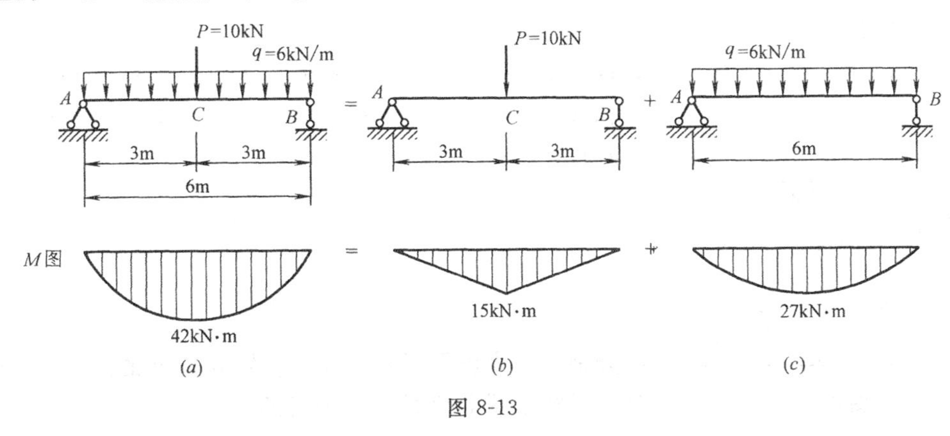

图 8-13

【解】 将荷载分成 **P** 和 q 单独作用两种情况，分别绘出在 **P** 和 q 单独作用下得弯矩图（图 8-13b 和 8-13c），然后将各个截面对应的纵坐标叠加。由于在 **P** 作用下弯矩图为一条折线，在 q 作用下弯矩图为一条二次抛物线，故叠加时取三个截面的对应截面弯矩相加。

在 A 截面处 $$M_A=0$$

跨中截面处 $$M_{中}=15+27=42\text{kN}\cdot\text{m}$$

在 B 截面处 $$M_B=0$$

按照上述三点的弯矩值即可作出在 **P** 和 q 两种荷载共同作用下的弯矩图（图 8-13a）。

【例 8-9】 试按叠加原理作图 8-14（a）所示外伸梁的弯矩图。

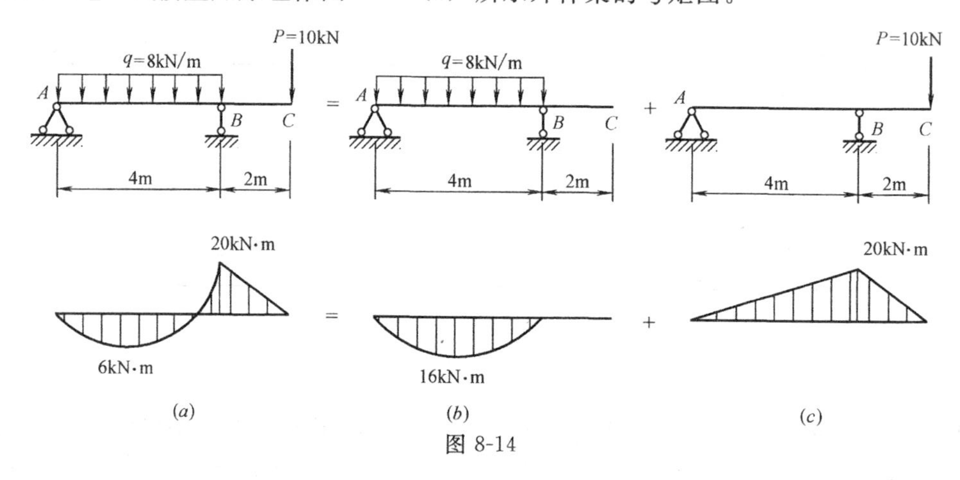

图 8-14

【解】 将荷载分成 **P** 和 q 单独作用两种情况，分别绘出在 **P** 和 q 单独作用下得弯矩图（图 8-14b 和 8-14c），然后将各个截面对应的纵坐标叠加，得到的弯矩图如图8-14（a）。

第四节 平面图形的几何性质

计算杆件在外力作用下的应力和应变时，常涉及到各种与图形形状和尺寸有关的几何量，如面积、形心坐标、静矩、惯性矩、极惯性矩等。这些几何量统称为平面图形的几何性质。本节主要介绍这些几何量的定义与计算方法。

一、静矩

如图 8-15 所示一任意平面图形，其面积为 A，在该图形内坐标为（x，y）处取一微面积 dA，则乘积 xdA 和 ydA 分别称为该微面积对 y 轴和 x 轴的静矩，以下两积分

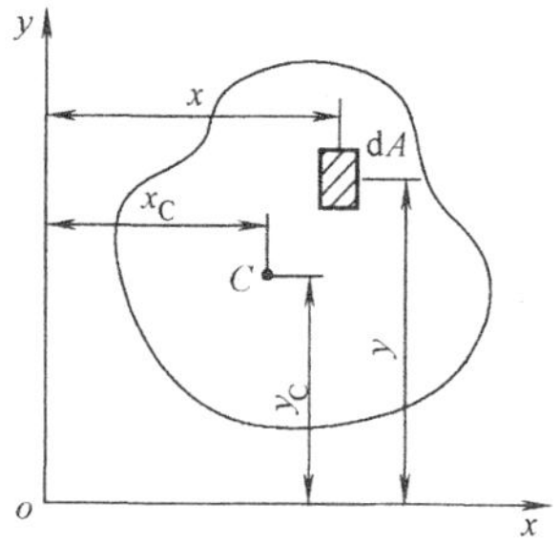

$$S_y=\int_A x\,dA$$
$$S_x=\int_A y\,dA \tag{8-2}$$

就分别定义为该平面图形对于 y 轴和 x 轴的静矩。上述积分是对整个图形的面积 A 进行的。

图 8-15

静矩又称为面积矩，平面图形的静矩不仅与图形面积有关，而且与坐标轴的位置有关。静矩是代数值，可正、可负、可为零，常用单位是立方米或立方毫米，分别用 m^3 或 mm^3 表示。

求匀质等厚度薄板的重心在 x、y 坐标系中的坐标公式为

$$x_C = \frac{\int_A x\,dA}{A} \tag{8-3a}$$

$$y_C = \frac{\int_A y\,dA}{A} \tag{8-3b}$$

而上述匀质薄板的重心与该薄板平面图形的形心是重合的，所以，上式也可用来计算平面图形或截面的形心坐标。由于 $S_y = \int_A x\,dA$，$S_x = \int_A y\,dA$。于是式（8-3a）、式（8-3b）可改写为

$$x_C = \frac{S_y}{A}，\ y_C = \frac{S_x}{A}$$

或

$$S_y = A x_C，\ S_x = A y_C$$

上式表明，平面图形对 y 轴和 x 轴的静矩分别等于图形面积 A 与形心坐标 x_C 或 y_C 的乘积。该式反映了静矩与形心的关系。由以上两式可见：

（1）截面对于某一轴的静矩若等于零，则该轴必通过截面的形心；

（2）截面对于通过其形心轴的静矩恒等于零。

一般来说，简单图形的面积和形心都容易求得，当截面是由若干简单图形组成时，从静矩定义可知，截面各组成部分对于某一轴的静矩之代数和，就等于该面积对于同一轴的静矩。因此，可按公式先计算出每一简单图形的静矩，然后求其代数和，即得整个截面的静矩。这可用下式表达

$$S_y = \sum_{i=1}^{n} A_i x_{Ci} \qquad S_x = \sum_{i=1}^{n} A_i y_{Ci}$$

若按公式求得的 $S_y = A x_C$ 和 $S_x = A y_C$ 代入上式，则得到计算组合截面形心坐标的公式如下

$$x_C = \frac{\sum_{i=1}^{n} A_i x_{Ci}}{A} \qquad y_C = \frac{\sum_{i=1}^{n} A_i y_{Ci}}{A}$$

下面举例说明用上述公式求截面的静矩。

【例 8-10】 如图 8-16 所示一矩形截面，试分别计算截面的上半部、下半部以及整个图形面积对形心轴 x_C 的静矩。

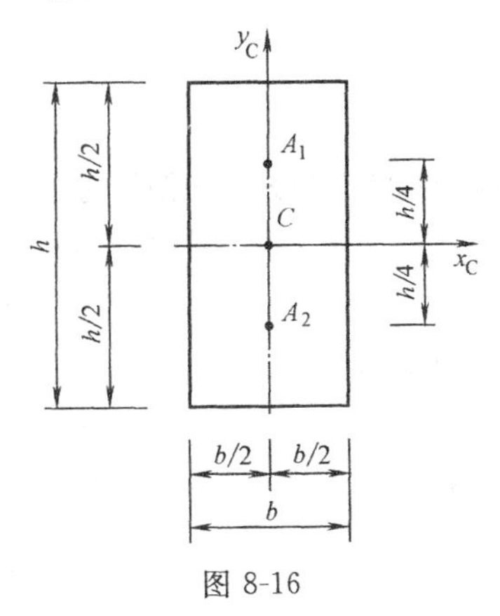

图 8-16

【解】 （1）形心轴 x_C 以上部分面积 $A_1 = \frac{bh}{2}$，形心坐标 $y_1 = \frac{h}{4}$，对 x_C 轴的静矩为

$$S_1 = A_1 y_1 = \frac{bh}{2} \times \frac{h}{4} = \frac{bh^2}{8}$$

（2）形心轴 x_C 以下部分面积 $A_2 = \frac{bh}{2}$，形心坐标 $y_2 = -\frac{h}{4}$，对 x_C 轴的静矩为

$$S_2 = A_2 y_2 = \frac{bh}{2} \times \left(-\frac{h}{4}\right) = -\frac{bh^2}{8}$$

（3）整个截面面积 $A=bh$，形心坐标 $y_C=0$，对 x_C 轴的静矩为

$$S_{xC} = A y_C = 0$$

也可以由上下两部分静矩之和计算，即

$$S_{xC} = S_1 + S_2 = \frac{bh^2}{8} - \frac{bh^2}{8} = 0$$

【例 8-11】 如图 8-17 所示一组合 T 形截面，试分别计算该截面对 y 轴和 x 轴的静矩和该截面的形心位置（图中尺寸单位为 mm）。

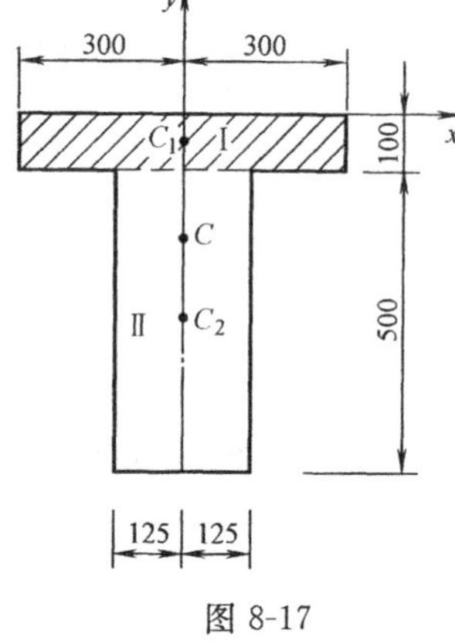

图 8-17

【解】 T 形截面由两个矩形组合而成，即由翼缘Ⅰ和腹板Ⅱ组成。

（1）计算 S_x、S_y

由图可知，图形对称于 y 轴，故 $S_y=0$

矩形Ⅰ　$A_1 = 600 \times 100 = 6 \times 10^4 \text{mm}^2$，$y_{C1} = -50\text{mm}$

矩形Ⅱ　$A_1 = 500 \times 250 = 12.5 \times 10^4 \text{mm}^2$，$y_{C2} = -350\text{mm}$

$$S_x = A_1 y_{C1} + A_2 y_{C2} = 6 \times 10^4 \times (-50) + 12.5 \times 10^4 \times (-350)$$
$$= -4675 \times 10^4 \text{mm}^3$$

（2）计算 x_C、y_C

由图可知，图形对称于 y 轴，故 $x_C=0$

$$y_C = \frac{S_x}{A} = \frac{-4675 \times 10^4}{6 \times 10^4 + 12.5 \times 10^4} = -253\text{mm}$$

二、惯性矩

（一）惯性矩的定义

如图 8-15 所示一任意平面图形，其面积为 A，在该图形内坐标为（x，y）处取一微面积 $\mathrm{d}A$，则乘积 $x^2\mathrm{d}A$ 和 $y^2\mathrm{d}A$ 分别称为该微面积对 y 轴和 x 轴的惯性矩，而以下两积分

$$I_y = \int_A x^2 \mathrm{d}A$$
$$I_x = \int_A y^2 \mathrm{d}A \tag{8-4}$$

就分别定义为该平面图形对于 y 轴和 x 轴的惯性矩。上述积分是对整个图形的面积 A 进行的。

平面图形的惯性矩是对某一轴而言的，对不同的轴线，其惯性矩是不同的，因为微面积 $\mathrm{d}A$ 和 x^2、y^2 都为正值，所以惯性矩恒为正值，且不会等于零。常用单位分别用 m^4 或 mm^4 表示。

平面图形对某一坐标轴的惯性矩除以该图形的面积 A，再开平方，称为平面图形对该轴的惯性半径或回转半径，即

$$i_x = \sqrt{\frac{I_x}{A}} \qquad i_y = \sqrt{\frac{I_y}{A}}$$

或写成

$$I_x = i_x^2 A \qquad I_y = i_y^2 A$$

其中 i_x 和 i_y 分别称为截面对于 x 轴和 y 轴的惯性半径或回转半径。常用单位为米或毫米，

分别用 m 或 mm 表示。常见简单图形和各种型钢的惯性矩、惯性半径可从有关手册中直接查出。如宽为 b，高为 h 的矩形截面对于形心轴 x_C、y_C 的惯性矩为 $I_{xc}=\frac{bh^3}{12}$，$I_{yc}=\frac{hb^3}{12}$。

（二）平行移轴公式

如前所述，平面图形的惯性矩是对某一轴而言的，对不同的轴线，其惯性矩是不同的，但它们之间却存在着一定的关系。如图 8-18 所示一任意截面图形，x_C 和 y_C 轴通过该任意截面的形心，它们称为形心轴，而 x 轴与 x_C 轴平行，两轴相距为 a，y 轴与 y_C 轴平行，两轴相距为 b。

根据惯性矩的定义

$$I_x=\int_A y^2\mathrm{d}A=\int_A(y_C+a)^2\mathrm{d}A$$

$$=\int_A y_C^2\mathrm{d}A+2a\int_A y_C\mathrm{d}A+a^2\int_A\mathrm{d}A$$

根据惯性矩和静矩的定义，上式右端的各项积分分别为

$$\int_A y_C^2\mathrm{d}A=I_{xc},\int_A y_C\mathrm{d}A=Ay_C,\int_A\mathrm{d}A=A$$

但因 y_C 轴通过截面形心 C，由静矩的性质可知，$Ay_C=0$，于是上式可写为

$$I_x=I_{xc}+a^2A$$

同理

$$I_y=I_{yc}+b^2A$$

此式为平行移轴公式，它表明平面图形对某轴的惯性矩，等于图形对与该轴平行的形心轴的惯性矩，再加上两轴距离的平方与图形面积的乘积。

【例 8-12】 如图 8-19 所示，试求该矩形截面对 x、y 轴的惯性矩。

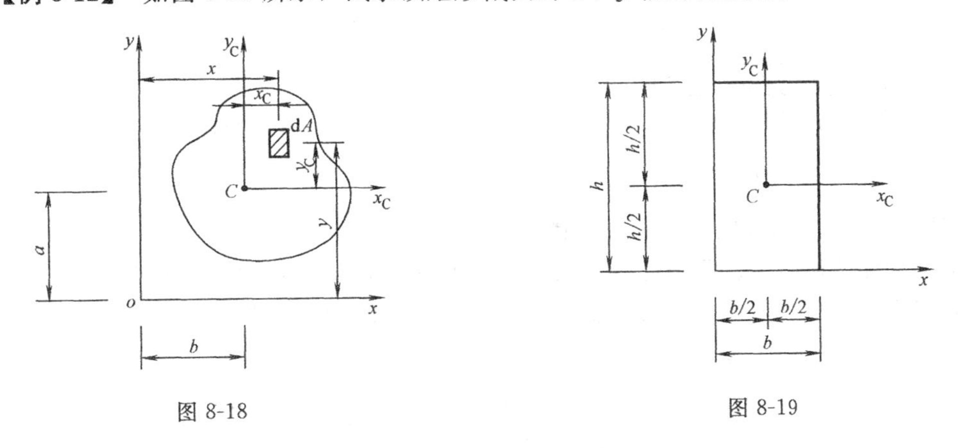

图 8-18　　　　图 8-19

【解】 矩形截面对于其形心轴 x_C、y_C 的惯性矩为

$$I_{xc}=\frac{bh^3}{12},\ I_{yc}=\frac{hb^3}{12}$$

由平行移轴公式可知，该截面对于 x、y 轴的惯性矩为

$$I_x=I_{xc}+a^2A=\frac{bh^3}{12}+\left(\frac{h}{2}\right)^2\cdot bh=\frac{bh^3}{3}$$

$$I_y=I_{yc}+b^2A=\frac{hb^3}{12}+\left(\frac{b}{2}\right)^2\cdot bh=\frac{hb^3}{3}$$

（三）组合截面的惯性矩

在工程实践中经常遇到组合截面，根据惯性矩的定义可知，组合截面对某轴的惯性矩等于各简单图形对同一轴惯性矩之和。

即
$$I_x=\sum_{i=1}^{n} I_{xi}\ ,\ I_y=\sum_{i=1}^{n} I_{yi}$$

【例 8-13】 计算如图 8-20 所示工字形截面图形对形心轴 y、x 的惯性矩 I_y 和 I_x（图中尺寸单位为 mm）。

【解】 整个工字形截面图形可分为由Ⅰ、Ⅱ、Ⅲ三部分矩形图形组成。对于 y 轴，三部分图形的各自形心与组合截面图形的形心重合；对于 x 轴，Ⅰ、Ⅲ两部分面积相等，图形的形心与组合截面形心轴 x 的距离均为 a_1，而Ⅱ部分图形的形心与组合截面图形的形心重合。应用平行移轴公式可得到

$$I_y=2I_{y1}+I_{y2}=2\times\frac{10\times200^3}{12}+\frac{200\times10^3}{12}=1335\times10^4\,\text{mm}^4$$

$$I_x=2\times(I_{x1}+a_1^2A_1)+I_{x2}=2\times\left(\frac{200\times10^3}{12}+105^2\times200\times10\right)+\frac{10\times200^3}{12}$$
$$=5080\times10^4\,\text{mm}^4$$

【例 8-14】 计算图 8-21 所示 T 形截面图形的形心轴 x 的位置并求对形心轴 y 和 x 轴的惯性矩（图中尺寸单位为 mm）。

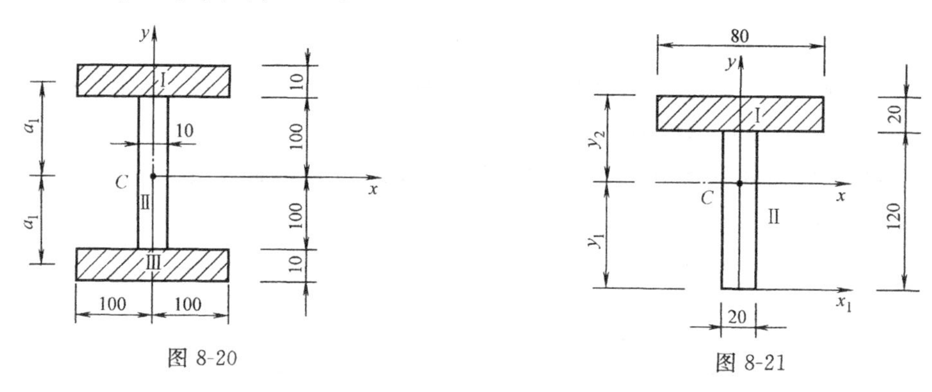

图 8-20　　图 8-21

【解】 1. 确定截面图形的形心位置

T 形截面图形由Ⅰ、Ⅱ两部分组成。该截面图形对 y 轴对称，为了确定形心轴 x 的位置，建立一个与 x 轴平行的参考坐标轴 x_1，如图 8-21 所示。则

$$y_1=\frac{\sum_{i=1}^{2}A_iy_i}{A}=\frac{80\times20\times130+20\times120\times60}{80\times20+20\times120}=88\text{mm}$$

$$y_2=140-88=52\text{mm}$$

2. 计算 I_y、I_x

$$I_y=I_{y1}+I_{y2}=\frac{20\times80^3}{12}+\frac{120\times20^3}{12}=93.3\times10^4\,\text{mm}^4$$

$$I_{x1}=I_{xc1}+a_1^2A_1=\frac{80\times20^3}{12}+(52-10)^2\times80\times20=287.6\times10^4\,\text{mm}^4$$

$$I_{x2}=I_{xc2}+a_2^2A_2=\frac{20\times120^3}{12}+(88-60)^2\times20\times120=476.2\times10^4\,\text{mm}^4$$

$$I_x = I_{x1} + I_{x2} = 287.6\times10^4 + 476.2\times10^4 = 763.8\times10^4\,\text{mm}^4$$

三、极惯性矩

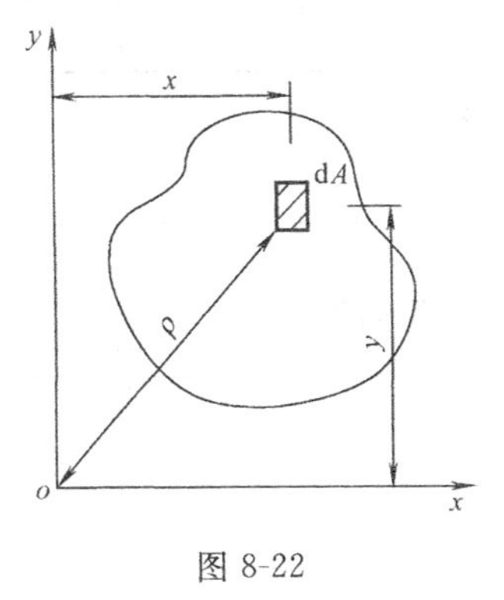

图 8-22

如图 8-22 所示一任意平面图形，其面积为 A，在该图形内坐标（x，y）处取一微面积 $\mathrm{d}A$，设该微面积到坐标原点的距离为 ρ，则乘积 $\rho^2\mathrm{d}A$ 称为该微面积对坐标原点的极惯性矩，而以下积分

$$I_\rho = \int_A \rho^2 \mathrm{d}A \tag{8-5a}$$

就定义为该平面图形对于坐标原点的极惯性矩。上述积分是对整个图形的面积 A 进行的。

由于 $\rho^2 = x^2 + y^2$，代入式（8-5a）后得

$$I_\rho = \int_A \rho^2 \mathrm{d}A = \int_A y^2 \mathrm{d}A + \int_A x^2 \mathrm{d}A = I_x + I_y \tag{8-5b}$$

上式表明，平面图形对其所在平面内任一点的极惯性矩 I_ρ 等于此图形对过此点的任一对正交坐标轴 x、y 轴的惯性矩之和。

极惯性矩是代数值，恒为正，常用单位分别用 m^4 或 mm^4 表示。

四、惯性积

如图 8-15 所示一任意平面图形，其面积为 A，在该图形内坐标为（x，y）处取一微面积 $\mathrm{d}A$，则乘积 $xy\mathrm{d}A$ 称为该微面积对 x、y 轴的惯性积，而以下积分

$$I_{xy} = \int_A xy\,\mathrm{d}A \tag{8-6}$$

就定义为该平面图形对于 x、y 轴的惯性积。上述积分是对整个图形的面积 A 进行的。

惯性积是代数值，可正、可负、可为零，常用单位分别用 m^4 或 mm^4 表示。

五、主惯性矩

由惯性积的定义 $I_{xy} = \int_A xy\mathrm{d}A$ 可知，其值可正、可负、可为零，当这两个坐标轴 x、y 轴同时绕坐标原点 O 点转动某一角度时（图 8-15），I_{xy} 在正值和负值之间变化，当截面图形对两个新正交坐标轴 x_0、y_0 惯性积为零时，这一对轴就称为主惯性轴，截面对于主惯性轴的惯性矩即为主惯性矩，即 I_{x0} 和 I_{y0}。当这一对主惯性轴的交点与截面的形心重合时，它们就称为形心主惯性轴。截面对于这一对轴的惯性矩即称为形心主惯性矩，即 I_{xc0} 和 I_{yc0}。可以证明平面图形对形心各轴的惯性矩中，形心主惯性矩 I_{xc0} 和 I_{yc0} 分别是最大值和最小值。在计算梁的强度、刚度等问题时，必须确定形心主惯性轴的位置和求出形心主惯性矩的数值。

第五节　梁的正应力及强度计算

一、梁弯曲时横截面上的正应力

如图 8-23（a）所示为一矩形截面简支梁 AB，受两个对称集中力 $\boldsymbol{P}$ 的作用，该梁的剪力图和弯矩图分别如图 8-23（b）、（c）所示。从内力图上可以看到 CD 段内各横截面上剪力为零，弯矩为常数（$M=Pa$），所以横截面上没有剪应力而只有正应力，这种弯曲称

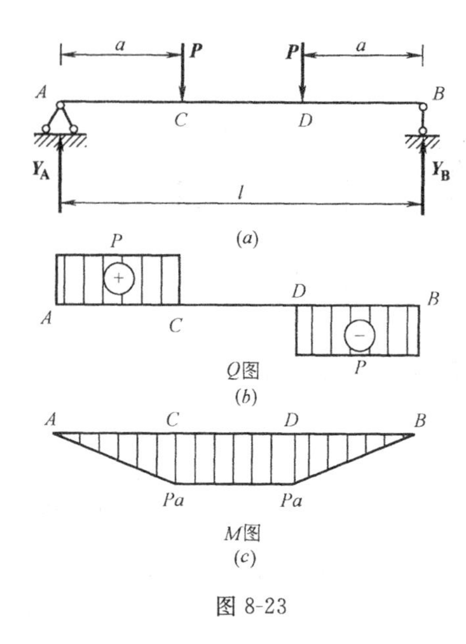

图 8-23

为纯弯曲；而 AC、DB 段内有弯矩和剪力同时作用，横截面上既有正应力，又有剪应力，这种弯曲称为横力弯曲或剪切弯曲。

现取纯弯段 CD 部分来分析梁横截面上与弯矩对应的正应力。

（一）几何变形方面

为观察梁的变形情况，在梁变形之前，首先在梁的侧表面画一些与梁轴线 O_1O_2 平行的纵向线 ab、cd 及垂直梁轴线的横向线 mm、nn，如图 8-24（a）。在外力偶 M 的作用下，梁发生了弯曲，如图 8-24（b）。通过观察，在梁变形后从侧面看去，两条纵向线 ab、cd 已弯成弧线，而两条横向线 mm、nn 则仍为直线，并在相对旋转了一个角度后与两条弧线 ab、cd 仍保持正交。且靠近梁底面的纵线 cd 伸长了，而靠近梁顶面的纵线 ab 缩短了。根据上述变形的现象，可作出如下假设：梁在受力弯曲后，其原来的横截面仍为平面，只是绕横截面上的某个轴旋转了一个角度，且仍垂直于梁变形后的轴线。这就是梁在平面弯曲时的平面假设。

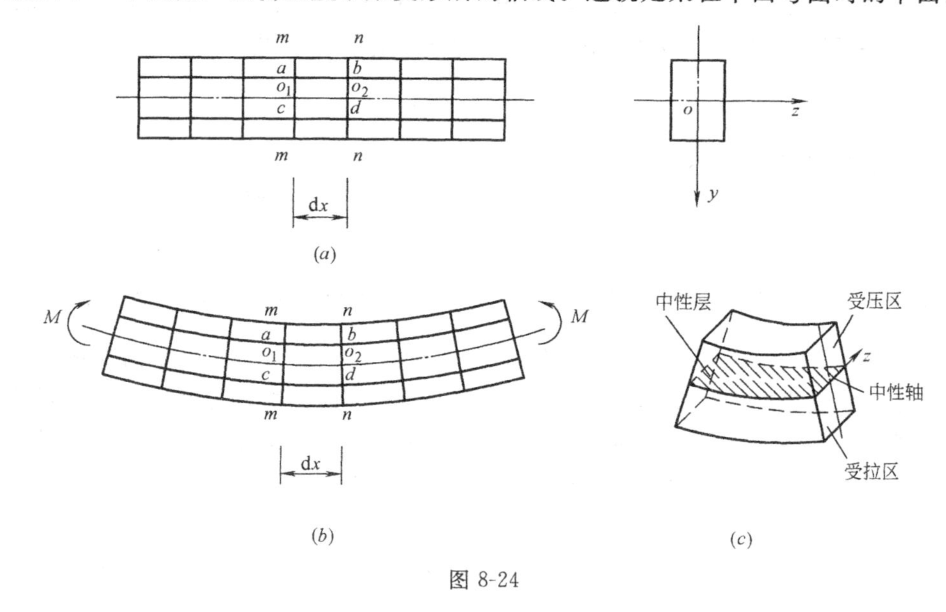

图 8-24

若设想梁由纵向纤维所组成，根据图 8-24（b）可知，梁变形后上部纵向纤维缩短，下部纵向纤维伸长。由于变形的连续性，中间必有一层纵向纤维既不伸长也不缩短。此层纤维称为中性层。中性层与横截面的交线称为中性轴。如图 8-24（c）。

从梁变形后沿纵向取出一微段 dx，可以推导出纵向纤维的线应变为

$$\varepsilon=\frac{y}{\rho} \tag{8-7a}$$

式中　y——梁横截面上某层纵向纤维到中性轴的距离；

ρ——中性层上的纤维在弯曲成曲线后的曲率半径。

（二）物理方面

前面已经假设梁是由纵向纤维组成，且受单向拉伸和压缩，在弹性范围内，根据虎克定理

$$\sigma=E\varepsilon$$

将 $\varepsilon=\frac{y}{\rho}$ 代入后得

$$\sigma=E\frac{y}{\rho} \tag{8-7b}$$

这就是横截面上正应力变化规律的表达式。

其中 E 为材料的弹性模量。由此式可知，横截面上任一点处的正应力与该点到中性轴的距离成正比，而在距中性轴为 y 的同一横线上各点处的正应力相等。在中性轴上，各点的正应力为零，距中性轴最远处的点正应力最大，如图 8-25 所示。

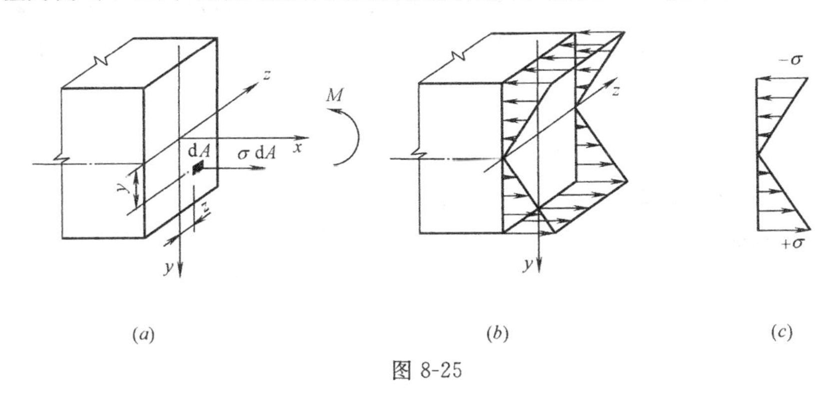

图 8-25

（三）静力平衡方面

如图 8-25（a）所示，在横截面上取一微面积 dA，其上法向微内力为 σdA。在纯弯曲情况下，截面上只有绕 z 轴的弯矩，而无轴向力。因此

$$N=\int_A\sigma dA=0 \tag{8-7c}$$

$$M_y=\int_A z\cdot\sigma dA=0 \tag{8-7d}$$

$$M_z=\int_A y\cdot\sigma dA=M \tag{8-7e}$$

由式（8-7b）代入式（8-7c）得 $\frac{E}{\rho}\int_A y dA=0$ （8-7f）

由于梁弯曲时 $\frac{E}{\rho}$ 不为零，故 $\int_A y dA=0$，而 $\int_A y dA=Ay_c=S_x$，即横截面对中性轴的静矩为零。

由式（8-7b）代入式（8-7e）得

$$M=\int_A y\cdot\sigma dA=\frac{E}{\rho}\int_A y^2 dA=\frac{E}{\rho}I_z \tag{8-7g}$$

式中 $I_z=\int_A y^2 dA$ 即为横截面对中性轴 z 的惯性矩。将式（8-7g）改写为

$$\frac{1}{\rho}=\frac{M}{EI_z} \tag{8-7h}$$

将式（8-7h）代入式（8-7b）得

$$\sigma=E\frac{y}{\rho}=\frac{M}{EI_z}E\cdot y=\frac{M}{I_z}y$$

上式即为梁在纯弯曲时横截面上任一点的正应力计算公式。此式表明：横截面上任一点处的正应力 σ 与截面上的弯矩 M 和该点到中性轴的距离 y 成正比，与截面对中性轴的惯性矩 I_z 成反比。

当梁上有横向力作用时，一般说来，横截面上既有正应力又有剪应力。这是在弯曲问题中常见的情况。此时，由于剪应力的存在，将影响平面假设的正确性和截面上正应力的分布。但按弹性理论的方法进行分析得到的结果证明，在均布荷载作用下的矩形截面简支梁，其跨长与截面高度之比 l/h 大于 5 时，横截面上的最大正应力按照公式计算，其误差很小。故可推广到工程上常用的梁在横力弯曲时的正应力计算。

【例 8-15】 如图 8-26（a）所示，矩形截面简支梁，梁的跨度为 $l=6\text{m}$，截面尺寸为 $b\times h=200\text{mm}\times500\text{mm}$，承受均布荷载 $q=50\text{kN/m}$ 作用。试计算跨中截面上 a、b、c 三点处的正应力。

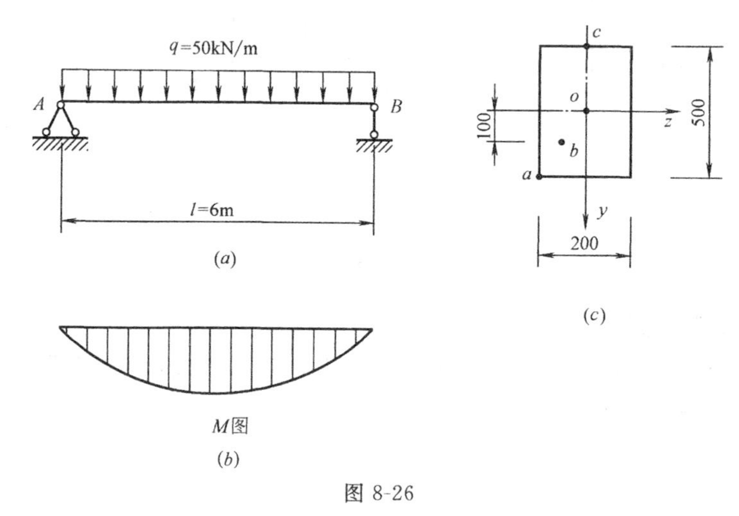

图 8-26

【解】 1. 求跨中弯矩（弯矩图如图 8-26（b）所示）

$$M=\frac{1}{8}ql^2=\frac{1}{8}\times50\times6^2=225\text{kN}\cdot\text{m}$$

2. 计算横截面上各点处的应力

$$I_z=\frac{bh^3}{12}=\frac{200\times500^3}{12}=20.8\times10^8\text{mm}^4$$

a、b、c 三点距中性轴的距离分别为

$$y_a=250\text{mm},\quad y_b=100\text{mm},\quad y_c=-250\text{mm}$$

由正应力计算公式 $\sigma=\dfrac{M}{I_z}y$ 得到

$$\sigma_a=\frac{M}{I_z}y_a=\frac{225\times10^6}{20.8\times10^8}\times250=27\text{MPa}\text{（拉应力）}$$

$$\sigma_b=\frac{M}{I_z}y_b=\frac{225\times10^6}{20.8\times10^8}\times100=10.8\text{MPa}\text{（拉应力）}$$

$$\sigma_c=\frac{M}{I_z}y_c=\frac{225\times10^6}{20.8\times10^8}\times(-250)=-27\text{MPa}\text{（压应力）}$$

二、梁的弯曲正应力强度计算

（一）最大正应力

对于横力弯曲下的等直梁，在弯矩为最大的横截面上距中性轴最远点处有最大正应力，这是梁的危险截面上的危险点。危险点处的最大正应力为

$$\sigma_{max}=\frac{M_{max}}{I_z}y_{max}=\frac{M_{max}}{W_z}$$

式中 $W_z=\frac{I_z}{y_{max}}$，称为抗弯截面系数。它是衡量梁抗弯强度的一个几何量，常用单位为立方米（m^3）或立方毫米（mm^3）。对于常见的截面宽度为 b、高度为 h 矩形截面 $W_z=\frac{bh^2}{6}$，对于直径为 D 的圆形截面 $W_z=\frac{\pi D^3}{32}$，至于型钢截面的抗弯截面系数，其具体数值则可从型钢规格表中查到。

（二）梁弯曲时的强度条件

要保证梁在强度方面正常地工作，就必须使梁内最大正应力不得超过材料的许用应力，所以梁在弯曲时的正应力强度条件为

$$\sigma_{max}=\frac{M_{max}}{W_z}\leqslant[\sigma]$$

式中 $[\sigma]$ 为材料的许用应力。

应用梁的抗弯强度条件，可对梁进行以下三个方面的强度计算：

（1）强度校核　已知梁的截面尺寸、材料及荷载，进行梁的强度校核。

即
$$\sigma_{max}=\frac{M_{max}}{W_z}\leqslant[\sigma]$$

（2）设计截面尺寸　已知梁的材料及荷载，选择合适的截面尺寸。

即
$$W_z\geqslant\frac{M_{max}}{[\sigma]}$$

在求出 W_z 后，可根据截面形状确定截面尺寸。对于型钢截面，可由 W_z 直接查表确定型钢的规格。

（3）确定许可荷载　已知梁的材料及截面尺寸，计算该梁所能承受的荷载大小。

即
$$M_{max}\leqslant W_z[\sigma]$$

在求出许用最大弯矩 M_{max} 后，可根据荷载与弯矩的关系计算出许用荷载。

下面分别举例说明梁的抗弯强度条件的三种应用：

【例 8-16】 如图 8-27（a）所示矩形截面简支梁，梁的跨度为 $l=4m$，截面尺寸为 $b\times h=120mm\times200mm$，承受均布荷载 $q=10kN/m$ 作用，许用应力为 $[\sigma]=30MPa$。试验算该梁的强度。

【解】 （1）求梁的最大弯矩 M_{max}

梁的弯矩图如图 8-27（b），最大弯矩 M_{max} 发生在跨中截面

$$M_{max}=\frac{1}{8}ql^2=\frac{1}{8}\times10\times4^2=20kN\cdot m$$

（2）复核梁的强度

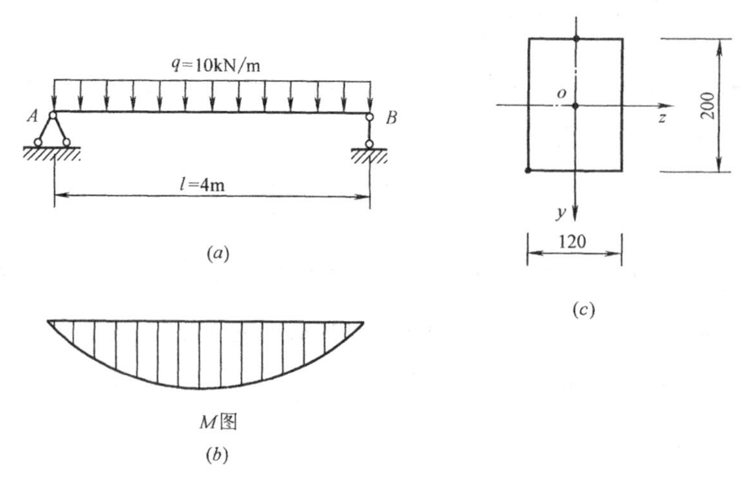

图 8-27

矩形截面的抗弯截面系数 $W_z=\dfrac{bh^2}{6}=\dfrac{120\times200^2}{6}=8\times10^5\text{mm}^3$

$$\sigma_{\max}=\frac{M_{\max}}{W_z}=\frac{20\times10^6}{8\times10^5}=25\text{MPa}<[\sigma]=30\text{MPa}$$

梁强度满足要求。

【例 8-17】 如图 8-28（a）所示悬臂梁，长 $l=2$m，承受均布荷载 $q=30$kN/m，在悬臂端同时作用集中荷载 $P=20$kN。

（1）若采用矩形截面，且 $b/h=1/3$，许用应力 $[\sigma]=20$MPa，试求梁的截面尺寸 b 和 h；

（2）若采用普通工字形型钢截面，许用应力 $[\sigma]=160$MPa，试确定型钢规格。

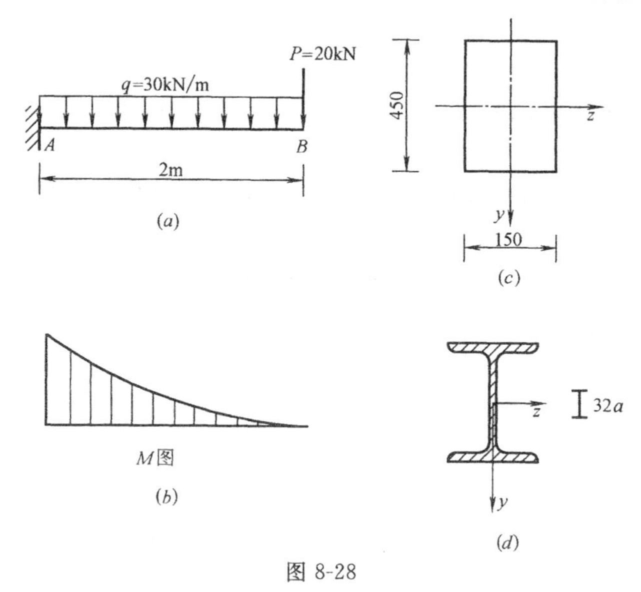

图 8-28

【解】 （1）求梁的最大弯矩 $M_{\max}$

梁的弯矩图如图 8-28（b），最大弯矩 $M_{\max}$发生在支座截面

$$M_{max}=\frac{1}{2}ql^2+Pl=\frac{1}{2}\times30\times2^2+20\times2=100\text{kN}\cdot\text{m}$$

(2) 确定矩形截面的尺寸

$$W_z\geqslant\frac{M_{max}}{[\sigma]}=\frac{100\times6^6}{20}=5\times10^6\text{mm}^3$$

根据题意，$b/h=1/3$，故 $W_z=\frac{bh^2}{6}=\frac{h^3}{18}$

$$h\geqslant\sqrt[3]{18\times5\times10^6}=448\text{mm}，取\ h=450\text{mm}$$

则 $b=150$mm

故该梁的截面尺寸为 $b\times h=150\text{mm}\times450\text{mm}$，如图 8-28（$c$）所示。

(3) 确定工字形型钢截面规格

$$W_z\geqslant\frac{M_{max}}{[\sigma]}=\frac{100\times10^6}{160}=0.625\times10^6\text{mm}^3=625\text{cm}^3$$

查工字形型钢截面规格表（表 8-2）：选用 I 32a，$W_z=692.2\text{cm}^3$，满足要求。如图 8-28（d）所示。

【例 8-18】 如图 8-29（a）所示简支梁，截面为工字形型钢截面，规格为 I 20a，梁的跨度为 $l=6$m，在跨中作用一集中荷载 $\boldsymbol{P}$。许用应力为 $[\sigma]=160$MPa，在不计梁自重的情况下，试求许用荷载 $[P]$。

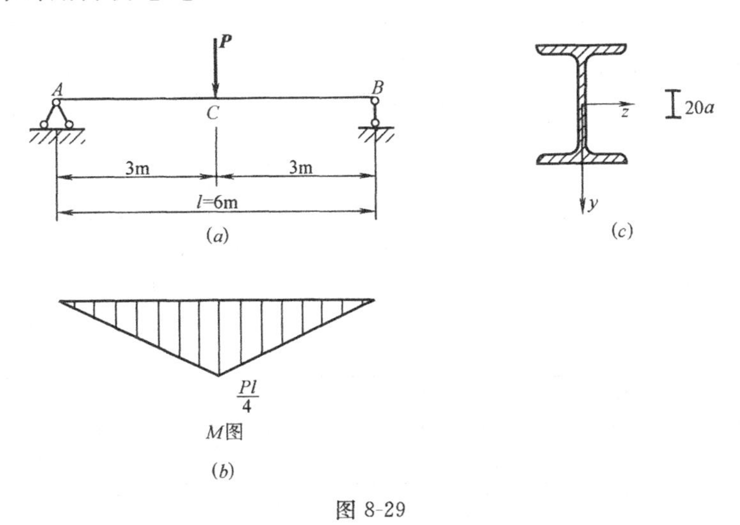

图 8-29

【解】 梁的弯矩图如图 8-29（b），最大弯矩 M_{max}发生在跨中截面

$$M_{max}=\frac{1}{4}Pl$$

由型钢表查得工字形型钢的抗弯截面系数 $W_z=237\text{cm}^3$

根据梁的强度条件 $M_{max}\leqslant W_z[\sigma]$

得 $$\frac{Pl}{4}\leqslant237\times10^3\times160=37.92\times10^6\text{N}\cdot\text{m}=37.92\text{kN}\cdot\text{m}$$

故最大的许用荷载 P 为

$$P\leqslant\frac{37.92\times4}{6}=25.28\text{kN}。$$

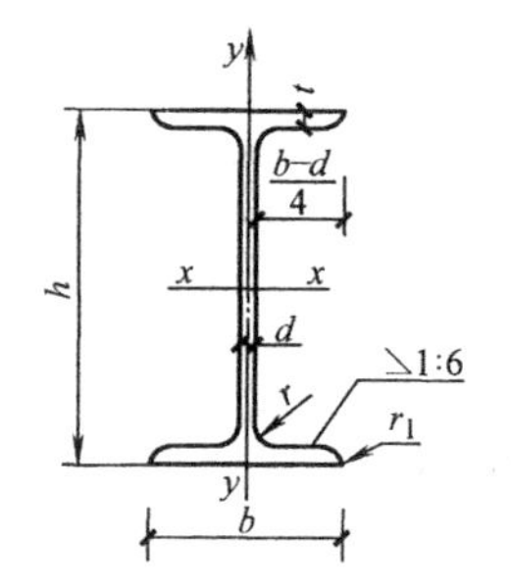

符号意义：

h——高度
b——腿宽度
d——腰厚度
t——平均腿厚度
r——内圆弧半径
r_1——腿端圆弧半径
I——惯性矩
W——截面系数
i——惯性半径
S——半截面的静矩

型号	尺寸 /mm						截面面积 /cm²	理论质量 /(kg/m)	参考数值						
									x—x				y—y		
	h	b	d	t	r	r_1			I_x /cm⁴	W_x /cm³	i_x /cm	$I_x:S_x$ /cm	I_y /cm⁴	W_y /cm³	i_y /cm
10	100	68	4.5	7.6	6.5	3.3	14.3	11.2	245	49	4.14	8.59	33	9.72	1.52
12.6	126	74	5	8.4	7	3.5	18.1	14.2	488.43	77.529	5.195	10.85	46.906	12.677	1.609
14	140	80	5.5	9.1	7.5	3.8	21.5	16.9	712	102	5.76	12	64.4	16.1	1.73
16	160	88	6	9.9	8	4	26.1	20.5	1130	141	6.58	13.8	93.1	21.2	1.89
18	180	94	6.5	10.7	8.5	4.3	30.6	24.1	1660	185	7.36	15.4	122	26	2
20a	220	110	7.5	12.3	9.5	4.8	42	33	3400	309	8.99	18.9	225	40.9	2.31
20b	220	112	9.5	12.3	9.5	4.8	46.4	36.4	3570	325	8.78	18.7	239	42.7	2.27
25a	250	116	8	13	10	5	48.5	38.1	5023.54	401.88	10.18	21.58	280.046	48.283	2.403
25b	250	118	10	13	10	5	53.5	42	5283.96	422.72	9.938	21.27	309.297	52.423	2.404
28a	280	122	8.5	13.7	10.5	5.3	55.45	43.4	7114.14	508.15	11.32	24.62	345.051	56.565	2.495
28b	280	124	10.5	13.7	10.5	5.3	61.05	47.9	7480	534.29	11.08	24.24	379.496	61.209	2.404
32a	320	130	9.5	15	11.5	5.8	67.05	52.7	11075.5	692.2	12.84	27.46	459.93	70.758	2.619
32b	320	132	11.5	15	11.5	5.8	73.45	57.7	11621.4	726.33	12.58	27.09	501.53	75.989	2.614
32c	320	134	13.5	15	11.5	5.8	79.95	62.8	12167.5	760.47	12.34	26.77	543.81	81.166	2.608
36a	360	136	10	15.8	12	6	76.3	59.9	15760	875	14.4	30.7	552	81.2	2.69
36b	360	138	12	15.8	12	6	83.5	65.6	16530	919	14.1	30.3	582	84.3	2.64
36c	360	140	14	15.8	12	6	90.7	71.2	17310	962	13.8	29.9	612	87.4	2.6
40a	400	142	10.5	16.5	12.5	6.3	86.1	67.6	21720	1090	15.9	34.1	660	93.2	2.77
40b	400	144	12.5	16.5	12.5	6.3	94.1	73.8	22780	1140	15.6	33.6	692	96.2	2.71
40c	400	146	14.5	16.5	12.5	6.3	102	80.1	23850	1190	15.2	33.2	727	99.6	2.65
45a	450	150	11.5	18	13.5	6.8	102	80.4	32240	1430	17.7	38.6	855	114	2.89
45b	450	152	13.5	18	13.5	6.8	111	87.4	33760	1500	17.4	38	894	118	2.84
45c	450	154	15.5	18	13.5	6.8	120	94.5	35280	1570	17.1	37.6	938	122	2.79
50a	500	158	12	20	14	7	119	93.6	46470	1860	19.7	42.8	1120	142	3.07
50b	500	160	14	20	14	7	129	101	48560	1940	19.4	42.4	1170	146	3.01
50c	500	162	16	20	14	7	139	109	50640	2080	19	41.8	1220	151	2.96
56a	560	166	12.5	21	14.5	7.3	135.25	106.2	65585.6	2342.31	22.02	47.73	1370.16	165.08	3.182
56b	560	168	14.5	21	14.5	7.3	146.45	115	68512.5	2446.69	21.63	47.17	1486.75	174.25	3.162
56c	560	170	16.5	21	14.5	7.3	157.85	123.9	71439.4	2551.41	21.27	46.66	1558.39	183.34	3.158
63a	630	176	13	22	15	7.5	154.9	121.6	93916.2	2981.47	24.62	54.17	1700.55	193.24	3.314
63b	630	178	15	22	15	7.5	167.5	131.5	98083.6	3163.38	24.2	53.51	1812.07	203.6	3.289
63c	630	180	17	22	15	7.5	180.1	141	102251.1	3298.42	23.82	52.92	1924.91	213.88	3.268

三、提高梁抗弯强度的措施

梁的最优设计目标是既要保证梁有足够的强度，又要使梁的材料得到充分的利用。尽量做到节省材料、减轻自重，达到既安全又经济的要求。

工程中绝大多数的梁，梁的强度由正应力控制。从正应力强度条件 $\sigma_{\max}=\frac{M_{\max}}{W_z}\leqslant[\sigma]$ 可知，梁横截面上的最大正应力 $\sigma_{\max}$ 与危险截面的 $M_{\max}$ 成正比，与抗弯截面系数 W_z 成反比。所以，提高梁的抗弯强度，主要从提高 W_z 和降低 $M_{\max}$ 两方面着手。为此，工程中通常采取以下措施：

（一）选择合理的截面形状

1. 选择抗弯截面系数和截面面积比值较大的截面形状

由正应力强度条件 $\sigma_{\max}=\frac{M_{\max}}{W_z}\leqslant[\sigma]$ 可知，梁横截面上的最大正应力 $\sigma_{\max}$ 与抗弯截面系数 W_z 成反比。因此，所采用横截面的形状，应该是使其抗弯截面系数 W_z 与其面积 A 之比尽可能地大。也就是说在截面面积相同的情况下，应使截面有较大的抗弯截面系数。由于在一般截面中，W_z 与其高度的平方、宽度成正比，所以，应尽可能地使横截面面积分布在距中性轴较远的地方，以满足上述要求。如图 8-30（a）所示的矩形截面，可将其中性轴附近的材料移至梁的上下两个边缘，成为工字形截面（图 8-30c），则这部分材料就能较好地发挥作用了。所以在工程中常采用工字形、T 形、圆环形、箱形等截面形状。同样为 $b\times h$ 的矩形截面（$h>b$），把 h 作为高度竖向放置时（图 8-30a）把 b 作为高度竖向放置时（图 8-30b）更合理，因为当 $h>b$ 时，当把 h 作为高度竖向放置时把 b 作为高度竖向放置时截面的抗弯截面系数 W_z 大$\left(\frac{bh^2}{6}>\frac{hb^2}{6}\right)$。

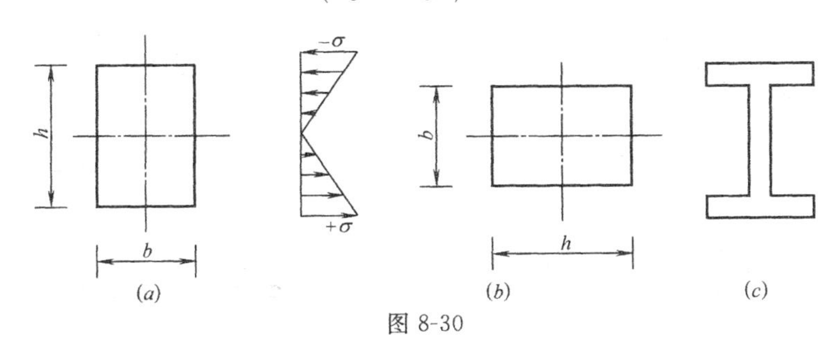

图 8-30

2. 选择使最大拉、压应力同时达到其许用应力的截面形状

选择合理的截面形状时，应考虑材料的性质，应使截面上下边缘的最大正应力均达到材料的许用应力。因此，对于抗拉和抗压强度相等的塑性材料（如建筑钢材），应采用对称于中性轴的截面形状比较合理；而对于抗拉强度比抗压强度小得多的脆性材料（如铸铁），宜作成 T 形截面，并将其翼缘部分置于受拉侧，如图 8-31 所示。

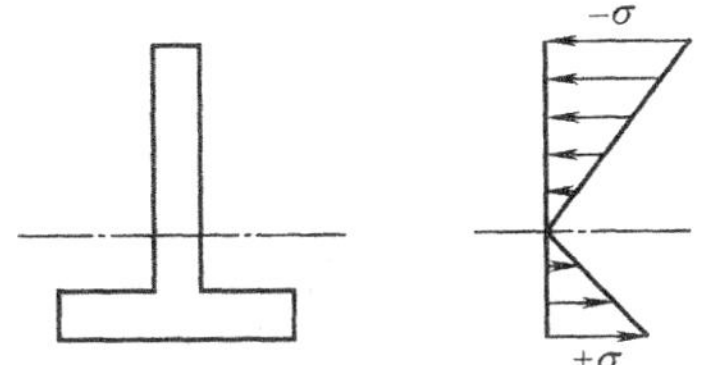

图 8-31

（二）采用合理的结构形式

1. 采用变截面梁

一般情况下，在梁弯曲时，横截面上的弯矩沿梁全长是不同的。对于等截面梁，若按

危险截面的最大弯矩来设计梁的截面时，则非危险截面上的最大正应力小于危险截面上的最大正应力。显然，这些非危险截面上的材料强度没有得到充分利用。为了节省材料，减轻构件自重，从强度考虑，可根据各横截面上的弯矩确定截面尺寸，即梁的截面尺寸随截面位置的变化而变化，这样的梁就称为变截面梁，从而使每个截面的最大应力均等于或略小于材料的许用应力。因此，工程上所用的悬臂梁、鱼腹式梁等都是典型的变截面梁。如图 8-32（a）、（b）。

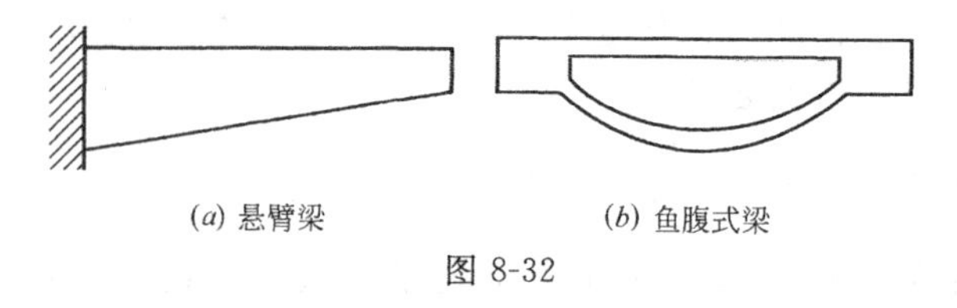

图 8-32

2. 调整支座位置、改变支座形式、增加支座和合理配置荷载以降低弯矩最大值

从正应力强度条件 $\sigma_{max}=\dfrac{M_{max}}{W_z}\leqslant[\sigma]$ 可知，梁横截面上的最大正应力 σ_{max} 与危险截面的 M_{max} 成正比。因此，若条件许可，适当调整支座位置，可以减小梁的最大弯矩值，从而提高梁的抗弯强度。如图 8-33（a）所示跨度为 l、承受均布荷载为 q 的简支梁，其最大弯矩 $M_{max}=\dfrac{1}{8}ql^2$。若将两端支座各向里移 $0.2l$，成为两端外伸的简支梁（图 8-33b），则最大弯矩减小为 $M_{max}=\dfrac{1}{40}ql^2$。若将梁的两端支座变成固定端支座（图 8-33$c$），成为超静定结构，则最大弯矩减小为 $M_{max}=\dfrac{1}{12}ql^2$。若在该梁的跨中增加一个支座（图 8-33$d$），也成为超静定结构，则最大弯矩减小为 $M_{max}=\dfrac{1}{32}ql^2$。所以工程上的结构多采用超静定结构。

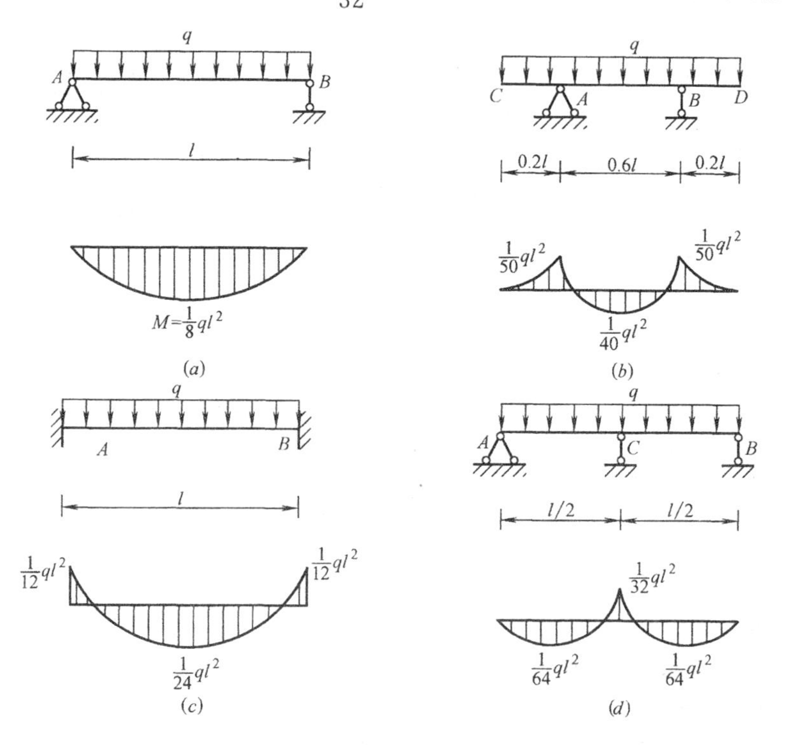

图 8-33

其次，若条件许可，合理布置荷载也可以减小梁的最大弯矩值 M_{max}。如图 8-34（a）所示跨度为 l、在跨中作用一集中荷载为 $\boldsymbol{P}$ 的简支梁，其最大弯矩 $M_{max}=0.25Pl$。若将集中力转化为集度为 $q=P/l$ 的均布荷载（图 8-34b），则最大弯矩为 $M_{max}=0.125Pl$，也比原来的弯矩小一半。

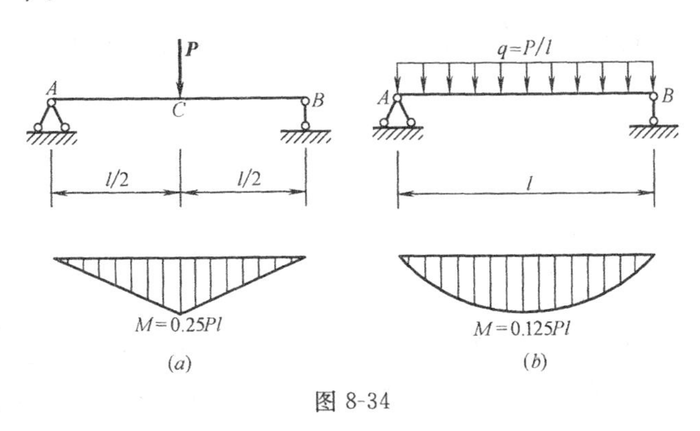

图 8-34

第六节　梁的剪应力及强度计算

一、梁横截面上的剪应力

梁在横力弯曲的情况下，除了纯弯曲段外，梁的横截面上既有弯矩又有剪力，相应地横截面上既有正应力又有剪应力。剪应力在横截面上的分布情况比较复杂，本节简单介绍几种在平面弯曲时等直梁横截面上的剪应力分布规律及其最大剪应力的计算公式。

（一）矩形截面梁

在建立横截面上的剪应力计算公式时，假设①在横截面上距中性轴等远的各点处的剪应力相等；②截面上各点处的剪应力方向均与剪力方向平行。可以证明，对于狭长矩形截面，剪应力沿截面宽度的变化不可能大，故假设①是合理的；又因梁的侧面上无剪应力，故由剪应力互等定理可知梁横截面上各点处的剪应力方向与剪力方向平行，且剪力 $\boldsymbol{Q}$ 为梁横截面上各点剪应力的总和，故假设②也是合理的。对于矩形截面，如图 8-35 所示，根据上述假设，再利用静力平衡条件便可得到如下剪应力计算公式：

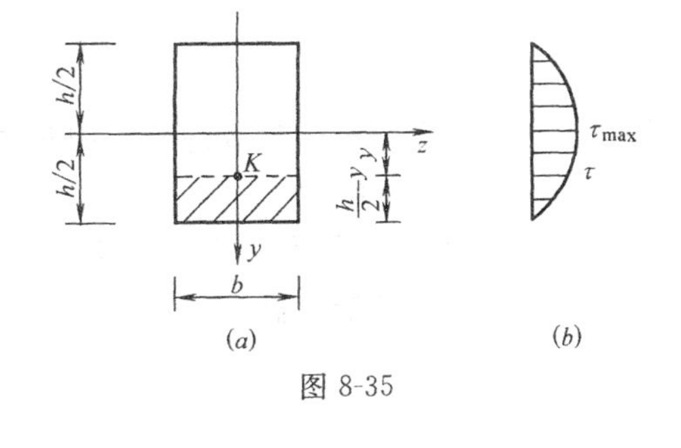

图 8-35

$$\tau=\frac{QS}{I_z b} \tag{8-8a}$$

式中　Q——横截面上的剪力；

I_z——横截面对中性轴的惯性矩；

b——横截面在所求剪应力处的宽度；

S——所求剪应力处到截面边缘部分的面积 A^*（图中阴影部分）对中性轴的静矩。

如图 8-35（a）所示，设横截面上任一点 K 距中性轴为 y，则 $S=\frac{b}{2}\left(\frac{h^2}{4}-y^2\right)$，而 $I_z=$

$\frac{bh^3}{12}$，代入上式（8-8a）可得横截面上任一点 K 的剪应力计算公式为 $\tau=\frac{6Q}{bh^3}\left(\frac{h^2}{4}-y^2\right)$。这是一个二次抛物线方程式，所以矩形截面上的剪应力沿截面高度按二次抛物线规律变化，如图 8-35（b）所示。

在梁顶、梁底处各点 $y=\pm\frac{h}{2}$，剪应力 $\tau=0$；在中性轴上 $y=0$，S 为最大，故最大剪应力为

$$\tau_{\max}=\frac{3}{2}\frac{Q}{bh}=\frac{3}{2}\frac{Q}{A}=1.5\frac{Q}{A}$$

式中　$\frac{Q}{A}$是横截面上的平均剪应力，该式说明最大剪应力为平均剪应力的 1.5 倍。

（二）工字形截面梁

如图 8-36（a）所示，工字形截面梁由上、下翼缘和中间的腹板组成。剪力主要由腹板承受，所以只需计算腹板中的剪应力。腹板是个狭长的矩形，其剪应力的计算公式为

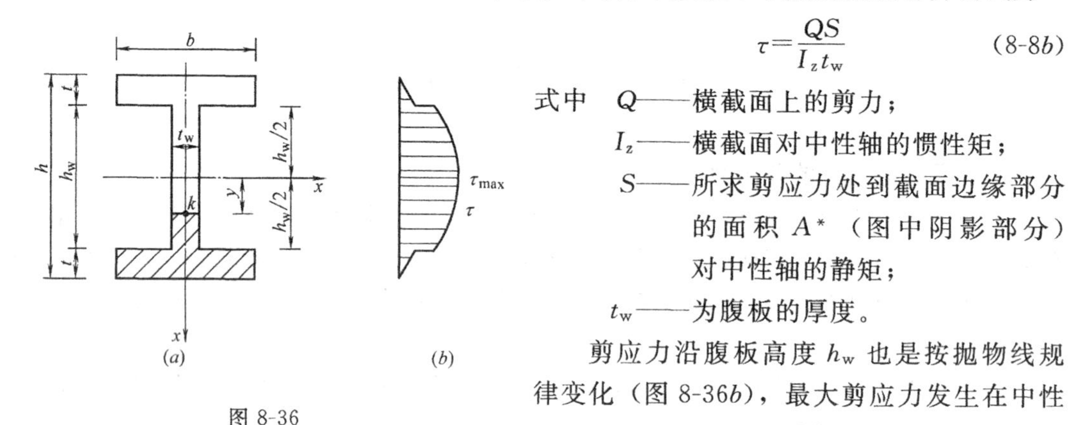

图 8-36

$$\tau=\frac{QS}{I_z t_w} \tag{8-8b}$$

式中　Q——横截面上的剪力；

I_z——横截面对中性轴的惯性矩；

S——所求剪应力处到截面边缘部分的面积 A^*（图中阴影部分）对中性轴的静矩；

t_w——为腹板的厚度。

剪应力沿腹板高度 h_w 也是按抛物线规律变化（图 8-36b），最大剪应力发生在中性轴处，其值为 $\tau_{\max}=\frac{QS_{\max}}{I_z t_w}$，式中 $S_{\max}$ 为中性轴以上或以下部分（包括翼缘）面积对中性轴的静矩。

（三）圆形截面梁

如图 8-37 所示直径为 D 的圆截面，在中性轴上各点的剪应力大小相等，方向与剪力 Q 所在平面平行，其最大值为

$$\tau_{\max}=\frac{4}{3}\frac{Q}{A} \tag{8-8c}$$

式中　$A=\frac{\pi D^2}{4}$为圆截面的面积。上式表明，圆截面梁在横截面上的最大剪应力等于平均剪应力的 4/3 倍。

（四）薄壁圆环形截面梁

图 8-38 为薄壁环形截面梁，环壁厚度 t 远小于环的平均半径 R_0，其横截面上的剪应力方向与圆环相切，且剪应力的大小沿壁厚均匀分布。最大剪应力在中性轴上，其值为平均剪应力的 2 倍，即

$$\tau_{\max}=2\frac{Q}{A} \tag{8-8d}$$

式中　$A=2\pi R_0 t$，为圆环截面的面积。

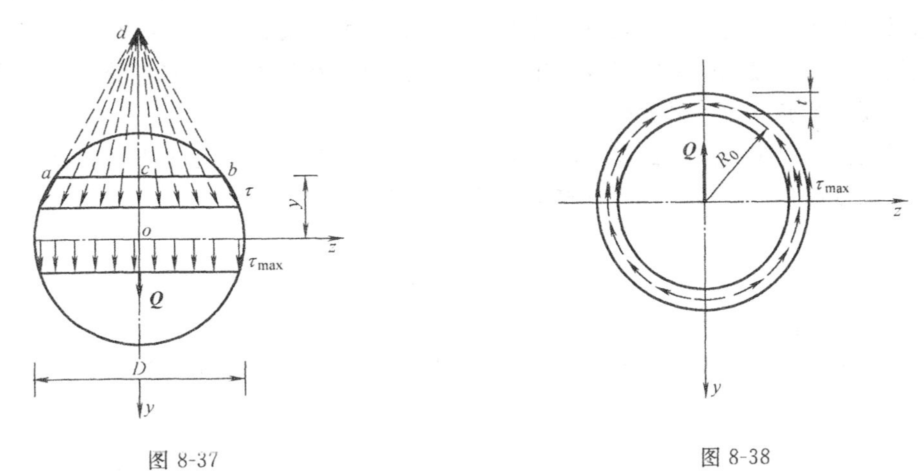

图 8-37　　图 8-38

【例 8-19】 如图 8-39（a）所示一简支梁，试求最大剪力所在截面上 a、o 点处的剪应力（图中尺寸单位为 mm）。

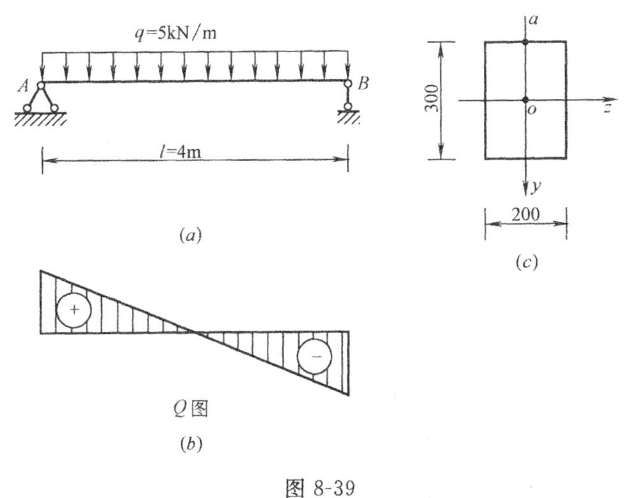

图 8-39

【解】 该梁的剪力图为图 8-39（b），从剪力图中可知，最大剪力在支座 A 和 B 附近的截面上，其值为

$$Q_{\max}=\frac{ql}{2}=\frac{1}{2}\times5\times4=10\text{kN}$$

该截面的惯性矩为

$$I_z=\frac{bh^3}{12}=\frac{200\times300^3}{12}=4.5\times10^8\text{mm}^4$$

$$a\text{ 点：}S_a=0$$

故
$$\tau_a=\frac{Q_{\max}S_a}{I_z b}=0$$

中性轴上 o 点：$S_o=Ay_c=200\times150\times75=2.25\times10^6\text{mm}^3$

故
$$\tau_o=\frac{Q_{\max}S_o}{I_z b}=\frac{10\times10^3\times2.25\times10^6}{4.5\times10^8\times200}=0.25\text{N/mm}^2=0.25\text{MPa}$$

二、剪应力强度计算

通常情况下，弯曲正应力是进行梁的强度计算的主要依据。只有在某些情况下，如梁的跨度较小，或有较大的集中荷载作用于支座附近时，往往在靠近支座处梁可能被剪断，这时就需要进行剪应力的强度校核。

从以上的叙述中可知，截面上的最大剪应力一般都发生在中性轴上，就整个梁而言，剪力最大的截面是危险截面，所以整个梁的最大剪应力为

$$\tau_{max}=\frac{Q_{max}S_{max}}{I_z b}$$

式中　Q_{max}——最大剪力。

为保证梁的安全工作，最大剪应力不应超过材料的许用剪应力，故梁的剪应力强度条件为

$$\tau_{max}=\frac{Q_{max}S_{max}}{I_z b}\leqslant[\tau]$$

【例 8-20】 如图 8-40（a）所示矩形截面简支梁，跨度 $l=6$m，承受均布荷载 $q=20$kN/m，集中荷载 $P=10$kN，材料的许用应力 $[\sigma]=20$MPa，$[\tau]=10$MPa，试校核该梁的强度。

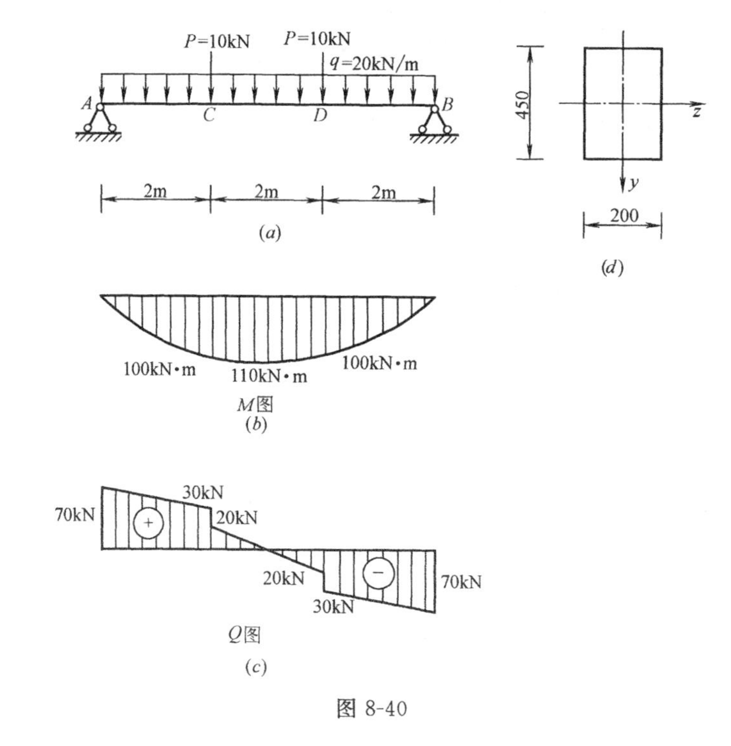

图 8-40

【解】（1）求梁的最大弯矩 M_{max} 和最大剪力 Q_{max}

梁的弯矩图与剪力图分别如图 8-40（b）、（c）所示

$$M_{max}=\frac{1}{8}ql^2+P\times2=\frac{1}{8}\times20\times6^2+10\times2=110\text{kN}\cdot\text{m}$$

$$Q_{max}=\frac{1}{2}ql+P=\frac{1}{2}\times20\times6+10=70\text{kN}$$

（2）校核梁的抗弯强度

矩形截面的抗弯截面系数 $W_z=\frac{bh^2}{6}=\frac{200\times450^2}{6}=6.75\times10^6\,\text{mm}^3$

$$\sigma_{\max}=\frac{M_{\max}}{W_z}=\frac{110\times10^6}{6.75\times10^6}=16.30\text{MPa}<[\sigma]=20\text{MPa}$$

梁抗弯强度满足要求。

（3）校核梁的抗剪强度

$$S_{\max}=200\times225\times112.5=5062500\text{mm}^3$$

$$I_z=\frac{bh^3}{12}=\frac{200\times450^3}{12}=1518750000\text{mm}^4$$

$$\tau_{\max}=\frac{Q_{\max}S_{\max}}{I_z b}=\frac{70\times10^3\times5062500}{1518750000\times200}=1.17\text{MPa}<[\tau]=10\text{MPa}$$

梁抗剪强度满足要求。

∴ 梁的强度满足要求。

第七节　梁的变形

一、梁的弯曲变形

本节将讨论等直梁在平面弯曲时的位移计算。研究梁弯曲时的位移主要有两个目的：①对梁作刚度校核；②解超静定梁。如图 8-41 所示一简支梁，取梁在变形前的轴线为 x 轴，与梁轴线垂直的轴为 y 轴，且 xy 平面为梁的主形心惯性平面。梁变形后，其轴线将在 xy 平面内弯成一条曲线 AC_1B，弯曲后的轴线称为梁的挠曲线。度量梁的位移所用的两个基本量是：轴线上的点（即横截面形心）在垂直于 x 轴方向的线位移 y，称为该点的挠度，并规定向下为正；横截面绕其中性轴转动的角度 φ，称为该截面的转角（或称为角位移），并规定顺时针的转角为正。

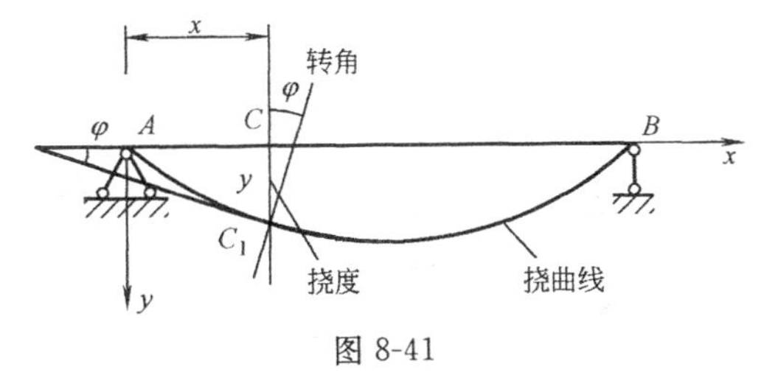

图 8-41

由图 8-41 可以看出，梁的挠度 y 随横截面的位置 x 而变化，因此挠度 y 是横坐标的函数，即

$$y=f(x)$$

由方程 $y=f(x)$ 还可求得转角 φ 的表达式，因为在工程中挠曲线是一条平坦的曲线，故

$$\varphi\approx\text{tg}\varphi=y'=f'(x)$$

二、查表和用叠加法计算梁的变形

通常对一些梁在单一荷载作用下的变形可应用积分法计算；一般可将计算结果汇集成表（表 8-3），供计算时使用。如跨度为 l 在均布荷载 q 作用下的简支梁的最大挠度发生在跨中，其值为 $y_{\max}=\frac{5ql^4}{384EI}$，其中 E 为材料的弹性模量，I 为梁横截面对中性轴的惯性矩，而 EI 为梁的抗弯刚度。

梁在单一荷载作用下的变形 **表 8-3**

序号	梁的简图	挠曲线方程	梁端转角	最大挠度
1	P, A, B, x, l, y	$y=\frac{Px^2}{6EI}(3l-x)$	$\varphi_B=\frac{Pl^2}{2EI}$	$y_B=\frac{Pl^3}{3EI}$
2	a, P, A, C, B, x, l, y	$y=\frac{Px^2}{6EI}(3a-x)$ $(0\leqslant x\leqslant a)$ $y=\frac{Pa^2}{6EI}(3x-a)$ $(a\leqslant x\leqslant l)$	$\varphi_B=\frac{Pa^2}{2EI}$	$y_B=\frac{Pa^2}{6EI}(3l-a)$
3	q, A, B, x, l, y	$y=\frac{qx^2}{24EI}(x^2-4lx+6l^2)$	$\varphi_B=\frac{ql^3}{6EI}$	$y_B=\frac{ql^4}{8EI}$
4	m, A, B, x, l, y	$y=\frac{mx^2}{2EI}$	$\varphi_B=\frac{ml}{EI}$	$y_B=\frac{ml^2}{2EI}$
5	P, A, C, B, x, l/2, l/2, y	$y=\frac{Px}{48EI}(3l^2-4x^2)$ $\left(0\leqslant x\leqslant\frac{l}{2}\right)$	$\varphi_A=-\varphi_B=\frac{Pl^2}{16EI}$	$y_c=\frac{Pl^3}{48EI}$
6	a, P, b, A, C, B, x, l, y	$y=\frac{Pbx}{6lEI}(l^2-x^2-b^2)$ $(0\leqslant x\leqslant a)$ $y=\frac{Pa(l-x)}{6lEI}(2lx-x^2-a^2)$ $(a\leqslant x\leqslant l)$	$\varphi_A=\frac{Pab(l+b)}{6lEI}$ $\varphi_B=-\frac{Pab(l+a)}{6lEI}$	设 $a>b$ 在 $x=\sqrt{\frac{l^2-b^2}{3}}$ 处 $y_{max}=\frac{\sqrt{3}Pb}{27lEI}(l^2-b^2)^{3/2}$
7	q, A, B, x, l, y	$y=\frac{qx}{24EI}(l^3-2lx^2+x^3)$	$\varphi_A=-\varphi_B=\frac{ql^3}{24EI}$	$y_{max}=\frac{5ql^4}{384EI}$
8	m, A, B, x, l, y	$y=\frac{mx}{6lEI}(l-x)(2l-x)$	$\varphi_A=\frac{ml}{3EI}$ $\varphi_B=-\frac{ml}{6EI}$	在 $x=\left(1-\frac{1}{\sqrt{3}}\right)l$ 处 $y_{max}=\frac{ml^2}{9\sqrt{3}EI}$

由于梁的变形微小，在变形后其跨长的改变可忽略不计。在弹性范围内且为小变形情况下，梁的挠度与转角均与荷载成线性关系。因此，对于梁上有几个竖向荷载同时作用时求梁的变形可采用叠加法计算。即先分别计算每个荷载所引起的位移（挠度或转角），然后算出它们的代数和，从而得到在这些荷载共同作用下梁的位移，这就是计算梁变形的叠加法。下面将通过例题来进一步了解这种方法。

【例 8-21】 如图 8-42（a）所示简支梁，在梁上作用有均布荷载 q 和集中荷载 $\boldsymbol{P}$，试求该梁的最大挠度 y_{max} 和支座 A 处的转角 φ_A。

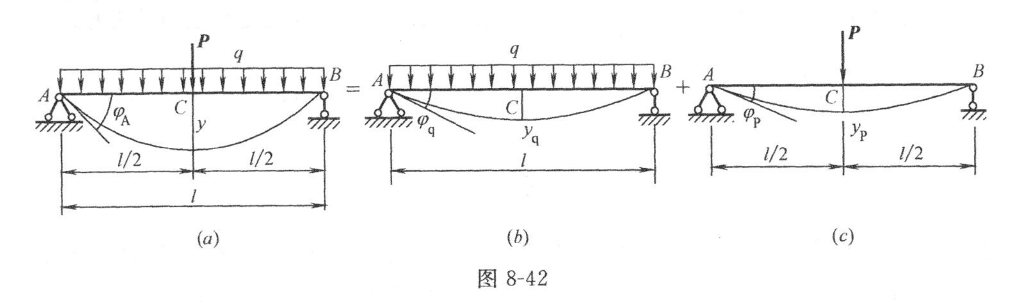

图 8-42

【解】 由于均布荷载 q 和集中荷载 $\boldsymbol{P}$ 对称作用于梁上，故最大挠度发生在跨度中点 C 点处。应用叠加法，将梁分解为单独受均布荷载 q 和集中荷载 $\boldsymbol{P}$ 作用下的两个梁，如图 8-42（b）、（c）。

查表 8-2 得：在均布荷载 q 作用下跨中 C 点处的挠度为

$$y_q=\frac{5ql^4}{384EI}\ (\downarrow)$$

支座 A 处的转角为

$$\varphi_q=\frac{ql^3}{24EI}\ (\curvearrowright)$$

在集中荷载 $\boldsymbol{P}$ 作用下跨中 C 点处的挠度为

$$y_P=\frac{Pl^3}{48EI}\ (\downarrow)$$

支座 A 处的转角为

$$\varphi_P=\frac{Pl^2}{16EI}\ (\curvearrowright)$$

同时在均布荷载 q 和集中荷载 $\boldsymbol{P}$ 作用下

跨中 C 点处的挠度为

$$y_{max}=y_q+y_P=\frac{5ql^4}{384EI}+\frac{Pl^3}{48EI}\ (\downarrow)$$

支座 A 处的转角为

$$\varphi_A=\varphi_q+\varphi_P=\frac{ql^3}{24EI}+\frac{Pl^2}{16EI}\ (\curvearrowright)$$

三、梁的刚度校核

梁在荷载作用下，除应满足强度要求外，还需要满足刚度的要求，即梁产生的最大变形不得超过某一限值，以保证梁的正常使用。在土建工程中，一般梁的最大挠度用 f_{max} 表示，最大挠度 f_{max} 与梁的跨度 l 的比值 $\frac{f_{max}}{l}$ 称为梁的相对挠度。梁的刚度校核就是要使梁在荷载作用下的相对挠度不得大于相对允许挠度，因此梁的刚度条件为

$$\frac{f_{max}}{l}\leqslant\left[\frac{f}{l}\right]$$

【例 8-22】 如图 8-43（a）所示悬臂梁，长 $l=2\text{m}$，承受均布荷载 $q=30\text{kN/m}$，在悬臂端同时作用集中荷载 $P=20\text{kN}$，若采用普通工字形型钢截面，规格为 I_{32a}，已知 $E=2.0\times10^5\text{MPa}$，$I=11075.5\times10^4\text{mm}^4$，$\left[\frac{f}{l}\right]=\frac{1}{250}$，试校核该梁的刚度。

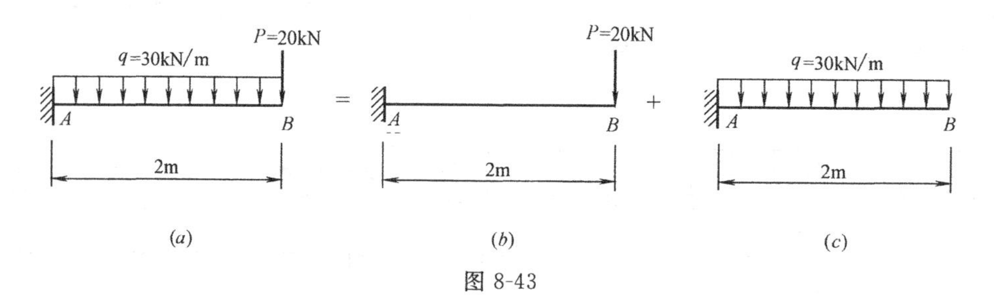

图 8-43

【解】 在均布荷载 q 和集中荷载 $\boldsymbol{P}$ 作用下，梁的最大挠度发生在悬臂端 B 点处。应用叠加法，将梁分解为单独受均布荷载 q 和集中荷载 $\boldsymbol{P}$ 作用下的两个梁，如图 8-43（b）、8-43（c）所示。

查表 8-2 得到：

$$y_{\mathrm{q}}=\frac{ql^4}{8EI}=\frac{30\times(2\times10^3)^4}{8\times2.0\times10^5\times11075.5\times10^4}=2.7\mathrm{mm}$$

$$y_{\mathrm{P}}=\frac{pl^3}{3EI}=\frac{20\times10^3\times(2\times10^3)^3}{3\times2.0\times10^5\times11075.5\times10^4}=2.4\mathrm{mm}$$

在悬臂端 B 点处的最大挠度为

$$y_{\max}=y_{\mathrm{q}}+y_{\mathrm{P}}=2.7+2.4=5.1\mathrm{mm}$$

根据刚度条件： $\frac{y_{\max}}{l}=\frac{5.1}{2000}=\frac{1}{392}<\left[\frac{f}{l}\right]=\frac{1}{250}$

故梁的刚度满足要求。

四、提高梁刚度的措施

以跨度为 l 在均布荷载 q 作用下的简支梁为例，梁的最大挠度发生在跨中，其值为 $y_{\max}=\frac{5ql^4}{384EI}$，由此可以看出，梁的最大挠度 $y_{\max}$ 与抗弯刚度 EI 成反比，而与跨度 l、荷载成正比，同时还与荷载的支承情况有关。因此，要提高梁的刚度可以采取下列措施。

（一）增大梁的抗弯刚度 EI

梁的变形与截面抗弯刚度 EI 成反比，所以必须设法提高截面的抗弯刚度，而抗弯刚度是材料的弹性模量 E 和截面惯性矩 I 的乘积。对同一类材料 E 相差不大，如高强度钢与普通低碳钢的 E 值是相近的。因此，主要应设法增大 I 值。在截面面积相同的情况下，采用合理形状的截面使截面面积分布在距中性轴较远处，以增大截面的惯性矩。所以工程上常采用工字形、箱形等形状的截面。

（二）减小跨度

从梁的变形计算公式中可知，梁的变形与梁的跨度的 n 次幂成正比，因此，如能设法减小梁的跨度，将能显著地减小梁的变形，这是提高梁的刚度的一个很有效的措施。

（三）选择合理的结构形式

若条件许可，选择适当的结构形式，增加梁的支座或改变支座形式等都能减小梁的变形，提高梁的刚度。如在其他条件不变时，悬臂梁变成简支梁或在悬臂端增加支座而变成超静定梁、多跨简支梁变成多跨连续梁等都可以减小挠度，提高梁的刚度。

在工程中究竟采用哪种措施来提高梁的刚度，要根据具体情况而定。

复习思考题与习题

1. 弯曲变形的特点是什么？什么是平面弯曲？
2. 剪力与弯矩的正负号是如何规定的？
3. 简述用截面法求梁指定截面上的剪力与弯矩的计算步骤。
4. 什么是剪力图与弯矩图？如何绘制？
5. 什么是叠加原理？应用叠加原理如何绘制梁的弯矩图？
6. 什么是静矩？其单位是什么？如何求组合截面的静矩？
7. 什么是惯性矩？其单位是什么？如何求组合截面的惯性矩？
8. 梁弯曲时的强度条件是什么？从力学观点来看，如何提高梁的抗弯刚度？
9. 为什么要进行梁的刚度校核？刚度条件是什么？如何提高梁的刚度？
10. 梁横截面上的剪应力沿截面高度如何分布？剪应力强度条件是什么？
11. 求图 8-44 所示各梁指定截面的剪力与弯矩。

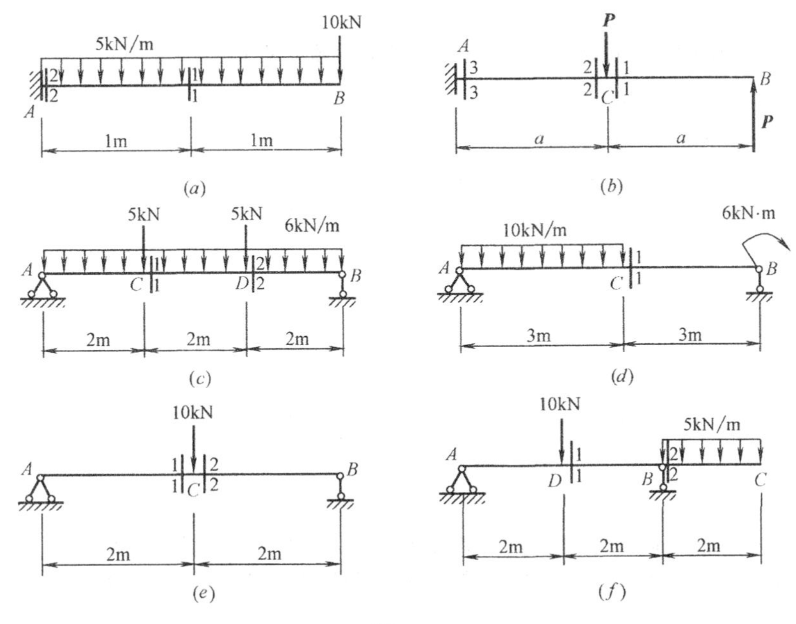

图 8-44

12. 写出图 8-45 所示各梁的剪力方程和弯矩方程，并作出剪力图与弯矩图。

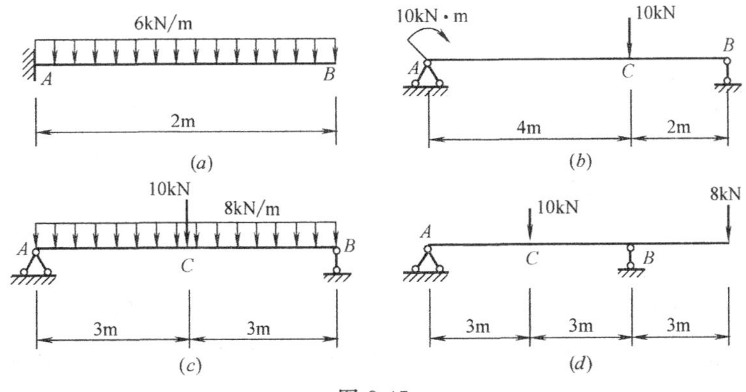

图 8-45

13. 用叠加法作出图 8-46 所示各梁的弯矩图。

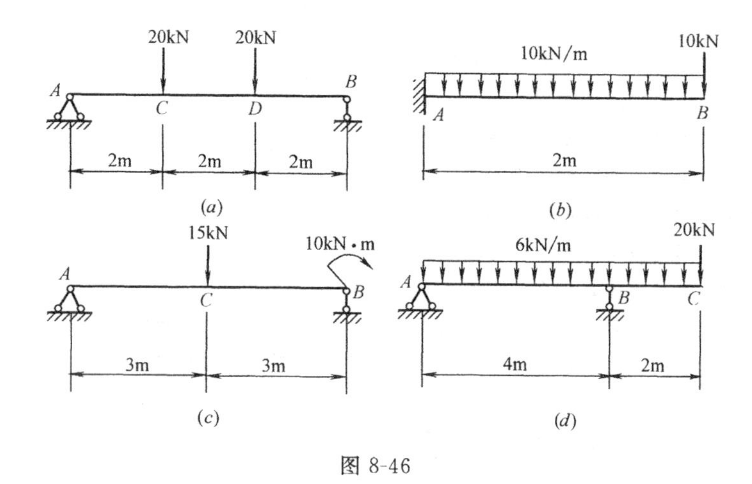

图 8-46

14. 计算图 8-47 所示各截面图形对 x 轴、y 轴的静矩（图中尺寸单位为：mm）。

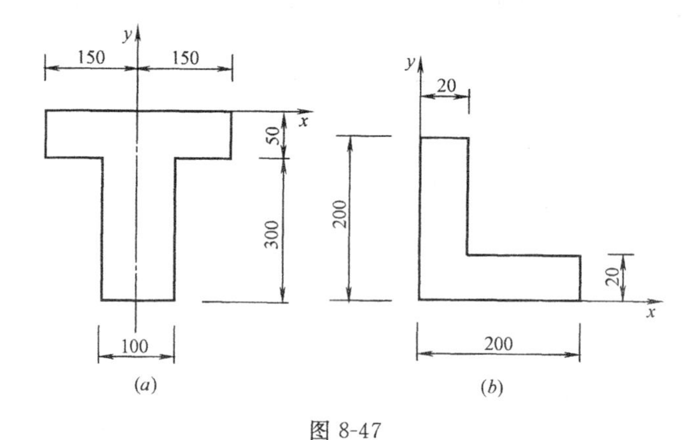

图 8-47

15. 计算图 8-48 所示截面图形对 x 轴、y 轴的惯性矩（图中尺寸单位为：mm）。

16. 求图 8-49 所示截面图形的形心轴的位置，并计算截面图形对形心轴 x 的静矩与惯性矩（图中尺寸单位为：mm）。

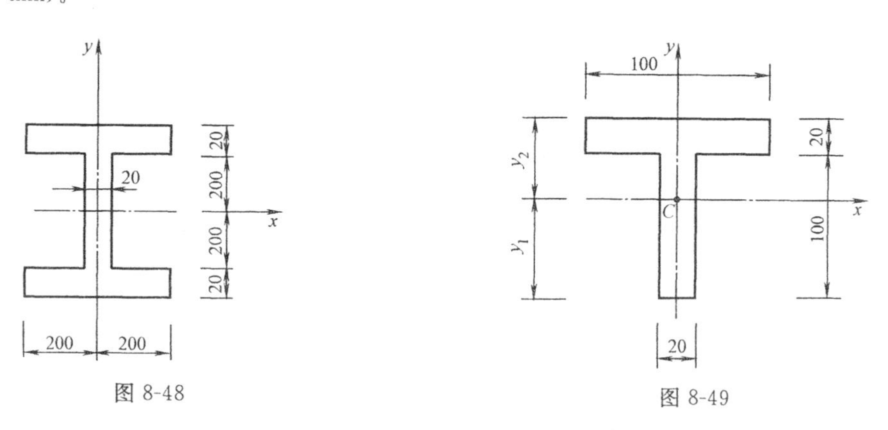

17. 矩形截面悬臂梁受力如图 8-50 所示。试计算固定端 A 处截面上 a、b、c、d 四点的正应力（图中截面尺寸单位为：mm）。

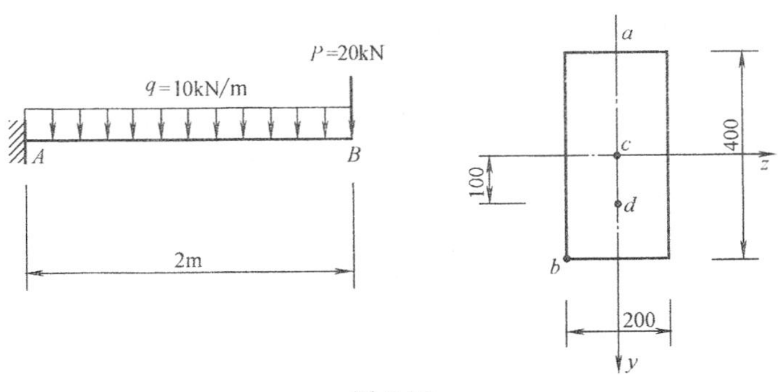

图 8-50

18. 如图 8-51 所示矩形截面简支梁，承受均布荷载 q 的作用，求该梁所能承受的最大均布荷载 q_{max}。材料的许用应力 [σ]=10MPa（图中截面尺寸单位为：mm）。

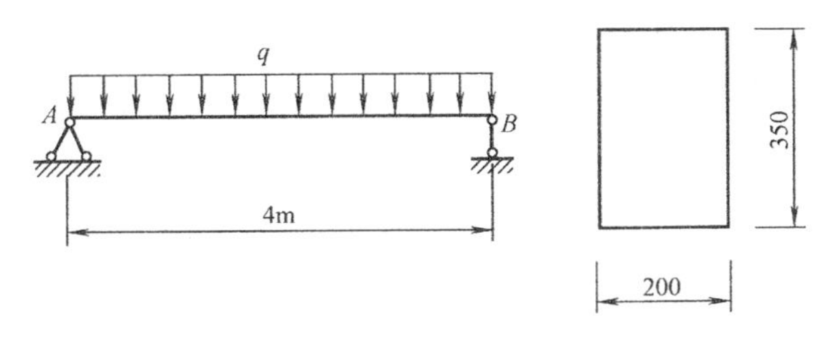

图 8-51

19. 试验算如图 8-52 所示简支梁的抗弯强度。梁为I 28a 工字钢型钢，材料的许用应力 [σ] =160MPa。

20. 外伸梁，受力如图 8-53 所示。

(1) 若采用矩形截面，且 b/h=1/2.5，许用应力 [σ]=20MPa，试求梁的截面尺寸 b 和 h；

(2) 若采用普通工字形型钢截面，许用应力 [σ]=160MPa，试确定型钢规格。

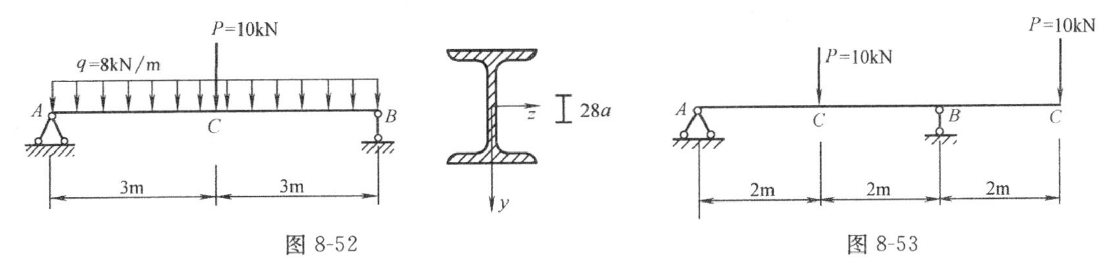

图 8-52　　图 8-53

21. 求图 8-54 所示简支梁在支座 A 处截面上 a、b、c 三点处的剪应力。

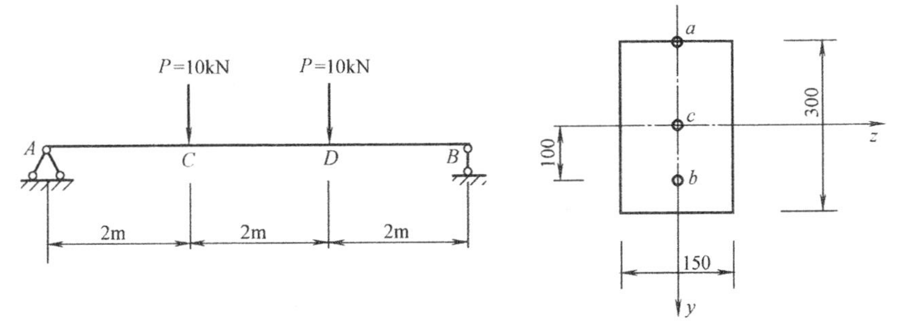

图 8-54

22. 图 8-55 所示悬臂梁，在自由端作用一集中荷载 $P=20\text{kN}$。设材料的许用剪应力 $[\tau]=5\text{MPa}$，试作梁的剪应力强度校核（图中截面尺寸单位为：mm）。

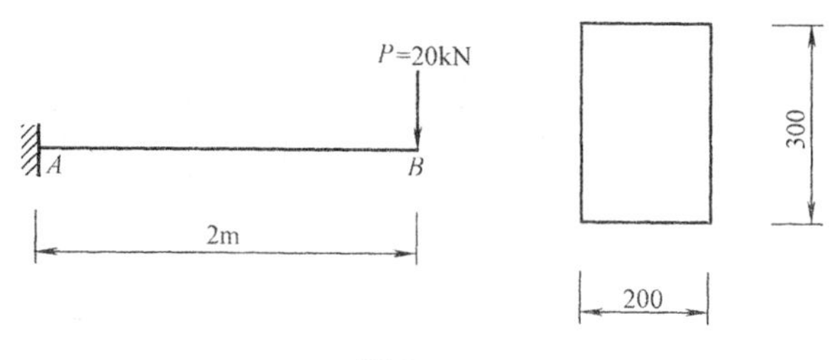

图 8-55

23. 试按正应力、剪应力强度条件校核图 8-56 所示组合截面梁。已知 $[\sigma]=160\text{MPa}$，$[\tau]=80\text{MPa}$。

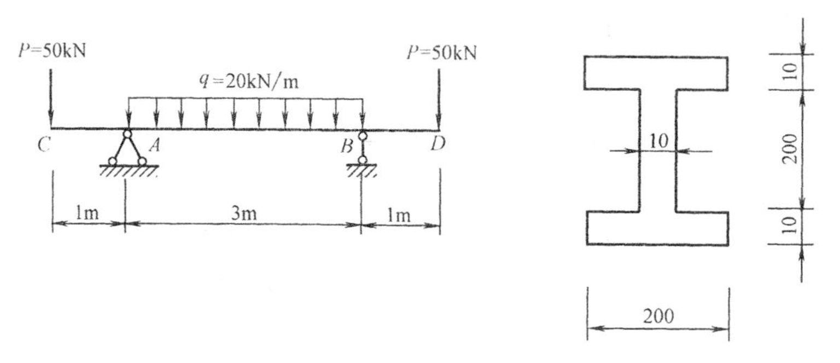

图 8-56

24. 用查表和叠加法求出图 8-57 所示各梁指定截面的转角和挠度，(*a*)φ_B、y_B；(*b*)φ_A、y_c。

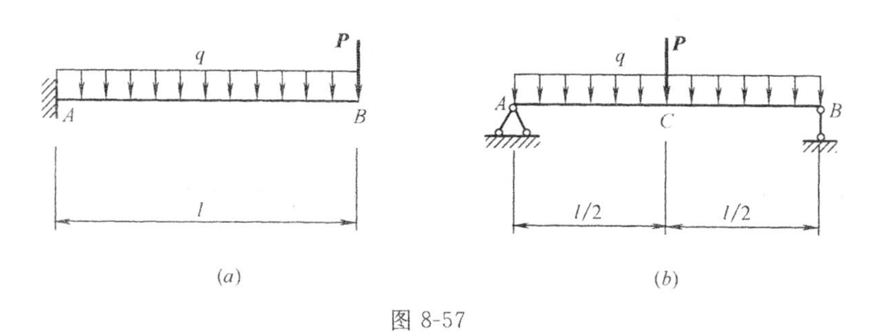

图 8-57

25. 图 8-58 所示简支梁用 Ⅰ25*a* 工字钢制成，$E=200\text{GPa}$，$\left[\dfrac{f}{l}\right]=\dfrac{1}{250}$，试校核该梁的刚度。

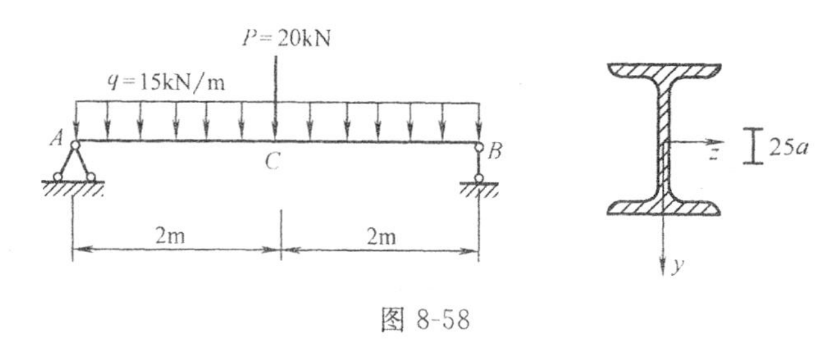

图 8-58

第九章　压 杆 稳 定

第一节　压杆稳定的概念

在第六章中讨论过轴向拉、压杆件的强度计算问题，并指出为了保证拉、压杆件在外力作用下能够安全正常工作，要求杆件横截面上的最大正应力不超过材料的许用应力，就从强度上保证了杆件的正常工作。这个结论对于短粗杆是正确的。但对于细长压杆是否也正确，我们来做一个实验。取一根长为 300mm，横截面尺寸为 20mm×1mm 的钢板尺。假定钢材的强度许用应力为 $[\sigma]=200\text{MPa}$，则按强度条件算得的此钢尺所能承受的轴向压力应为：

$$N=A\times[\sigma]=20\times1\times200=4000\text{N}$$

但当压力远小于 4000N 左右时，就可以将其明显压弯，而当钢尺被明显压弯时，就不可能再承受更多的压力。显然，发生这种情况并非是由于钢尺的强度不足而引起。这种情况是由于较细长的杆件受压力作用时丧失了保持原有直线形状的能力而造成的，这种现象称为丧失稳定，简称失稳。压杆失稳时的压力比因为强度不足而破坏时的压力小得多。因此，对细长压杆必须进行稳定性计算。

我们再来做一个实验，如图 9-1 所示。对一根两端铰支的等直杆，沿其轴线施加压力 $\boldsymbol{P}$。当 $\boldsymbol{P}$ 小于某一特定极限值 $\boldsymbol{P}_{cr}$ 时（图 9-1*a*），即使有一横向干扰力 $\boldsymbol{Q}$ 使之微弯，但随着干扰力的撤除，压杆能很快地恢复到原来的直线位置，这种直线形状的平衡状态称为稳定的平衡状态。当压力 $\boldsymbol{P}$ 等于某一特定极限值 $\boldsymbol{P}_{cr}$ 时（图 9-1*b*），在横向干扰力 $\boldsymbol{Q}$ 作用下产生微弯，但即使撤除干扰力，压杆也不会回到原来的直线位置，而在微弯状态下维持新的平衡，此时的平衡状态称为临界平衡状态。压杆处于临界平衡状态时，作用在压杆上的轴向压力值称为临界力，用 $\boldsymbol{P}_{cr}$ 表示。当 $\boldsymbol{P}$ 大于临界力 $\boldsymbol{P}_{cr}$ 时（图 9-1*c*），压杆稍受扰动发生微弯后，其弯曲变形会显著地增大，并一直达到破坏，这种直线形状的平衡是不稳定的平衡状态。

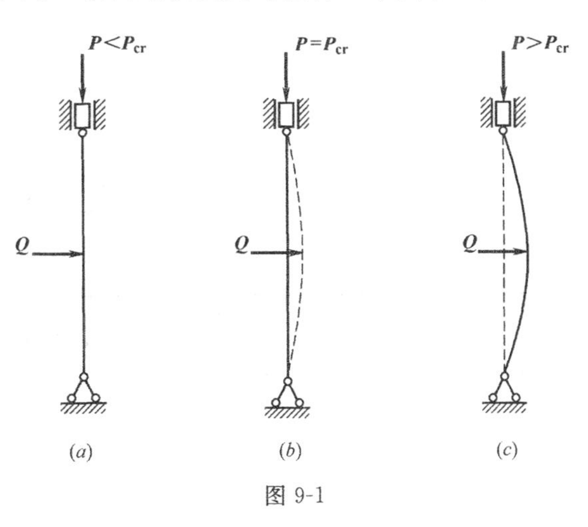

图 9-1

所以，为了保证轴心受压杆件在荷载作用下能安全正常地工作，除了需要满足强度和刚度条件外，还需要满足稳定性的要求。

第二节　临界力公式——欧拉公式

一、临界力

理想轴心受压直杆当受到沿杆件轴线方向的压力 $P=P_{cr}$ 作用时，通过实验得知，临界力 $\boldsymbol{P}_{cr}$ 的大小与杆件的长度、横截面的形状和尺寸、杆件的材料以及杆件两端的支承情况等因素有关。当杆件内应力不超过材料的比例极限时，通过理论推导，可得到临界力 $\boldsymbol{P}_{cr}$ 的计算公式

$$P_{cr}=\frac{\pi^2 EI}{(\mu l)^2} \tag{9-1}$$

式（9-1）称为欧拉公式。

式中　E——材料的弹性模量；

I——杆件横截面对中性轴的最小惯性矩；

μ——与杆端支承情况有关的长度系数，其值见表 9-1；

μl——杆件的计算长度。

不同支承情况时的长度系数 μ　　**表 9-1**

杆端支承情况	两端固定	一端铰支 一端固定	两端铰支	一端固定 一端自由
计算简图	P_{cr}, l	P_{cr}, l	P_{cr}, l	P_{cr}, l
μ	0.5	0.7	1	2

【例 9-1】　有一长 $l=3.5$m，截面尺寸为 50mm×50mm 的木制压杆，如图 9-2 所示，两端铰支，$E=10$GPa。试确定其临界力 P_{cr}。

【解】　木制压杆的最小惯性矩：$I_{min}=\frac{bh^3}{12}=\frac{5\times5^3}{12}=52.1\text{cm}^4$。

因杆件的两端支承条件为铰支，查表 9-1 得长度系数为 $\mu=1$，根据式（9-1）计算得到

$$P_{cr}=\frac{\pi^2 EI}{(\mu l)^2}=\frac{\pi^2\times10\times10^9\times52.1\times10^{-8}}{(1\times3.5)^2}$$
$$=4.2\times10^3\text{N}=4.2\text{kN}$$

二、临界应力

为了进一步对欧拉公式的应用范围及对杆件的稳定问题做讨论，在工程中我们常引入

临界应力的概念。临界应力是指在临界力 P_{cr} 的作用下，压杆横截面上的平均应力，用 σ_{cr} 表示，即

$$\sigma_{cr}=\frac{P_{cr}}{A}$$

将式（9-1）代入上式，得

$$\sigma_{cr}=\frac{P_{cr}}{A}=\frac{\pi^2 EI}{(\mu l)^2 A}$$

以 $\frac{I}{A}=i^2$ 代入上式，得到

$$\sigma_{cr}=\frac{P_{cr}}{A}=\frac{\pi^2 E}{(\mu l)^2}\cdot i^2=\frac{\pi^2 E}{\left(\frac{\mu l}{i}\right)^2}$$

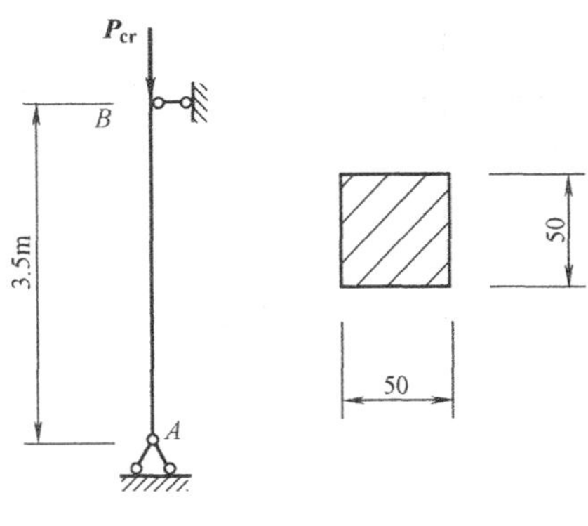

图 9-2

令

$$\lambda=\frac{\mu l}{i} \tag{9-2}$$

代入上式可得压杆临界应力公式为

$$\sigma_{cr}=\frac{\pi^2 E}{\lambda^2} \tag{9-3}$$

式（9-3）是欧拉公式的另一种表达方式。式中 λ 称为压杆的柔度系数或长细比，是一个无量纲的量，它与压杆的长度、截面形状和尺寸以及压杆两端支承条件等因素有关。对于用一定材料制成的压杆，λ 越大，表示压杆越细长，临界应力 σ_{cr} 就越小，压杆越容易丧失稳定；反之，λ 越小，表示压杆粗而短，临界应力 σ_{cr} 就越大，压杆就不容易丧失稳定。所以柔度系数 λ 是压杆稳定计算中的一个很重要的几何参数。

应该注意：如果压杆在不同平面内失稳时，其支承约束条件不同，则应该分别计算在各平面内失稳时的柔度 λ，并按其较大者来计算该压杆的临界应力 σ_{cr}，因为压杆总是在柔度 λ 较大的平面内失稳。

三、欧拉公式的适用范围

欧拉公式是在材料服从虎克定理的前提下推导出来的。所以欧拉公式的适用条件是压杆在失稳变弯前的应力不得超过材料的比例极限，即

$$\sigma_{cr}=\frac{\pi^2 E}{\lambda^2}\leqslant\sigma_P=\frac{\pi^2 E}{\lambda_P^2}$$

式中 λ_P——σ_{cr} 等于材料的比例极限 σ_P 时相应的柔度。

把上式的条件用柔度 λ 表示，则可得出欧拉公式的适用范围，即

$$\lambda\geqslant\lambda_P=\sqrt{\frac{\pi^2 E}{\sigma_P}} \tag{9-4}$$

上式表明，只有当计算出的压杆柔度 $\lambda\geqslant\lambda_P$ 时才能应用欧拉公式来计算临界力。这种 $\lambda\geqslant\lambda_P$ 的压杆，称为大柔度压杆或细长压杆。每种材料的 λ_P 值，可根据材料的比例极限 σ_P 代入式（9-4）式计算得出。如对于常用的材料 Q235 钢：$\lambda_P=100$；铸铁：$\lambda_P=80$；木材：$\lambda_P=110$。

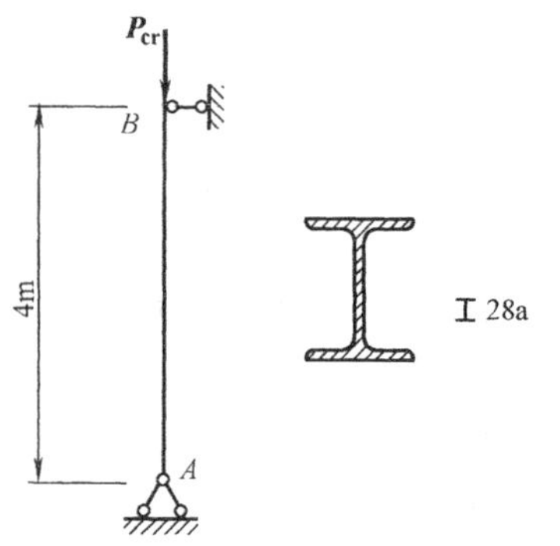

图 9-3

【例 9-2】 有一长 $l=4\text{m}$，两端铰支的工字钢压杆，截面规格为I28a，如图 9-3 所示。材料为 Q235 钢，$E=200\text{GPa}$，试确定其临界应力 σ_{cr} 和临界力 P_{cr}。

【解】 查型钢表得I28a 工字钢的惯性矩：$A=55.45\text{cm}^2$，$i_{\min}=i_y=2.495\text{cm}$。

因杆件的两端支承条件为铰支，查表 9-1 得长度系数为 $\mu=1$，根据式（9-2）计算得到

$$\lambda=\frac{\mu l}{i}=\frac{1.0\times400}{2.495}=160.3>100$$

属于细长压杆，可采用欧拉公式计算临界应力 σ_{cr}

$$\sigma_{cr}=\frac{\pi^2 E}{\lambda^2}=\frac{\pi^2\times200\times10^9}{(160.3)^2}=76.82\times10^6\text{N/m}^2=76.82\text{MPa}$$

临界力 P_{cr} 为

$$P_{cr}=\sigma_{cr}A=76.82\times10^6\times55.45\times10^{-4}=425.97\times10^3\text{N}=425.97\text{kN}$$

四、超过比例极限时压杆的临界应力计算

当压杆的临界应力超过比例极限，也即压杆柔度 $\lambda<\lambda_P$ 时，此时欧拉公式已不能适用。工程上把 $\lambda<\lambda_P$ 的压杆称为中小柔度杆，它是工程上应用最为广泛的杆件。对于此类受压杆件的计算，一般使用以实验为基础的经验公式计算，如在我国钢结构设计规范中规定采用的抛物线经验公式

$$\sigma_{cr}=\sigma_s\left[1-\alpha\left(\frac{\lambda}{\lambda_c}\right)^2\right]\quad(\lambda\leqslant\lambda_c)\tag{9-5}$$

式中 σ_s——材料的屈服极限；

α——系数，如对于碳素钢 Q235，$\alpha=0.43$；

λ_c——经验公式与欧拉公式的分界点处压杆的柔度。

第三节 压杆的稳定校核

一、压杆的稳定条件

如前所述，压杆的临界应力 σ_{cr} 越大，压杆不容易丧失稳定，而压杆的临界应力 σ_{cr} 随压杆柔度 $\lambda=\frac{\mu l}{i}$ 的增大而减小。因此，要使轴心受压构件不失稳，必须满足：

$$\sigma=\frac{P}{A}\leqslant\frac{P_{cr}}{A\cdot K_w}=\frac{\sigma_{cr}}{K_w}$$

或

$$\sigma=\frac{P}{A}\leqslant[\sigma_w]\tag{9-6}$$

式中 σ——压杆的实际工作应力；

P——作用在压杆上的实际压力；

A——压杆的横截面面积；

P_{cr}——压杆的临界力；

σ_{cr}——压杆的临界应力；

K_w——压杆的稳定安全系数；

$[\sigma_w]$——压杆稳定许用应力，其值是随柔度 λ 而变化的一个量。

在压杆稳定计算中，常将稳定许用应力 $[\sigma_w]$ 改为用材料的强度许用应力来表示，即

$$[\sigma_w]=\varphi[\sigma] \tag{9-7}$$

式中 $[\sigma]$——材料的强度许用应力；

φ——折减系数。

折减系数 φ 是一个随 λ 而变化的量，且总是小于 1 的系数。表 9-2 给出了几种材料的折减系数 φ 的值。

将式（9-7）代入式（9-6），可得到压杆的稳定条件用折减系数 φ 的表达式：

$$\sigma=\frac{P}{A}\leqslant\varphi[\sigma] \tag{9-8}$$

式（9-8）表明，压杆在强度破坏之前便丧失稳定，故可用降低强度许用应力 $[\sigma]$ 来保证压杆的稳定。

压杆的折减系数 φ **表 9-2**

λ	折减系数 φ			λ	折减系数 φ		
	Q235 钢	Q345 钢	木材		Q235 钢	Q345 钢	木材
0	1.000	1.000	1.000	110	0.536	0.384	0.248
10	0.995	0.993	0.971	120	0.466	0.325	0.208
20	0.981	0.973	0.932	130	0.401	0.279	0.178
30	0.958	0.940	0.883	140	0.349	0.242	0.154
40	0.927	0.895	0.822	150	0.306	0.213	0.133
50	0.888	0.840	0.757	160	0.272	0.188	0.117
60	0.842	0.776	0.668	170	0.243	0.168	0.102
70	0.789	0.705	0.575	180	0.218	0.151	0.093
80	0.731	0.627	0.460	190	0.197	0.136	0.083
90	0.669	0.546	0.471	200	0.180	0.124	0.075
100	0.604	0.462	0.300				

二、压杆的稳定计算

应用压杆的稳定条件，可对轴心受压杆件进行以下三个方面的计算：

1. 稳定校核

已知压杆的杆长、截面尺寸、支承情况、材料及荷载，进行压杆的稳定校核。

即
$$\sigma=\frac{P}{A}\leqslant\varphi[\sigma]$$

2. 设计截面尺寸

已知压杆的杆长、材料、支承情况及荷载，选择合适的截面尺寸。

即
$$A\geqslant\frac{P}{\varphi[\sigma]}$$

选择截面时，由于 A 和 φ 都是未知的，此时可采用试算法。

3. 确定许可荷载

已知压杆的杆长、材料、截面尺寸及支承情况，计算压杆所能承受的荷载大小。

即 $$[P]\leqslant A\varphi[\sigma]$$

下面分别举例说明压杆的稳定条件的三种应用。

【例 9-3】 一圆形木柱，高为 5m，直径 $d=25$cm，承受 $P=60$kN 的轴心压力作用，设木柱两端的支承情况为铰接，木材的许用应力为 $[\sigma]=10$MPa，试校核木柱的稳定性。

【解】（1）计算柔度 λ

圆截面木柱的惯性半径 $i=\sqrt{\dfrac{I}{A}}=\dfrac{d}{4}=\dfrac{25}{4}=6.25\text{cm}$

两端铰支时 $\mu=1$，故 $\lambda=\dfrac{\mu l}{i}=\dfrac{1\times500}{6.25}=80$

（2）查表确定 φ　　由表 9-2 得 $\varphi=0.460$

（3）校核稳定性

$$\sigma=\frac{P}{A}=\frac{60\times10^3}{\dfrac{\pi\times(250)^2}{4}}=1.22\text{MPa}$$

$$\varphi[\sigma]=0.460\times10=4.60\text{MPa}$$

由于 $\sigma<\varphi[\sigma]$，符合压杆稳定条件，所以，木柱安全。

【例 9-4】 一正方形木柱，长 $l=4.2$m，承受轴心压力 $P=50$kN 的作用。假设木柱两端为铰接。木材的许用应力为 $[\sigma]=10$MPa。试确定此轴心受压木柱的横截面的边长 a。

【解】 由于 A 和 φ 都是未知的，此时可采用试算法。

（1）先设 $\varphi_1=0.5$，得

$$A_1=\frac{P}{\varphi_1[\sigma]}=\frac{50\times10^3}{0.5\times10}=10000\text{mm}^2$$

$$a_1=\sqrt{A_1}=\sqrt{10000}=100\text{mm}$$

当边长为 100mm 的情况下，$i_1=\sqrt{\dfrac{I_1}{A_1}}=\dfrac{a_1}{\sqrt{12}}=\dfrac{100}{\sqrt{12}}=28.9\text{mm}$

$$\lambda_1=\frac{\mu l}{i_1}=\frac{1\times4.2\times10^3}{28.9}=145.3$$

查表得 $\varphi_1'=0.143$。由于 φ_1' 与假设的 $\varphi_1=0.5$ 相差较大，故需作第二次试算。

（2）再设 $\varphi_2=0.25$，得

$$A_2=\frac{P}{\varphi_2[\sigma]}=\frac{50\times10^3}{0.25\times10}=20000\text{mm}^2$$

$$a_2=\sqrt{A_2}=\sqrt{20000}=141.4\text{mm}\quad 取\ a_1=145\text{mm}$$

当边长为 145mm 的情况下，$i_2=\sqrt{\dfrac{I_2}{A_2}}=\dfrac{a_2}{\sqrt{12}}=\dfrac{145}{\sqrt{12}}=41.9\text{mm}$

$$\lambda_2=\frac{\mu l}{i_2}=\frac{1\times4.2\times10^3}{41.9}=100.2$$

查表得 $\varphi_2'=0.299$。由于 φ_2' 与假设的 $\varphi_2=0.25$ 相差不大，故不必再选。

（3）进行稳定校核

$$\sigma=\frac{P}{A}=\frac{50\times10^3}{145^2}=2.38\text{MPa}$$

$$\varphi_2'[\sigma]=0.299\times10=2.99\text{MPa}$$

由于 $\sigma<\varphi[\sigma]$，符合压杆稳定条件，所以，最后确定木柱边长 $a=145$mm。

【例 9-5】 有一工字钢制成的压杆，工字钢的截面规格为I36a，横截面如图 9-4 所示。材料为 Q345 钢，$[\sigma]=230$MPa，杆长 $l=4.5$m，在 xz 平面内失稳时杆端约束情况为两端固定；在 xy 平面内失稳时杆端约束情况为两端铰支，试计算此压杆的许可荷载 $[P]$ 值。

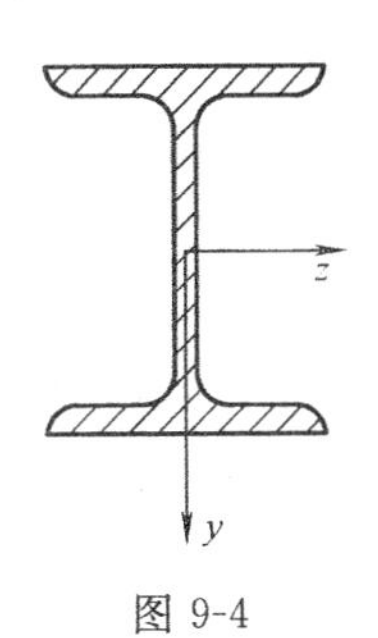

图 9-4

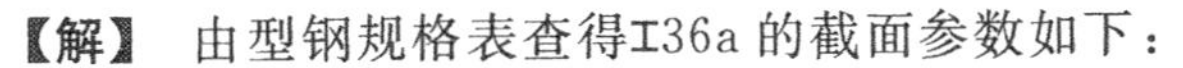

【解】 由型钢规格表查得I36a的截面参数如下：

$A=76.3\text{cm}^2$，$i_z=14.4$cm，$i_y=2.69$cm。

(1) 计算压杆的柔度系数 λ_x、λ_y

在 xz 平面内 $\lambda_y=\frac{\mu_y l}{i_y}=\frac{0.5\times4.5\times10^3}{2.69\times10}=83.6$

在 xy 平面内 $\lambda_z=\frac{\mu_z l}{i_z}=\frac{1.0\times4.5\times10^3}{14.4\times10}=31.25$

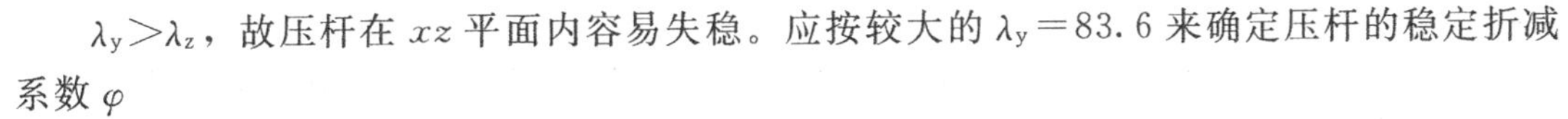

$\lambda_y>\lambda_z$，故压杆在 xz 平面内容易失稳。应按较大的 $\lambda_y=83.6$ 来确定压杆的稳定折减系数 φ

(2) 查表确定折减系数 φ

查表 9-2 得，折减系数 $\varphi=0.598$

(3) 确定许可荷载 $[P]$

$$[P]\leqslant A\varphi[\sigma]=76.3\times10^2\times0.598\times230=1049.4\times10^3\text{N}=1049.4\text{kN}$$

三、提高压杆稳定性的措施

从以上的理论及例题可知，压杆稳定性的高低主要在于临界力（或临界应力）的大小，要提高压杆的稳定性，就是要设法提高压杆的临界力。影响压杆临界力的因素有：压杆的长度，两端的支承情况，截面的形状和尺寸以及材料的性质等。因此，提高压杆稳定性的措施，也就从这几方面入手：

1. 减小压杆的长度 l

减小压杆的长度是提高压杆稳定性的有效方法之一。在条件允许的情况下，应尽可能减小压杆的长度，或者在压杆的中间增设支承点，以提高压杆的稳定性。

2. 改善杆端的支承情况，减小长度系数 μ

从式 (9-1) 中可以看出，在相同条件下，杆端的约束越强，长度系数 μ 值就越小，相应地压杆的临界力也就越高。反之，杆端的约束越弱时，长度系数 μ 值就越大，而压杆的临界力则越低。因此，应尽可能加强杆端约束的刚性，减小 μ 值，从而提高压杆的稳定性。

3. 选择合理的截面形状，增大截面的惯性半径 i

压杆的临界力随着柔度的减小而增大，而柔度 λ 与截面的惯性半径 i 成反比，惯性半径 i 与惯性矩成正比。所以，在截面面积不变的情况下，应选择合理的截面形状，并尽可能使截面的材料远离中性轴，以取得较大的惯性矩 I，增大截面的惯性半径 i，从而达到提高压杆的稳定性。

4. 合理选择材料

压杆的临界力与材料的弹性模量 E 有关。工程上常用材料的弹性模量 E 见表 6-1。在相同条件下，压杆采用钢材时的稳定性比采用木材时要好。但在同为钢材的情况下，对于大柔度压杆，由于一般钢材的弹性模量大致相等，所以采用高强度钢材与采用低碳钢并无多大差别；对于中小柔度的压杆，根据经验公式可知，采用高强度钢材在一定程度上可以提高临界应力。

复习思考题与习题

1. 什么是压杆失稳？为什么要验算压杆的稳定性？

2. 什么是压杆的柔度？它与哪些因素有关？为了提高压杆的稳定性，对同一材料制成的压杆，λ 是越大越好，还是越小越好？

3. 欧拉公式的适用条件是什么？

4. 如果在不同平面内失稳，且支承约束条件不同时，应如何验算压杆的稳定性？

5. 如果要提高压杆的稳定性，可采取哪些措施？

6. 一两端铰支的压杆，用I20a 工字钢制成，杆件长为 4.5m，材料为 Q235 钢，弹性模量 $E=200\text{GPa}$。试用欧拉公式计算其临界力 P_{cr}。

7. 试按欧拉公式计算长为 3m，直径为 100mm 的轴向受压圆截面木柱在不同支承条件下的临界力与临界应力，材料的弹性模量 $E=10\text{GPa}$。

(1) 两端铰支；(2) 一端固定，一端自由。

8. 截面为 200mm×200mm 的正方形木柱，长为 5m，两端铰支，承受轴向压力 $P=65\text{kN}$，材料的许用应力 $[\sigma]=10\text{MPa}$。试验算该木柱的稳定性。

9. 图示一托架，受力如图 9-5 所示。其斜撑 AB 杆为圆截面木杆，AB 杆两端铰支，材料的强度许用应力 $[\sigma]=10\text{MPa}$。试确定斜撑 AB 杆所需的直径 d。

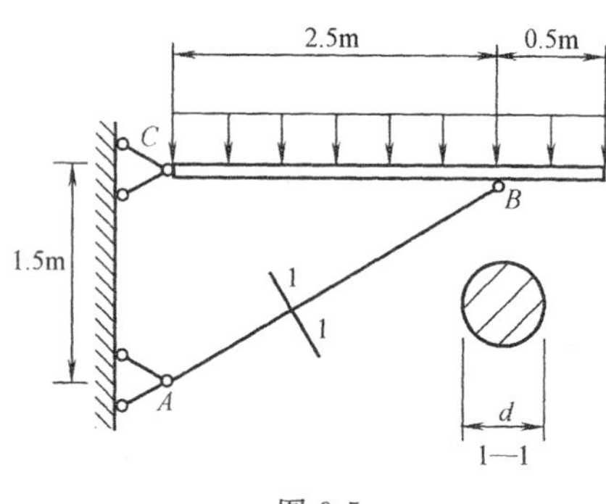

图 9-5

10. 两端铰支的木柱，截面为 100mm×100mm 的正方形，长为 3m，材料的强度许用应力 $[\sigma]=10\text{MPa}$。求该木柱所能承受的最大许可荷载 $[P]$。

第十章　结构的计算简图

第一节　结构计算简图及其分类

一、结构的计算简图

在结构设计中，需要对实际结构进行力学分析，计算结构在荷载或其他因素作用下的内力和变形。但实际结构的组成、受力和变形情况往往很复杂，影响力学分析的因素很多，要完全按实际结构进行计算非常困难，甚至不可能。因此，在结构设计之前，必须把结构进行简化，抓住主要因素，忽略次要因素。把结构抽象和简化为既能反映实际受力情况而又便于计算的图形。这种简化图形是计算时用来代替实际结构的力学模型，一般称为计算简图。

由于结构分析时我们是以结构的计算简图为分析对象，所以结构计算简图的选择是十分重要的。如果计算简图不能准确地反映结构的实际受力情况，或选择错误，就会使计算结果产生大的误差，甚至造成工程事故。因此对计算简图的选择，必须持慎重态度。

计算简图的选择应遵循下列两条原则：

（1）正确地反映结构的实际受力情况，使计算结果接近实际情况；

（2）略去次要因素，便于分析和计算。

选取结构计算简图时，一般从以下几个方面对结构加以简化：

（一）结构体系的简化

工程中结构都是空间结构，各部分相互连接成为一个空间整体，承受作用。但多数情况下，常可以忽略一些次要的空间约束而将实际结构分解为平面结构，使计算得到简化。例如，混合结构房屋中，结构是由构件梁、板、墙体等组成的空间结构，经简化后，在计算时我们就可以把空间结构拆成单个构件，进行计算。在框架结构中，同样，是由梁柱组成的空间结构，经过一些简化后，取出一榀有代表性的平面框架计算。但是并不是任何空间结构都可以分解为平面结构的。

（二）杆件简化

杆件的截面尺寸通常比杆件长度小得多，在计算结构各杆件的内力和变形时，可以用杆件的轴线代替杆件。如：梁、柱等构件的纵轴线为直线，就用相应的直线表示，如图10-1所示。

（三）支座简化

支座根据其实际构造不同和约束的特点不同，通常简化为可动铰支座、固定铰支座和固定支座三种基本类型，如图10-2。

（四）荷载的简化

实际结构构件受到的荷载当作用面积很小时可简化为集中荷载；把荷载集度变化不大的分布荷载可简化为均布荷载；把动效应不大的动力荷载，简化为静力荷载，如图10-3。

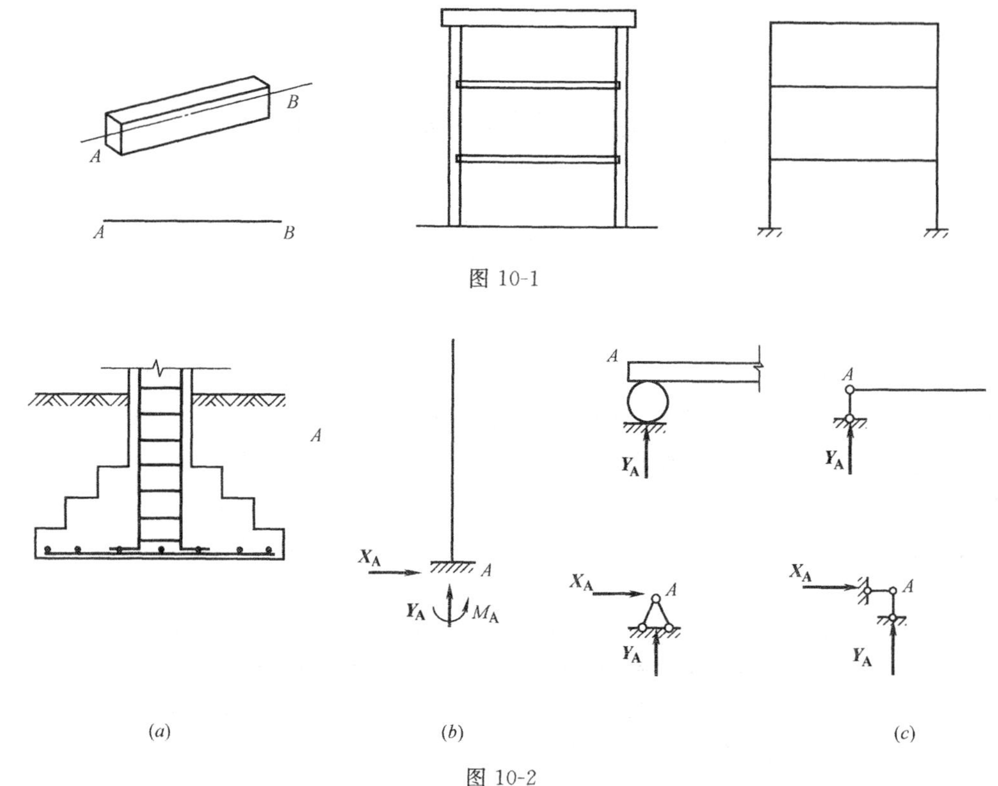

图 10-1

图 10-2

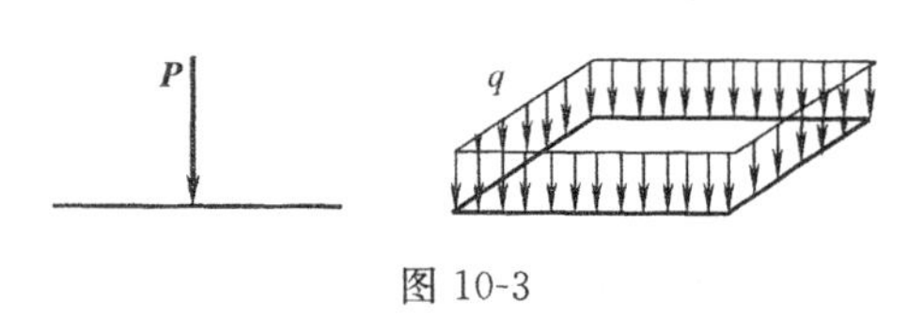

图 10-3

（五）结点的简化

杆件结构是由若干个杆件按一定的连接方式组成的。结构的结点的构造形式很多，约束性质也很复杂，在计算简图中一般把它简化为某种理想的约束形式。这种理想的约束形式归结为两种类型，即铰结点与刚结点，如图 10-4。

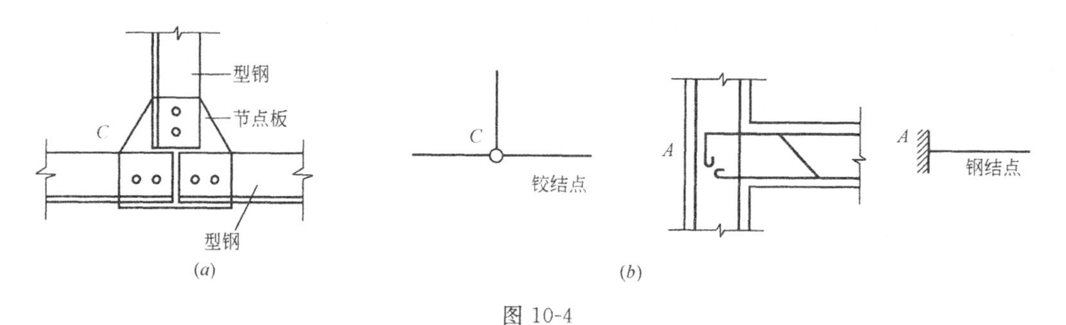

图 10-4

二、几种典型的结构计算简图

常用的结构计算简图有以下几种类别。

（1）梁：梁是一种受弯构件，其轴线通常是直线，如图 10-5。

（2）拱：拱的轴线是曲线，其力学特征是在竖向荷载作用下不仅支座处有竖向反力产生，而且有水平反力产生。拱以受轴向压力为主，如图 10-6。

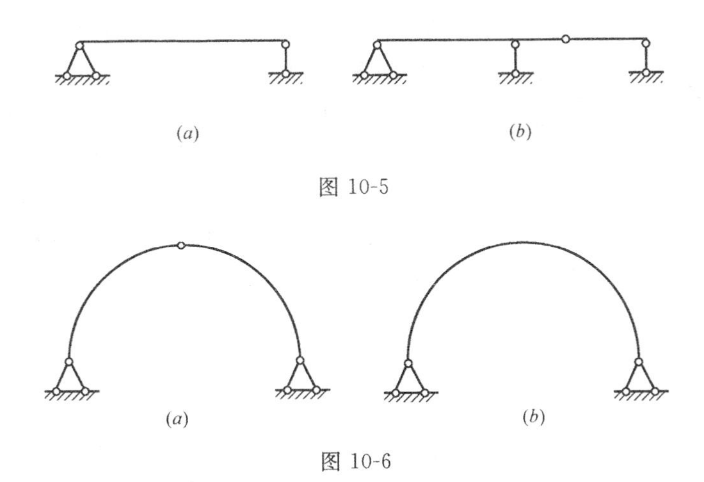

图 10-5

图 10-6

(3) 刚架：刚架是由梁和柱组成的，其结点为刚性结点。刚性结点的特征在于当结构发生变形时，相交于该结点的各杆端之间夹角始终保持不变，如图 10-7。

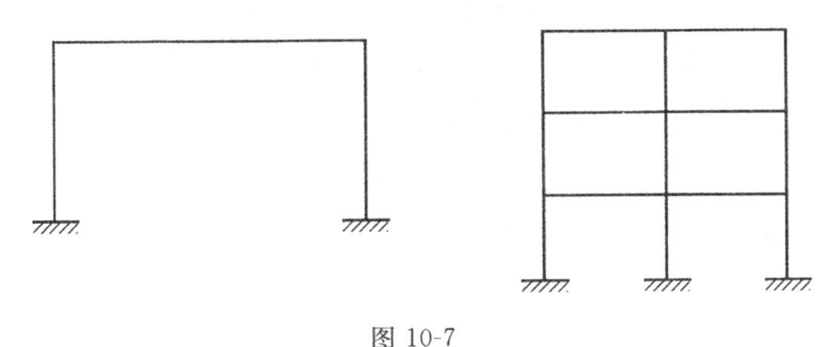

图 10-7

(4) 桁架：桁架是由若干杆件在两端用理想铰联结而成的结构，各杆的轴线一般都是直线，只有受到结点荷载时，各杆将只产生轴力，如图 10-8。

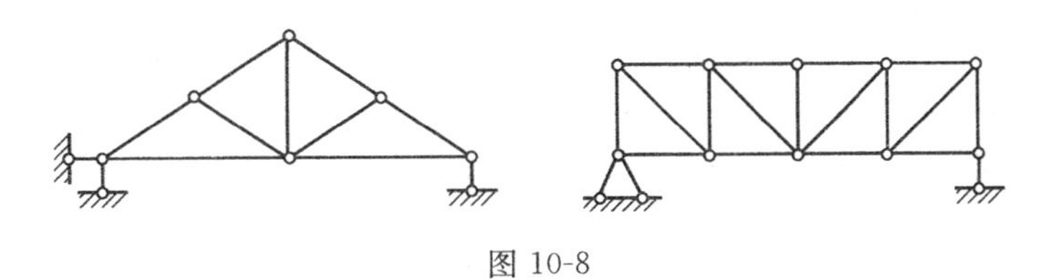

图 10-8

(5) 混合结构：混合结构是部分由桁架中链杆，部分由梁或刚架组合而成的，其中含有混合结点。因此，有些杆件只承受轴力，而另一些杆件同时承受弯矩和剪力，如图 10-9。

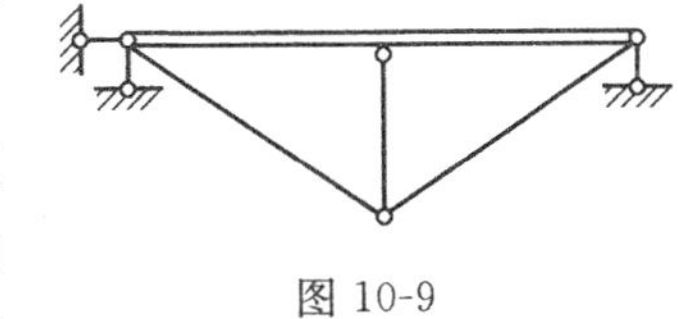

图 10-9

如何选取合适的计算简图，是一个重要的问题，不仅要掌握选取的原则，而且还要有较多的实践经验和更多的专业课知识，对新的结构形式往往通过反复试验和实践才能确定。对于常用结构型式，前人积累了宝贵经验，我们可以采用来作为实践验证的计算简图。

下面是一些简图实例：

1) 如图 10-10 (*a*) 是房屋建筑的楼面中常见到的梁板结构。一单跨梁两端支承在砖

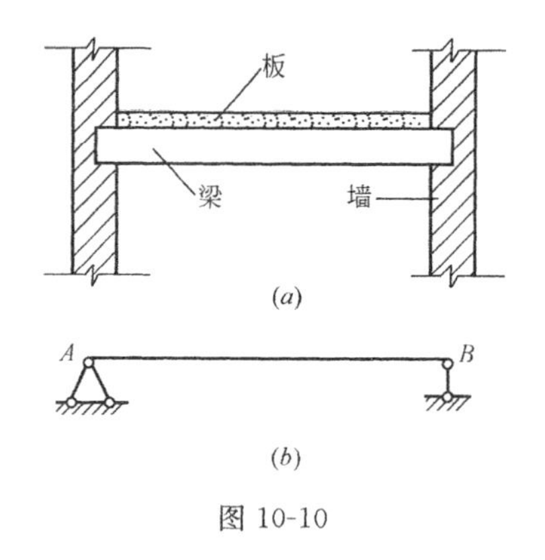

图 10-10

墙上，梁上放板以支持楼面荷载。梁的计算简图如图 10-10（b）。

2）如图 10-11（a）所示一钢筋混凝土厂房结构，屋架和柱都是预制的。柱子下端插入基础的杯口内，然后用细石混凝土填实。屋架与柱的连接是通过将屋架端部和柱顶的预埋钢板进行焊接而实现的。其中图 10-11（b）是把空间结构简化为平面结构。屋架计算简图如图 10-11（c），排架柱的计算简图如图 10-11（d）。

3）如图 10-12（a）是一钢屋顶桁架，所有结点都用焊接连接。按理想桁架考虑时，屋架的计算简图如图 10-12（b）。

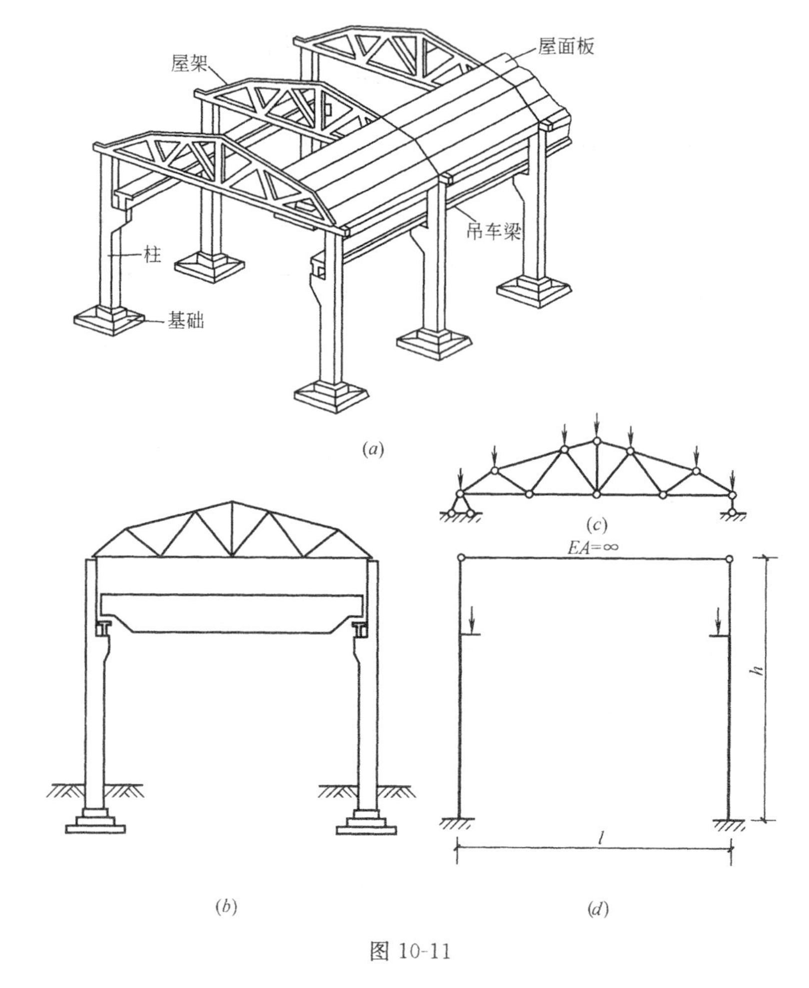

图 10-11

4）图 10-13（a）是一现浇钢筋混凝土刚架的构造示意图。柱底与基础的连接可看作固定铰支座，刚架的计算简图如图 10-13（b）所示，这种刚架称双铰刚架。

5）图 10-14（a）是现浇多层多跨刚架。其中所有结点都是刚结点，这种结构为框架。图 10-14（b）是其计算简图。

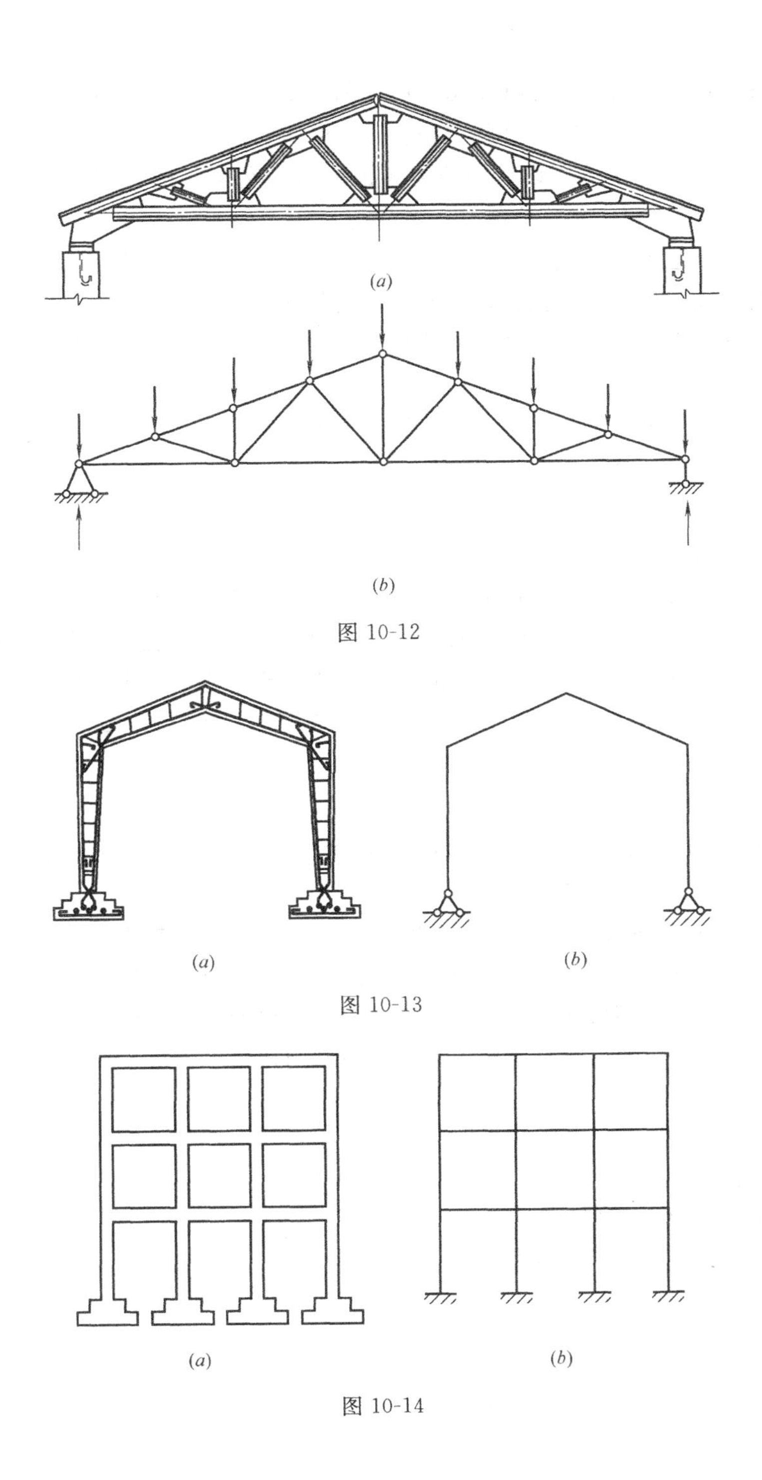

图 10-12

(a) (b)

图 10-13

(a) (b)

图 10-14

第二节　荷载及其分类

荷载通常是指主动作用在结构上的外力，例如：结构自重、人群和货物的重量、土压力、水压力、风和雪的压力等。此外，还有其他因素可以使结构产生内力和变形，如温度变化、地基沉陷、材料收缩等。从广义上说，这些因素也可看作荷载。

对结构进行计算以前，须先确定结构所受的荷载。荷载的确定是结构设计中极为重要的工作。荷载如估计过大，则设计的结构会过于笨重，造成浪费；荷载如估计过低，则设计的结构将不够安全。在结构设计中所要考虑的各种荷载，国家都有具体规定，可查阅《建筑结构荷载规范》和《建筑抗震设计规范》。

建筑结构中常遇到的荷载，按其不同的特征来分类，主要有以下几种类别：

(1) 根据荷载作用时间的久暂，可分为恒载与活载。

恒载：是长期作用在结构上的不变荷载。例如：结构的自重，固定在结构上的附属物的重量等。

活荷载：是在建筑施工和使用期间可能存在的可变荷载。所谓“可变”，是指这种荷载的位置和大小经常随时间而变化。如楼面上人群、物品的重量、雪荷载、风荷载、吊车荷载等。

(2) 根据荷载作用的性质，可分为静力荷载与动力荷载。

静力荷载：是缓慢地加到结构上的荷载，其大小及其位置的变化极为缓慢，不致引起显著的结构振动，因而可略去惯性力的影响。如构件的自重、土压力都属静荷载。

动力荷载：荷载的大小与位置却随时间迅速变化着，使结构产生显著振动，因而必须考虑惯性力的影响。如动力机械产生的荷载，地震荷载都属动荷载。计算时要考虑动力效应。

(3) 荷载按分布形式可分为：

1) 集中荷载：荷载的分布面积远小于物体受荷面积时，为简化计算，可近似地看成集中作用在一点上，这种荷载称为集中荷载。

2) 均布荷载：荷载连续作用，且大小各处相等，这种荷载称为均布荷载。单位面积上承受的均布荷载称为均布面荷载，单位长度上承受的均布荷载称为均布线荷载。

工程设计中，恒载和大多数活荷载都作为静力荷载处理。但对那些动力效应显著的荷载，如机械振动、爆炸冲击、地震等引起的荷载，则须按动力荷载来处理。

复习思考题与习题

1. 什么是结构的计算简图？
2. 为什么要把实际结构进行简化？
3. 计算简图的选择应遵循哪两条原则？
4. 什么是荷载？
5. 荷载的计算是结构计算的第一步，荷载计算值比实际发生的过大或过小会对结构有什么影响？
6. 什么是恒载？什么是活荷载？

第十一章　平面体系的几何组成分析

第一节　分析几何组成的目的

如前所述，在房屋建筑中，由构件组成的能承受“作用”的体系，叫做建筑结构。这里的“作用”是指施加在结构上的荷载或引起建筑结构外加变形或约束变形的原因。

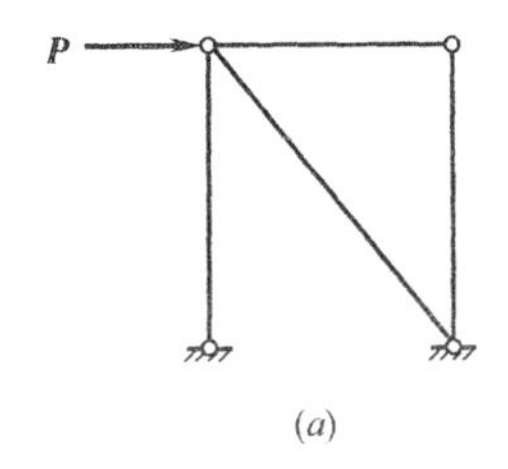

(a)

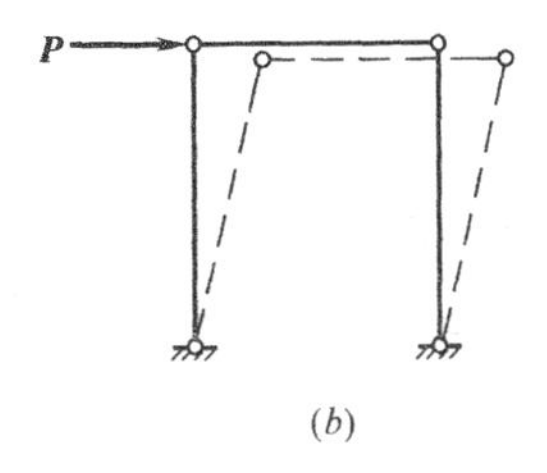

(b)

图 11-1

建筑结构是由杆件通过一定的连接方式组成的体系，在荷载作用下，只要不发生破坏，它的形状和位置是不能改变的。那么杆系怎样的连接方式才能成为结构？杆系通过不同的连接方式可以组成的体系可分为两类。一类是几何不变体系，即体系受到任意荷载作用后，能维持其几何形状和位置不变的，则这样的体系称为几何不变体系。如图 11-1（*a*）所示的体系就是一个几何不变体系，因为在所示荷载作用下，只要不发生破坏，它的形状和位置是不会改变的；另一类是由于缺少必要的杆件或杆件布置的不合理，在任意荷载作用下，它的形状和位置是可以改变的，这样的体系则称为几何可变体系。如图 11-1（*b*）所示的体系就是这样的一个例子。因为在所示荷载作用下，不管 P 值多么小，它是不能维持平衡，而发生了形状改变。结构是用来承受荷载的体系，如果它承受荷载很小时结构就倒塌了或发生了很大变形，就会造成工程事故。故结构必须是几何不变体系，而不能是几何可变体系。

我们在对结构进行计算时，必须首先对结构体系的几何组成进行分析研究，考察体系的几何不变性，这种分析称为几何组成分析或几何构造分析。

对体系进行几何组成分析的目的：

（1）检查给定体系是否是几何不变体系，以决定其是否可以作为结构，或设法保证结构是几何不变的体系。

（2）在结构计算时，还可根据体系的几何组成规律，确定结构是静定的还是超静定的结构，以便选择相应的计算方法。

第二节　平面体系的自由度及约束

判断一个体系是否几何不变，需要先了解体系运动的自由度，了解刚片和约束的概念。

1. 刚片

所谓刚片，是指可以看作刚体的物体，即物体的几何形状和尺寸是不变的。因此，在平面体系中，当不考虑材料变形时，就可以把一根梁，一根链杆或者在体系中已经肯定为几何不变的某个部分都看作是一个刚片。同样，支承结构的地基也可看作一个刚片，如图11-2所示。

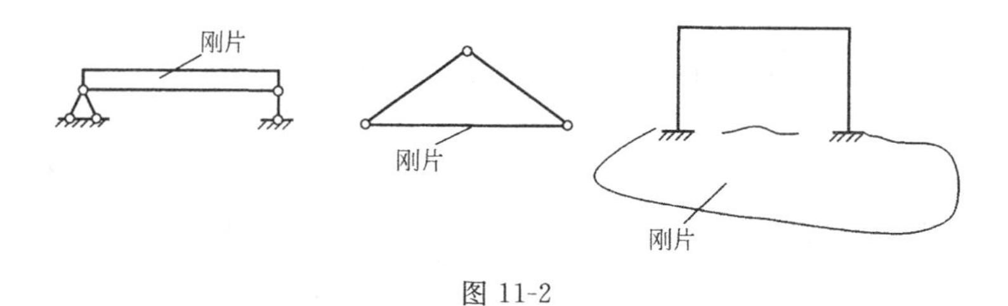

图 11-2

2. 自由度

在进行几何组成分析时，涉及到体系运动的自由度。所谓体系的自由度，是指该体系运动时，用来确定其位置所需要的独立的坐标数目。

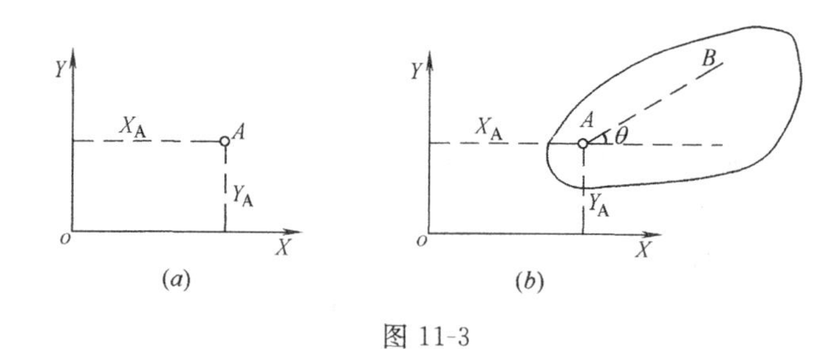

图 11-3

(1) 一个动点在平面内的位置，可用在选定的坐标系中的两个独立坐标 X 和 Y 来确定。所以其自由度为两个。如图 11-3 (a) 中 A 点在参考坐标系中的位置需要 X_A 和 Y_A 两个坐标确定。

(2) 一个不受约束的刚片，要确定其在平面上的位置，只要确定刚片上任意一点 A 的位置以及刚片上过 A 点的任一直线 AB 的位置，确定 A 点的位置需要两个坐标 X_A，Y_A 确定线段 AB 的方位还需要一个坐标 θ。因此，总共需要三个独立坐标，即刚片的自由度为三个，如图 11-3 (b)。

一般说来，一个体系如果有几个独立的运动方式，就说这个体系有几个自由度。工程结构必须都是几何不变体系，故其自由度应该等于零或小于零。凡是自由度大于零的体系都是几何可变体系。

(3) 约束

使非自由体在某一方向不能自由运动的限制装置称为约束。实际结构体系中各构件之间及体系与基础之间是通过一些装置互相连接在一起。这些对刚片运动起限制作用的连接装置也统称为约束。约束的作用是使体系的自由度减小。不同的连接装置对体系自由度的影响不同。常用的约束有链杆、铰和刚结点这三类约束。

现在来分析不同的约束装置对自由度的影响。

1. 链杆的作用

一个链杆会使体系减少一个自由度，它相当一个约束。如图 11-4（a），梁在平面内有三个自由度，如用一个链杆与基础相连，梁就不能沿链杆方向移动（竖向），梁应可沿水平方向移动，或绕 C 点转动，因而梁减少了一个自由度，有两个自由度。因此，我们说，一个链杆相当于一个约束。

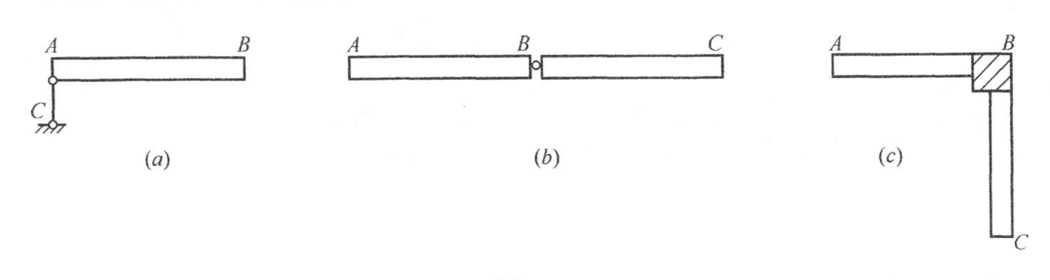

图 11-4

2. 铰

连接两个刚片的铰称为单铰。如图 11-4b。单铰的作用使体系自由度减少两个，所以它相当两个约束。如图 11-4（b）中，刚片 AB 和 BC 铰 B 连接。两个独立的刚片在平面内共有 6 个自由度，连接以后，自由度减为 4 个。因此我们可先用三个坐标确定刚片 AB 的位置，然后再用一个转角就可确定刚片 BC 的位置。由此可见，一个单铰可以使自由度减少两个，所以一个单铰相当于两个约束。

3. 刚性连接

两个刚片之间经刚性连接后使体系自由度减少三个，所以一个刚性连接相当于三个约束。图 11-4（c）所示为两个刚片 AB 和 BC 在 B 点连接而成的一个整体，其中，结点 B 是刚结点。原来，两个独立的刚片在平面内共有 6 个自由度，刚性连接成整体后，只有三个自由度。所以一个连接两个刚片的刚性连接相当于三个约束。同理，一个固定端的支座相当刚性连接，或者说固定端支座相当三个约束，如图 11-5。

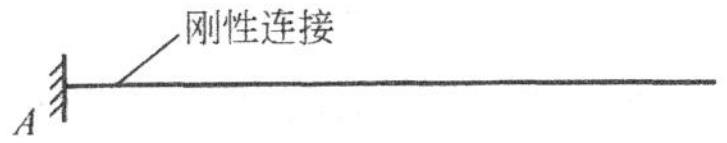

刚性连接

A

图 11-5

三种类型约束之间的关系：一个单铰的约束相当于两根链杆；一个单刚结的约束作用相当于三根链杆。

第三节　几何不变体系的组成规则

为了确定平面体系是否几何不变，首先要了解几何不变体系的组成规则。本节将研究组成几何不变体系的一些简单规律。

一、一个点与一个刚片之间的连接方式

规律一：一个刚片与一个点用两根链杆相连，且两个链杆不在同一直线上，则组成的体系是几何不变的体系，且无多余约束，如图 11-6。

二、两个刚片之间的连接方式

规律二：两个刚片用一个铰和一根链杆相连接，且链杆轴线不通过铰，则组成的体系是几何不变的，且无多余约束，如图 11-7。

三、三个刚片之间的连接方式

规律三：三个刚片用三个铰两两相连，且三个铰不在一条直线上，则组成的体系是几

何不变的，并且无多余约束。通常又称为铰接三角形几何不变规则，如图 11-8。所以铰接三角形就是一个几何不变体系。

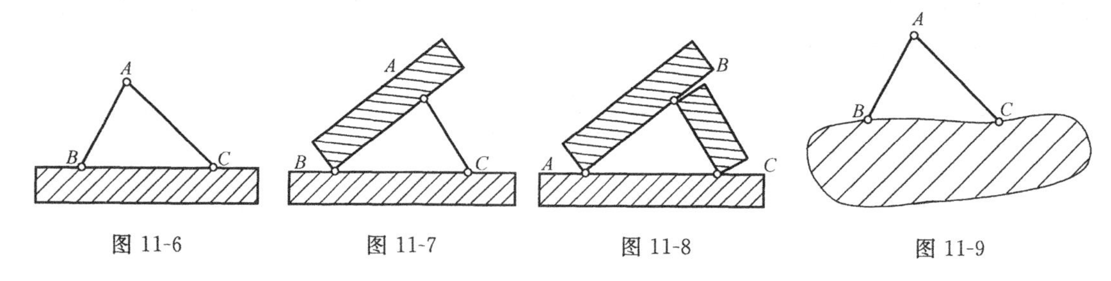

图 11-6　　图 11-7　　图 11-8　　图 11-9

四、二元体规则

二根不在一条直线上的链杆在杆端用铰结点连接，称为二元体，如图 11-9。

规律四：在一个已知体系上依次加入或撤出二元体，不会改变原体系的自由度数目，也不会影响原体系的几何组成性质。

如果原来是几何不变体系，加上二元体后，新的体系依然是不变体系。如图 11-9 在刚片上增加二元体 AB、AC，显然 A 点是不能相对于刚片运动的。显然在刚片上增加一个二元体或拆除一个二元体不会影响原体系的几何不变。换句话说，加在体系上的一个二元体结构既不增加也不减少体系的自由度。二元体规则与规律一相同，但它应用很广，且利用二元体规则可以使体系几何构造分析得到简化。

图 11-10 所示桁架体系，它就是在铰接三角形 ABC（刚片 Ⅰ）上逐一增加二元体 BDC、CED、EFD、EGF 而构成。所以此桁架为几何不变体系，且无多余约束。亦可将二元体逐一拆去，拆二元体 EGF、EFD、CED、CDB，得到铰接三角形成为几何不变体系，且无多余约束。

五、瞬变体系的概念

在前面所讨论的几何不变体系的基本组成规律中，曾提出了一些限制的条件，如连接两个刚片的一个铰和一根链杆，要求链杆不能通过此铰，连接三个刚片的三个铰不能在同一直线上。现在分析如果体系中刚片之间连接不满足限制条件时体系的特性。

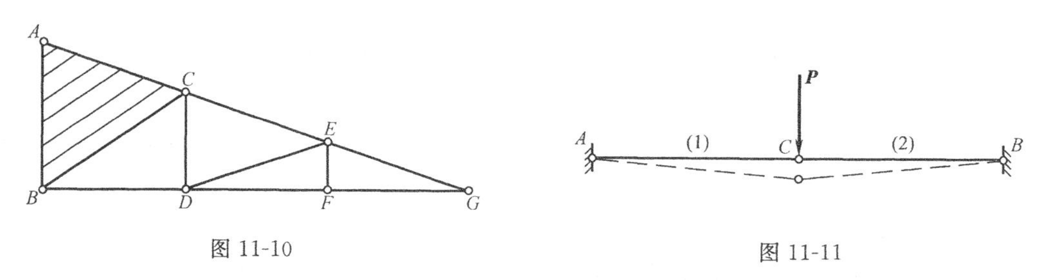

图 11-10　　图 11-11

在图 11-11 中，刚片（1）和刚片（2）及基础相连。且三铰共线。在荷载作用下，A 铰点会发生一些微小转动。A 点运动方向只能是沿着以 AC 或 AB 长为半径的圆弧切线方向，发生这一微小转动后，三铰就不共线，当然也就不再继续发生相对转动。这种本来是几何可变体系，经微小运动后又成为几何不变体系称为瞬变体系。因为它是可变体系的一种特殊情况，瞬变体系可以在很小荷载作用下，产生无穷大的内力，会使结构破坏。所以瞬变体系不能作为结构使用。

六、体系几何组成分析举例

应用几何不变体系的组成规则，是判别给定体系几何组成分析的依据。

【例 11-1】 分析图 11-12 中体系的几何构造。

【解】 桁架中 $ABCDE$ 是由三个铰接的三角形组成，FGH 也是一个铰接三角形，因此各自是几何不变的，可当作刚片Ⅰ和刚片Ⅱ，这两个刚片仅用链杆 EF 和 DG 来连接时，由规律二可知缺少一个联系，所以此桁架是一个几何可变体系。

【例 11-2】 上题如在 DF 之间加链杆 DF，分析体系几何构造。

【解一】 刚片Ⅰ和刚片Ⅱ之间的连接是由链杆 EF 和 DF 组成的铰与链杆 DG，满足规律二的两刚片之间的连接方式，所以该体系是几何不变体系。

【解二】 此题也可根据二元体规则来分析几何构造，根据加减二元体不改变原体系的几何性质，分别拆二元体 FHG、FGD、EFD、BED、BDC，剩下铰接三角形 ABC，成为几何不变体系且无多余约束。

结论：体系是几何不变的，且无多余约束。

【例 11-3】 分析图 11-14 所示体系的几何构造。

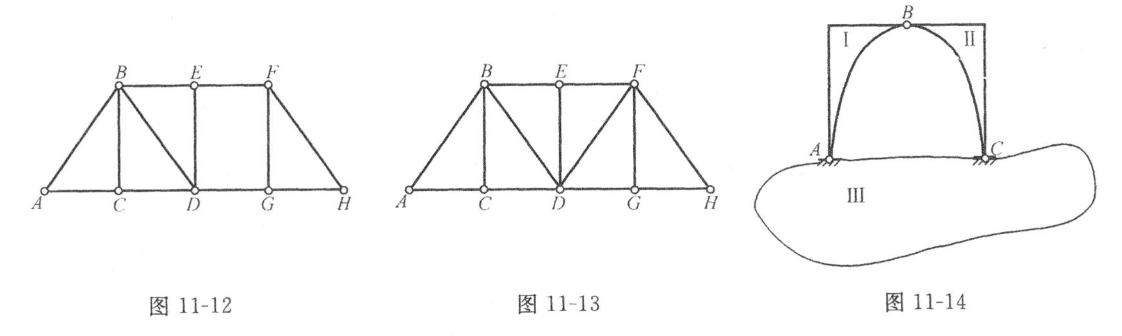

图 11-12　　图 11-13　　图 11-14

【解】 图 AB、BC 可视为刚片Ⅰ和刚片Ⅱ，基础可看作刚片Ⅲ，三刚片通过铰 A，B，C 两两相连，且这三个铰不在一条直线上，满足规律三的组成条件。

结论：体系是几何不变的，且无多余约束。

【例 11-4】 试对图 11-15 所示的体系进行几何构造分析。

【解】 图 AC 杆，CD 杆可看成刚片Ⅰ和刚片Ⅱ，基础可看作刚片Ⅲ。其中刚片Ⅰ与刚片Ⅲ之间连接是通过 A 支座的铰接和 B 支座一个链杆，满足规律二的组成条件，所以刚片Ⅰ和刚片Ⅱ组成几何不变体系。此不变体系再和刚片Ⅱ的连接满足规律二的组成条件，所以刚片Ⅰ、刚片Ⅱ、刚片Ⅲ组成了一个几何不变的体系，且无多余约束。

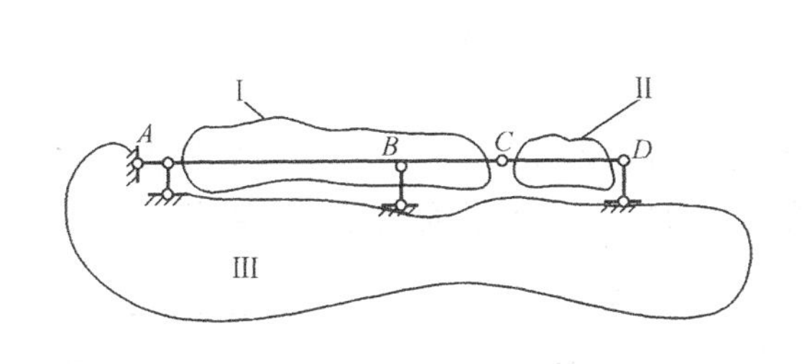

图 11-15

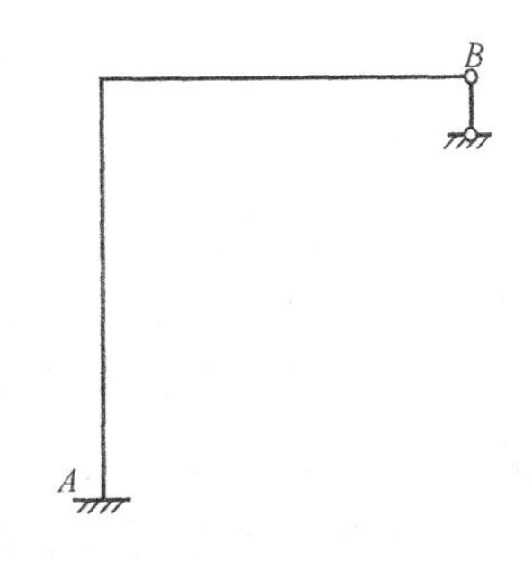

图 11-16

结论：体系是几何不变的，且无多余约束。

【例 11-5】 试对图 11-16 所示体系进行几何构造分析。

【解】 杆 AB 在支座 A 和大地之间是刚性连接，是几何不变体系，在 B 支座又有一链杆与大地连接，有一个多余约束。

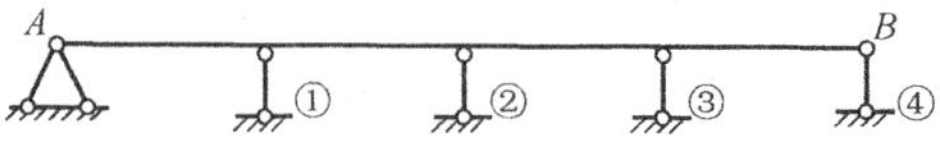

图 11-17

结论：体系是几何不变的，且有一个多余约束，此结构为一次超静定结构。

【例 11-6】 试对图 11-17 所示的平面体系进行几何组成分析。

【解】 将杆 AB 和基础分别当作刚片Ⅰ和刚片Ⅱ。按规律二，刚片Ⅰ和刚片Ⅱ用固定铰支座 A 和链杆①相连，已经组成一个几何不变体系。现又在此体系添加了三个链杆，故此体系为几何不变体系具有三个多余联系，此结构为三次超静定结构。

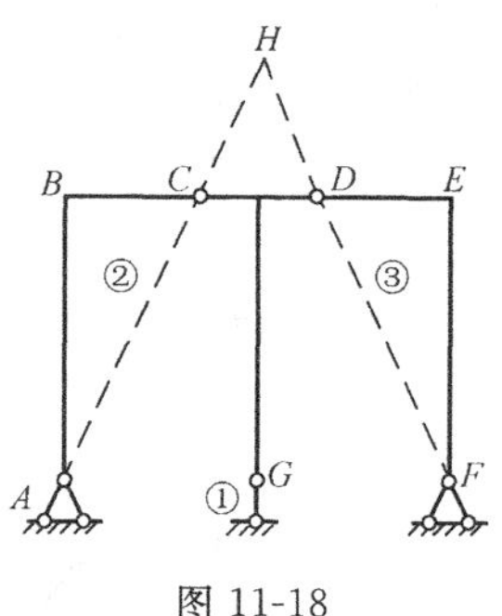

图 11-18

结论：体系是几何不变体系，且有三个多余约束，此结构为三次超静定结构。

【例 11-7】 试对图 11-18 所示的平面体系进行几何组成分析。

【解】 将地球和杆 CDG 分别当作刚片Ⅰ和刚片Ⅱ，折线杆 AC 和 DF 可用虚线表示的链杆②与③来代替，故刚片Ⅰ与刚片Ⅱ用一个虚铰 H 和一个链杆相连，并且虚铰在链杆的延长线上，所以此体系是几何瞬变体系，不能作为结构使用。

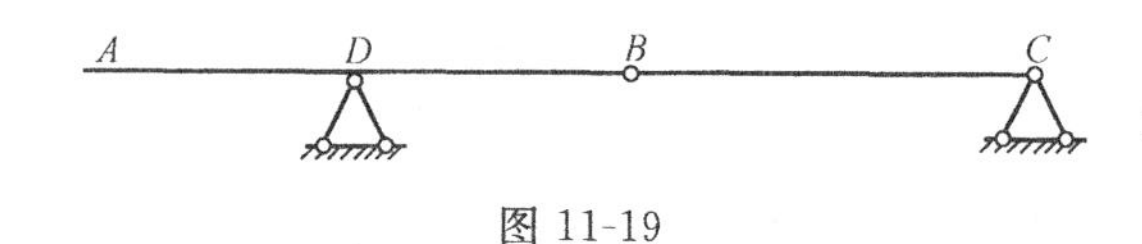

图 11-19

【例 11-8】 试对图 11-19 所示的体系进行几何组成分析。

【解】 将大地和杆 AB、BC 看成三刚片。它们之间是通过三个铰 D、B、C 相连接，并且这三个铰在一条直线上，此体系是瞬变体系，不能作为结构使用。

第四节　静定结构与超静定结构的概念

一、静定结构

从静力学计算方面判定：如果研究对象的未知量数目等于对应的平衡方程数目时，未知量均可由平衡方程求得，这类结构称为静定结构。从几何构造方面来判定：如果体系是几何不变体系，且无多余约束，这样的几何不变体系是静定结构。

二、超静定结构

从静力学计算方面判定：如研究的对象的未知量数目多余对应的平衡方程数，或结构的支承反力和内力只用静力平衡方程是不能求出的，这类结构称为超静定结构。从几何构造分析方面：超静定结构是具有多余联系的几何不变体系。如图 11-20，刚片 AB 与基础刚片之间由铰 A 和链杆 C 连接已经是几何不变体系，又多加链杆 B，此结构为几何不变体系，且有多余约

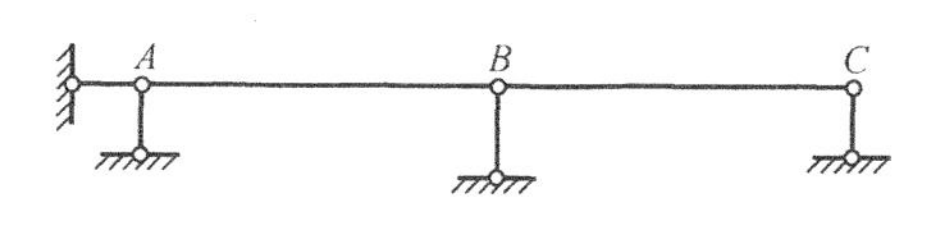

图 11-20

束。为超静定结构，一个多余约束，为超一次静定结构。

三、超静定结构与静定结构相比，超静定结构具有以下特性

（1）在几何组成方面，超静定结构与静定结构一样，必须是几何不变的，但是超静定结构是具有多余联系的几何不变体系，与多余联系相应的支承反力和内力称为多余反力或多余内力。

静定结构无多余联系，即在任一联系遭到破坏后，结构就变成几何可变体系，不能承受荷载。

超静定结构有多余联系，在其多余联系破坏后，仍能保持其几何的不变性，并具有一定的承载力。可见，超静定结构是具有一定的抵御突然破坏的防护能力。

（2）超静定结构即使不受外荷作用，如发生温度变化、支座移动、材料收缩或构件制造误差等情况，也会引起支承反力和构件内力。

（3）在超静定结构中各部分的内力和支承反力与结构各部分的材料，截面尺寸和形状都有关系而静定结构的反力或内力与材料及截面形状无关。

（4）从结构内力的分布情况来看，超静定结构比静定结构受力均匀，内力峰值也相应偏小。

工程中应根据具体条件，如施工条件、经济条件、工程性质、工程大小等采用相应的结构形式。

复习思考题与习题

1. 分析几何组成的目的。
2. 何谓几何不变体系？何谓几何可变体系？哪个体系不能作为建筑结构？为什么？
3. 瞬变体系是属于哪一种体系？它能作为建筑结构吗？
4. 什么是静定结构？什么是超静定结构？在几何组成上有什么联系与区别？
5. 试对图 11-21 所示的平面体系进行几何组成分析。
6. 试对图 11-22 所示的平面体系进行几何组成分析。
7. 试对图 11-23 所示的平面体系进行几何组成分析。
8. 试对图 11-24 所示的平面体系进行几何组成分析。

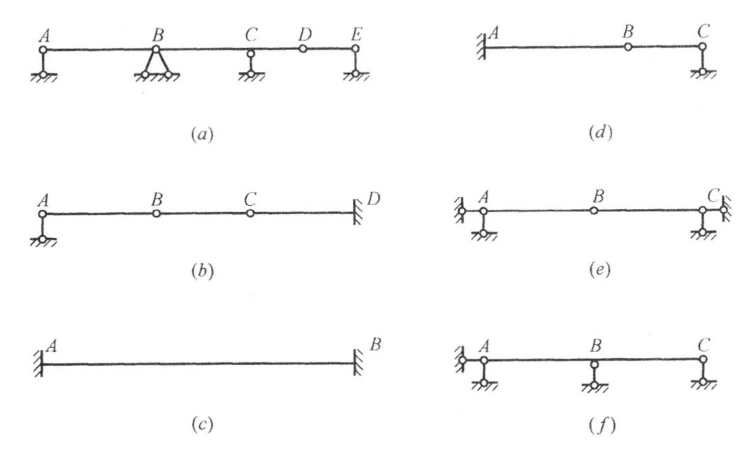

图 11-21

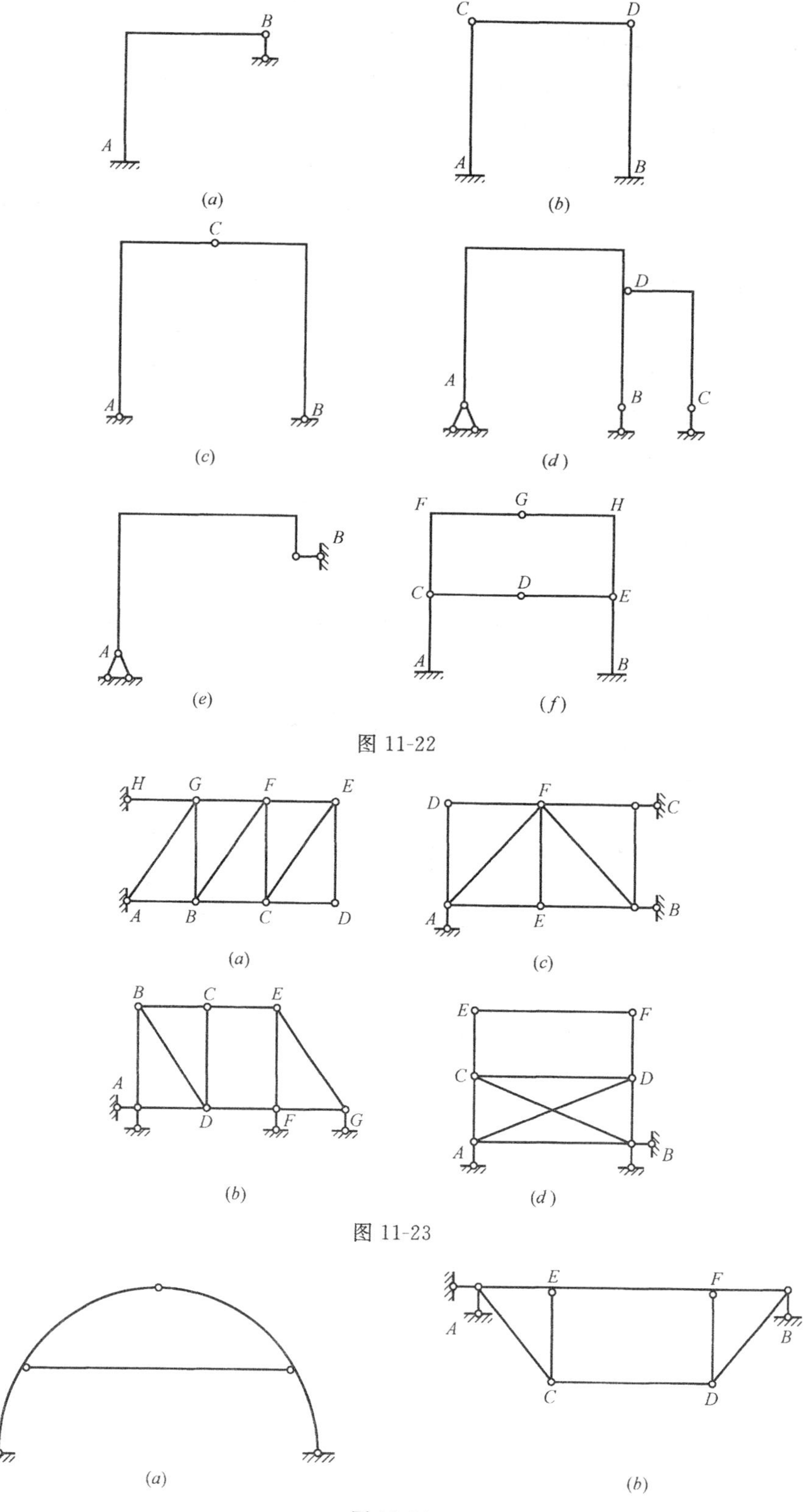
图 11-22

图 11-23

图 11-24

第十二章　静定结构的内力分析

在建筑工程中，静定结构得到广泛的应用，所谓静定结构是指在任意荷载作用下，其支座反力和各杆的内力均可由静力平衡条件求得且为惟一量值的结构。从几何组成来看，是无多余约束的几何不变体系。掌握静定结构的内力分析方法，其重要意义不仅是因为在建筑工程中，静定结构广泛的应用，而且因为静定结构的受力分析是超静定结构分析的基础。

本章结合几种常用的典型结构型式（梁、刚架、桁架）讨论静定结构的内力分析。内容主要包括支座反力和内力的计算、内力图的绘制、受力性能的分析等内容。

第一节　静定梁的计算

一、多跨静定梁

多跨静定梁：是由若干根梁用铰相连，并用若干支座与基础相连而组成的静定结构。除了在桥梁方面常采用这种结构形式外，在房屋建筑中的檩条有时也采用这种形式。如图12-1（*a*）所示为屋盖中檩条，檩条接头处采用斜口搭接形式，并用螺栓紧固。这种接头不能抵抗弯矩，可以阻止移动，故可看作铰接，如图 12-1（*b*）。

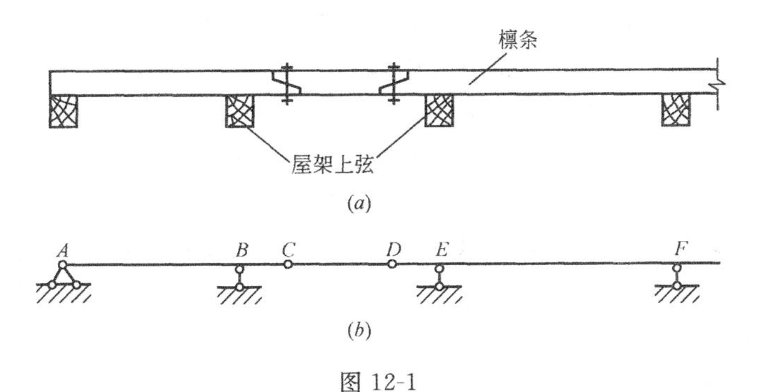

图 12-1

多跨静定梁组成分析：多跨静定梁的各部分可以区分为基本部分（梁），附属部分（次梁）。什么是基本部分（主梁）？凡是在荷载作用下，能独立地维持平衡的部分，称基本部分；而附属部分是在荷载作用下，必须依靠基本部分才能保持几何不变的部分称为附属部分（次梁）。图 12-2（*a*）中 *AC* 部分直接由支座链杆固定于基础，是几何不变的，它是基本部分或称为主梁；而 *CD* 部分必须依靠 *AC* 部分才能保持几何不变，所以称 *CD* 为附属部分或称为次梁。为了表明它们之间支承关系，可用图 12-2（*b*）表示，这种图称为层次图。这样，通过分层图就把复杂的多跨静定梁分成简单梁，具有了明确的受力和传力途径。

多跨静定梁传力分析：在竖向荷载作用下，基本部分能独立承受荷载而维持平衡。当荷载作用于基本部分时，只有基本部分受力而附属部分不受力；当荷载作用于附属部分时，由于附属部分支承在基本部分之上，其荷载效应将通过铰接处传给基本部分，则不仅附属部分受力，基本部分也同时受力，如图 12-2 及 12-3 所示。

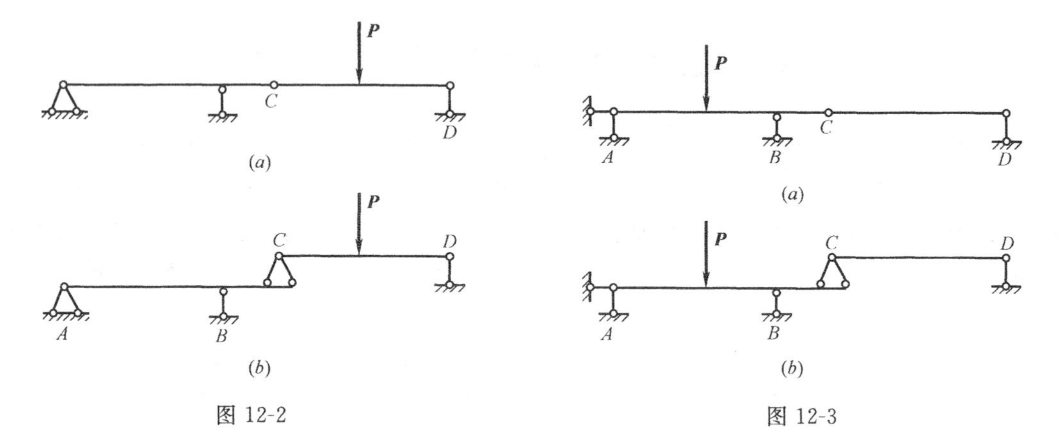

图 12-2　　　　图 12-3

说明：图 12-2 附属部分 CD 受到荷载作用，基本部分 AC 支撑附属部分会受到附属部分 CD 传来的外力作用。

结论：附属部分要把力传给基本部分。

说明：图 12-3 基本部分 AC，附属部分 CD。基本部分 AC 受到荷载作用，附属部分 CD 上无荷载作用。

结论：基本部分不传力给附属部分，所以 CD 无内力。

二、多跨静定梁的内力计算

根据多跨静定梁的组成及受力特性，计算多跨静定梁时，遵守的原则是：先把多跨静定梁拆成若干个单跨梁，确定基本部分和附属部分；绘出梁的分层图。然后先计算附属部分，再计算基本部分。把绘出各单跨梁的内力图并连在一起，即得到多跨梁的内力图。

【例 12-1】 试作图 12-4（a）中静定多跨梁的内力图。

【解】 分析：(1) 先确定基本部分和附属部分。

先把多跨静定梁拆成两个单跨梁 AC 与 CD。由几何构造分析可知 AC 杆件由支座 A、B 固定于基础，是几何不变的部分，称为基本部分；CD 杆件则必须依靠 AC 杆件才能保证是几何不变，所以 CD 是附属部分。

(2) 绘出层次图。

如图 12-4（b）由该图可清楚知道梁的传力过程，应先计算附属部分 CD。然后再计算 AC 部分。由于附属部分 CD 无荷载作用，而基本部分受力不会影响附属部分，故 CD 梁无内力。

(1) 计算支座反力。

$$Y_A = Y_B = 60\text{kN} \qquad Y_D = 0$$

(2) 画剪力图和弯矩图。

应用单跨梁绘内力图的方法即可绘出剪力图和弯矩图（图 12-4c、d、e）。其中 CD 梁是附属部分没有受荷载的作用，所以没有内力。

【例 12-2】 如图 12-5（a）所示多跨静定梁，试作内力图。

【解】 先进行梁的组成分析：AB 梁是基本部分，BC 梁是附属部分。

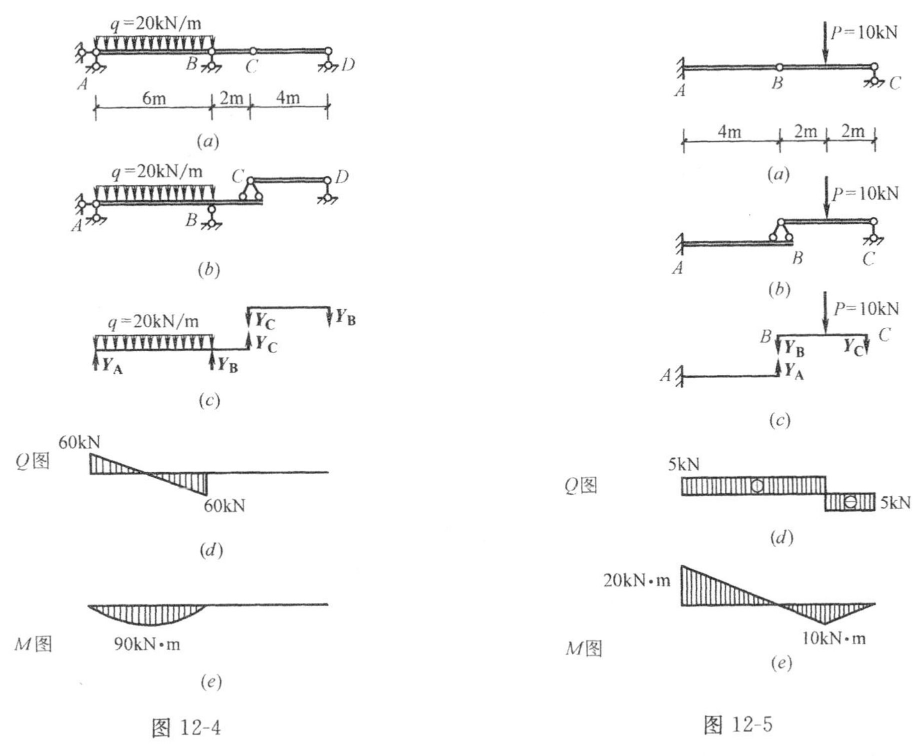

图 12-4　　图 12-5

绘出层次图：图 12-5（*b*），由图可知，多跨静定梁可拆成简单的单跨梁。*BC* 梁是单跨简支梁，而 *AB* 梁为悬臂梁。由附属部分开始求解支座反力并绘出内力图。

（1）求支反力

由简支梁 *BC* 平衡条件可得　　$Y_B = Y_C = 5\text{kN}$

（2）根据所求的支反力分别画出简支梁 *BC* 及悬臂梁的剪力图和弯矩图。如图 12-5（*d*）、（*e*）。其中 *BC* 梁是附属部分，它受到力后，会把力传向基本部分 *AB* 梁。

【例 12-3】 试作图 12-6（*a*）所示多跨静定梁的内力图。

【解】

分析：（1）先确定基本部分和附属部分。

由几何构造分析可知 *AC* 杆件由支座 *A*、*B* 固定于基础，是几何不变的部分，称为基本部分；*CD* 杆件则必须依靠 *AC* 杆件才能保证是几何不变，所以 *CD* 是附属部分。

（2）绘出层次图。

如图 12-6，由该图可知，应先计算附属部分 *CD*。然后再计算 *AC* 部分。

（1）计算反力

如图 12-6*c* 所示，由附属部分开始，因集中荷载作用在 *CD* 段中点，故

$$Y_C = Y_D = 60\text{kN}$$

再由基本部分 *AC* 梁的平衡条件

$$Y_A = 145\text{kN} \qquad Y_B = 235\text{kN}$$

（2）作剪力图和弯矩图

支座反力及铰 *C* 处的约束反力求出后，梁的剪力图和弯矩图即可应用单跨梁画内力

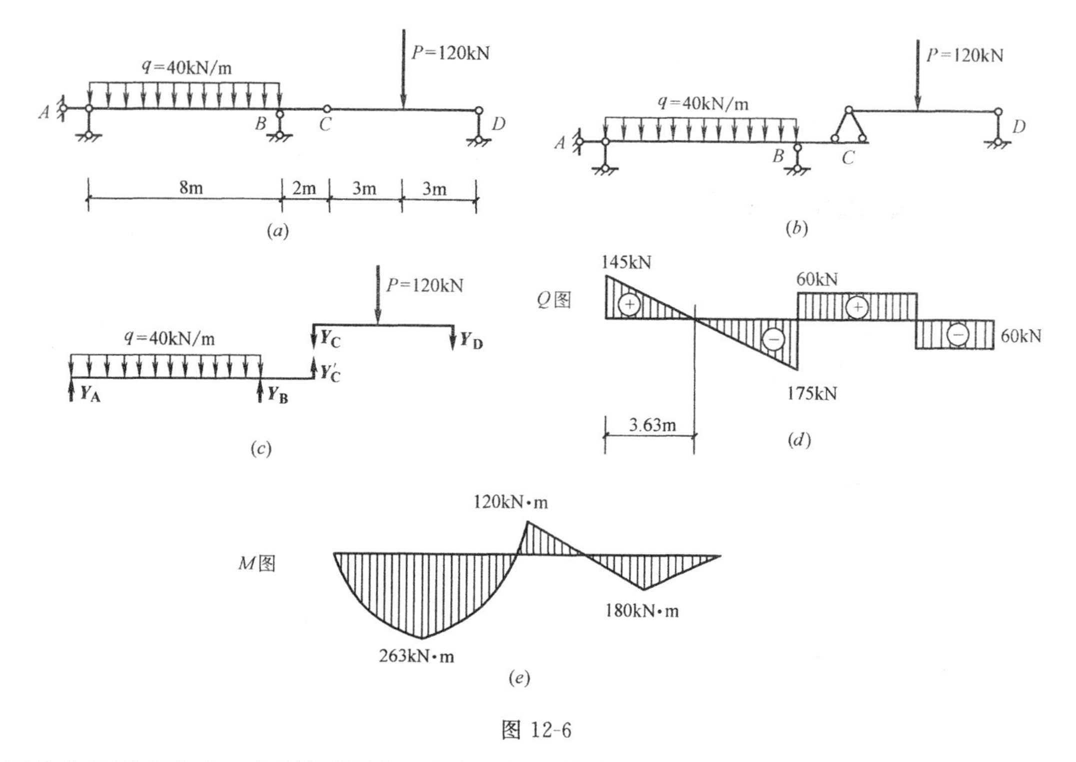

图 12-6

图的方法不难绘出，分别如图 12-6（d）、（e）所示。

三、静定多跨梁的受力特性

在多跨静定梁的设计中，基本部分与附属部分之间的连接铰对内力分布有较大的影响。铰的安放位置适当可以减小弯矩图的峰值，使弯矩分布较均匀，达到受力合理和节约材料目的。下面用一个例题来简单说明。

【例 12-4】 如图 12-7（a）所示两跨静定梁，承受均布荷载 q。试确定 D 铰的位置使支座 B 的弯矩与跨中附属部分简支梁的跨中弯矩相等。

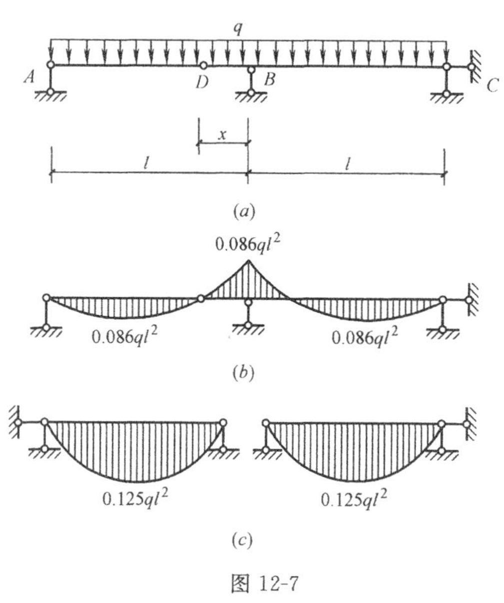

图 12-7

【解】（1）铰结点 D 到 B 支座的距离为 x。在均布荷载作用下，不难证明 AB 和 BC 两跨的弯矩图是对称的。于是按题要求确定 D 铰位置

$$x=0.172L$$

（2）求弯矩

铰的位置确定后，即可画出内力图。如图 12-7（b）。弯矩峰值为

$$M=0.086qL^2$$

（3）求两个跨度为 L 的简支梁的弯矩图，如图 12-7（c）。

$$M=0.125qL^2$$

（4）结果比较

若采用两跨独立的简支梁，最大的弯矩要比多跨梁最大弯矩值大 1.45 倍。即经优选 D 铰的位置后，最大弯矩值减少 45%。多跨静定梁弯矩峰值小，用料节省，但是多跨静定梁的构造复杂一些。

第二节　静定平面刚架

一、平面刚架的特征

刚架是有若干个梁和柱用刚结点组成的结构。图 12-8 为一门式刚架的计算简图，其结点 B 和 C 是刚结点。在刚结点处，各杆端不能发生相对移动和相对转动，既刚架受力变形时，杆端在结点 B 和 C 处仍然连接在一起，而且保持与变形前相同的夹角，如图虚线所示。

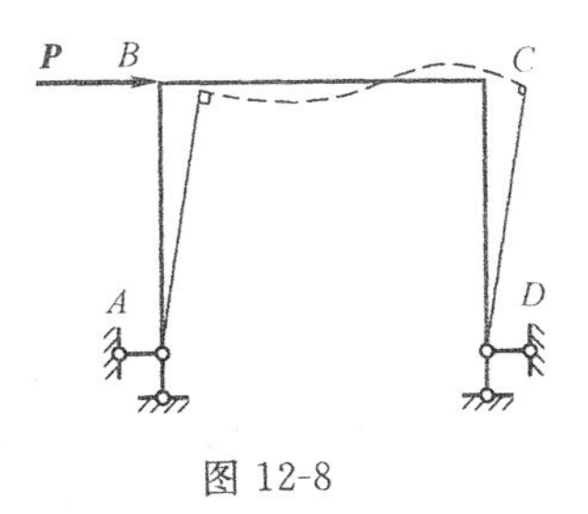

图 12-8

刚架具有刚结点是其结构的特点。刚结点具有约束杆端相对转动的作用，能承受和传递弯矩，可以削减结构中弯矩的峰值，使弯矩较均匀，故比较省材料。此外，由于刚架具有刚结点，杆数少，内部空间大，便于利用，且多数是由直杆组成，制作方便，因此得到广泛的应用。在建筑工程中，常用刚架作为主要承重骨架，通过它将荷载传到基础和地基上去。当刚架的各杆轴线都在同一平面内而外力也可简化到这个平面内时，这样的刚架称为平面刚架。

图 12-9（a）是一现浇钢筋混凝土刚架的构造示意图。柱底与基础的连接可看作固定铰支座。其计算简图如图 12-9（b）所示。这种刚架称为双铰刚架。

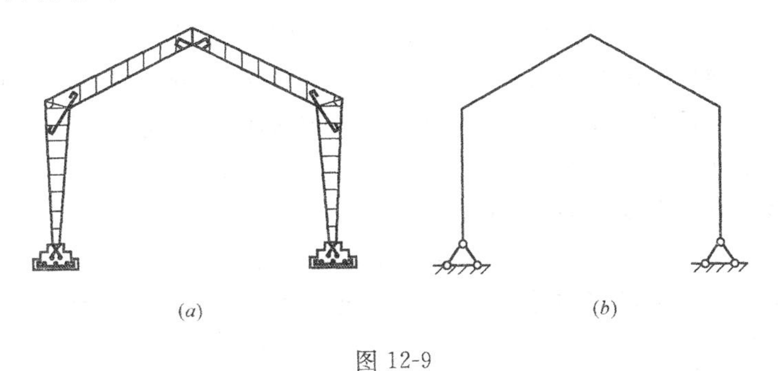

图 12-9

图 12-10（a）是一装配式钢筋混凝土刚架的示意图。其计算简图如图 12-10（b）所

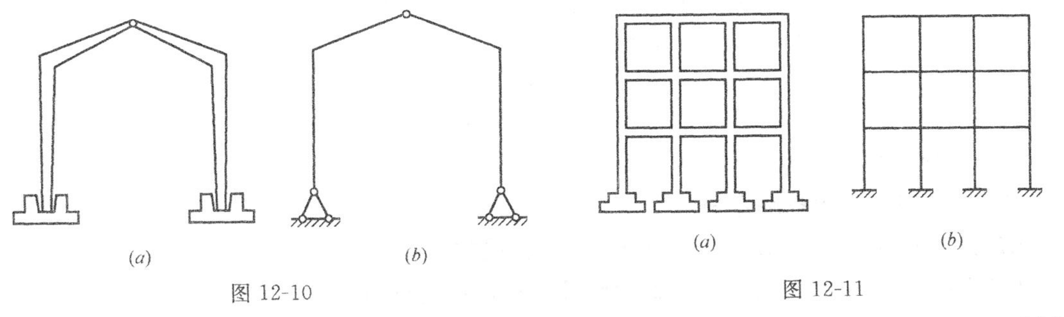

图 12-10　　图 12-11

示。这种刚架称为三铰刚架。

图 12-11（a）是现浇多层多跨刚架。其中所有结点都是刚结点，习惯上称这种结构为框架。图 12-11（b）是其计算简图。

二、静定平面刚架常见的类型

有悬臂刚架（图 12-12a）、简支刚架图（图 12-12b）、三铰刚架（图 12-12c）及组合刚架等等（图 12-12d）。

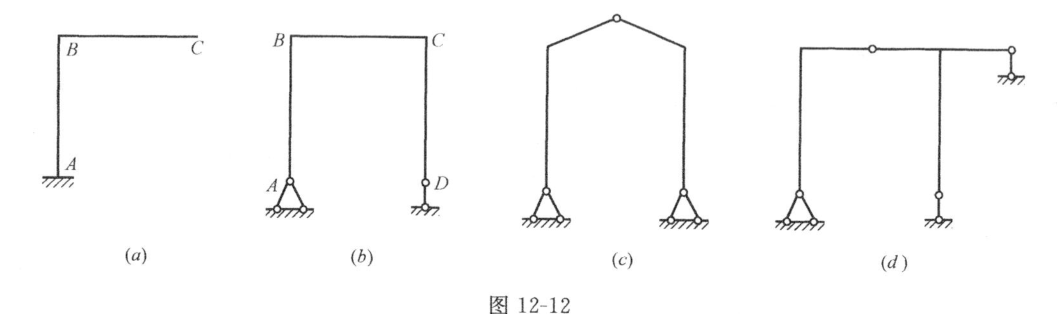

图 12-12

三、平面静定刚架的受力分析

从力学观点来看，刚架可以认为是梁的组合，静定刚架和静定梁的受力分析类似，但刚架内力中一般还存在轴力。按静定梁的分析方法，可把刚架的计算步骤归纳如下：

（一）求支反力

可根据刚架形式不同，分别用不同的方法去求支反力。

（二）求杆端截面的内力

静定刚架可以看成是若干个杆件的组合，每一个杆件的受力又和单跨梁（简支梁、悬臂梁）相似，所以只要把杆端截面的内力求出，即可按单跨梁的方法逐杆绘制内力图。

在刚架中，弯矩图规定绘在杆件受拉的一侧，图中不标正负号。剪力与轴力的正负号的规定与梁相同，而剪力图与轴力图可以绘制在杆件的任一侧，但必须标明正负号。

在计算内力时对杆件的杆端内力，常在其右下方加用两个角标；第一个表示内力所属截面；第二个表示该截面所属杆的另一端，以区别内力所属杆件的杆端。例如，M_{AB}和M_{BA}分别表示 AB 杆的 A 端和 B 端的弯矩。

【例 12-5】 求图 12-13（a）所示静定悬臂刚架的内力图

【解】 分析：此刚架可以看成三个杆件组成。分别是 BD 段、BC 段、AB 段。B 结点为刚结点。可把 BD 段、BC 段看成悬臂梁计算，AB 段看成单跨梁。

（1）求支座反力

取整个刚架为隔离体，受力图 12-13（a）。根据平衡条件得

$$\sum X=0 \qquad X_A=0$$

$$\sum Y=0 \qquad Y_A=5+2\times2=9\text{kN}$$

$$\sum M=0 \qquad 2\times2\times1-5\times2+M_A=0 \qquad M_A=6\text{kN}\cdot\text{m}$$

（2）作弯矩图

应逐杆考虑，算出杆端弯矩。

BD 段：$M_{DB}=0$ $\quad M_{BD}=10\text{kN}\cdot\text{m}$（上侧受拉）

BC 段：$M_{CB}=0$ $\quad M_{BC}=2\times2\times1=4\text{kN}\cdot\text{m}$（上侧受拉）

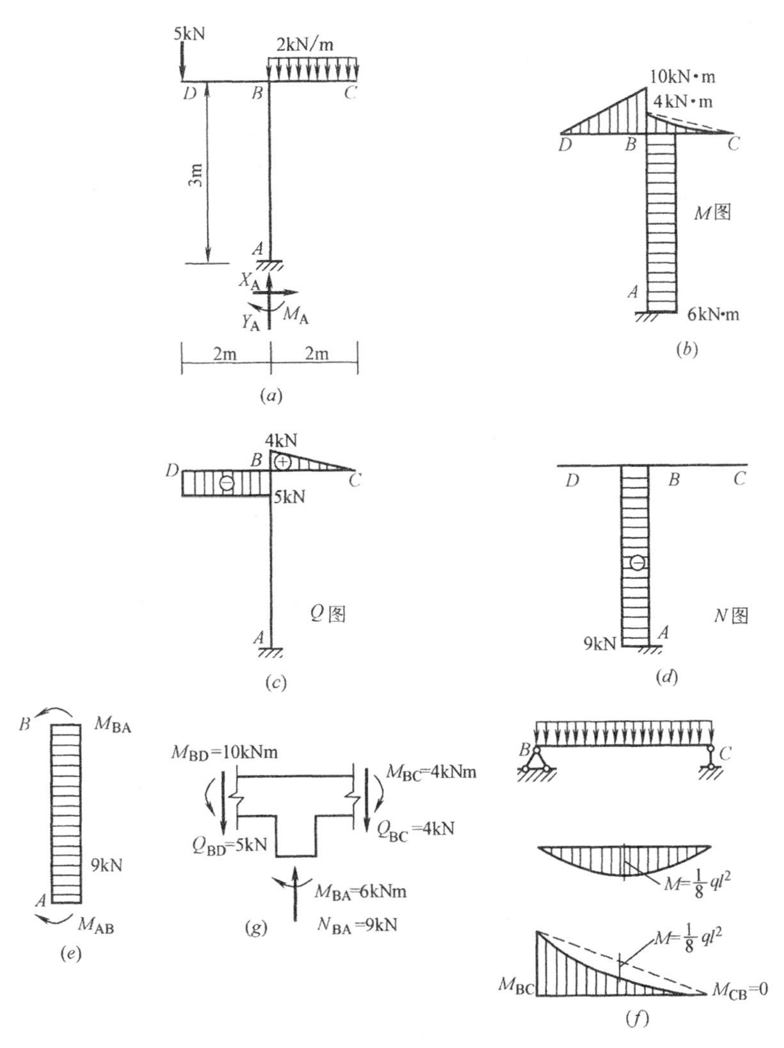

图 12-13

AB 段：$M_{AB}=M_A=6\text{kN}\cdot\text{m}$（右侧受拉）　　$M_{BA}=5\times2-2\times2\times1=6\text{kN}\cdot\text{m}$

将以上杆端弯矩值画在受拉侧，如对无荷载区段，只要定出两个弯矩竖标，即可连成直线图形；而对于承受荷载的区段，还要利用相应简支梁的弯矩图进行叠加求得。如图 12-13（*f*）。对 *BD* 段、*BC* 段也可按悬臂梁直接画出弯矩图，如图 12-13（*b*）。

（3）作剪力图

应逐杆靠虑，求出杆端剪力。

BD 段和 *BC* 段：可按悬臂梁画出剪力图。

AB 段　　$Q_{AB}=Q_{BA}=0$

（4）作轴力图

BD 段和 *BC* 段：$N_{BD}=N_{BC}=0$

AB 段　　$N_{AB}=N_{BA}=-(5+2\times2)=-9\text{kN}$（受压）

（5）为了校核内力图，可取刚架的任何一部分为隔离体，检查其是否满足静力平衡条件。通常是校核刚结点处的内力。例如，取结点 *D* 为隔离体如图 12-13*g* 所示，可见作用在隔离体上的力，满足静力平衡条件。

【例 12-6】 求图 12-14（a）所示静定简支刚架的内力，并做出内力图。

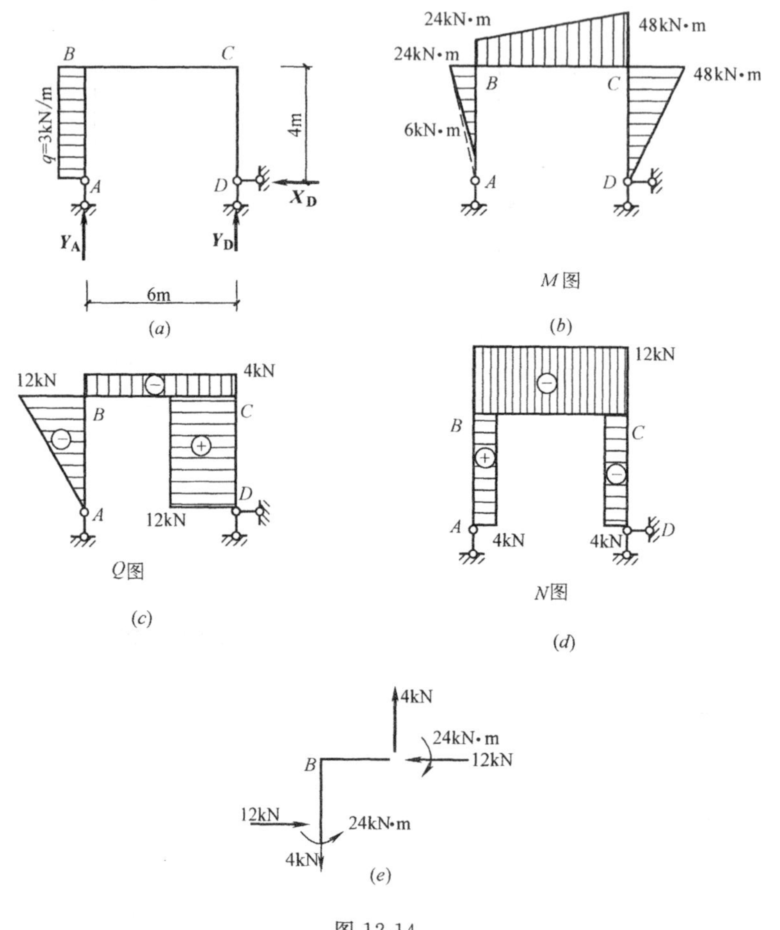

图 12-14

【解】（1）求支反力。

以整体为研究对象，画出受力图。假定支座反力 Y_A、Y_D、X_D 的方向如图所示，利用平衡条件得

$$\sum X=0 \qquad X_D=3\times4=12\text{kN}\ (\leftarrow)$$

$$\sum M=0 \qquad 3\times4\times2+6\times Y_A=0 \quad Y_A=-4\text{kN}\ (\downarrow)$$

$$\sum Y=0 \qquad Y_D=-Y_A=4\text{kN}\ (\uparrow)$$

（2）作弯矩图。

把原刚架看成是由柱 AB、CD 及梁 BC 组成，分别求出单个杆件的内力及内力图。求杆端弯矩图

柱 AB 段：

$$M_{AB}=0 \qquad M_{BA}=3\times4\times2=24\text{kN}\cdot\text{m}\text{（杆左侧受拉）}$$

柱 CD 段：C 端及 D 端的弯矩可由反力 X_D 及 Y_D 得

$$M_{DC}=0 \qquad M_{CD}=12\times4=48\text{kN}\cdot\text{m}\text{（杆右侧受拉）}$$

梁 BC 段：梁两端的弯矩亦可由左面或右面的外力求出，以右面外力求

$$M_{CB}=12\times4=48\text{kN}\cdot\text{m}$$（上部受拉）

$$M_{BC}=12\times4-4\times6=24\text{kN}\cdot\text{m}$$（上部受拉）

画弯矩图：

AB 段：柱 *AB* 段上有均布荷载，故柱 *AB* 的杆端弯矩连成直虚线后，须叠加上简支梁的弯矩图（抛物线）。弯矩图在 *AB* 段为曲线。

CD 段：柱 *CD* 段上无荷载，弯矩图为斜直线，故将杆端弯矩画出后，连成直线，即得弯矩图。

BC 段：梁 *BC* 段无荷载，把杆端弯矩值画出后连线即画出弯矩图，如图 12-14（*b*）。

（3）作刚架的剪力图

求杆端剪力

AB 段：　$Q_{AB}=0\quad Q_{BA}=-3\times4=-12\text{kN}$

CD 段：　$Q_{DC}=12\text{kN}\quad Q_{CD}=12\text{kN}$

BC 段：　$Q_{BC}=-4\text{kN}\quad Q_{CB}=-4\text{kN}$

画剪力图：

AB 段：柱 *AB* 段上有均布荷载，剪力图为斜直线，故将杆端剪力画出后，连成直线，即得到剪力图。

DC 段及 *BC* 段：柱 *CD* 段及 *BC* 段上无荷载，剪力图都是平行于杆轴的直线，如图 12-14（*c*）。

（4）作刚架的轴力图

先利用截面一侧的外力计算杆的轴力。

AB 段：$N_{BA}=4\text{kN}$

CD 段：$N_{CD}=-12\text{kN}$

BC 段：$N_{BC}=-4\text{kN}$

画轴力图：各杆的轴力图是平行各杆轴线的直线，如图 12-14（*d*）所示。

（5）内力图的校核

刚架的内力图必须满足静力平衡条件，为了校核内力图，可以截取刚架的任何一部分，检查其是否满足静力平衡条件。图 12-14（*e*）所示由刚架中截取结点 *B*，作用在此结点上的力为 M_{BC}、$\boldsymbol{Q}_{BC}$、$\boldsymbol{N}_{BC}$、M_{BA}、$\boldsymbol{Q}_{BA}$、$\boldsymbol{N}_{BA}$。不难看出，结点 *B* 是满足静力平衡条件的。

【例 12-7】 试作图 12-15（*a*）中三铰刚架的内力图

【解】 分析：在三铰刚架中，结点 *D*、*E* 是刚结点。可把刚架看成是由四个单跨梁组成，分别为 *AD*、*DC*、*CE*、*EB*。由于 *D*、*E* 是刚结点，相等于固定端作用，当把支座反力及 *C* 结点约束力计算出后，就可把四个单跨梁按悬臂梁来计算，

（1）求支反力

以刚架整体为研究对象，其受力图如图 12-15（*b*），所示由平衡条件得

$$\sum M=0\quad Y_B\times6-20\times6\times3=0\quad Y_B=60\text{kN}\ (\uparrow)$$

$$\sum Y=0\quad Y_B-Y_A=0\quad Y_A=Y_B=60\text{kN}\ (\downarrow)$$

$$\sum X=0\quad X_B+X_A-20\times6=0\quad X_A=120-X_B$$

将刚架从铰 *C* 结点处拆开，取刚架的右半部分为隔离体，画出受力图，如图 12-15（*c*）。由平衡条件得

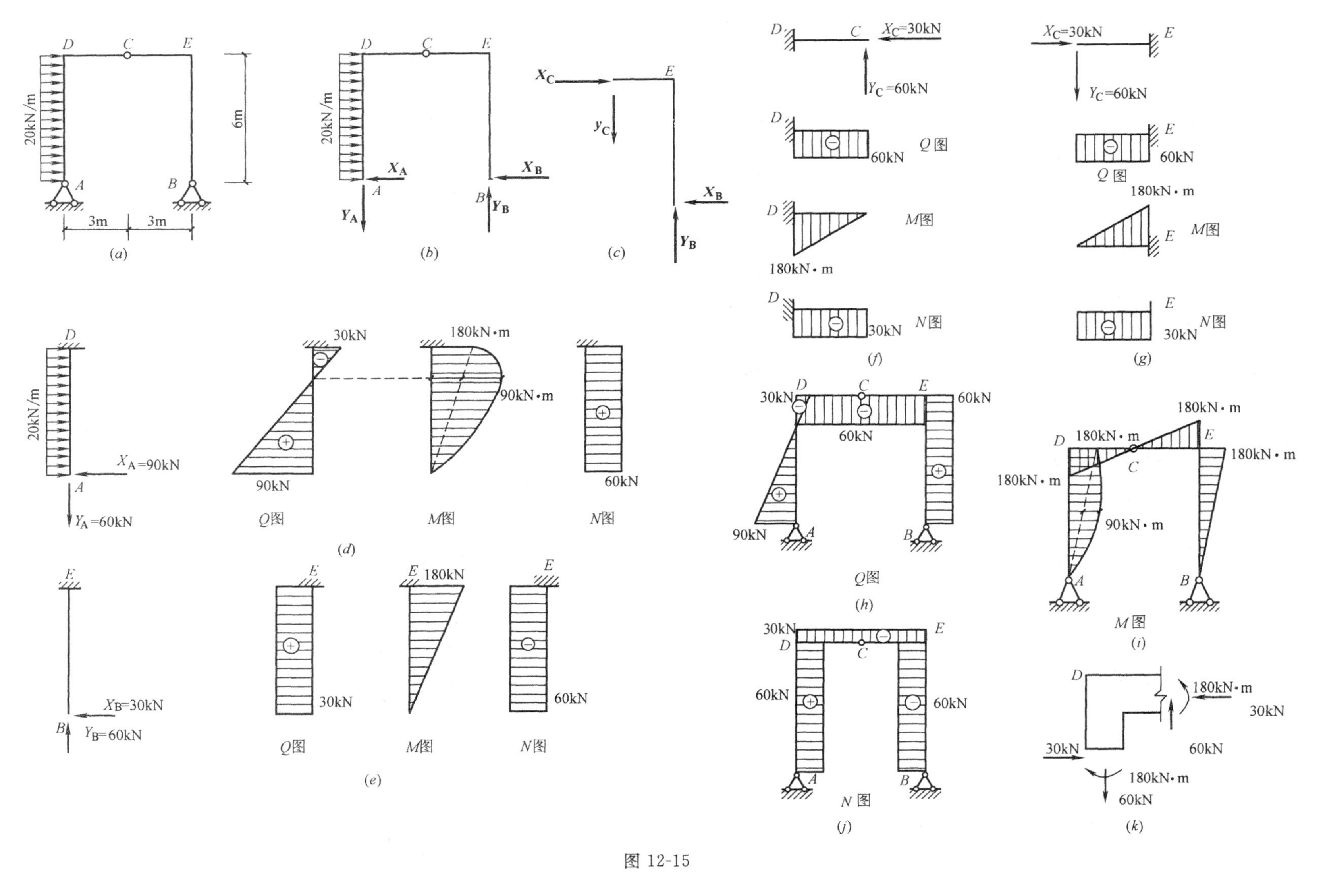

20kN/m
D
C
E
A
B
3m
3m
6m
(a)
X_A
Y_A
X_B
Y_B
(b)
X_C
y_C
(c)
X_A=90kN
Y_A=60kN
30kN
90kN
Q图
180kN·m
90kN·m
M图
60kN
N图
(d)
X_B=30kN
Y_B=60kN
30kN
Q图
180kN
M图
60kN
N图
(e)
X_C=30kN
Y_C=60kN
60kN
Q图
180kN·m
M图
30kN
N图
(f)
(g)
Q图
(h)
M图
(i)
N图
(j)
(k)

图 12-15

$$\sum M_C=0 \quad Y_B\times 3-X_B\times 6=0 \quad X_B=30\text{kN}\ (\leftarrow)$$
$$\sum Y=0 \quad Y_B-Y_C=0 \quad Y_C=Y_B=60\text{kN}$$
$$\sum X=0 \quad X_C-X_B=0 \quad X_C=X_B=30\text{kN}$$

由整体平衡条件

$$\sum X=0 \quad X_B+X_A-20\times 6=0 \quad X_A=120-X_B=90\text{kN}$$

（2）画内力图

很容易画出四个悬臂梁的内力图（弯矩、剪力及轴力图）

AD 段：如图 12-15（*d*）

BE 段：如图 12-15（*e*）

DC 段：如图 12-15（*f*）

CE 段：如图 12-15（*g*）

最后把各段杆件的内力图进行组合，画出整体内力图。如图 12-15（*h*）、（*i*）、（*j*）。

（3）校核

取结点 *D* 为隔离体，将相应截面的内力按实际方向画在结点 *D* 的受力图上。如图 12-15(*k*)。

容易看出该结点满足平衡条件。此题也可按求杆端内力，然后画出各个杆内力图的方法。

第三节　静定平面桁架

一、概述

桁架是工程中应用较广泛的一种结构。图 12-16 分别为桁架结构在实际的应用实例。图 12-16（*a*）是南京长江大桥主体桁架结构，图 12-16（*b*）是美国明尼阿波利联邦储备银行大楼顶部转换层桁架。图 12-16（*c*）为一混凝土屋架结构。随着高层结构的发展，桁架也成为了建筑主体结构。

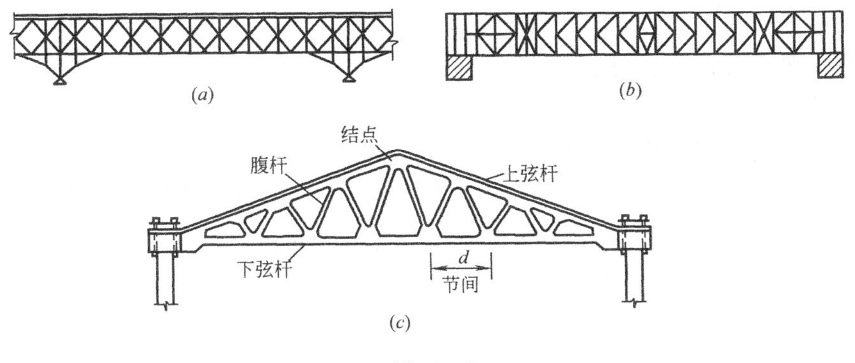

图 12-16

实际工程中桁架一般用钢构件连接而成，有时也用钢筋混凝土构件或木结构按一定方式组装而成。是常用的一种适宜于跨越较大跨度的结构形式。

二、桁架受力特点和组成

梁和刚架承受荷载后，主要产生弯曲内力，截面上的应力分布是不均匀的，因而材料不能充分利用。桁架是由杆件组成的，当荷载只作用在结点上时，各杆只有轴力，截面上的应力分布均匀，可以充分发挥材料的作用。因此，桁架是大跨结构常用的一种形式。

桁架是由若干直杆在其两端用铰连接而成的结构，桁架的杆件依其位置不同，可分为弦杆与腹杆两类。弦杆又分上弦杆与下弦杆。腹杆又分为竖杆和斜杆，弦杆上两相邻结点的区间称为节间，两支座间的水平距离称为跨度 L，支座的连线至桁架最高点的距离 H 称为桁高。图 12-17（a）为桁架的构造形式；12-17（b）为桁架的简图。

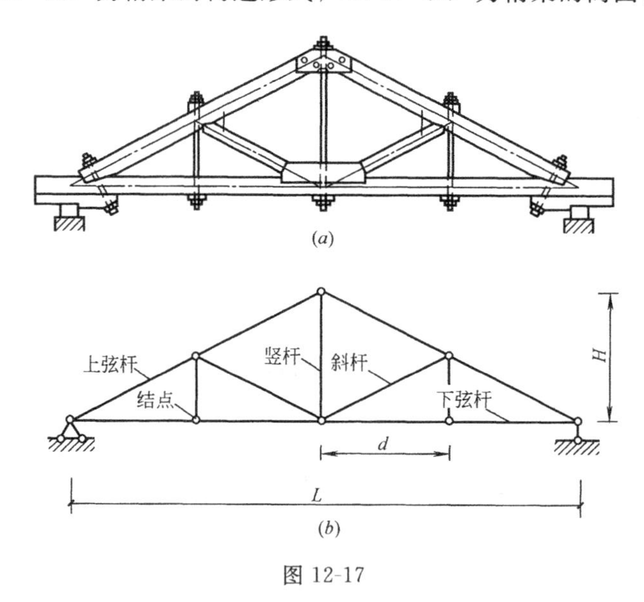

图 12-17

三、桁架计算简图及分类

实际桁架的受力情况比较复杂，因此，在分析桁架时必须选取既能反映这种结构的本质而又便于计算的计算简图。通常对平面桁架的计算简图采用下列假定：

（1）桁架的构件为等截面直杆，用形心轴线表示；

（2）构件之间用光滑铰连接，用圆圈表示结点；

（3）联结处所有杆形心轴汇交于铰接中心；

（4）外力与支反力均作用在结点上。

满足以上假定的桁架称为理想桁架。从理想桁架上（图 12-18a）上任意取出一根杆件 BD，画出受力图，如图 12-18（b），BD 只在两端受力，此二力平衡，满足二力平衡条件，因此 BD 杆只受轴力作用。所以得出重要结论：理想桁架中杆件都是二力杆，只受轴

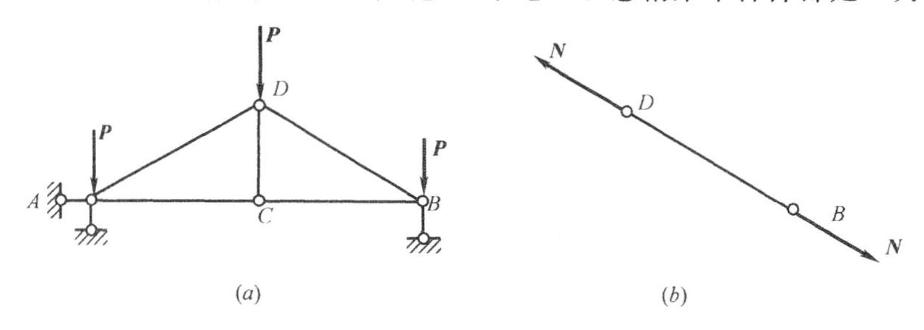

图 12-18

力作用，其轴力可能是拉力也可能是压力。

实际上，上述各项假定往往不能实现，例如钢桁架的结点是铆接或焊接，钢筋混凝土各杆都是浇筑在一起的，这些结点都具有一定的刚性；其次，各杆轴线不可能绝对平直，在结点处各杆不一定完全相交于一点；再次，杆件自重并不作用在结点上，实际的荷载也常常不是作用在结点上，但科学试验和工程实践证明，这些因素的影响对桁架是次要的。按上述假设计算出的内力称为主内力。由于实际情况与上述假设不同而产生的附加内力称为次内力。本章只讨论主内力的计算问题。

桁架杆件的布置必须满足几何不变的组成规律。根据几何构造的特点，桁架可分为三类：

（1）简单桁架：它是由一个基本铰接三角形开始依次增加二元体的组成的桁架，如图12-19（a）、（b）。

（2）联合桁架：它是由几个简单桁架按几何不变体系的组成规则所连成的桁架，如图12-19（c）。

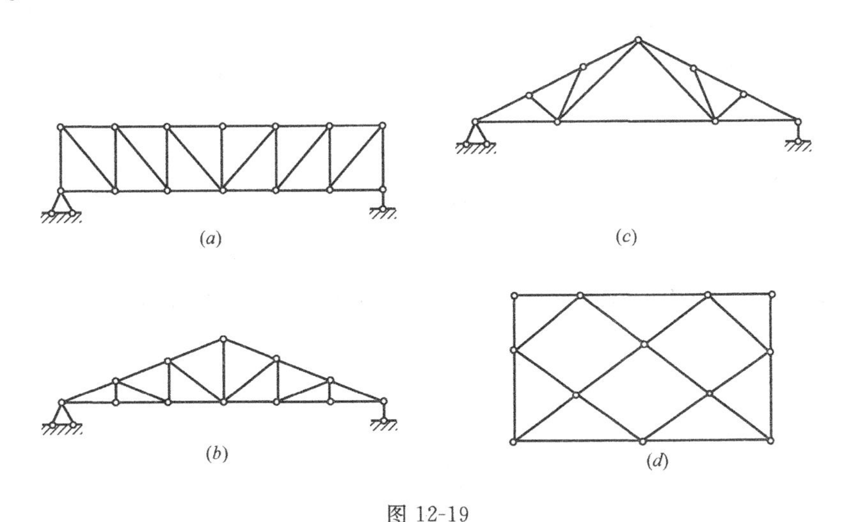

图 12-19

（3）复合桁架：它是不属于上述两类桁架的其他桁架，如图 12-19（d）。

四、静定平面桁架计算

由于桁架杆为二力杆，取一个结点为隔离体时，作用其上力系为汇交力系；当取出桁架的一部分（至少含有两个结点）为隔离体时，作用其上力系构成一般力系。通过结点平衡方程求解内力的方法称为结点法，取桁架的一部分建立平衡方程求内力的方法称为截面法，这种利用平衡方程求解内力的方法称为解析法或数解法。

（一）结点法

1. 基本原理

结点法是截取桁架的结点作为隔离体，由结点的平衡方程算出汇交在该结点的各杆内力。因为桁架的各杆只承受轴力，所以作用于任何一结点各力组成一平面汇交力系。因此，我们可以就每一个结点列出两个平衡方程进行计算。

为了避免解联立方程，采用结点法时，则每次截取的结点，作用其上的未知力不应多余两个。所以在实际计算中，应以未知力不超过两个的结点开始依次进行计算。

【例 12-8】 用结点法求图 12-20（a）所示桁架各杆的内力。

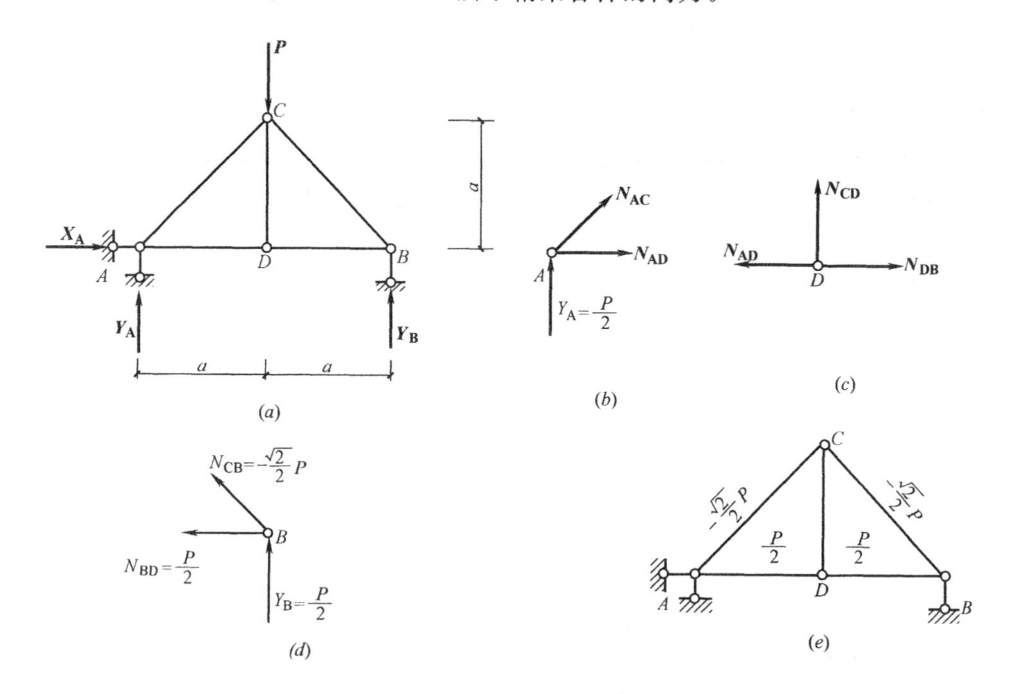

图 12-20

【解】（1）求支反力

取图 12-20（a）以桁架整体为研究对象，画出受力图，由平衡条件得

由 $\sum M_A=0$ 得

$$2aY_B-Pa=0,\ Y_B=\frac{P}{2}$$

由 $\sum Y=0$ 得 $\quad Y_A+Y_B-P=0 \quad Y_A=\frac{P}{2}$

由 $\sum X=0$ 得 $\quad X_A=0$

（2）计算内力

按结点法先取结点 A 为隔离体（图 12-20b）

由 $\sum Y=0$ 得 $\quad N_{AC}\sin45°+\frac{P}{2}=0,\ N_{AC}=-\frac{P}{2}\sqrt{2}$（压力）

由 $\sum X=0$ 得 $\quad N_{AD}+N_{AC}\cos45°=0 \quad N_{AD}=\frac{P}{2}$（拉力）

取结点 D 为隔离体（图 12-20c）

由 $\sum X=0$ 得 $\quad N_{DB}-N_{DA}=0 \quad N_{DB}=\frac{P}{2}$（拉力）

由 $\sum Y=0$ 得 $\quad N_{DC}=0$ 也可以用判断零杆方法，判断 $N_{DC}=0$。

由对称性不难而知 $\quad N_{BC}=N_{AC}=-\frac{P}{2}\sqrt{2}$（压力）

$$N_{DB}=N_{DA}=\frac{P}{2}\text{（拉力）}$$

(3) 校核

可利用结点 B 和结点 C 未使用过的平衡方程检验所求出的内力是否满足平衡条件。比如取结点 B 为隔离体（图 12-20d）。

由 $\sum X=0$ 得 $\qquad N_{BC}\cos45^{\circ}+N_{BD}=0$

由 $\sum Y=0$ 得 $\qquad N_{BC}\sin45^{\circ}+Y_{B}=0$

由于结点 B 满足平衡条件，表明计算结果无误。最后把所得的内力值标在对应的杆件上（图 12-20e）。

【例 12-9】 用结点法求图 12-21（a）所示桁架各杆的内力。其中 $P=40\text{kN}$。

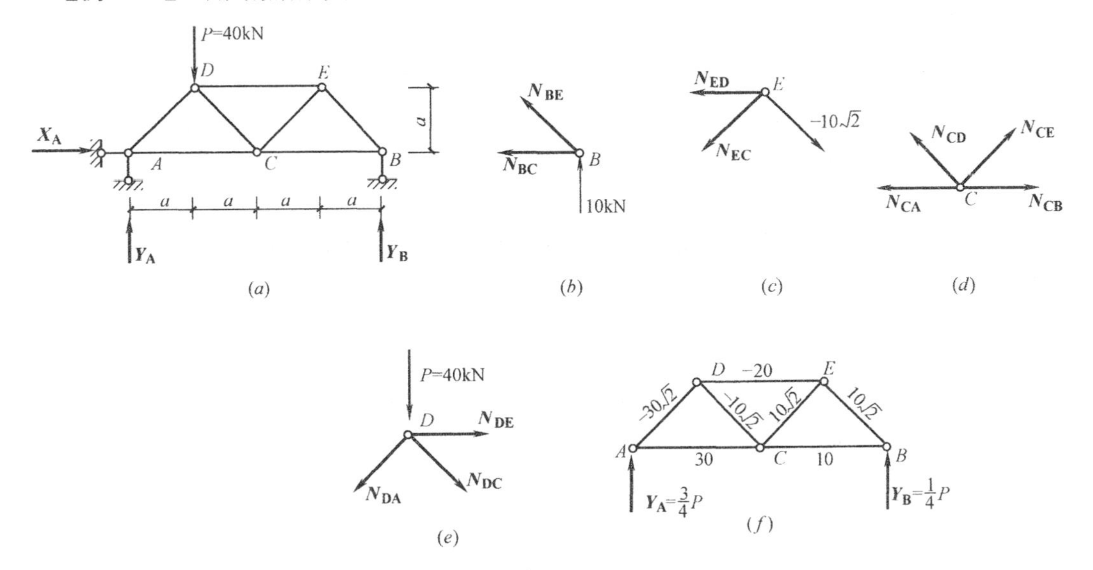

图 12-21

【解】 (1) 求支反力

取图 12-21（a）桁架整体平衡，由平衡条件的

$$\sum M_{A}=0 \quad 4aY_{B}-40a=0 \quad Y_{B}=10\text{kN}$$

$$\sum Y=0 \quad Y_{A}+Y_{B}-P=0 \quad Y_{A}=30\text{kN}$$

$$\sum X=0 \quad X_{A}=0$$

(2) 计算内力

按结点法先取结点 B 为隔离体，如图 12-21（b）。

$\sum Y=0$，$10+N_{BE}\sin45^{\circ}=0 \quad N_{BE}=-10\sqrt{2}\text{kN}$（压力）

$\sum X=0$，$N_{BE}\cos45^{\circ}+N_{BC}=0 \quad N_{BC}=10\text{kN}$（拉力）

取结点 E 为隔离体，如图 12-21（c）。建立平衡方程

$\sum Y=0$，$N_{EC}\sin45^{\circ}-10\sqrt{2}\sin45^{\circ}=0$，$N_{EC}=10\sqrt{2}\text{kN}$（拉力）

$\sum X=0$，$N_{EC}\cos45^{\circ}+N_{ED}+10\sqrt{2}\cos45^{\circ}=0$（拉力）

$$N_{ED}=-20\text{kN}（压力）$$

取结点 C 为隔离体

$\sum Y=0$，$N_{CD}\sin45^{\circ}+N_{CE}\sin45^{\circ}=0$，$N_{CD}=-10\sqrt{2}\text{kN}$（压力）

$\sum X=0$，$N_{CA}+N_{CD}\cos45-N_{CB}-N_{CE}\cos45^{\circ}=0$（拉力）

$$N_{CA}=30\text{kN}（拉力）$$

最后取结点 D 为隔离体

$\sum Y=0$，$P+N_{DA}\sin45°+N_{DC}\sin45°=0$，

$$N_{DA}=-30\sqrt{2}\text{kN}（压力）$$

（3）校核可利用结点 D 和 A 未使用过的平衡方程检验所求内力是否满足平衡方程。如对 D 结点 X 方向求和，图 12-21（e），

$\sum X=0$，$N_{DE}+N_{DC}\cos45°-N_{DA}\cos45°=0$

可知满足平衡方程。最后把轴力标在桁架简图的相应的位置上。

2. 特殊杆件的内力

在桁架中，有些杆受力特殊，若在计算前能判明这些杆的内力，将给内力的快速计算带来方便。零杆就是受力特殊的杆件。以下两种情况的零杆可直接判断而不必计算；

（1）结点仅有两根不共线的杆件，在无外力作用时，这两杆均为零杆。如图 12-22（a）、（b）所示。

（2）三杆结点上，无外力作用时，若其中两杆在同一直线上，则两杆内力相等，第三杆必为零杆，图 12-22（c）。

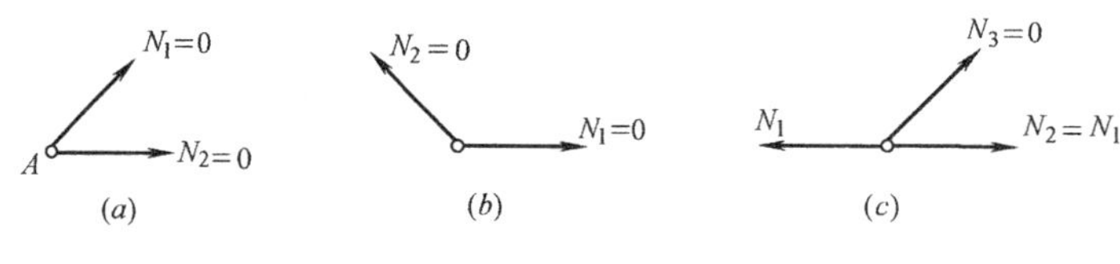

图 12-22

计算桁架内力时，如先判断零杆，可简化计算。利用以上结论，可以看出图 12-23 中虚线杆为零杆。

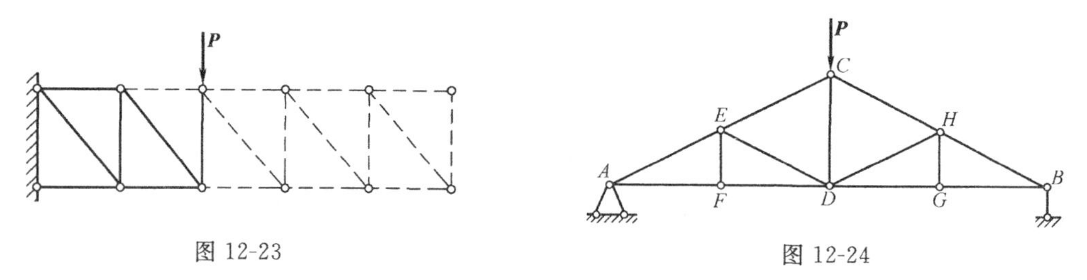

图 12-23　　图 12-24

【例 12-10】 试判断图 12-24 桁架中的零杆。

【解】 根据零杆判断规则，先判断结点 F 和 G 可知，杆 EF 和 HG 为零杆。依次判断结点 E 和 H 可知，杆 ED 和 HD 为零杆。再判断结点 D 可知，杆 CD 为零杆。

（二）截面法

截面法是通过截取桁架一部分为隔离体，按平面一般力系建立三个平衡方程。为避免解联立方程组，所选取截面切开的未知力杆数一般不多于三根。截面法的优点之一是能较快地求出指定杆中的内力，它一般适合于简单桁架或联合桁架，通常和结点法联合应用求解桁架内力。

【例题 12-11】 试求图 12-25（a）所示桁架中 a、b 二杆的内力，$\alpha=45°$。

【解】（1）求支反力

以整体为研究对象，满足平衡条件得

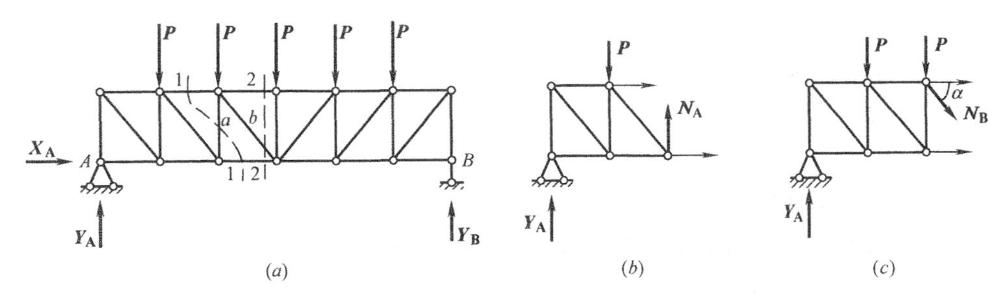

图 12-25

$$Y_A = Y_B = 2.5P \quad X_A = 0$$

(2) 用截面法求内力

用截面 1-1 将桁架截成两部分，取左部分为隔离体如图 12-25（b）所示，由平衡条件得

$$\sum Y = 0 \quad Y_A - P + N_A = 0 \quad N_A = -1.5P \text{（压力）}$$

再次，用截面 2-2 将桁架截成两部分，仍取左部分为隔离体如图 12-25（c）所示，由平衡条件得

$$\sum Y = 0 \quad Y_A - 2P - N_B \sin\alpha = 0 \qquad N_B = \frac{\sqrt{2}}{2}P$$

（三）图解法求解内力

在桁架内力计算中，为了避免繁杂的计算，可以采用图解法求桁架轴力。图解法的基本原理，是根据平面汇交力系几何平衡条件，逐个取结点为研究对象，作相应的封闭的力

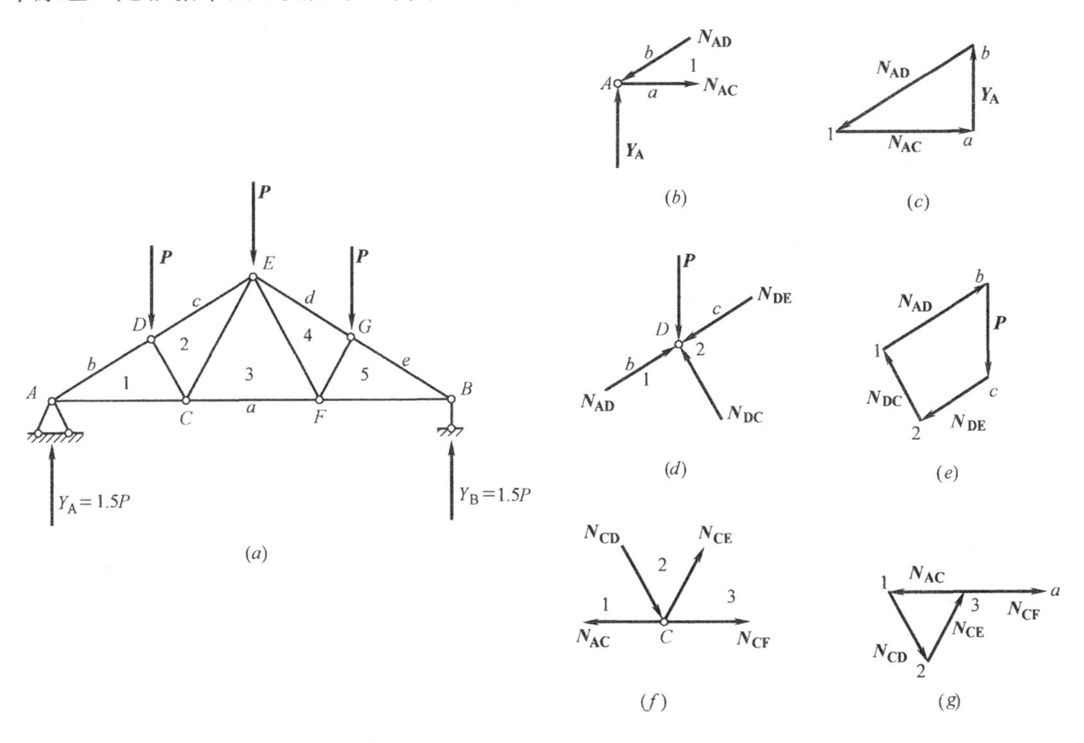

图 12-26

多边形，以确定各杆的内力。下面以图 12-26（a）所示简单桁架为例来说明图解法求解桁架内力的方法和步骤。

首先用数解法求出支座反力。

由只有两个未知力的结点 A 开始，其隔离体如图 12-26（b）所示。作用结点 A 的力有已知的反力 $\boldsymbol{Y}_{\mathbf{A}}$ 及两个未知力 $\boldsymbol{N}_{\mathbf{AD}}$ 和 $\boldsymbol{N}_{\mathbf{AC}}$，这三个力平衡，故所组成的力多边形必须封闭。以一定的比例尺作线段 a-b 代表 Y_A，通过 a 及 b 各作一线段分别与杆 AC 及 AD 平行得力多边形 $ab1$ 如图 12-26（c），则线段 b-1 及 1-a 分别代表力 $\boldsymbol{N}_{\mathbf{AD}}$ 和 $\boldsymbol{N}_{\mathbf{AC}}$ 的大小，其方向在力多边形中应首尾相连，如图所示。由图可知，$\boldsymbol{N}_{\mathbf{AD}}$ 的方向指向结点，故为压力；$\boldsymbol{N}_{\mathbf{AC}}$ 的方向背离结点，故为拉力。

其次，取结点 D 为隔离体，图 12-26（d），作用于此点的荷载 $\boldsymbol{P}$ 及 $\boldsymbol{N}_{\mathbf{AD}}$ 力为已知，未知力只有 $\boldsymbol{N}_{\mathbf{DE}}$ 及 $\boldsymbol{N}_{\mathbf{DC}}$，可用同样的方法作出力多边形 $bc21$（图 12-26e），由图可求得 $\boldsymbol{N}_{\mathbf{DE}}$ 及 $\boldsymbol{N}_{\mathbf{DC}}$，两者都是压力。

再取结点 C 为隔离体，如图 12-26（f），同样可求得 $\boldsymbol{N}_{\mathbf{CE}}$ 及 $\boldsymbol{N}_{\mathbf{CF}}$（图 12-26$g$）。其余各杆的内力可由对称性得出。

不足之处：从以上作图过程可以看出，对每一个结点要画一个图，作图所占面积很大而且零乱。由于每一根杆联系两个结点，故其内力都要在图上出现两次，且指向相反。为了减少画图工作，可以将重复出现的内力加以合并，则上述各力多边形既可合并为一个图，且力多边形中不必画出其指向而又能设法判别其内力性质，可采用力的区域编号法画图：

（1）在桁架图 12-27 中，外力（荷载、反力）的作用线和杆的轴线将桁架平面划分为若干区域，桁架内部叫内区域用 1、2、3、4、5 等标出；桁架以外的区域叫外区域用 a、b、c、d 等字母标出。

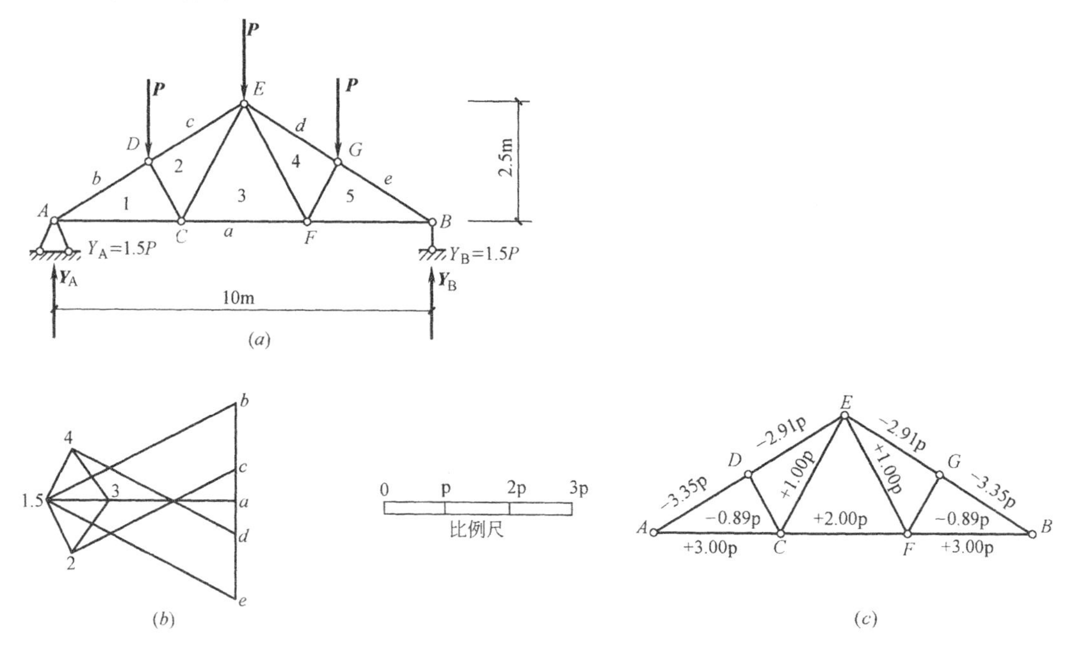

图 12-27

（2）每个力都用其作用线两侧的区域记号表示，并规定按结点或桁架顺时针方向所遇到的区域记号的次序读力。例如，在结点 A，如图 12-27，反力 $\boldsymbol{Y}_{\mathbf{A}}$ 读作 a-b，杆 AD 作用结点 A 的力 $\boldsymbol{N}_{\mathbf{AD}}$ 则读作 b-1，而杆 AC 作用于结点 A 的力 $\boldsymbol{N}_{\mathbf{AC}}$ 则读作 1-a。

（3）在力多边形中，由前一个字母到后一个字母（或数字）的方向既表示该力的指向。如该力指向结点，则为压力；背离结点，则为拉力。例如：b-1 指向结点故为压力；1-a 背离结点故为拉力。而各杆轴力按比例作图量取。

按上述规定，结合图 12-27（a）所示桁架，说明图解法的步骤如下：

1）按一定比例将桁架的几何图形画出，并用数解法求出支座反力。

2）将内力和外力的区域分别以数字和字母标出如图 12-27（a）所示。

3）按一定的比例尺画出已知外力（荷载和反力）的力多边形，如图 12-27（b）中的 $abcdea$。

4）顺序考虑每个结点，画出相应的力多边形图于同一图中。

首先考虑结点 A 的平衡。绕结点 A 顺时针方向，反力 a-b 已在图上（图 12-27b）画出。自点 a 作直线与杆 AC 平行，自点 b 作直线与杆 AD 平行，两线相交于点 1。$ab1a$ 即为结点 A 的闭合力多边形。按顺时针方向的规定，杆 AC 作用于结点 A 的力应读作 1-a，而 1-a 是背离结点 A，故为拉力；杆 AD 作用于结点 A 的力应读作 b-1，而 b-1 是指向结点 A，故为压力。

其次，考虑结点 D 的平衡。绕结点 D 顺时针方向，杆 AD 的内力 1-b 和荷载 b-c 已在图中画出，只有 c-2 和 2-1 是两个未知力。自点 C 作直线与杆 DE 平行，自点 1 作直线与杆 DC 平行，两线相交于点 2。同上述一样，点 2 一经确定，则杆 DE 和 DC 的内力即可定。

按这样顺序继续进行，即得合并后的力多边形如图 12-27（b）所示。因为从图中可以确定桁架各杆的内力（轴力），故通常把它叫做桁架内力（轴力）图。在以上作图过程中，我们是按照 A、D、C、E、F、G、B 的顺序进行的。对于最后的两个结点，未知力已少于两个，因此，可以作为校核之用。

5）由桁架内力图按比例尺量出各杆内力的大小，并决定其性质。如图 12-27（c）所示把桁架各杆的轴力画在桁架对应的各杆上。正号为拉杆；负号为压杆。

图解法最适宜用于几何形状不很规则的简单桁架上，它避免了数解法中繁杂的计算。

复习思考题与习题

1. 静定结构的几何组成与受力有何特征？
2. 多跨静定梁的几何组成有何特点，如何画好分层图，计算顺序如何？
3. 刚架组成有何特点，计算时如何对刚架进行分段计算？
4. 何谓理想桁架？为什么理想桁架中杆件都是二力杆？
5. 桁架受力与刚架及多跨梁有什么不同，桁架更适宜什么样的结构形式？
6. 试作图 12-28 所示多跨静定梁的内力图。
7. 试作图 12-29 所示静定刚架的内力图。
8. 用结点法计算图 12-30 所示桁架中各杆的内力。
9. 用截面法计算图 12-31 所示桁架中指定的杆件的内力。

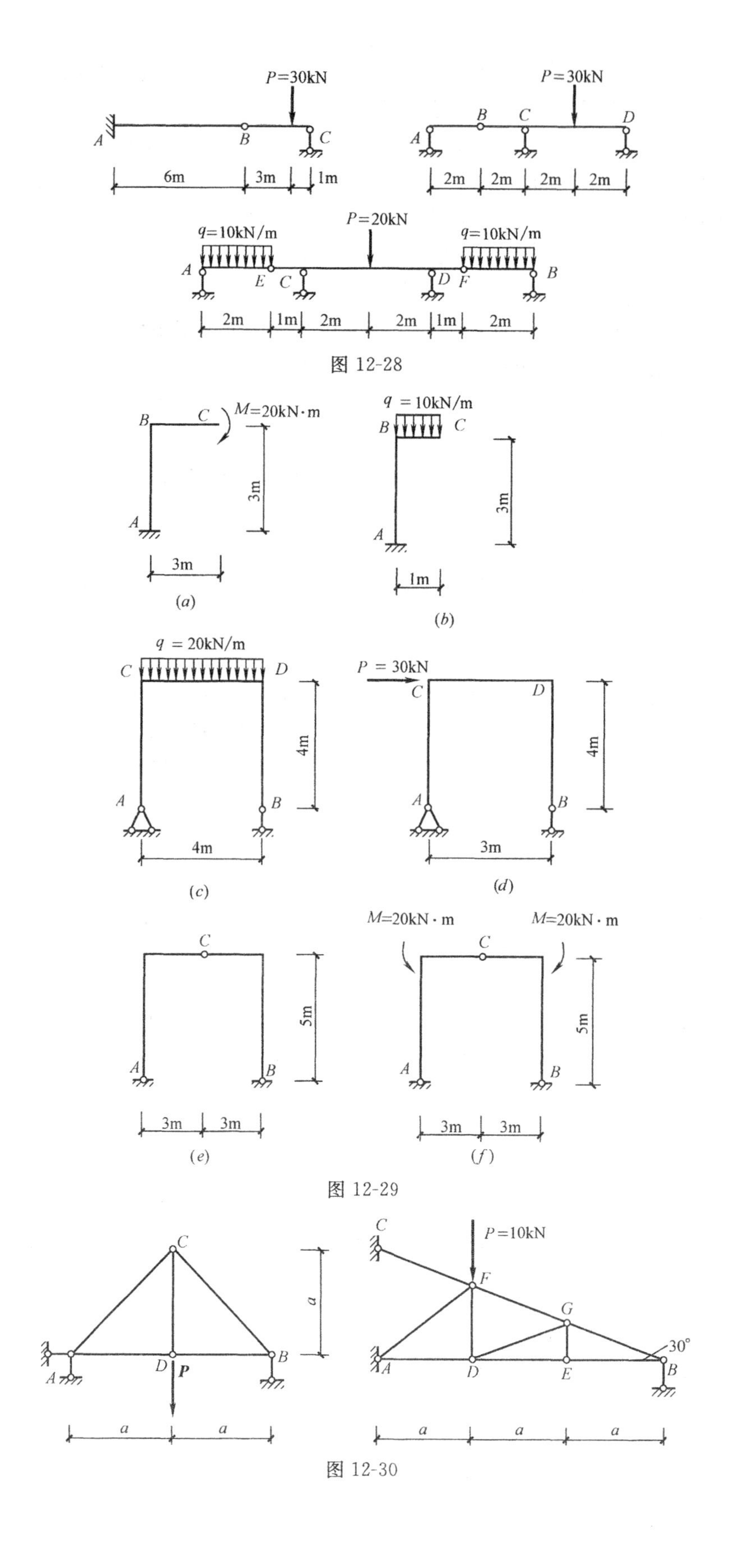

图 12-28

图 12-29

图 12-30

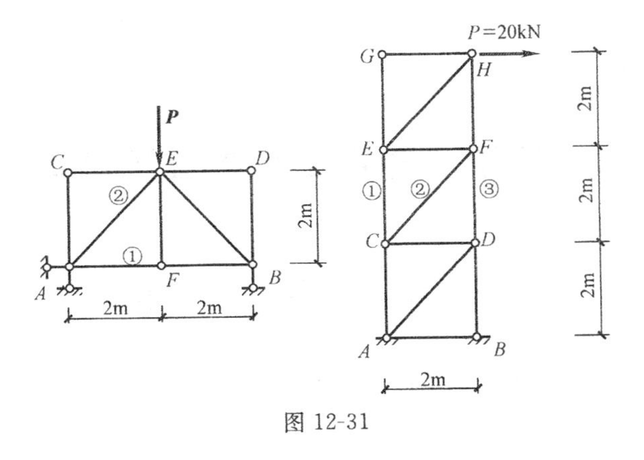

图 12-31

第十三章　静定结构的位移计算

第一节　结构位移计算的目的

图 13-1 所示为一悬臂刚架，在荷载 $\boldsymbol{P}$ 作用下，将产生了如图中虚线所示的变形（弯曲、剪切、轴向拉压变形）。图中截面 C 移至 C'，截面 C 的形心产生线位移为 Δc，Δc 可由其水平线位移 Δcx 和竖向线位移 Δcy 两个分量来表示。此外，截面 C 还旋转了一个角度（角位移）φ_c，φ_c 常常用变形后的轴线在截面 C' 形心点的切线与原轴线间的夹角来表示。

图 13-2（a）所示简支梁，由于其下部温度（t_1）较上部温度（t_2）为高而发生变形。梁变形后截面 C 将发生线位移 Δc 和角位移 φ_c。

图 13-2（b）所示简支梁，由于支座 B 的沉降，截面 C 将发生线位移 Δc 和角位移 φ_c。但是静定结构由于支座沉降而引起的位移是刚体位移。所谓刚体位移是指杆件形状并未改变的前提下，移动一段距离或转动一个角度。

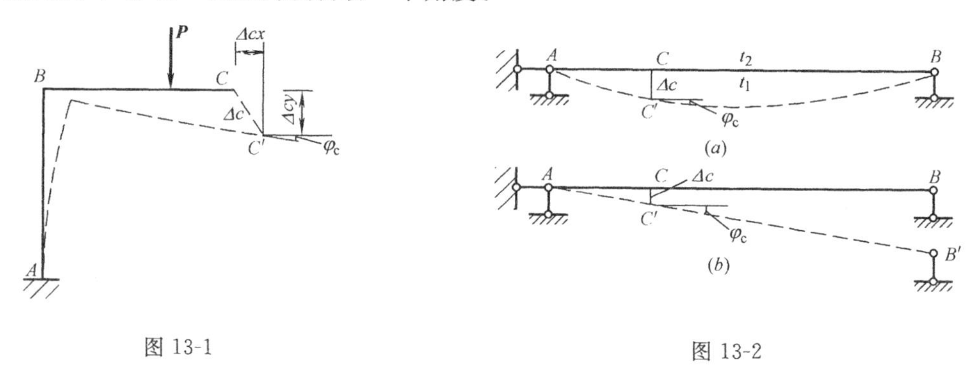

图 13-1　　图 13-2

可见，工程结构在荷载、温度变化、支座沉降等的作用下将产生变形。由于变形，结构的杆件上任一截面将发生两种形式的位移，即：线位移（Δ）和角位移（φ）。线位移指的是截面形心所移动的距离，角位移指的是该截面转动的角度。

结构位移的计算在工程应用上和结构内力分析中都有着实际意义。计算结构位移主要目的是：

（1）从工程应用的方面看，是用于核算结构的刚度。

（2）从结构内力分析的角度看，是为超静定结构的计算服务。我们知道，静力平衡方程只有三个，只能求解无多余约束的静定结构内力，而求解有多余约束的超静定结构内力，静力平衡条件不足以解出所有的未知数，需由结构的位移条件来建立补充方程。以图 13-3 所示的二跨连续梁为例，它有四个未知反力，三个静力平衡方程不足以解出所有未知数，还需由梁的位移条件建立一个补充方程。

此外，在建筑大跨度桁架和结构施工过程中，有时须预先计算出结构的位移，以便施

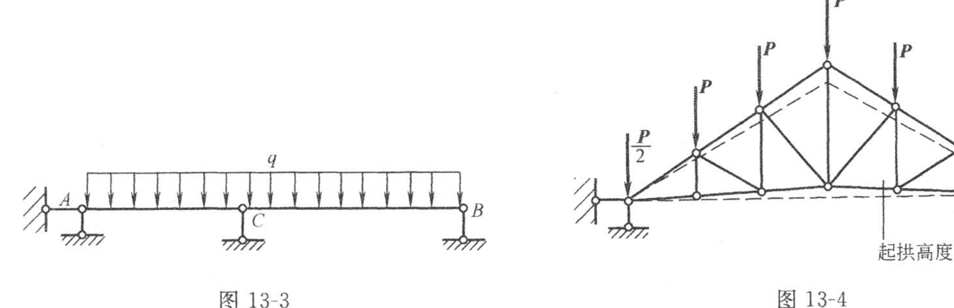

图 13-3　　　　图 13-4

工中采取相应的措施。例如，图 13-4 所示的木桁架，制作时有意识地将下弦杆的一些结点向上提起一点（称为起拱），在荷载的作用下，桁架下弦各结点将发生向下的的位移，结果使下弦成为一条水平的直线。又如在钢筋混凝土现浇梁的施工中，当梁跨度在 4m 及大于 4m 时，梁底模板中部应起拱。

第二节　静定结构在荷载作用下的位移计算

计算静定结构位移的方法很多，本节只介绍一种工程上最常用的，以功能原理为基础进行计算的方法——单位荷载法。

一、弹性杆件的功能原理

弹性杆件在外力作用下要产生变形，在杆件变形的过程中，外力在相应位移上作了功。而弹性杆件在受外力作用下产生变形的同时，在弹性杆件内积蓄了弹性变形。根据能量守恒定律，若不计弹性杆件受力变形过程中少量的热能损失，外力在弹性变形过程中所作的功 W，应等于弹性杆件内相应储存的变形能 U，即：

$$W=U \tag{13-1}$$

这个原理称为弹性杆件的功能原理。我们通过弹性杆件的外力功与变形能的关系，以及变形能和位移（弹性变形）的关系，就可找到位移计算的途径。

二、弹性杆件的外力功计算

（一）功的概念

功是力的大小与其作用点沿力的作用线方向所发生位移的乘积。这里，力的大小是不变的，简称为常力。

图 13-5（a）表示一个物体，在 $\boldsymbol{P}$ 力的作用下产生了沿力 $\boldsymbol{P}$ 的作用线方向的位移 $AA'=\Delta$，力 $\boldsymbol{P}$ 所作的功为：$W=P\Delta$。

当位移 Δ 的方向与力 $\boldsymbol{P}$ 的方向一致时力作正功，反之，作负功。

图 13-5（b）表示一个位于光滑平面上的物体，在力 $\boldsymbol{P}$ 的作用下，沿光滑平面产生位移 S，沿力 $\boldsymbol{P}$ 的作用线方向则产生位移 $\Delta=S\cos\alpha$，力 $\boldsymbol{P}$ 所作的功为：$W=P\Delta$。

图 13-5（c）表示一半径为 r 的转盘，有两个大小相等方向相反的常力 $\boldsymbol{P}$ 作用，若转盘转动时两个力 $\boldsymbol{P}$ 始终与直径垂直，当转盘绕铰 O 点转动一角度 φ 时，两个常力 $\boldsymbol{P}$ 所作的功为：

$$W=2\cdot P\cdot r\cdot\varphi$$

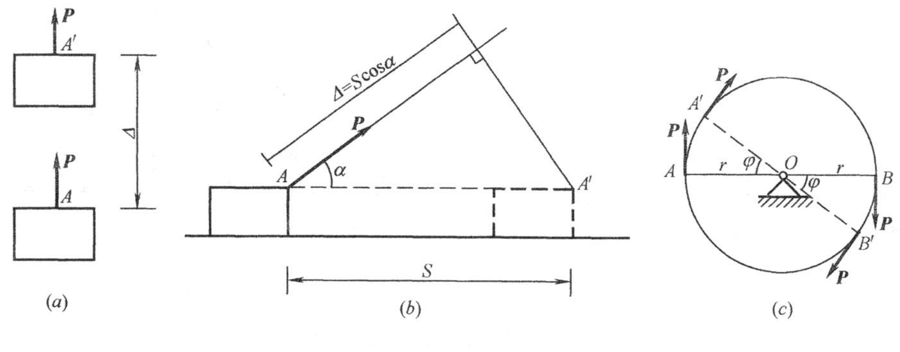

图 13-5

又因 $P\cdot 2r$ 即为两个大小相等，方向相反的常力所形成的力偶矩，若以 M 表示此力偶矩，则有：

$$W=M\varphi$$

由上述可见，力和受力物体的作用点沿力的作用线方向上的位移，是功的不可缺少的两个因素。常力所作的功，可用一个统一的计算式来表达：

$$W=\boldsymbol{P}\Delta \tag{13-2}$$

式中 $\boldsymbol{P}$——可代表集中力，也可代表力偶，统称它为广义力；

Δ——相应的广义位移，若广义力代表集中力时，Δ 代表线位移，广义力代表力偶时，Δ 表示角位移。

因此，常力所作的功，可统一表达为广义力与相应广义位移的乘积。

（二）静力所作的功

所谓静力，是指力由零开始，连续缓慢地增加到最后数值，并不产生加速度的力。当弹性杆件受到静力荷载作用时，杆件的弹性变形会使静力荷载作用点处发生位移，也会使其他各处产生位移。

图 13-6（a）所示的简支梁，受静力荷载的作用，与荷载相对应的位移也由零逐渐增大到最后数值 Δ。假定梁是理想的弹性材料，根据虎克定律，$P(x)$ 与 x 之间成直线关系，如图 13-6（b）所示。

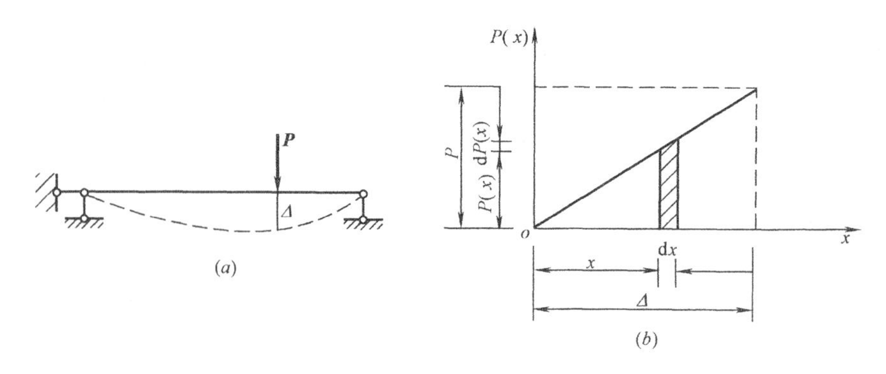

图 13-6

此时，力 $\boldsymbol{P}$ 是位移 Δ 的函数，表达为：

$$P(x)=kx$$

式中 k 为比例常数。当静力荷载 $\boldsymbol{P}(x)$ 达到 $\boldsymbol{P}$ 时，与荷载相对应的位移也由零逐渐增大到最后数值 Δ。此时有

$$P=k\Delta$$

在加载过程中，当静力荷载 $\boldsymbol{P}(x)$ 增加 $\mathrm{d}\boldsymbol{P}(x)$ 时，相应的位移也增加 $\mathrm{d}x$。在 $\mathrm{d}x$ 这段位移中，我们可以视 $\boldsymbol{P}(x)$ 为常力。这样，在 $\mathrm{d}x$ 这段位移中外力所作的功 $\mathrm{d}W$ 就可用下式计算：

$$\mathrm{d}W=P(x)\cdot \mathrm{d}x$$

式中 $\mathrm{d}W$——图中阴影线的矩形面积。

当静力荷载由 O 到 P 的全部加载过程中，静力荷载所作的总功可由积分求得

$$W=\int_0^\Delta P(x)\mathrm{d}x=\int_0^\Delta kx\,\mathrm{d}x=k\int_0^\Delta x\mathrm{d}x=k\frac{\Delta^2}{2}$$

将式 $P=k\Delta$ 代入上式得

$$W=\frac{1}{2}\times k\Delta\times\Delta=\frac{1}{2}P\Delta \tag{13-3}$$

这一结论可概括为：在弹性结构中，静力荷载所作的功，等于广义力的最后值与对应广义位移的最后值乘积的一半。

三、弹性杆件的变形能计算

在此，我们只研究与结构位移计算有关的拉压杆和平面弯曲杆件的弹性变形能的计算。

1. 拉压杆弹性变形能的计算

图 13-7 所示的轴向拉伸和压缩的杆件，杆件所受内力均为 $\boldsymbol{N}$，其轴向变形为

$$\Delta l=\frac{Nl}{EA}$$

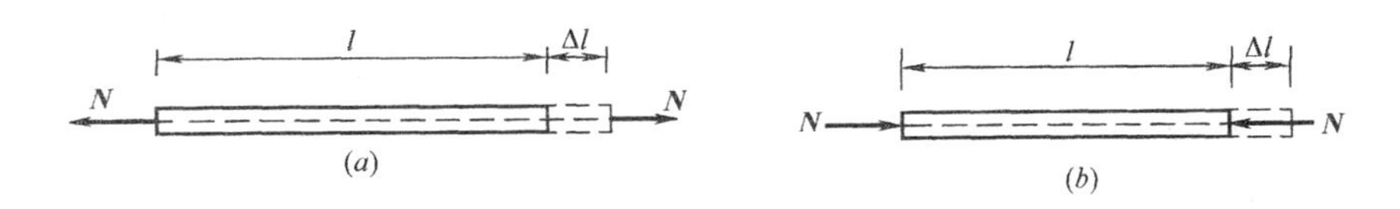

图 13-7

在杆件变形的过程中，弹性拉压杆内力 $\boldsymbol{N}$ 由零开始逐渐增加到最后数值 N，所以，内力 $\boldsymbol{N}$ 所作的功为

$$W=\frac{1}{2}N\cdot\Delta l=\frac{N^2 l}{2EA}$$

根据功能原理，拉压杆的弹性变形能为

$$U=W=\frac{N^2 l}{2EA} \tag{13-4}$$

2. 平面弯曲杆件的弹性变形能的计算

结构的杆件在荷载作用下，杆件各截面的内力一般是不一样的，因此各截面的变形也是不相同的，所以应该从结构杆件中截取微段来研究变形及变形能的计算。

图 13-8 所示简支梁，在荷载作用下产生平面弯曲，梁的内力弯矩和剪力均沿梁轴变

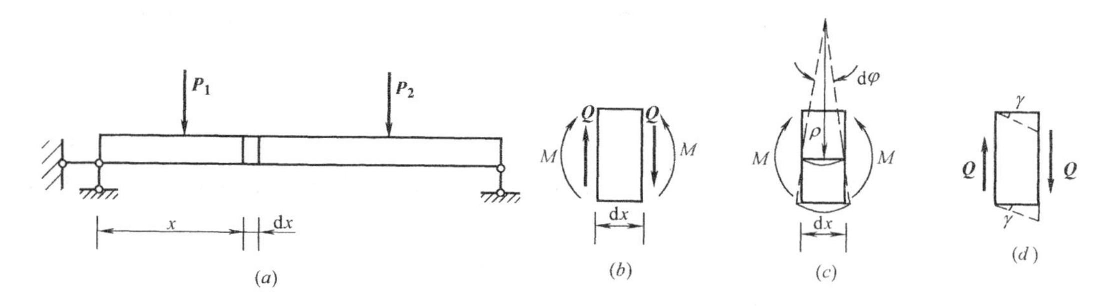

图 13-8

化。如图 13-8 所示截取出微段 dx，可认为微段两侧面上具有相同的弯矩 M 和剪力 $\boldsymbol{Q}$，弯矩在相应弯曲变形上作功，剪力在相应的剪切变形上作功。而在一般的梁中，剪力所作的功远小于弯矩所作的功，通常可忽略不计，而只计算弯矩所作的功。

由梁的弯曲变形与内力 M 之间的关系知，在弯矩 M 的作用下，微段两端横截面的相对转角为

$$\mathrm{d}\varphi=\frac{1}{\rho}\mathrm{d}x=\frac{M}{EI}\mathrm{d}x$$

则，梁微段 dx 在内力 M 作用下的变形能为

$$\mathrm{d}U=\mathrm{d}W=\frac{1}{2}M\mathrm{d}\varphi=\frac{M^2\mathrm{d}x}{2EI}$$

沿梁长积分，得梁的变形能为

$$U=\int_l\frac{M^2}{2EI}\mathrm{d}x \tag{13-5}$$

这就是平面弯曲杆件的弹性变形能的计算表达式。

四、单位荷载法

图 13-9（a）所示的简支梁，在荷载（广义力）$\boldsymbol{P}_1$、$\boldsymbol{P}_2$、…、$\boldsymbol{P}_n$ 的作用下，$\boldsymbol{P}_1$、$\boldsymbol{P}_2$、…、$\boldsymbol{P}_n$ 作用处相应的位移为 Δ_1、Δ_2、…、Δ_n，现要求梁中任一截面（点）k 沿某一指定方向 k-k 的位移 Δ_{kP}。

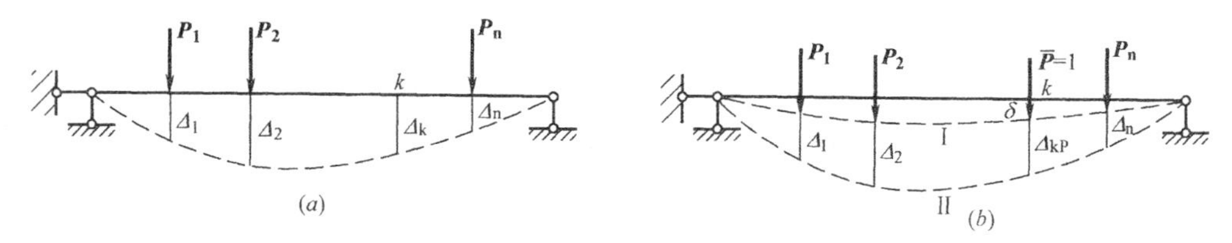

图 13-9

为了求 Δ_{kP}，我们首先简支梁 k 点处，沿指定方向 k-k 加一个数值等于 1 的虚拟力，设此虚拟力无量纲，称为单位荷载（广义单位力）。

在单位荷载作用下，简支梁变形到曲线Ⅰ的位置，点 k 沿某一指定方向 k-k 的位移的挠度记为 δ。然后，再加实际荷载 $\boldsymbol{P}_1$、$\boldsymbol{P}_2$、…、$\boldsymbol{P}_n$，梁的位置由位置Ⅰ变到位置Ⅱ。此时 $\boldsymbol{P}_1$、$\boldsymbol{P}_2$、…、$\boldsymbol{P}_n$ 作用处相应的位移为 Δ_1、Δ_2、…、Δ_n，k 点的挠度为 Δ_{kP}，如图 13-9（b）所示。

由于先加单位力，后加实际荷载，所以单位荷载在相应位移 δ 上为静力作功，在 Δ_{kP}

上为常力作功，而荷载 $\boldsymbol{P}_1$、$\boldsymbol{P}_2$、…、$\boldsymbol{P}_n$ 在相应的位移为 Δ_1、Δ_2、…、Δ_n 上作的功则为静力作功。因此，外力在简支梁上所作的功为

$$W=\frac{1\cdot\delta}{2}+1\cdot\Delta_{kP}+\sum_{i=1}^{n}\frac{P_i\Delta_i}{2}$$

另外，设该简支梁单位荷载单独作用下梁内 x 截面的弯矩为 $\overline{M}$，荷载 $\boldsymbol{P}_1$、$\boldsymbol{P}_2$、…、$\boldsymbol{P}_n$ 单独作用时梁的同一截面弯矩为 M_P。因此，当单位力与实际荷载同时作用，x 截面的弯矩为 $M_x=\overline{M}+M_P$。

根据上述平面弯曲杆件的弹性变形能的计算公式，则该简支梁在位置Ⅱ的变形能为

$$\begin{aligned}U&=\int_l\frac{M_x^2}{2EI}\mathrm{d}x=\int_l\frac{(\overline{M}+M_P)^2}{2EI}\mathrm{d}x\\&=\int_l\frac{\overline{M}^2}{2EI}\mathrm{d}x+\int_l\frac{\overline{M}M_P}{EI}\mathrm{d}x+\int_l\frac{M_P^2}{2EI}\mathrm{d}x\end{aligned}$$

根据功能原理 $W=U$，有

$$\frac{1\cdot\delta}{2}+1\cdot\Delta_{kP}+\sum_{i=1}^{n}\frac{P_i\Delta_i}{2}=\int_l\frac{\overline{M}^2}{2EI}\mathrm{d}x+\int_l\frac{\overline{M}M_P}{EI}\mathrm{d}x+\int_l\frac{M_P^2}{2EI}\mathrm{d}x \tag{a}$$

而图 13-10（a）所示单位荷载在简支梁变形过程中所作的功为$\frac{1\cdot\delta}{2}$，此时梁内储存的变形能$\int_l\frac{\overline{M}^2}{2EI}\mathrm{d}x$，故根据功能原理有

$$\frac{1\cdot\delta}{2}=\int_l\frac{\overline{M}^2}{2EI}\mathrm{d}x \tag{b}$$

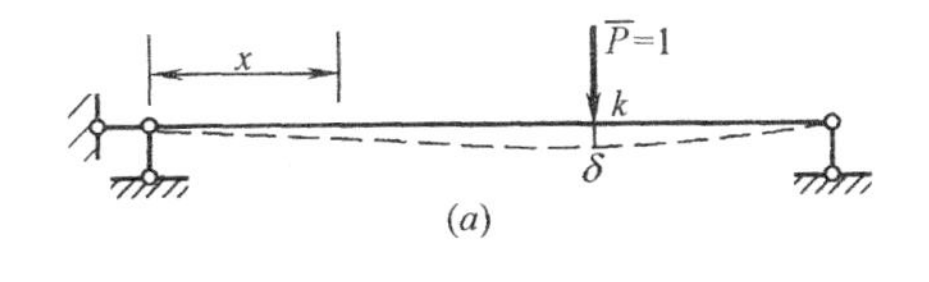

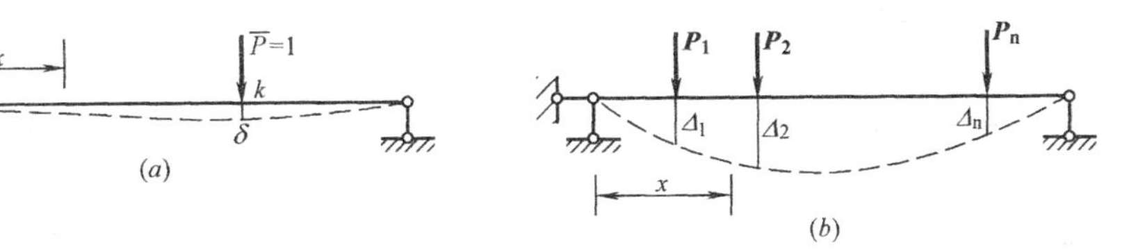

图 13-10

同理，对于图 13-10（b），有

$$\sum_{i=1}^{n}\frac{P_i\Delta_i}{2}=\int_l\frac{M_P^2}{2EI}\mathrm{d}x \tag{c}$$

将式（b）、（c）代入式（a），得到由于荷载引起任一截面（点）k 沿某一指定方向k-k 的位移 Δ_{kP} 为

$$\Delta_{kP}=\int_l\frac{\overline{M}M_P}{2EI}\mathrm{d}x \tag{13-6}$$

这就是梁上任一截面（点）k 沿某一指定方向 k-k 的位移 Δ_{kP} 的计算公式。计算结果若为正时，则表示所求得位移的方向与所假设的单位荷载的方向相同，为负时则相反。

由于在求解结构位移过程中施加了单位荷载，故这种求位移的方法称为单位荷载法。需要注意的是，应用单位荷载法不仅可以求结构的线位移，而且还可以用来计算结构的角

位移或其他性质的位移。也就是说单位荷载法施加单位力时，是在所求广义位移方向上加相应的广义单位力。

求图 13-10（b）所示简支梁在荷载 $\boldsymbol{P_1}$、$\boldsymbol{P_2}$、…、$\boldsymbol{P_n}$ 作用下，梁上截面沿指定方向k-k的位移时，按图 13-10（a）所示加单位荷载。

求图 13-11（a）所示简支梁在荷载 $\boldsymbol{P}$ 作用下，梁上截面 K 的转角时，按图 13-11（b）所示加单位荷载。

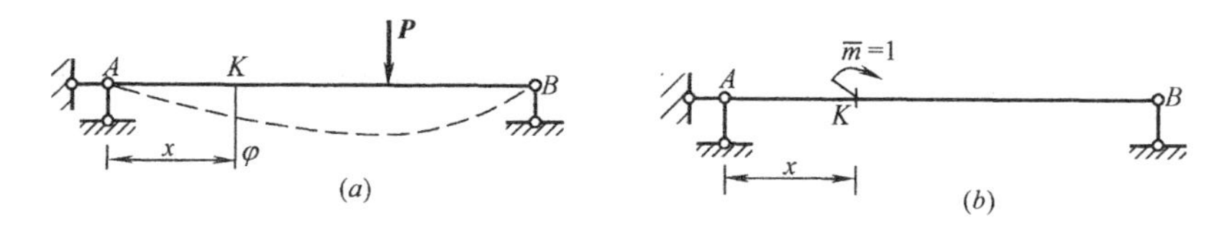

图 13-11

对于刚架，杆件内力有弯矩 M、剪力 $\boldsymbol{Q}$ 和轴力 $\boldsymbol{N}$。在实际计算中，考虑到刚架与梁类似，结构位移主要是弯曲变形引起的，剪切变形和轴向变形的影响很小，可以忽略不计。刚架只考虑弯矩引起的位移仍用式（13-6），但计算时应对每一杆进行积分后求和，即

$$\Delta_{\mathrm{kP}} = \sum\int_l \frac{\overline{M}M_{\mathrm{P}}}{EI}\mathrm{d}x \tag{13-7}$$

对于桁架，杆件内力只有轴力 $\boldsymbol{N}$，参照式（13-6）的推导，可以得到

$$\Delta_{\mathrm{kP}} = \sum \frac{\overline{N}N_{\mathrm{P}}l}{EA} \tag{13-8}$$

式中　$\overline{N}$——单位荷载作用下各杆轴力；

　　N_{P}——荷载作用下各杆的轴力。

同样，计算结果若为正时，则表示所求得位移的方向与所假设的单位荷载的方向相同，为负时则相反。

利用单位荷载法推出的式（13-7）求结构位移的方法，简称积分法，其计算步骤概括为：

（1）在所求位移点沿所求位移方向加一个相应的广义单位力；

（2）每一杆段应用同一坐标原点，分别列出各杆段在荷载和单位力作用下的内力方程；

（3）将内力方程分别代入位移计算公式，分段积分求总和，就得到所求位移值，计算结果为正，说明所求位移与假设的单位力指向一致，为负时则相反。

下面举例说明梁、刚架和桁架在荷载作用下的位移计算。

【例 13-1】 求图 13-12（a）所示简支梁跨中截面 C 的挠度 Δ_{cx} 和支座 B 端的转角 φ_{B}。简支梁 EI 为常数。

【解】 1. 求 Δ_{cx}

首先，在简支梁跨中截面 C 施加一个单位力 $\overline{P}$，如图 13-12（b）所示。然后，分别列出在单位力和荷载作用下的 $\overline{M}$、M_{P} 方程。

选取 A 点为坐标原点，由于 M 图对称，可以取左半部分 AC 段进行计算。AC 段

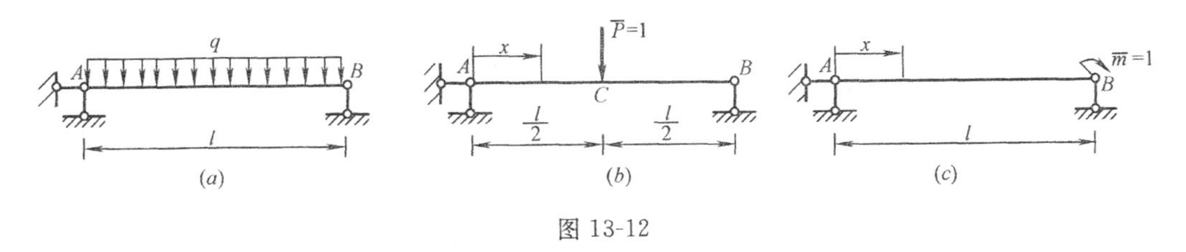

图 13-12

$(0\leqslant x\leqslant l/2)$ 的 $\overline{M}$、M_P 方程为

$$\overline{M}=\frac{1}{2}x \qquad \left(0\leqslant x\leqslant \frac{l}{2}\right)$$

$$M_P=\frac{1}{2}q(lx-x^2) \qquad \left(0\leqslant x\leqslant \frac{l}{2}\right)$$

将 $\overline{M}$ 和 M_P 代入式 (13-6)，有

$$\begin{aligned}\Delta_{cx} &= 2\int_0^{\frac{l}{2}}\frac{\overline{M}M_P}{EI}dx \\ &= 2\int_0^{\frac{l}{2}}\frac{1}{EI}dx\cdot\frac{1}{2}x\cdot\frac{1}{2}q(lx-x^2)dx=\frac{q}{2EI}\int_0^{\frac{l}{2}}(lx^2-x^3)dx \\ &= \frac{5ql^4}{384EI}(\downarrow)\end{aligned}$$

计算结果为正，说明位移与单位力 $\overline{P}$ 方向一致，括号内所示方向为实际方向。

2. 计算支座 B 端转角 φ_B

在简支梁支座 B 端施加一个单位力 $\overline{m}$，如图 13-12 (c) 所示。同样选取 A 点为坐标原点，此时单位力作用下的 $\overline{M}$ 方程为

$$\overline{M}=\frac{1}{l}x \qquad (0\leqslant x\leqslant l)$$

将 $\overline{M}$ 和 M_P 代入式 (13-6)，有

$$\begin{aligned}\varphi_B &= \int_0^{l}\frac{\overline{M}M_P}{EI}dx \\ &= \int_0^{l}\frac{1}{EI}dx\cdot\frac{1}{l}x\cdot\frac{1}{2}q(lx-x^2)dx=\frac{q}{2EI\cdot l}\int_0^{l}(lx^2-x^3)dx \\ &= \frac{ql^3}{24EI}(\circlearrowright)\end{aligned}$$

计算结果为正，说明位移与单位力 $\overline{m}$ 的方向一致。

【例 13-2】 求图 13-13 (a) 所示刚架 C 端的竖向位移 Δ_{cy}，刚架 EI 为常数。

【解】 在 C 点加与所求位移相应的竖向单位力 $\overline{P}$，分别列出在单位力和荷载作用下的 $\overline{M}$、M_P 方程。

CB 杆：以 C 为原点，有

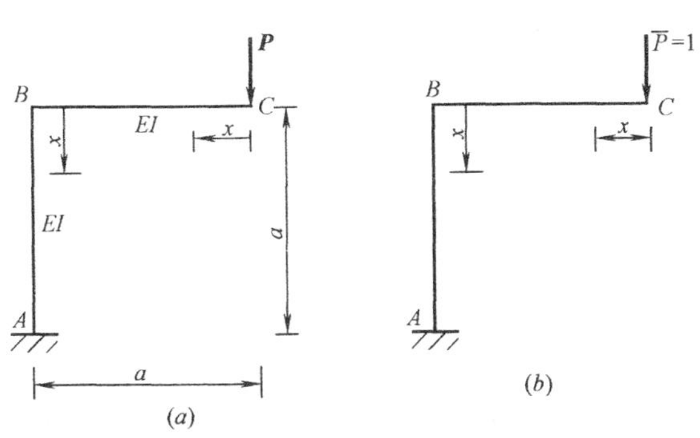

图 13-13

$$\overline{M} = -x \quad (0 \leqslant x \leqslant a)$$
$$M_P = -Px \quad (0 \leqslant x \leqslant a)$$

BA 杆：以 B 为原点，有

$$\overline{M} = -a \quad (0 \leqslant x \leqslant a)$$
$$M_P = -Pa \quad (0 \leqslant x \leqslant a)$$

因结构由 CB 杆及 BA 杆组成，将 $\overline{M}$ 和 M_P 代入位移计算公式，对各杆进行积分再求和，得

$$\Delta_{cy} = \frac{1}{EI}\int_0^a(-x)(-Px)\mathrm{d}x + \frac{1}{EI}\int_0^a(-a)(-Pa)\mathrm{d}x$$
$$= \frac{1}{EI}\left(\frac{1}{3}Pa^3\right) + \frac{1}{EI}(Pa^3) = \frac{4Pa^3}{3EI}(\downarrow)$$

计算结果为正，说明位移与单位力 $\overline{P}$ 方向一致。

【例 13-3】 试求图 13-14（a）所示木桁架 D 点的竖向位移。已知：$P=18\text{kN}$，设各杆材料相同，弹性模量 $E=8.5\times10^3\text{MPa}$，各杆的截面面积均为 $A=120\times120=2400\text{mm}^2$。

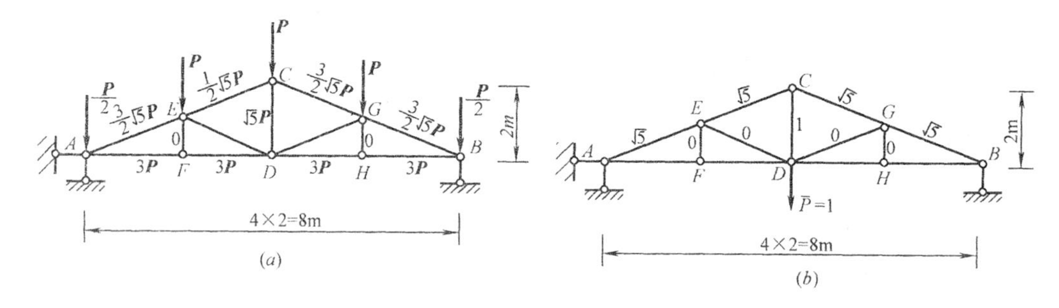

图 13-14

【解】 在 C 点加与所求位移相应的竖向单位力 $\overline{P}$，分别计算在单位力和荷载作用下的各杆内力，根据公式 $\Delta_{kP}=\sum\frac{\overline{N}N_P l}{EA}$，并将 $P=18\text{kN}$ 和 $E=8.5\times10^3\text{MPa}$ 代入公式计算，结果列于下表中：

杆件		杆长 l(mm)	A(mm^2)	$\overline{N}$	N_P(kN)	$\frac{\overline{N}N_P l}{EA}$(mm)
上弦	AE	2240	14400	−1.12	−60.37	1.2
	EC	2240	14400	−1.12	−40.25	0.8
下弦	AD	4000	14400	1	54	1.8
	DF	4000	14400	1	54	1.8
斜杆	ED	2240	14400	0	20.12	0.0
竖杆	EF	1000	14400	0	0	0.0
	CD	2000	14400	1	18	0.3
			Σ			5.9

由此求得 D 点的竖向位移为

$$\Delta_{DP} = \sum \frac{\overline{N} N_P l}{EA} = 5.9\text{mm}\ (\downarrow)$$

计算结果为正，说明 D 点的竖向位移向下。

在实际问题中，还经常遇到计算结构相对位移的问题。

例如欲求图 13-15（a）刚架，截面 C 左、右两侧截面的相对水平位移，可在截面 C 处两侧加一对指向相反的水平单位力（图 13-15b）。此时有

$$\Delta_{左} + 1 \cdot \Delta_{右} = 1 \cdot (\Delta_{左} + \Delta_{右}) = 1 \cdot \Delta$$

可见一对水平单位力在各自相应位移上所作的功，等于单位荷载在相对水平位移上所作的功。

同理，若求截面 C 左、右两侧截面的相对竖向位移，则应在截面 C 处两侧加一对指向相反的竖向单位力（图 13-15c）。

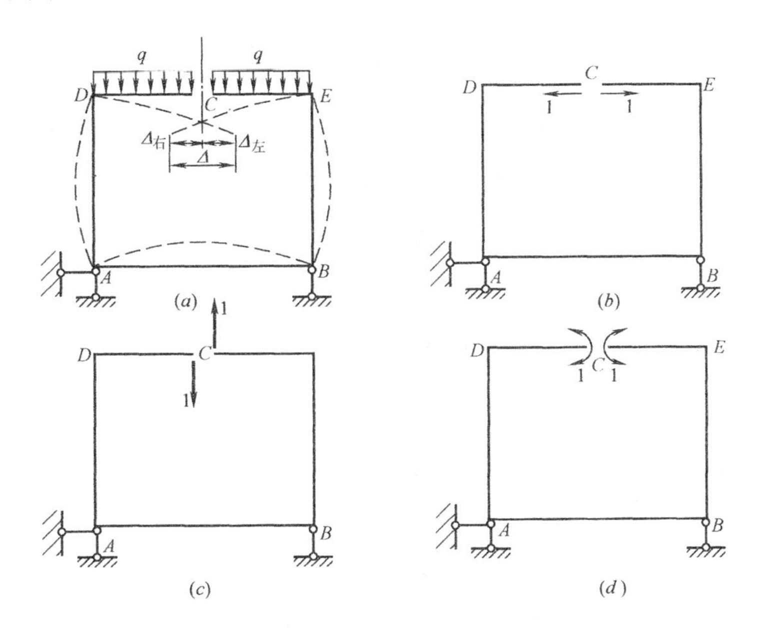

图 13-15

若求截面 C 左、右两侧截面的相对转角，就在截面 C 处两侧加一对转向相反的单位力偶（图 13-15d）。

所以，相对位移的计算也可以用单位荷载法，只是要加一对相对单位荷载。

第三节　图　乘　法

由单位荷载法求位移的应用可知，计算梁和刚架在荷载作用下的位移时，先要写出 $\overline{M}$ 和 M_P 方程式，然后代入式（13-7）进行积分运算。

$$\Delta_{kP} = \sum \int_l \frac{\overline{M} M_P}{EI} dx$$

当荷载比较复杂或杆件数目较多时，计算就比较麻烦。但如果积分杆段能满足三个条件，即：①杆段的抗弯刚度 EI 为常数，②杆段为直杆，③$\overline{M}$ 图和 M_P 图至少有一个是直

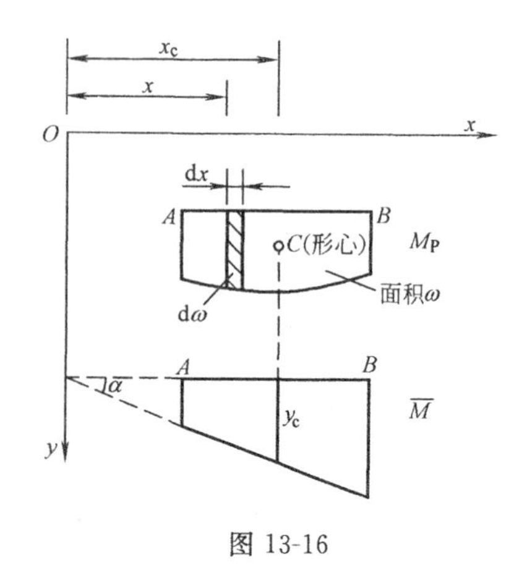

图 13-16

线图形。积分运算就可以用下述的图乘法来代替，使计算简化。

图 13-16 所示为等截面直杆段 AB 的两个弯矩图，其中 $\overline{M}$ 图为直线，而 M_P 图为任意形状，建立坐标系如图所示。在 $\overline{M}$ 图上，坐标为 x 处的 $\overline{M}$ 值为

$$\overline{M} = x\text{tg}\alpha \tag{a}$$

M_P 图中相应位置处的微面积为

$$d\omega = M_P dx \tag{b}$$

将式（a）、（b）代入积分式 $\int_l \frac{\overline{M}M_P}{EI}dx$，并注意 EI 和 $\text{tg}\alpha$ 为常数，则有

$$\int_l \frac{\overline{M}M_P}{EI}dx = \frac{1}{EI}\int_A^B \overline{M}M_P dx = \frac{\text{tg}\alpha}{EI}\int_A^B x d\omega \tag{c}$$

$xd\omega$ 是微面积 $d\omega$ 对 y 轴的静矩，因而积分 $\int_A^B x d\omega$ 表示 M_P 图对 y 轴的静矩的总和。根据合力矩定理，它应等于其总面积对同一轴的静矩，所以

$$\int_A^B x d\omega = \omega x_C \tag{d}$$

上式中的 ω 表示 M_P 图总面积，x_c 是 M_P 图的形心到 y 轴的距离。

将式（d）代入式（c），并注意到在 $\overline{M}$ 图中 $y_c = x_c\text{tg}\alpha$，得到

$$\int_A^B \frac{\overline{M}M_P}{EI}dx = \frac{1}{EI}\omega x_C \text{tg}\alpha = \frac{1}{EI}\omega y_C$$

式中 y_c 是 M_P 图形心位置对应于 $\overline{M}$ 图的 y 坐标。

则位移计算公式（13-7）可写为

$$\Delta_{KP} = \sum\int_l \frac{\overline{M}M_P}{EI}dx = \sum \frac{1}{EI}\omega y_C \tag{13-9}$$

这就是图乘法公式。这种将积分运算转化为图形相乘计算的方法称为图乘法。

可见利用图乘法计算位移，但应注意下列问题：

（1）应用图乘法必须同时满足条件：EI＝常数，杆段为直杆，$\overline{M}$ 图和 M_P 图至少有一个是直线图形。

（2）ω 与 y_c 分属两个弯矩图。ω 对应的另一个图形必须是直线，y_c 必须从直线图形中取得。

（3）如果两个弯矩图都是直线，则面积 ω 可取其中任一图形，而从另一图形中取 y_c。

（4）图乘时当 ω 与 y_c 位于同侧为正，异侧为负。

为了方便，图 13-17 给出了几种常见弯矩图图形面积和形心的位置，以备查用。其中抛物线图形的面积“顶点”是指切线平行于底边的点，而顶点在中点或端点的抛物线则称为标准抛物线。

利用图乘法计算结构位移的步骤可归纳为：

（1）作出结构在荷载作用下的 M_P 图；

（2）作出结构在单位荷载作用下的 $\overline{M}$ 图；

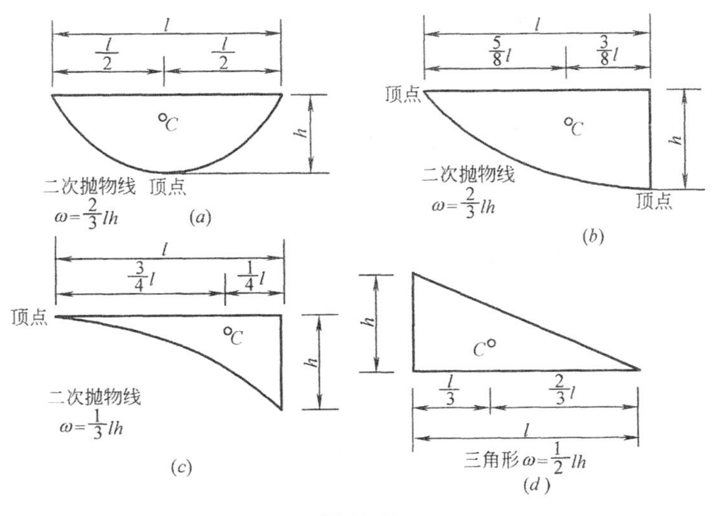

图 13-17

（3）代入式（13-9）计算位移。

【例 13-4】 用图乘法求例 13-18 简支梁跨中截面 C 的挠度 Δ_{cx} 和支座 B 端的转角 φ_B。简支梁 EI 为常数。

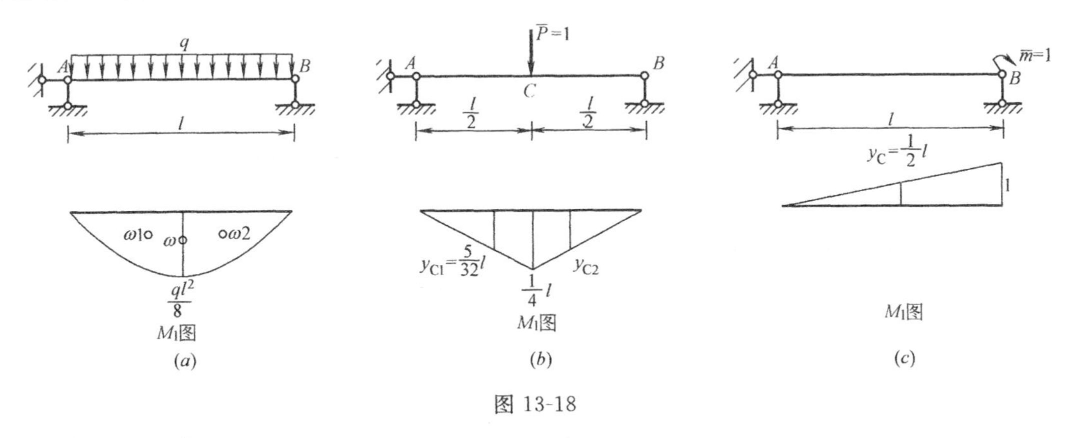

图 13-18

【解】 1. 求 Δ_{cx}

作荷载作用下的弯矩图 M_P（图 13-18a）和简支梁跨中截面 C 施加一个单位力 $\overline{P}$ 时的弯矩图 $\overline{M}$（图 13-18b）。由于 AB 段 M_P 图为抛物线，而 $\overline{M}$ 图为两段直线组成的折线，因此应该分两段（AC 段和 CB 段）分别图乘，然后将其计算结果相加。即

$$\Delta_{CX} = \sum\int_l \frac{\overline{M}M_P}{EI}dx = \sum\frac{1}{EI}\omega y_C = \frac{1}{EI}\omega_1 y_{C1} + \frac{1}{EI}\omega_2 y_{C2}$$

由于 M_P 图和 $\overline{M}$ 图都是对称的，则

$$\Delta_{CX} = 2\frac{1}{EI}\omega_1 y_{C1} = \frac{2}{EI}\left(\frac{2}{3}\times\frac{l}{2}\times\frac{ql^2}{8}\times\frac{5l}{32}\right)$$

$$=\frac{5ql^4}{384EI}\ (\downarrow)$$

计算结果为正，说明位移与单位力 $\overline{P}$ 方向一致。

2. 计算支座 B 端转角 φ_B

作简支梁支座 B 端施加一个单位力 $\overline{m}$ 时的弯矩图 $\overline{M}$（图 13-18c）。由于 AB 段 $\overline{M}$ 图为直线，则

$$\varphi_B = \sum \frac{1}{EI}\omega y_C = \frac{1}{EI}\omega y_C = \frac{1}{EI}\left(\frac{2}{3}\times l\times\frac{ql^2}{8}\times\frac{1}{2}\right)$$

$$=\frac{ql^3}{24EI}\ (\circlearrowright)$$

计算结果为正，说明位移与单位力 $\overline{m}$ 的方向一致。

【例 13-5】 求图 13-19（a）所示伸臂梁 C 点的竖向位移 Δ_{Cy}，已知 EI=常数。

【解】

（1）作荷载作用下的 M_P 图，如图 13-19（a）所示；

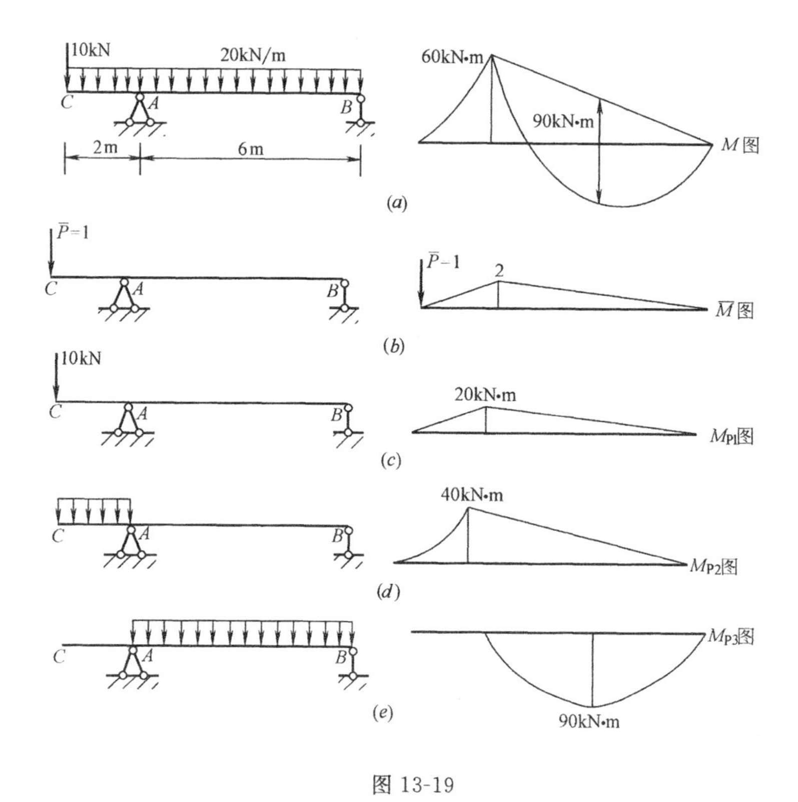

图 13-19

（2）在 C 点加单位力 $\overline{P}$，作相应的 $\overline{M}$ 图，如图 13-19（b）所示；

（3）用图乘法求 Δ_{Cy}：

整个梁应分为 AC 和 AB 两段，分别应用图乘法。

由于 M_P 图中 AC 和 AB 段不是标准抛物线，由叠加原理可知，AC 段的 M_P 图则等于图 c 和图 d 相应叠加，AB 段的 M_P 图等于图 c、d 和 e 相应叠加。因此，在 AB 和 AC 段的图乘运算时，可把 AB 和 AC 段的 $\overline{M}$ 图分别与分解后的 M_P 图相图乘，然后相加。

AC 段：

M_{P1} 图三角形面积　$\omega_1=\frac{1}{2}\times2\times20=20$

对应 $\overline{M}$ 的竖标　$y_1=\frac{2}{3}\times2=\frac{4}{3}$

M_{P2}图抛物线面积　$\omega_2=\frac{1}{3}\times2\times40=\frac{160}{3}$

对应 $\overline{M}$ 的竖标　$y_2=\frac{3}{4}\times2=\frac{3}{2}$

AB 段：

M_{P1}图三角形面积　$\omega_1=\frac{1}{2}\times6\times20=60$

对应 $\overline{M}$ 的竖标　$y_1=\frac{2}{3}\times2=\frac{4}{3}$

M_{P2}图抛物线面积　$\omega_2=\frac{1}{2}\times6\times40=120$

对应 $\overline{M}$ 的竖标　$y_2=\frac{2}{3}\times2=\frac{4}{3}$

M_{P3}图抛物线面积　$\omega_3=\frac{2}{3}\times6\times90=360$

对应 $\overline{M}$ 的竖标　$y_3=\frac{1}{2}\times2=1$

$$\begin{aligned}\Delta_{Cy}&=\frac{1}{EI}\left(20\times\frac{4}{3}+\frac{160}{3}\times\frac{3}{2}\right)+\frac{1}{EI}\left(60\times\frac{4}{3}+120\times\frac{4}{3}-360\times1\right)\\&=\frac{200}{3EI}\ (\downarrow)\end{aligned}$$

计算结果为正，说明位移与单位力 $\overline{P}$ 的方向一致。

【例 13-6】 求图 13-20（a）所示悬臂刚架结点 C 点的水平位移 Δ_{Cy} 和 C 点的转角 φ_C，已知 EI＝常数。

【解】

（1）作给定荷载的 M_P 图，如图 13-20（b）所示；

（2）在 C 点加水平单位力 $\overline{P}$，作相应的 $\overline{M}_1$ 图，如图 13-20（c）所示；

（3）在 C 点加单位力 $\overline{m}$，作相应的 $\overline{M}_2$ 图，如图 13-20（d）所示；

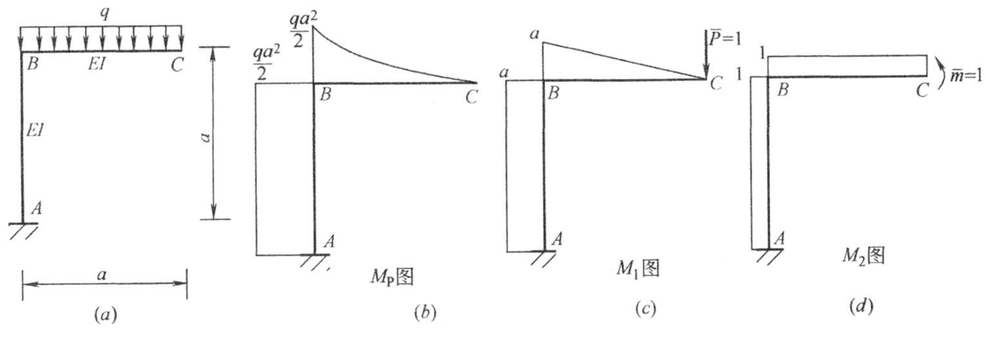

图 13-20

（4）用图乘法求 Δ_{Cy}：

分 AB、BC 两段图乘，得

$$\Delta_{Cy}=\frac{1}{EI}\left(a\cdot\frac{qa^2}{2}\cdot a\right)+\frac{1}{EI}\left(\frac{1}{3}\cdot a\cdot\frac{qa^2}{2}\cdot\frac{3}{4}a\right)$$
$$=\frac{5qa^4}{8EI}\ (\downarrow)$$

计算结果为正，说明位移与单位力 $\overline{P}$ 的方向一致；

（5）用图乘法求 φ_C：

分 AB、BC 两段图乘，得

$$\varphi_C=\frac{1}{EI}\left(a\cdot\frac{qa^2}{2}\cdot 1\right)+\frac{1}{EI}\left(\frac{1}{3}\cdot a\cdot\frac{qa^2}{2}\cdot 1\right)$$
$$=\frac{2qa^3}{3EI}\ (\circlearrowright)$$

计算结果为正，说明位移与单位力 $\overline{P}$ 的方向一致。

【例 13-7】 求图 13-21（a）所示刚架节点 D 点的水平位移 Δ_{Dx}，已知 EI=常数。

【解】

（1）作给定荷载的 M_P 图，如图 13-21（b）所示；

（2）在 D 点加水平单位力 $\overline{P}$，作相应的 $\overline{M}$ 图，如图 13-21（c）所示；

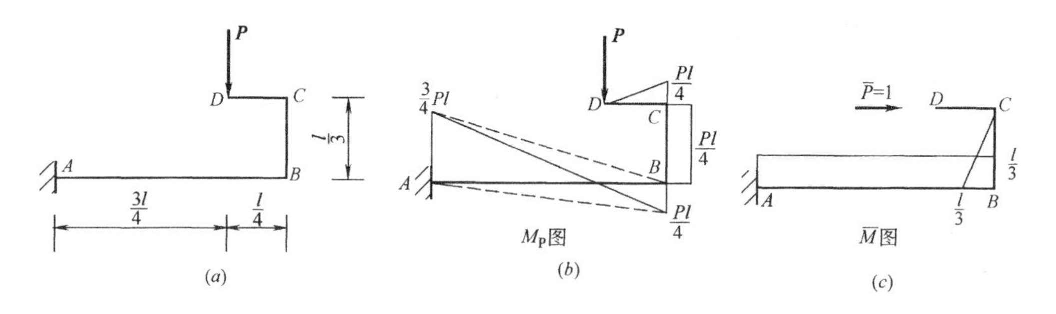

图 13-21

（3）用图乘法求 Δ_{Dx}：

AB 杆的 M_P 图有正负部分，图乘时宜根据叠加原理，把 M_P 看作是图 13-21（b）所示虚线与 AB 杆组成的两个三角形相叠加，这样面积容易计算，而且对应的竖标也容易算出。

分 AB、BC 和 CD 三段图乘，得

$$\Delta_{Cx}=\frac{1}{EI}\left(\frac{1}{2}\cdot l\cdot\frac{3Pl}{4}\cdot\frac{l}{3}\right)-\frac{1}{EI}\left(\frac{1}{2}\cdot l\cdot\frac{Pl}{4}\cdot\frac{l}{3}\right)-\frac{1}{EI}\left(\frac{1}{2}\cdot\frac{l}{3}\cdot\frac{l}{3}\cdot\frac{Pl}{4}\right)+\frac{1}{EI}(0)$$
$$=\frac{5Pl^3}{72EI}\ (\downarrow)$$

计算结果为正，说明位移与单位力 $\overline{P}$ 的方向一致。

复习思考题与习题

1. 计算结构位移的目的是什么？

2. 何谓单位荷载法？在求结构的线位移、角位移时，如何加单位力？如所加的力不是 1 而是 2、3 等是否可以？

3. 试述用单位荷载法和图乘法计算结构位移的步骤。

4. 简述图乘法的适用条件。

5. 应用图乘法时在什么情况下要分段？

6. 根据单位荷载法，试画出求图 13-22 所示结构位移时，对应施加的单位力。

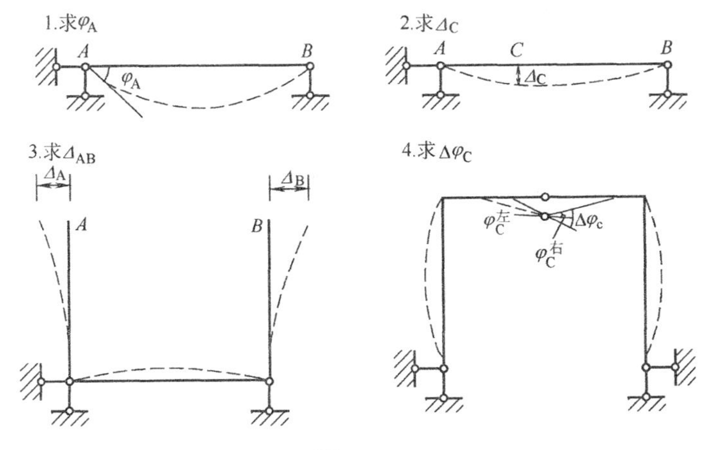

图 13-22

7. 图 13-23 所示图乘结果是否正确？如不正确请改之。

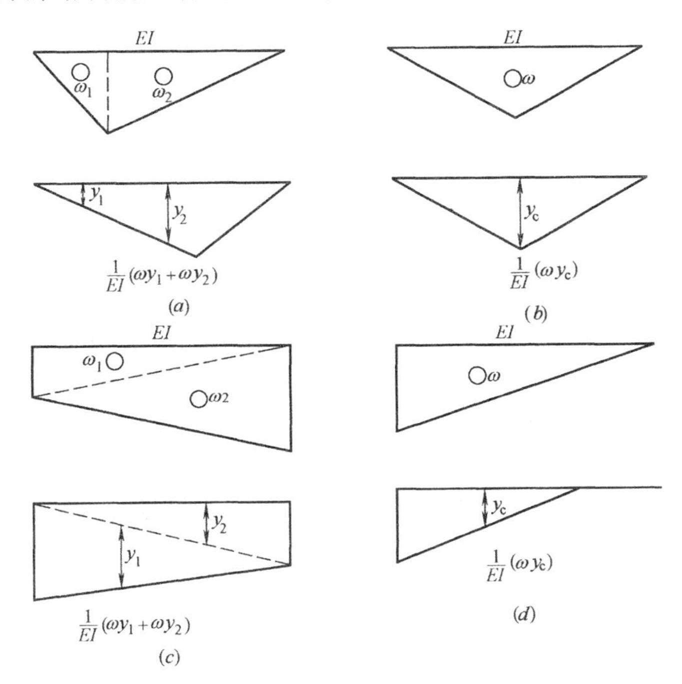

图 13-23

8. 用积分法求图 13-24 所示悬臂梁 B 端的竖向位移和转角，已知 EI=常数。

9. 用积分法求图 13-25 所示简支梁跨中竖向位移 Δ_C 及 B 截面转角 φ_B。已知 EI=常数。

10. 用图乘法求图 13-26 所示伸臂梁跨中竖向位移 Δ_C 及 B 截面转角 φ_B，已知 EI=常数。

11. 用图乘法求图 13-27 所示刚架 C 点的转角 φ_C 和 B 点的竖向位移 Δ_{BX}，已知 EI=常数。

12. 求图 13-28 所示桁架 C 点的竖向位移，已知各杆的 EA 都相等。

13. 用图乘法求图 13-29 所示刚架 C 点的水平位移 Δ_{CX}，已知 EI=常数。

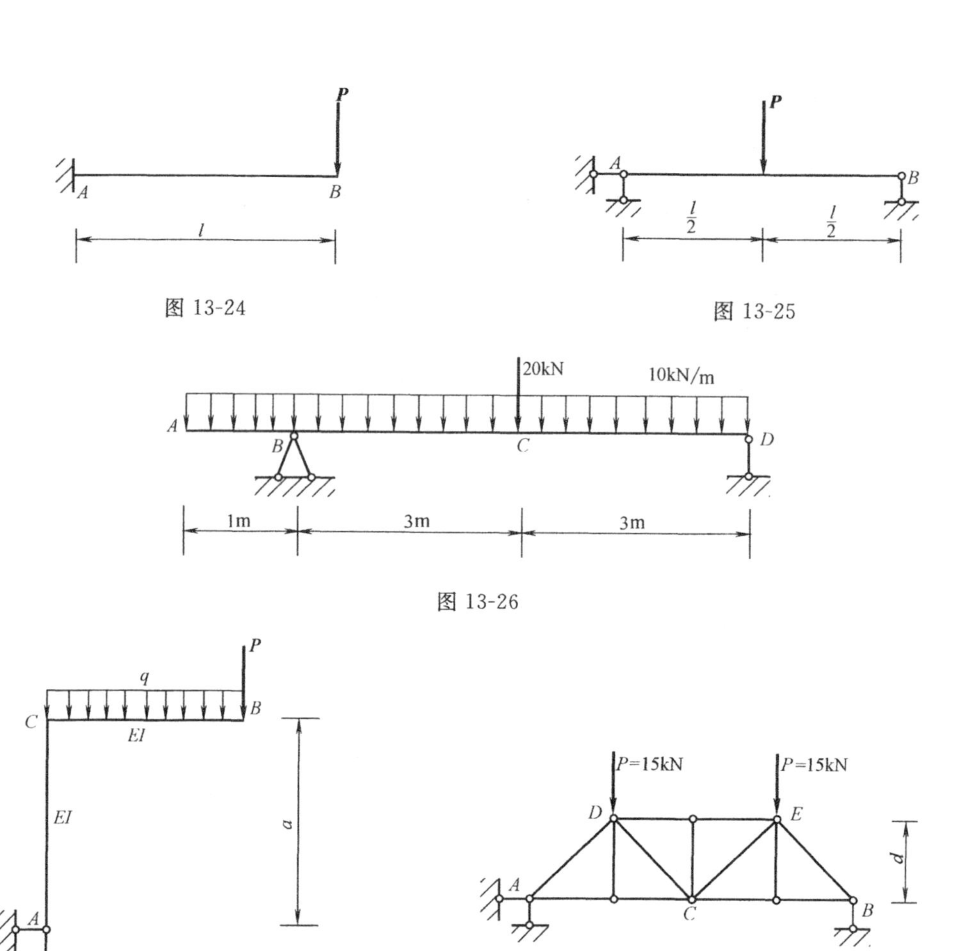

图 13-24

图 13-25

图 13-26

图 13-27

图 13-28

14. 用图乘法求图 13-30 所示刚架 B 点的水平位移 Δ_{BX}，已知 EI=常数。

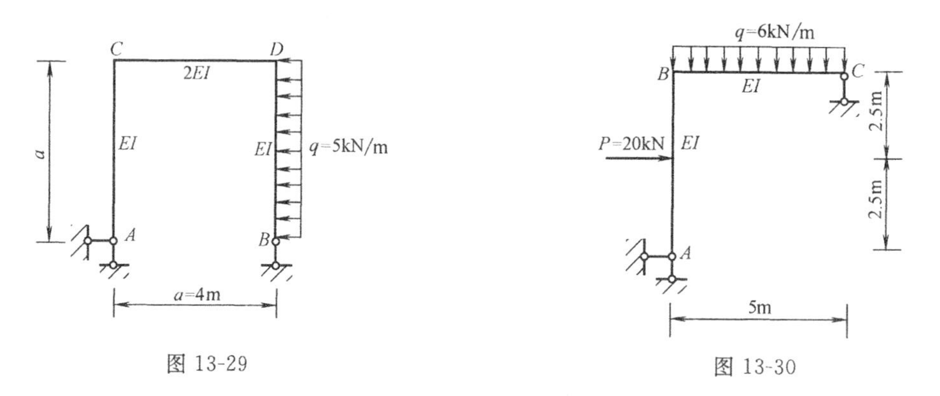

图 13-29

图 13-30

第十四章　力　　法

第一节　力法的基本原理

一、超静定次数的确定

前面各章进行结构内力分析的都是静定结构，而在工程实际中，大多数结构都是超静定的，因此对超静定结构的研究具有实际意义。

在第十一章中介绍过，超静定结构是有多余约束的几何不变体系，其全部反力和内力，仅用静力平衡方程不能确定或不能全部确定。

超静定结构有多余约束，多余约束上所发生的力，称为多余约束力。多余约束的数目，称为结构的超静定次数。而用力法计算超静定结构，正是以多余约束力作为基本未知量。因此，用力法计算超静定结构，首先必须确定有多少个多余约束，也就是确定超静定结构次数。

从几何构造的角度看，超静定结构是在静定结构的基础上，增加若干多余约束而构成的。因此，确定结构的超静定次数最直接的方法，就是撤除超静定结构的多余约束，使之成为一个静定结构。所撤除多余约束的个数，即为超静定次数。表达为：

超静定次数＝多余约束的个数＝原结构变成静定结构所需撤除的约束数。

而从静力分析的角度看，可表达为：

超静定次数＝多余未知力的个数＝未知力的个数－静力平衡方程的个数。

实际应用中，我们常常是从几何构造的角度来确定超静定次数。此法的关键在于撤除多余约束，使原结构变成静定结构。在结构上撤除多余约束的方式一般有以下几种：

（1）一根链杆，叫做一个约束。所以撤除一根链杆，相当于撤除一个约束，图 14-1（*a*）。

（2）一个单铰，约束节点既不发生水平方向的位移，又不发生竖向位移。因此，撤除一个单铰，相当于两个约束，图 14-1（*b*）。

（3）撤除一个固定端支座或切开一个刚性杆件横截面，一般有轴力、剪力和弯矩三种内力，相当于解除三个约束，图 14-1（*c*）。

（4）若将刚性连接换成一个铰，即把原来的三个约束换成两个约束，就相当于解除一个抗弯约束，图 14-1（*d*）。

例如图 14-2（*a*）所示的单跨超静定梁，可以采用图 14-2（*b*）、（*c*）中任何一种撤除多余约束的办法，可将超静定结构变成相应的静定结构。因此，图 14-2（*a*）超静定梁是一次超静定结构。

如图 14-3（*a*）所示超静定刚架，可以采用图 14-3（*b*）、（*c*）、（*d*）中任何一种撤除多余约束的办法，可将超静定结构变成相应的静定结构，因此超静定刚架是三次超静定结构。

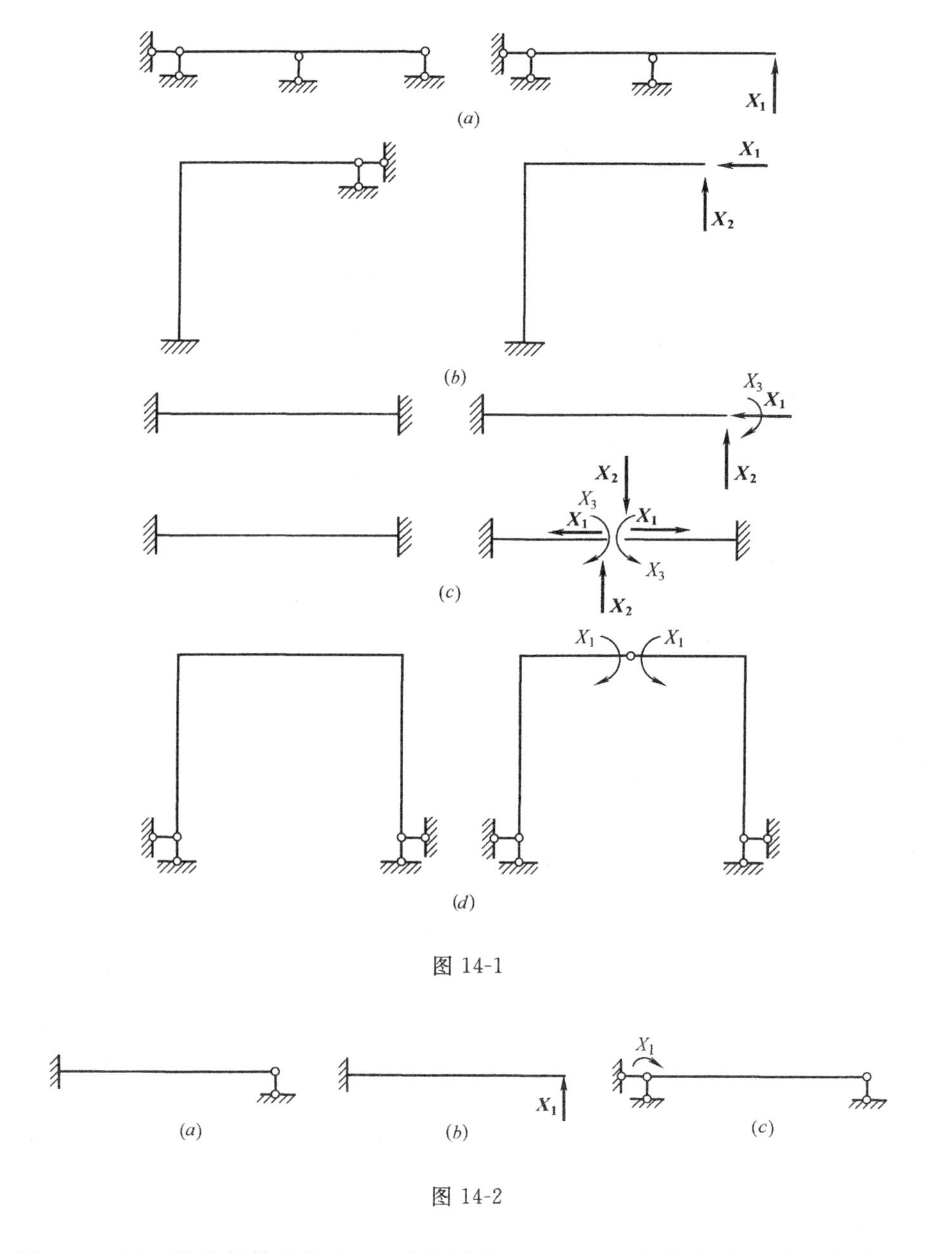

图 14-1

图 14-2

如图 14-4（a）所示超静定刚架，可采用图 14-4（b）中的办法，将超静定结构变成相应的静定结构，因此超静定刚架是六次超静定结构。

需要强调的是，撤除多余约束后，结构仍应保持几何不变。另外，约束只是对几何不变性而言的，这些多余约束对改善结构的强度和刚度是十分必要的。

二、力法的基本原理

计算超静定结构的方法很多，其中力法是应用范围很广一种方法。一般说来，所有的超静定结构都可以用力法来分析，它是分析超静定结构的一个基本方法。

图 14-5（a）所示的单跨超静定梁，超静定次数为一次。现在撤除支座 B 处的链杆，代之以约束力 X_1，如图 14-5（b）所示。这种将原超静定结构撤除多余约束后所得到的静

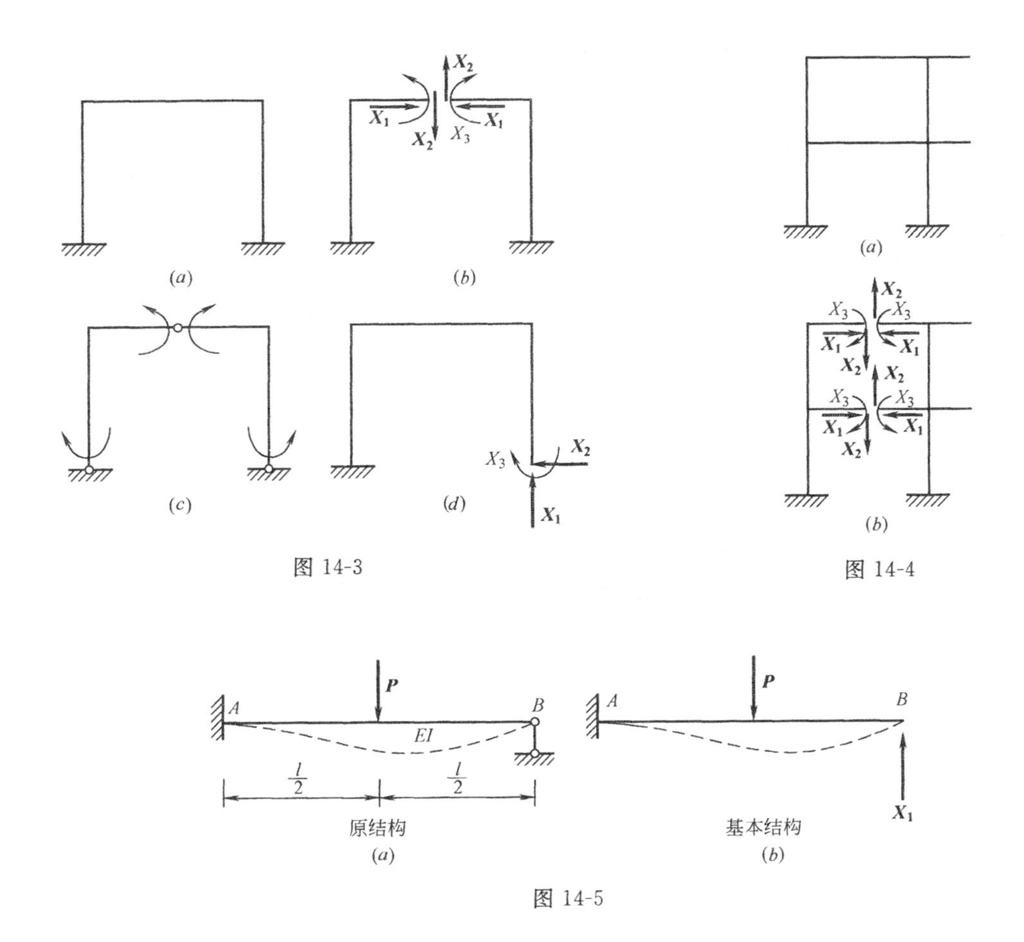

图 14-3

图 14-4

图 14-5

定结构，称为原结构的基本结构；被撤除的多余约束处加上的多余未知力 X_1 就是静定结构内力计算的基本未知量；基本结构在原有荷载和多余未知力共同作用下的体系，称为力法的基本体系。

由于力与变形之间有一定的协调关系，只要使基本结构的变形状态与原结构的变形状态相同，则两者的受力状态必然相同。根据这个条件，比较图 14-5（a）所示的原结构与图 14-5（b）所示的基本结构，可知原结构在支座 B 处不可能有竖向位移，而基本结构在原有荷载和多余未知力的分别作用下，B 点处都产生了竖向位移 Δ_{1P} 和 Δ_{11}，如图 14-6 所示。

(a) 基本结构 (b) (c)

图 14-6

为了使基本结构与原结构等效，必须满足的位移条件是：基本结构沿多余未知力 $\mathbf{X_1}$ 方向的位移与原结构相同，即等于零，表达为

$$\Delta_1=\Delta_{1P}+\Delta_{11}=0$$

式中 Δ_1——基本结构在荷载 $\boldsymbol{P}$ 及多余未知力 $\boldsymbol{X_1}$ 共同作用下，在 $\boldsymbol{X_1}$ 作用点沿 $\boldsymbol{X_1}$ 方向的位移；

Δ_{1P}——基本结构在荷载 $\boldsymbol{P}$ 单独作用下，在 $\boldsymbol{X_1}$ 作用点沿 $\boldsymbol{X_1}$ 方向的位移；

Δ_{11}——基本结构在多余未知力 $\boldsymbol{X_1}$ 单独作用下，在 $\boldsymbol{X_1}$ 作用点沿 $\boldsymbol{X_1}$ 方向的位移。

位移符号中采用的两个脚标，第一个脚标表示产生位移的地点和方向；第二个脚标表示产生位移的原因。

若以 δ_{11} 表示单位力 $X_1=1$ 的作用下，则 Δ_{11} 可表示为 $\Delta_{11}=X_1 \cdot \delta_{11}$，于是上式可写为

$$\delta_{11} X_1+\Delta_{1P}=0 \tag{14-1}$$

上式称为力法求解一次超静定结构的力法方程。

这一表达式，将结构位移条件转变为以多余未知力 $\boldsymbol{X_1}$ 为未知数的补充方程，这样该一次超静定结构的静力平衡方程数与补充方程数之和等于超静定结构的未知力个数，就可以求解出全部未知力。同样，n 个多余未知力，就根据多余未知力处多余约束的位移条件补充 n 个方程，这样就可以先求解出多余未知力，进而求解超静定结构内力。

为了求 δ_{11} 和 Δ_{1P}，分别作出荷载 $\boldsymbol{P}$ 及 $X_1=1$ 作用下在基本结构上的弯矩图 M_P 和 $\overline{M}$，如图 14-7 (a)、(b) 所示。

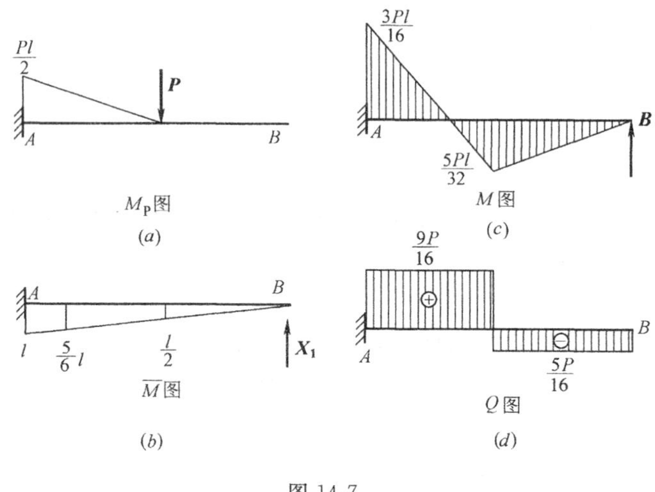

图 14-7

根据单位荷载法可知，$\overline{M_1}$与$\overline{M_1}$图乘得

$$\delta_{11}=\frac{1}{EI}\left(\frac{1}{2}\times l\times l\times\frac{2}{3}l\right)=\frac{l^3}{3EI}$$

$\overline{M_1}$与 M_P 图乘得

$$\Delta_{1P}=-\frac{1}{EI}\left(\frac{1}{2}\times\frac{l}{2}\times\frac{Pl}{2}\times\frac{5}{6}l\right)=-\frac{5Pl^3}{48EI}$$

将 δ_{11} 和 Δ_{1P}代入式 (14-1)，可得

$$X_1=-\frac{\Delta_{1P}}{\delta_{11}}=-\left(-\frac{5Pl^3}{48EI}\right)\cdot\frac{3EI}{l^3}=\frac{5}{16}P\ (\uparrow)$$

计算结果为正值，表明 $\boldsymbol{X_1}$ 真正的方向与原假设相同，即向上。如果是负值，说明与假设方向相反。

多余未知力 $\boldsymbol{X_1}$ 求出后，其余约束反力、内力的计算均可用平衡条件求解。实际应用中，我们一般是利用$\overline{M}_1$ 图和 M_P 图的叠加来求弯矩图 M，即

$$M=\overline{M_1}X_1+M_P$$

绘出 M 图后，可以在进一步绘出 Q 图。最后的 M、Q 图如图 14-7（c）、（d）所示。

简而言之，力法就是计算超静定结构时，以多余未知力作为基本未知量的方法。计算中，在超静定结构上撤除多余约束后，以多余未知力代替被去掉约束，得到静定的基本结构，以多余未知力为基本未知量，并根据基本结构与原结构的变形相同的位移条件建立力法方程，求出多余未知力，然后应用叠加原理计算结构的内力并作内力图。这也就是力法的基本原理。

第二节　力法的典型方程

利用力法计算一次超静定梁的过程可以看出，用力法计算超静定结构的关键，在于根据位移条件建立力法方程。

如图 14-8（a）所示是一个二次超静定刚架，我们以此为例，说明对多次超静定结构如何建立力法方程。首先撤除固定铰支座 C，代以多余未知力 $\boldsymbol{X_1}$、$\boldsymbol{X_2}$，得基本结构如图 14-8（b）所示。根据力法的基本原理，由于原刚架在支座 C 处，没有水平位移线位移 Δ_1 和竖向线位移 Δ_2，因此位移条件是：$\Delta_1=0$，$\Delta_2=0$

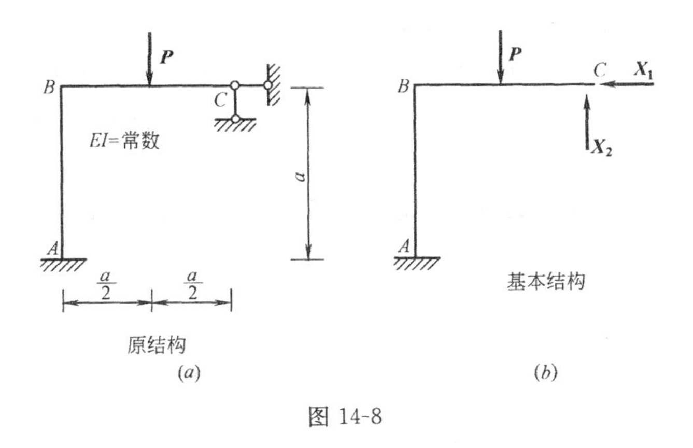

图 14-8

设基本结构在单位多余未知力 $X_1=1$、$X_2=1$ 和荷载分别作用下，C 点沿 X_1 方向的位移为 δ_{11}、δ_{12}、Δ_{1P}，沿 X_2 方向的位移为 δ_{21}、δ_{22}、Δ_{2P}，如图 14-9 所示。根据叠加原理，位移条件表达为

$$\Delta_1=\delta_{11}X_1+\delta_{12}X_2+\Delta_{1P}=0$$
$$\Delta_2=\delta_{21}X_1+\delta_{22}X_2+\Delta_{2P}=0$$

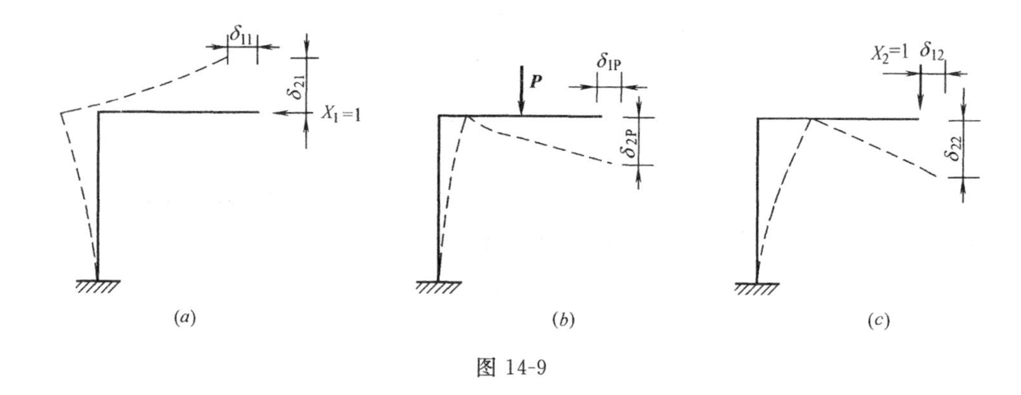

图 14-9

这就是二次超静定结构典型的力法方程。力法方程代表位移条件，它的物理意义是：基本结构沿每一个多余未知力方向的位移，应该与原结构中对应的位移相等。

对于一个 n 次超静定结构，相应的也有 n 个多余未知力，根据每一个多余未知力作用处对应的位移条件，可建立一个含 n 个未知量的代数方程组，从而解出 n 个多余未知力。设原结构上多余未知力作用处的位移均为零（不要一定都等于零），那么对应的 n 个力法方程为

$$\begin{aligned}\delta_{11}X_1+\delta_{12}X_2+\cdots+\delta_{1n}X_n+\Delta_{1P}=0\\ \delta_{21}X_1+\delta_{22}X_2+\cdots+\delta_{2n}X_n+\Delta_{2P}=0\\ \delta_{n1}X_1+\delta_{n2}X_2+\cdots+\delta_{nn}X_n+\Delta_{nP}=0\end{aligned} \tag{14-2}$$

这就是 n 次超静定结构力法典型方程的一般形式。力法典型方程的物理意义是：基本结构在单位多余未知力和荷载共同作用下，沿每一个多余未知力方向的位移，与原结构中对应的位移相等。

在上述方程组中，从左上角到右下角的主对角线上的系数 δ_{11}、δ_{22}、…、δ_{nn} 叫做主系数，主系数都是正值。主对角线两边的系数叫副系数。副系数成对相等，如 $\delta_{12}=\delta_{21}$，… $\delta_{1n}=\delta_{n1}$。最后一项 Δ_{1P}、Δ_{2P}、…、Δ_{nP} 称为自由项。副系数和自由项可能为正、为负或零。

解力法方程求出多余未知力后，可根据平衡条件求得内力，也可根据叠加原理求出原结构任一截面处的弯矩

$$M=\overline{M_1}X_1+\overline{M_2}X_2+\cdots+\overline{M_n}X_n+M_P \tag{14-3}$$

当绘出 M 图后，可取杆件为脱离体求出剪力，取结点为脱离体求出轴力。

第三节　力法的应用举例

用力法计算超静定结构的步骤可归纳为：

（1）确定超静定次数，选择基本结构；

（2）建立力法方程；

（3）计算系数和自由项；

（4）求解多余未知力；

（5）绘制内力图。

下面，我们通过几个例题，来说明力法的应用。

【例 14-1】 求作图 14-10（a）所示二跨连续梁的内力图，EI＝常数。

【解】

1. 确定超静定次数，选择基本结构

该连续梁与简支梁相比较可得，连续梁是一次超静定结构。现在将梁在 B 支座处切断换成一个铰，去掉一个多余约束，得到一个以 B 截面未知弯矩 X_1 为多余未知力的两跨简支梁作为基本结构（图 14-10b）。要特别注意的是，B 截面换成铰后，须在 B 截面处加对称的多余未知力 X_1 来替换撤除的多余约束。

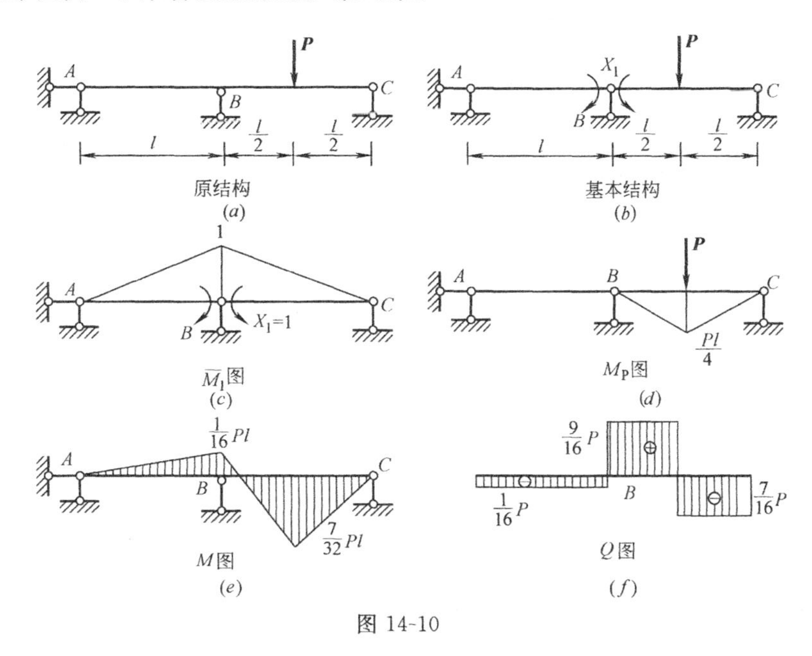

图 14-10

2. 建立力法方程

由于基本结构在支座 B 处两侧截面的相对转角等于零，因此有

$$\delta_{11}X_1+\Delta_{1P}=0$$

3. 计算系数和自由项

由图乘法，δ_{11}为图 14-10（c）自乘

$$\delta_{11}=\frac{1}{EI}\left(\frac{1}{2}\times l\times 1\times\frac{2}{3}\right)\times 2=\frac{2l}{3EI}$$

Δ_{1P}为图 14-10（c）与（d）互乘

$$\Delta_{1P}=-\frac{1}{EI}\left(\frac{1}{2}\times\frac{l}{2}\times\frac{pl}{4}\times\frac{1}{2}\right)=-\frac{pl^2}{16EI}$$

4. 求解多余未知力

将系数和自由项代入力法方程，得

$$\frac{2l}{3EI}X_1-\frac{pl^2}{16EI}=0$$

$$X_1=\frac{3pl^2}{32}$$

正号说明假定的 X_1 方向与实际方向相同。

5. 绘制内力图

连续梁各支座弯矩求得以后，就可以把每一跨当作单独的简支梁，作用于该梁的外力，除原来作用于该跨内的荷载外，还有端部的支座弯矩。分别作出各跨的内力图（图14-10）综合起来，就得到整个连续梁的内力图，如图 14-10（*e*）、（*f*）所示。

6. 讨论

（1）在计算多余未知力时，由于力法方程中的所以各项都含有 EI，可以消去，所以在荷载作用下，系数和各自由项都与各杆刚度有关，而求得的多余未知力，与 EI 的绝对值无关。故超静定结构的内力分布，与各杆刚度的比值相关。利用这一特性，在计算荷载作用下的结构内力时，可采用刚度的比值，以使计算简便。

（2）一个超静定结构的基本结构，可有若干种选取方法，选取的原则是尽量使计算简化。例如本例还可以取图 14-11（*b*）所示简支梁作为基本结构。

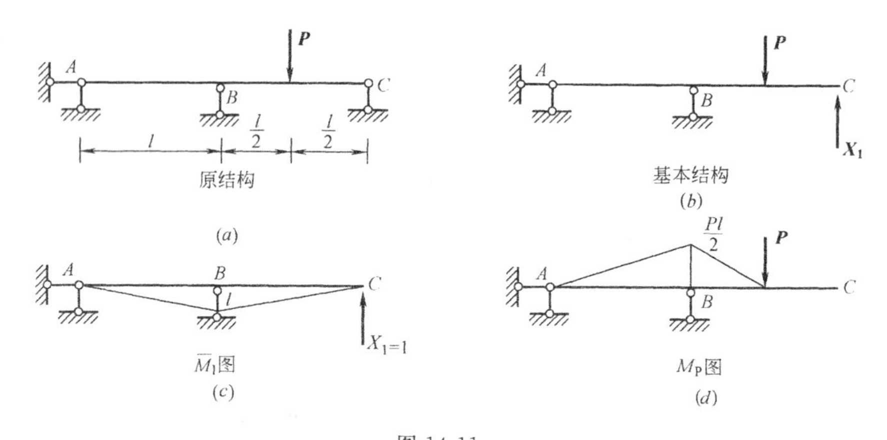

图 14-11

【例 14-2】 求作图 14-12（*a*）所示刚架的内力图，EI=常数。

【解】

1. 确定超静定次数，选择基本结构

本刚架为一次超静定结构。现取支座 C 的竖向反力 $\mathbf{X}_1$ 作为未知力，基本结构为一静定悬臂刚架，如图 14-10（*b*）所示。

2. 建立力法方程

根据支座 C 处的竖向位移为零的条件，可得

$$\delta_{11}X_1+\Delta_{1P}=0$$

3. 计算系数和自由项

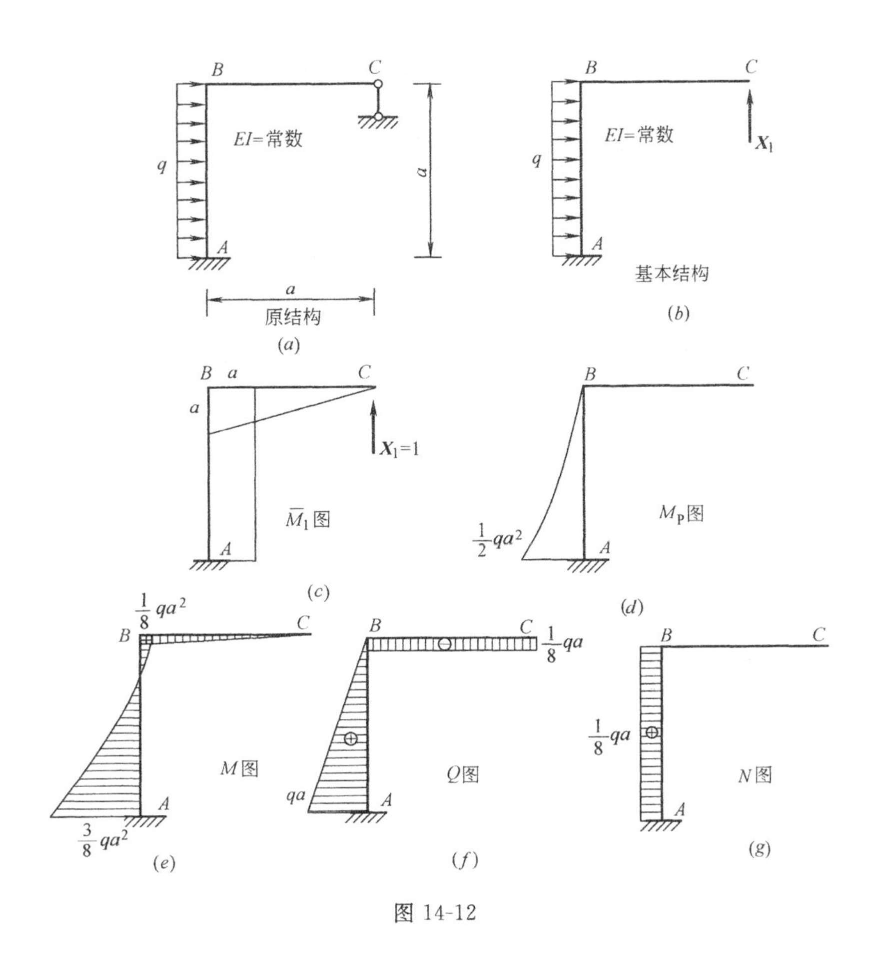

图 14-12

画出相应的 M_P、$\overline{M_1}$图。由图乘法得

$$\delta_{11}=\frac{1}{EI}(a\times a\times a)+\frac{1}{EI}\left(\frac{1}{2}\times a\times a\times\frac{2}{3}a\right)=\frac{4a^3}{3EI}$$

$$\Delta_{1P}=-\frac{1}{EI}\left(\frac{1}{3}\times a\times\frac{qa^2}{2}\times a\right)+\frac{1}{EI}(0)=-\frac{qa^4}{6EI}$$

4. 求解多余未知力

将上述数据代入力法方程，得

$$\frac{4a^3}{3EI}X_1-\frac{qa^4}{6EI}=0$$

$$X_1=\frac{qa}{8}\ (\uparrow)$$

正号说明实际方向与假设一致。

5. 绘制内力图

以使刚架内侧受拉的弯矩为正，则

AB 杆

$$M_{AB}=\overline{M_1}X_1+M_P=a\cdot\frac{qa}{8}-\frac{qa^2}{2}=-\frac{3qa^2}{8}\text{（柱外部受拉）}$$

$$M_{BA}=a\cdot\frac{qa}{8}=\frac{qa^2}{8}\text{（柱内侧受拉）}$$

取 AB 杆为脱离体，由平衡条件得

$$Q_{BA}=0\qquad Q_{AB}=qa$$

BC 杆

$$M_{BC}=\overline{M_1}X_1+M_P=a\cdot\frac{qa}{8}=\frac{qa^2}{8}\text{（柱内侧受拉）}$$

$$M_{CB}=0$$

取 BC 杆为脱离体，得

$$Q_{BC}=Q_{BC}=\frac{qa}{8}$$

可取结点 B 为脱离体，由平衡条件得

$$N_{BA}=\frac{qa}{8},\ N_{BC}=0$$

M、Q、N 图示于图 14-12（e）、（f）、（g）。

【例 14-3】 求作图 14-13（a）所示连续梁的内力图，EI=常数。

【解】

1. 确定超静定次数，选择基本结构

该连续梁为二次超静定结构，现将支座 B、C 处链杆去掉，可得基本结构如图 14-13（b）所示。

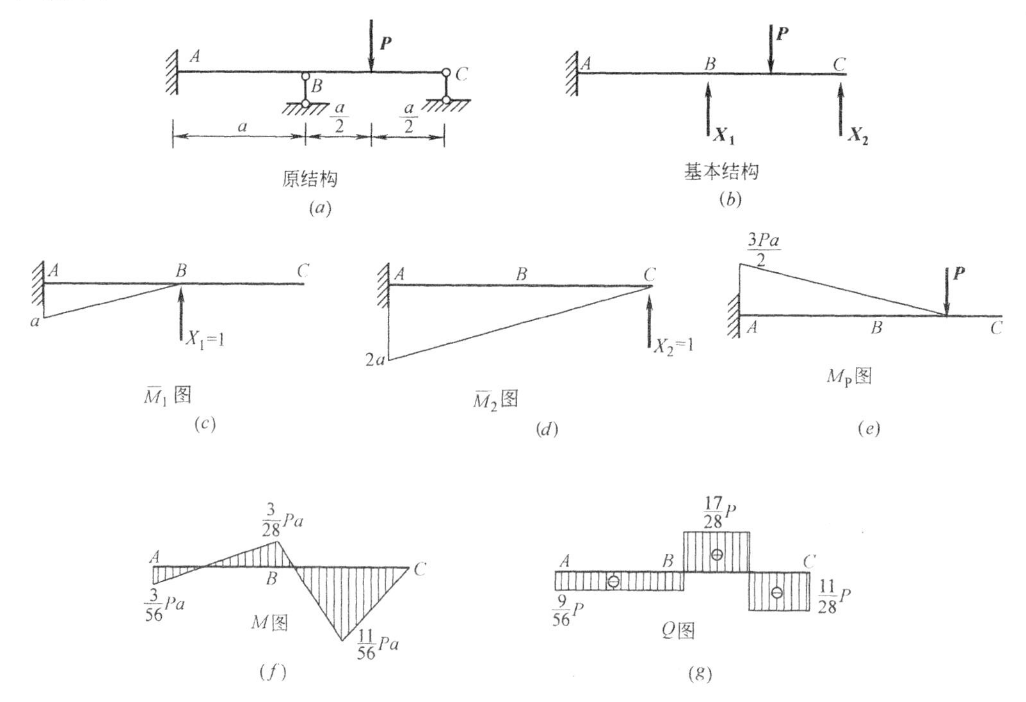

图 14-13

2. 建立力法方程

根据支座 B、C 处的竖向位移为零的条件，可得

$$\delta_{11}X_1+\delta_{12}X_2+\Delta_{1P}=0$$

$$\delta_{21}X_1+\delta_{22}X_2+\Delta_{2P}=0$$

3. 计算系数和自由项

画出相应的 M_P、$\overline{M_1}$图。由图乘法得

$$\delta_{11}=\frac{1}{EI}\left(\frac{1}{2}\times a\times a\times\frac{2}{3}\times a\right)=\frac{a^3}{3EI}$$

$$\delta_{12}=\delta_{21}=\frac{1}{EI}\left(\frac{1}{2}\times a\times a\times\frac{5}{6}\times 2a\right)=\frac{5a^3}{6EI}$$

$$\delta_{22}=\frac{1}{EI}\left(\frac{1}{2}\times 2a\times 2a\times\frac{2}{3}\times 2a\right)=\frac{8a^3}{3EI}$$

$$\Delta_{1P}=-\frac{1}{EI}\left(\frac{1}{2}\times a\times a\times\frac{7}{9}\times\frac{3}{2}Pa\right)=-\frac{7Pa^3}{12EI}$$

$$\Delta_{2P}=-\frac{1}{EI}\left(\frac{1}{2}\times\frac{3}{2}a\times\frac{3}{2}Pa\times\frac{3}{4}\times 2a\right)=-\frac{27Pa^3}{16EI}$$

4. 求解多余未知力

将上述数据代入力法方程，得

$$\frac{a^3}{3EI}X_1+\frac{5a^3}{6EI}X_2-\frac{7Pa^3}{12EI}=0$$

$$\frac{5a^3}{6EI}X_1+\frac{8a^3}{3EI}X_2-\frac{27Pa^3}{16EI}=0$$

$$X_1=\frac{43}{56}P\ (\uparrow)\qquad X_2=\frac{11}{28}P\ (\uparrow)$$

正号说明实际方向与假设一致。

5. 绘制内力图

画 M、Q 图如图 14-13（f）、（g）所示。

【例 14-4】 求作图 14-14（a）所示排架的内力图，EI=常数。

【解】

1. 确定超静定次数，选择基本结构

该排架为一次超静定结构，取链杆 CD 为多余联系，得基本结构如图 14-14（b）所示。

2. 建立力法方程

根据横梁切口处两侧截面相对水平位移为零的条件，可得

$$\delta_{11}X_1+\Delta_{1P}=0$$

3. 计算系数和自由项

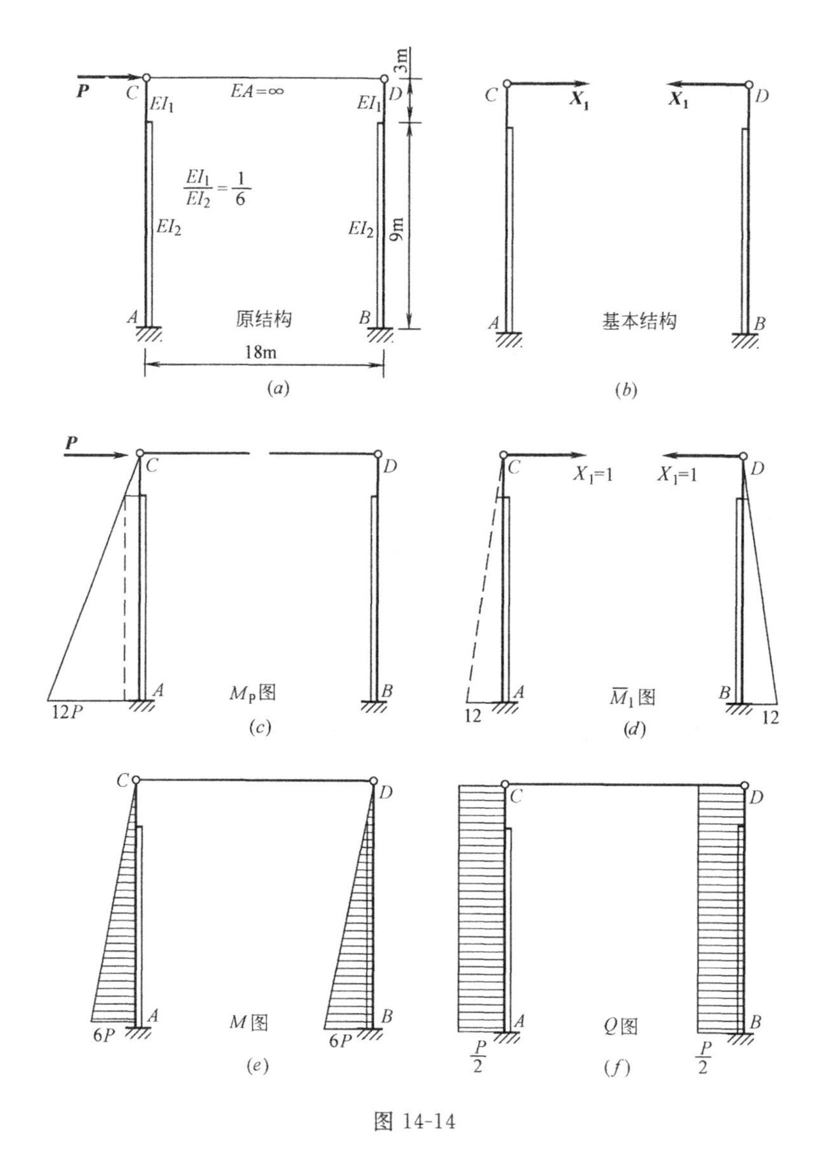

图 14-14

因横梁 $EA=\infty$，所以横梁在轴力 **N** 的作用下轴向变形为零，故只需计算两边排架柱对计算系数和自由项的影响。

画出相应的 M_P、$\overline{M_1}$图，如图 14-14（c）、（d）所示。由图乘法得

$$\delta_{11}=\frac{2}{EI_1}\left(\frac{1}{2}\times3\times3\times\frac{2}{3}\times3\right)+\frac{2}{EI_2}\left[9\times3\times\left(3+\frac{9}{2}\right)+\frac{1}{2}\times9\times9\times\left(3+\frac{2}{3}\times9\right)\right]$$

$$=\frac{18}{EI_1}+\frac{1134}{6EI_1}=\frac{207}{EI_1}$$

$$\Delta_{1P}=\frac{1}{EI_1}\left(\frac{1}{2}\times3\times3\times\frac{2}{3}\times3P\right)+\frac{1}{EI_2}\left[9\times3\times\left(3P+\frac{9P}{2}\right)+\frac{1}{2}\times9\times9\times\left(3P+\frac{2}{3}\times9P\right)\right]$$

$$=\frac{9P}{EI_1}+\frac{1134P}{12EI_1}=\frac{207P}{2EI_1}$$

4. 求解多余未知力

将上述数据代入力法方程，得

$$X_1 = -\frac{P}{2} \ (\leftarrow\rightarrow)$$

说明轴力为压力。

5. 绘制内力图

画 M、Q 图如图 14-14（e）、（f）所示。

【例 14-5】 求作图 14-15a 所示梁的内力图，EI=常数。

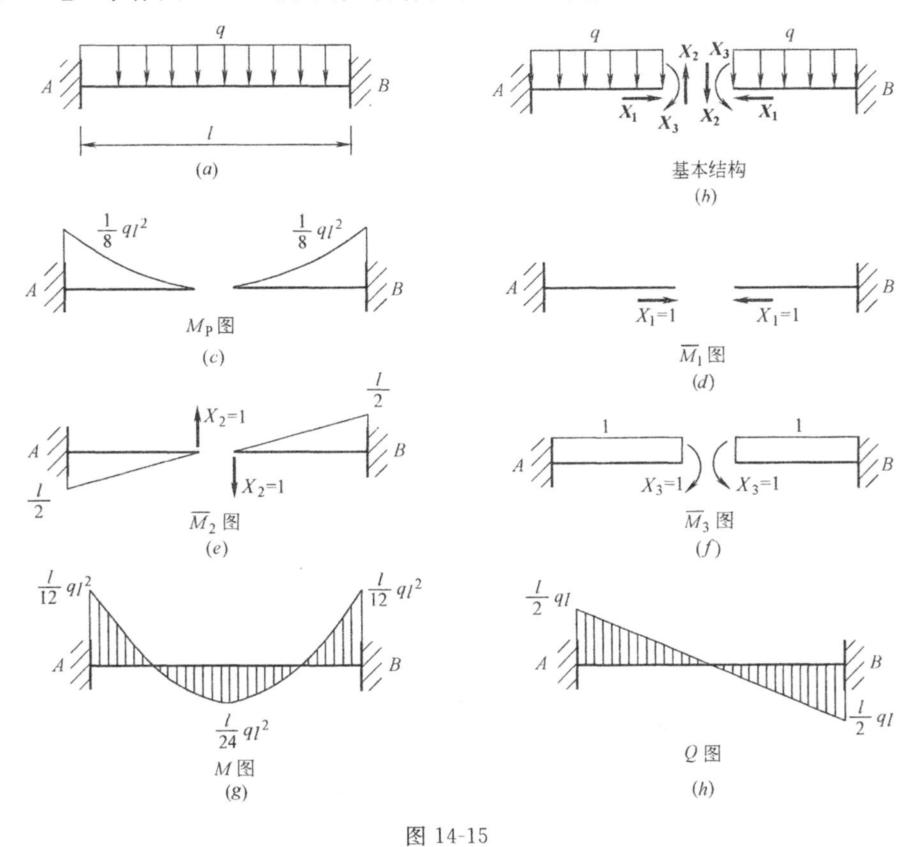

图 14-15

【解】

1. 确定超静定次数，选择基本结构

此梁为三次超静定结构。取基本结构如图 14-15（b）所示。

2. 建立力法方程

根据梁中间切口处两侧截面相对水平位移、相对竖向位移和相对角位移为零的条件，可得

$$\delta_{11}X_1 + \delta_{12}X_2 + \delta_{13}X_3 + \Delta_{1P} = 0$$

$$\delta_{21}X_1 + \delta_{22}X_2 + \delta_{23}X_3 + \Delta_{2P} = 0$$

$$\delta_{31}X_1 + \delta_{32}X_2 + \delta_{33}X_3 + \Delta_{3P} = 0$$

3. 计算系数和自由项

画出相应的 M_P、$\overline{M_1}$、$\overline{M_2}$、$\overline{M_3}$图，如图 14-15（c）、（d）、（e）、（f）所示。由图乘法得 $\delta_{11}=0\left(该处忽略轴力影响，若考虑轴力影响，则\ \delta_{11}=\dfrac{l}{EA}\right)$

$$\delta_{22}=\frac{2}{EI}\left(\frac{1}{2}\times\frac{l}{2}\times\frac{l}{2}\times\frac{2}{3}\times\frac{l}{2}\right)=\frac{l^3}{12EI}$$

$$\delta_{33}=\frac{2}{EI}\left(1\times\frac{l}{2}\times1\right)=\frac{l}{EI}$$

注意到$\overline{M_1}$是零弯矩，$\overline{M_3}$图和 M_P 图的对称性，$\overline{M_2}$图和 M_P 图的反对称性，可以得到：

$$\delta_{12}=\delta_{21}=0、\delta_{13}=\delta_{31}=0、\delta_{23}=\delta_{32}=0$$

$$\Delta_{1P}=0、\Delta_{2P}=0$$

$$\Delta_{3P}=\frac{2}{EI}\left(\frac{1}{3}\times\frac{l}{2}\times\frac{ql^2}{8}\times1\right)=\frac{ql^2}{24EI}$$

4. 求解多余未知力

将上述数据代入力法方程，得

$$X_1=0、X_2=0、X_3=-\frac{ql^2}{24}$$

正号说明实际方向与假设一致。

5. 绘制内力图

画 M、Q 图，如图 14-15（g）、（h）所示。

第四节　超静定结构的特性

超静定结构与静定结构相比较，有很多不同特性。下面我们从三个方面，来认识超静定结构的特性。

一、超静定结构多余约束的影响

具有多余约束是超静定结构的基本特性。多余约束的存在使超静定结构当多余约束受到破坏时仍为几何不变体系。例如图 14-16（a）两跨连续梁，当中间支座变成铰（图 14-16b）后，仍为受力结构。

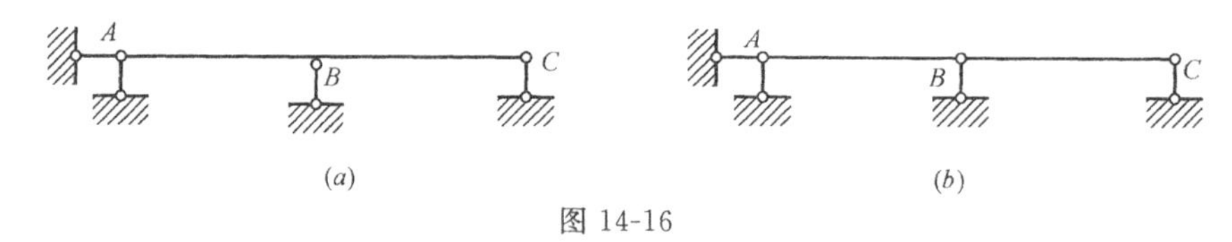

图 14-16

另外，多余约束的存在使超静定结构有了更好的刚度、稳定性。例如，图 14-17（a）所示简支梁在跨中集中荷载作用下的最大挠度为 $f=\dfrac{Pl^3}{48EI}$，而图 14-17（b）所示两端固定、跨度相同的梁，在同样荷载作用下的最大挠度仅为 $f=\dfrac{Pl^3}{192EI}$，是前者的$\dfrac{1}{4}$。又如图 14-17（c）所示，一端固定、另一端自由的轴心受压柱的临界力为 $P_{cr}=\dfrac{\pi^2EI}{(2l)^2}$，图 14-17（$d$）所示的一端固定、另一端铰支的等高轴心受压柱的临界力为 $P_{cr}=\dfrac{\pi^2EI}{(0.7l)^2}$。

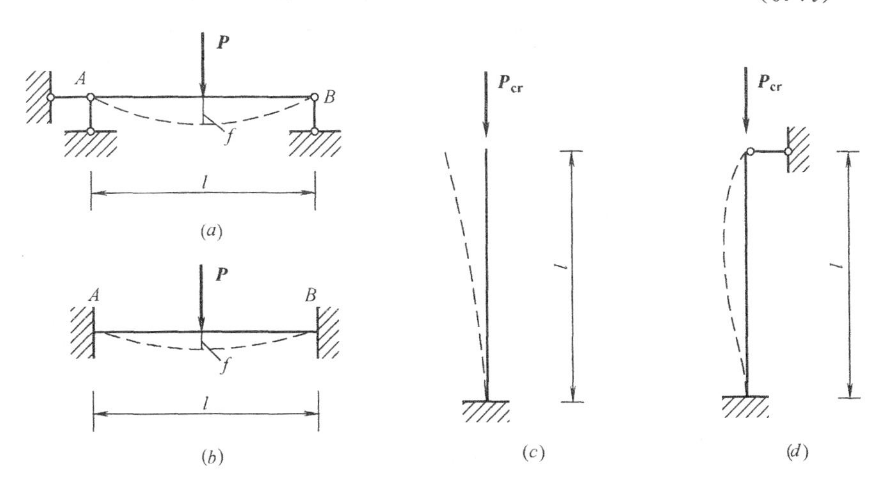

图 14-17

二、超静定结构的内力和反力与各部分刚度的相对比值有关

静定结构的内力，只用静力平衡条件即可确定，其值与结构的材料性质和截面尺寸无关；而具有多余约束的超静定结构的内力，仅由静力平衡条件不能完全确定，还需要位移条件。所以，超静定结构的内力与各杆刚度的相对比值有关。

三、超静定结构发生支座移动、温度变化对结构内力和反力的影响

在静定结构中，只有荷载能产生内力，其他因素（如支座移动、温差、材料收缩、制造误差等）都不会引起内力。而在超静定结构中，由于受到多余约束的限制，上述支座移动、温差等因素都会引起内力。如图 14-18（a）所示的简支梁，当支座 B 产生一个的竖向位移 Δ 时，梁可以自由位移到虚线所示的位置，不引起内力。而图 14-18（b）所示的单跨超静定梁，支座产生一个竖向位移 Δ 时，梁将产生弯曲变形，从而引起内力。

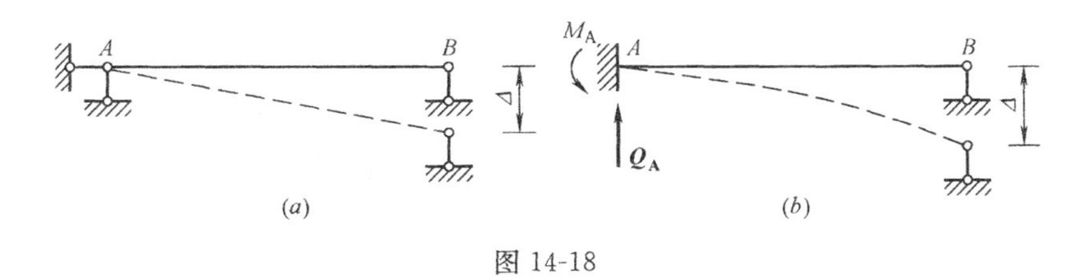

图 14-18

复习思考题与习题

1. 什么是结构的超静定次数，如何确定？

2. 力法计算的基本结构与原结构有何异同？

3. 试述用力法计算超静定结构的解题步骤。

4. 为什么计算荷载作用下的超静定结构时，允许使用杆件的相对刚度？

5. 试确定图 14-19 各结构的超静定次数，并选取它们的基本结构。

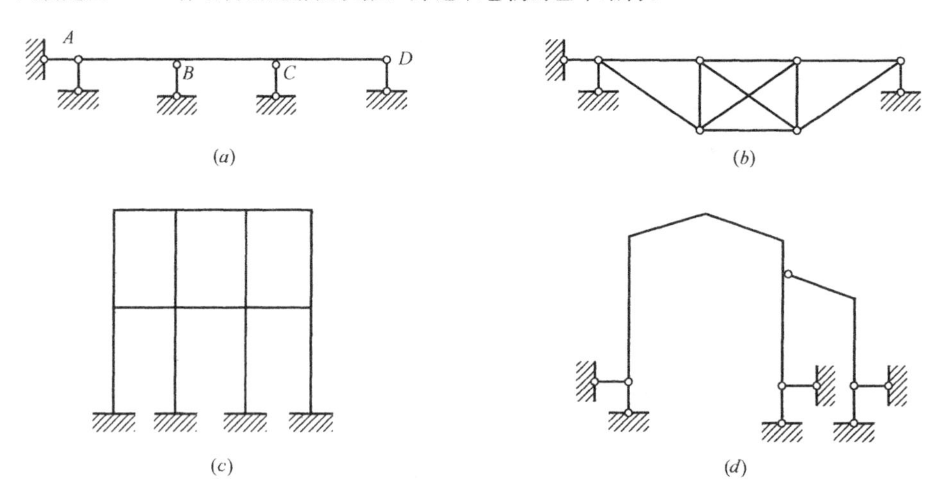

图 14-19

6 用力法计算图 14-20 所示超静定梁，并绘出 M、Q 图。

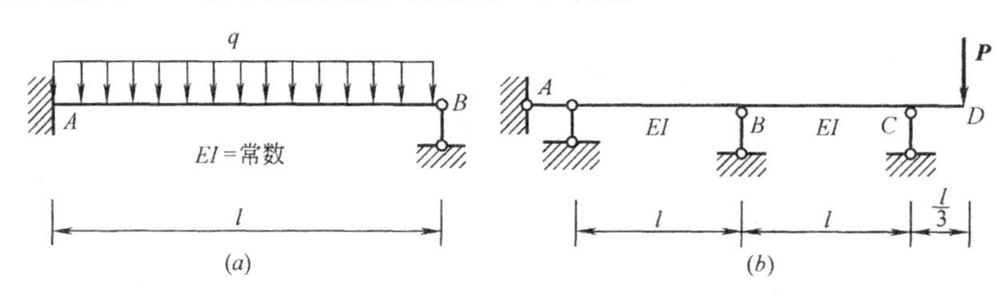

图 14-20

7. 用力法计算图 14-21 所示刚架，并绘出 M、Q、N 图。

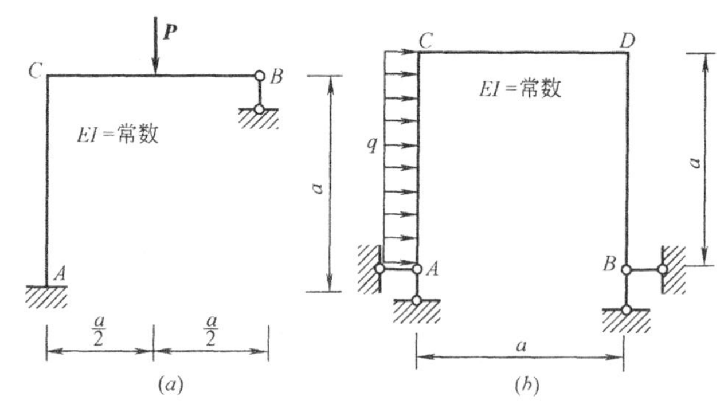

图 14-21

8. 用力法计算图 14-22 所示刚架，并绘出 M 图。

9. 图 14-23 所示结构的弯矩图中有哪些错误，为什么？

10. 用力法计算图 14-24 所示结构，并绘出 M 图。

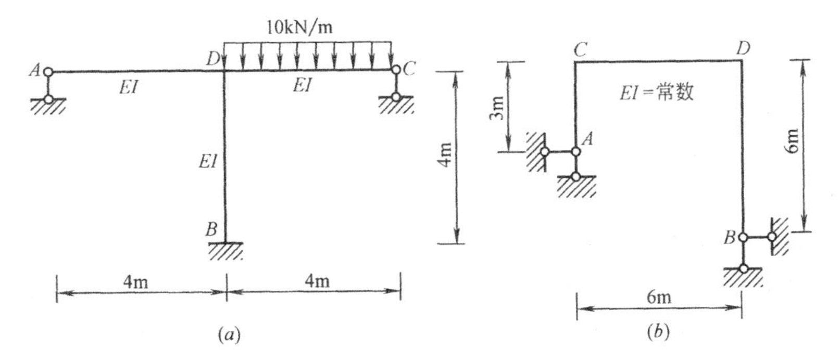

图 14-22

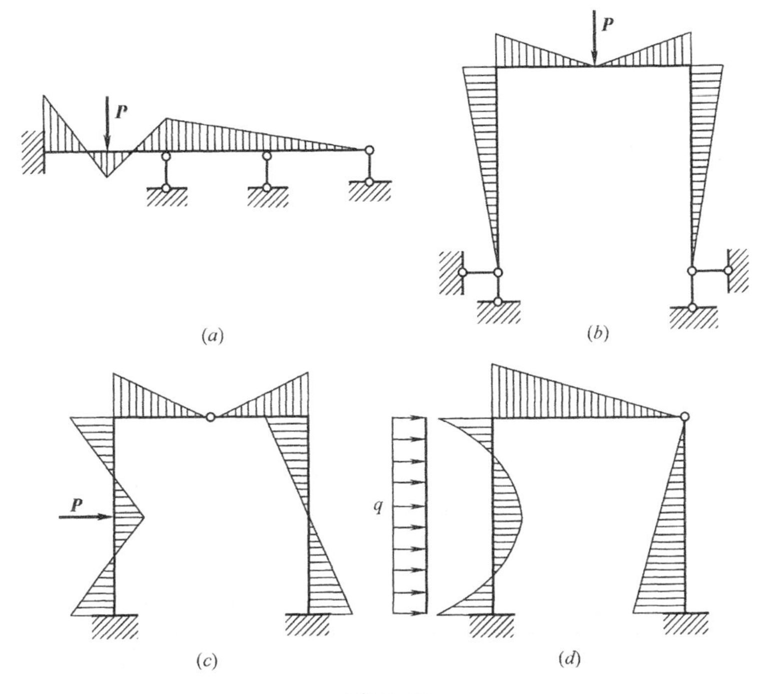

图 14-23

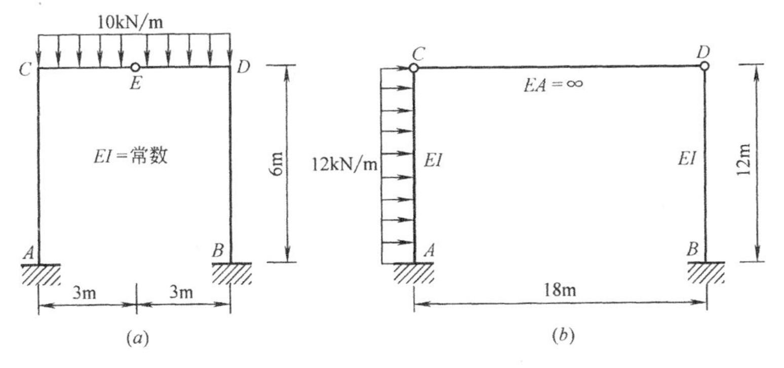

图 14-24

第十五章 力矩分配法

在多次超静定结构的计算中，若用前面介绍的力法，需要解联立方程，超静定结构次数越多，计算过程就越复杂。本章介绍一个超静定结构计算的渐近法——力矩分配法，这是一种不必解联立方程而采用逐次逼近的计算方法。力矩分配法主要适用于计算连续梁和无侧移刚架等超静定结构。由于该方法易于掌握，计算简便，所以力矩分配法在工程实际中得以广泛应用。

第一节 力矩分配法的基本原理

一、力矩分配法的基本概念

下面通过图 15-1（a）所示的两跨连续梁，来说明力矩分配法的概念。

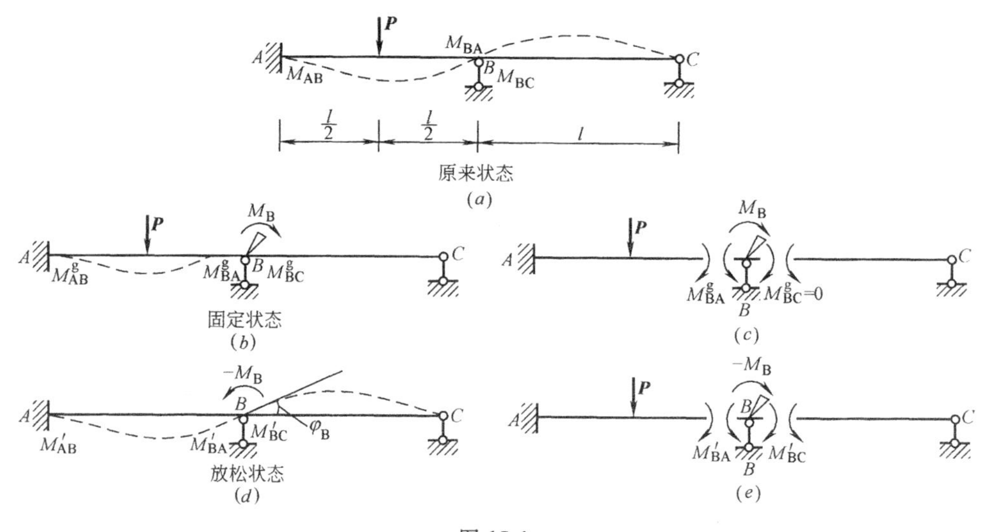

图 15-1

首先，在结构原来状态的结点 B 处加一阻止其转动的刚臂约束，称之为附加刚臂，然后才把荷载 P 加在梁上，如图 15-1（b）所示，这一状态我们称为固定状态。这样便把原结构分隔成两个单跨超静定梁 AB 和 BC。在荷载作用下，杆 AB 和 BC 将产生杆端弯矩，结点 B 处则相应地产生固端弯矩，其值可由表 15-1 查得。如图 15-1（c）取结点 B 为脱离体，由结点 B 的力矩平衡条件，即可求得附加刚臂阻止结点 B 的转动而发生的约束力矩 M_B。

$$M_B = M^g_{BA} + M^g_{BC} = \sum M^g_{BK}$$

即约束力矩等于汇交于结点 B 的各杆端弯矩的代数和。

其次，比较图 15-1（b）与原结构的受力情况，其差别仅在于结点 B 多了一个约束力

等截面直杆的杆端弯矩和剪力 　　　　**表 15-1**

杆件	编号	简　图	杆端弯矩	杆端剪力
两端固定	1	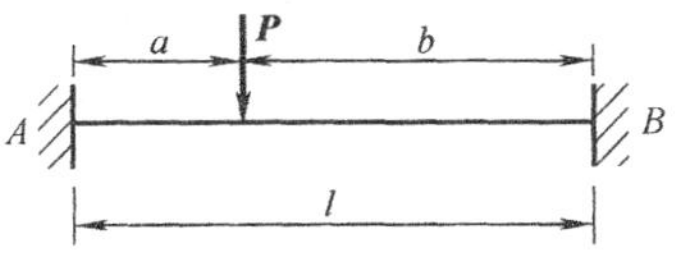	$M^g_{AB}=-\frac{Pab^2}{l^2}$ $M^g_{BA}=\frac{Pa^2b}{l^2}$	$Q^g_{AB}=\frac{Pb^2}{l^2}\left(1+\frac{2a}{l}\right)$ $Q^g_{BA}=-\frac{Pa^2}{l^2}\left(1+\frac{2b}{l}\right)$
	2	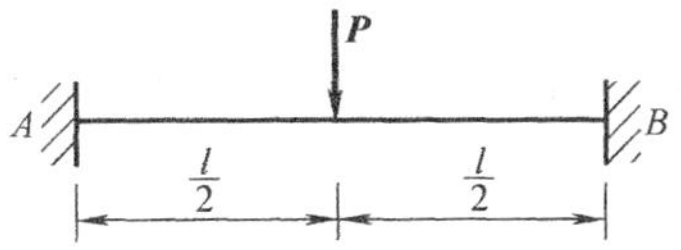	$M^g_{AB}=-\frac{Pl}{8}$ $M^g_{BA}=\frac{Pl}{8}$	$Q^g_{AB}=\frac{P}{2}$ $Q^g_{BA}=-\frac{P}{2}$
	3	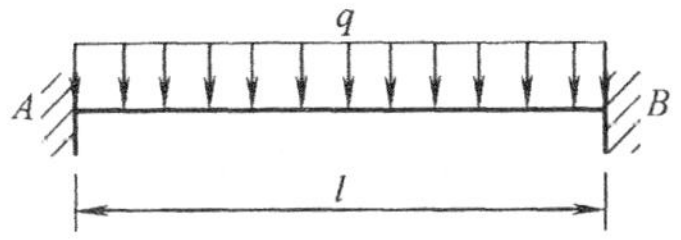	$M^g_{AB}=-\frac{ql^2}{12}$ $M^g_{BA}=\frac{ql^2}{12}$	$Q^g_{AB}=\frac{ql}{2}$ $Q^g_{BA}=-\frac{ql}{2}$
	4	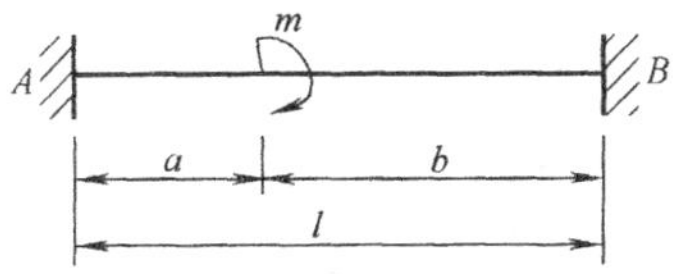	$M^g_{AB}=-M\frac{b(3a-l)}{l^2}$ $M^g_{AB}=M\frac{a(3b-l)}{l^2}$	$Q^g_{AB}=-M\frac{6ab}{l^3}$ $Q^g_{BA}=-M\frac{6ab}{l^3}$
一端固定一端铰支	5	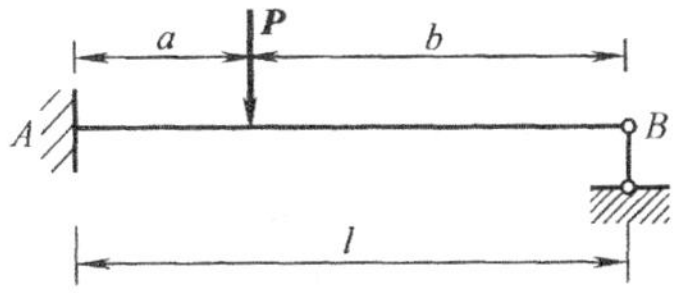	$M^g_{AB}=-\frac{Pb(l^2-b^2)}{2l^2}$	$Q^g_{AB}=\frac{Pb(3l^2-b^2)}{2l^3}$ $Q^g_{BA}=-\frac{Pa^2(3l-a)}{2l^3}$
	6	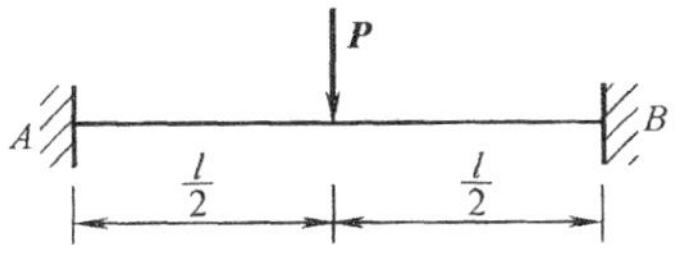	$M^g_{AB}=-\frac{3Pl}{16}$	$Q^g_{AB}=\frac{11}{16}P$ $Q^g_{BA}=-\frac{5}{16}P$
	7	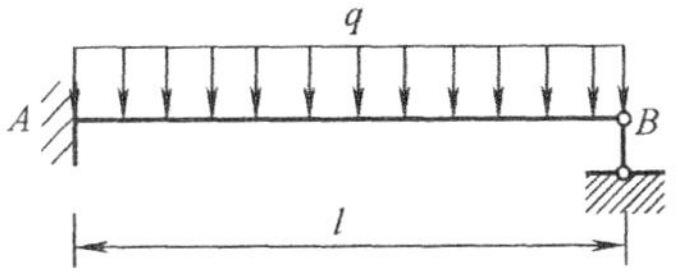	$M^g_{AB}=-\frac{ql^2}{8}$	$Q^g_{AB}=\frac{5}{8}ql$ $Q^g_{BA}=-\frac{3}{8}ql$
	8	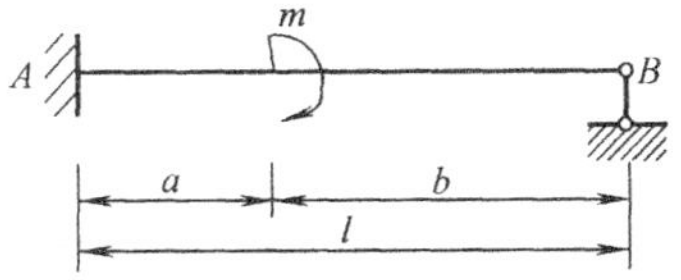	$M^g_{AB}=M\frac{l^2-3b^2}{2l^2}$	$Q^g_{AB}=-M\frac{3(l^2-b^2)}{2l^3}$ $Q^g_{BA}=-M\frac{3(l^2-b^2)}{2l^3}$

矩 M_B，为使它的受力情况与原结构一致，必须在结点 B 加一个反向的力矩以消除约束力矩 M_B，如图 15-1（d）所示。此时，结点 B 作用了（$-M_B$），相应产生的各杆端弯矩如图 15-1（e）所示。这一状态称为放松状态。力矩（$-M_B$）与相应产生的杆端弯矩 M'_{BA} 和 M'_{BC} 相平衡，M'_{BA} 和 M'_{BC} 称为分配弯矩。在力矩（$-M_B$）的作用下，结点 B 转动而使杆件远端产生的弯矩 M'_{AB} 和 M'_{CB}，称为传递弯矩。

根据叠加原理，结构在固定状态下的杆端弯矩与放松状态下的杆端弯矩（即分配弯矩与传递弯矩）相叠加，等于结构在原来状态下的杆端弯矩。求出了杆端弯矩，就可根据静力平衡条件求解出结构的内力。因整个计算过程的关键在于约束力矩在结点上的“力矩分配”，故称这种方法为力矩分配法。

二、固端弯矩、分配弯矩和传递弯矩

由上述可见，力矩分配法求解超静定结构的关键，首先是求解加上附加刚臂分解成单跨超静定梁后，单跨超静定梁固定端的固端弯矩（等于对应杆件的杆端弯矩）；其次是求解附加刚臂所处结点反向加上约束力矩后，结点处各杆位置的分配弯矩，以及各杆件另一端相应的传递弯矩。

1. 固端弯矩

单跨超静定梁在荷载作用下，杆端处产生的对杆件作用的弯矩称为杆端弯矩，对结点（支座）作用的弯矩称为固端弯矩，二者是一对作用力和反作用力。规定对杆端的杆端弯矩以顺时针转向为正，反之为负。但对结点的固端弯矩则以逆时针转向为正，反之为负。

为了便于应用，将常用的等截面单跨超静定梁杆端弯矩和剪力值列入表 15-1 中。AB 杆 A 端、B 端的固端弯矩和杆端弯矩，以 M^g_{AB}、M^g_{BA} 表示。

2. 分配弯矩

结点在力矩作用下发生转动，过结点的杆件也相应产生了转动，我们把使杆端产生单位角度 $\varphi=1$ 时，在杆端所需施加的力矩称该杆端的转动刚度，并用 S 表示。所以，结点在力矩作用下发生转角 φ 时杆端弯矩 $M=S\cdot\varphi$。

由力法可以求得：

两端固定端的单跨超静定梁，如图 15-2（a）所示，近端 A（转动端）的转动刚度 S_{AB} 为：

$$S_{AB}=4\frac{EI}{l}=4i \tag{15-1}$$

式中 $i=\frac{EI}{l}$ 称为杆的线刚度。S_{AB} 的下标第一个代表施力端或近端，第二个表示远端。

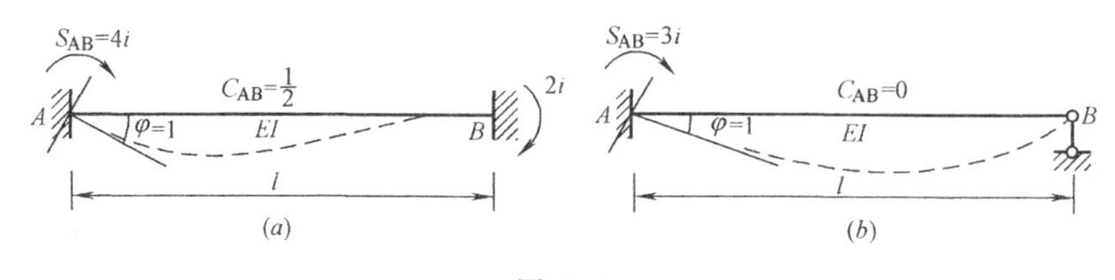

图 15-2

一端固定、另一端铰支的单跨超静定梁，如图 15-2（b）所示，固定端 A（转动端）的转动刚度 S_{AB} 为：

$$S_{AB}=3i \tag{15-2}$$

可见，等截面直杆杆端转动刚度表示杆端抵抗转动的能力，与该杆的线刚度和远端的支承情况有关。

现在以图 15-3（a）所示刚架，在结点 B 处的力矩 M 作用下，杆端弯矩 M_{BA} 和 M_{BC} 的求解来说明分配弯矩计算。

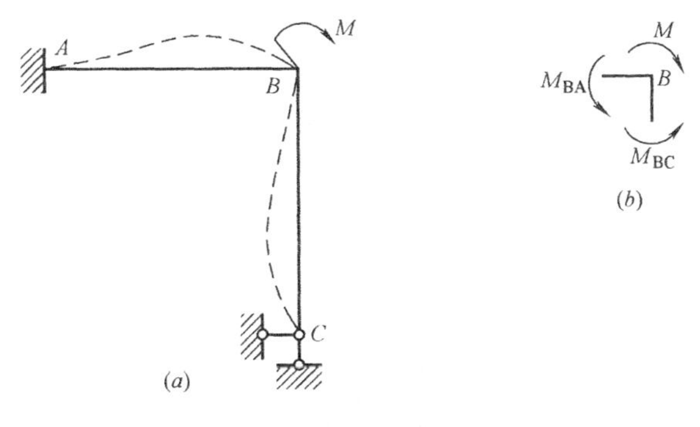

图 15-3

由式 15-1 和 15-2 得结点 B 处各杆杆端弯矩为

$$\begin{aligned} M_{BA}&=S_{BA}\varphi=4i_{BA}\varphi_B \\ M_{BC}&=S_{BC}\varphi=3i_{BC}\varphi_B \end{aligned} \tag{a}$$

取结点为脱离体（图 15-3b），由平衡条件得

$$M=M_{BA}+M_{BC}=(S_{BA}+S_{BC})\varphi_B$$

$$\varphi_B=\frac{M}{\sum\limits_B S}$$

其中 $\sum\limits_B S$ 为汇交于结点 B 的各杆在 B 端的转动刚度之和。

将 φ_B 代入（a）式，得

$$\begin{aligned} M_{BA}&=\frac{S_{BA}}{\sum\limits_B S}M \\ M_{BC}&=\frac{S_{BC}}{\sum\limits_B S}M \end{aligned} \tag{b}$$

由式（b）可见，作用于结点 B 的外力矩，按汇交于该结点的各杆件转动刚度占该结点总转动刚度 $\sum\limits_B S$ 的比例，分配给杆端，故称 M_{BA} 和 M_{BC} 为分配弯矩。杆端分配弯矩所占比例称为分配系数，用 μ 来表示，即

$$\begin{aligned} \mu_{BA}&=\frac{S_{BA}}{\sum\limits_B S} \\ \mu_{BC}&=\frac{S_{BC}}{\sum\limits_B S} \end{aligned} \tag{c}$$

对于任意结点 K，分配系数可表达为

$$\mu_{Ki}=\frac{S_{Ki}}{\sum\limits_{K}S} \tag{15-3}$$

其中 i 为汇交于结点 K 各杆的远端，则杆端分配弯矩可写成

$$M_{Ki}^{\mu}=\mu_{Ki}M \tag{15-4}$$

所以，杆端分配弯矩等于分配系数乘以作用于结点 K 的外力矩，分配弯矩与外力矩同号。

显然，同一结点各杆分配系数之间存在下列关系：$\sum\mu_{Ki}=1$，即同一结点各杆分配系数之和等于 1。

3. 传递弯矩

结点在力矩作用下发生转动时，杆端近端产生了分配弯矩，杆件的远端也相应产生弯矩，远端弯矩可以理解为分配弯矩传递过来的。查表 15-1 可得，图 15-2a 所示的单跨超静定梁，在近端产生单位角度 $\varphi=1$ 时，远端弯矩为

$$M_{BA}=2\frac{EI}{l}=2i$$

若远端弯矩与分配弯矩的比值用 C_{AB}表示，则

$$C_{AB}=\frac{2i}{4i}=\frac{1}{2}$$

C_{AB}称为传递系数，杆件的远端弯矩等于传递系数乘以近端弯矩，表达为：

$$M_{BA}^{C}=C_{AB}M_{AB} \tag{15-5}$$

对于等截面单跨超静定梁，固定端（近端）有转角时，远端弯矩与近端弯矩的比值 C 就是传递系数。其值随远端的支承情况不同而异：

远端固定时　　$C=\frac{1}{2}$

远端铰支时　　$C=0$

由上述分析可知：图 15-1（a）的内力等于图 15-1（b）与图 15-1（c）的内力叠加，故原结构的各杆端最终弯矩，应等于各杆端相应的固端弯矩、分配弯矩与传递弯矩之代数和。因整个计算过程的关键在于“力矩分配”，故称这种方法为力矩分配法。

用力矩分配法计算荷载作用下单一结点的结构，可以归纳为三个步骤：

（1）固定：即在结点处加上附加刚臂锁住结点，将超静定结构分解成单跨超静定梁，查表计算结点各杆端的固端弯矩，求出约束力矩。

（2）放松：即取消附加刚臂，在结点上加入一个反号的约束力矩，使结构恢复到原来状态。求出相对于此时各杆近端获得分配弯矩，以及远端获得的传递弯矩。

（3）叠加：即把结构在固定时的杆端弯矩与在放松时的杆端弯矩叠加起来，就得到原

结构最终的杆端弯矩。

最后，根据求出的杆端弯矩，再与将各杆件视为简支梁时在荷载作用下的弯矩相叠加，即可求得结构的弯矩图，进而根据静力平衡条件可求出其他内力。

【例 15-1】 用力矩分配法作图 15-4（a）所示连续梁的弯矩图，EI=常数。

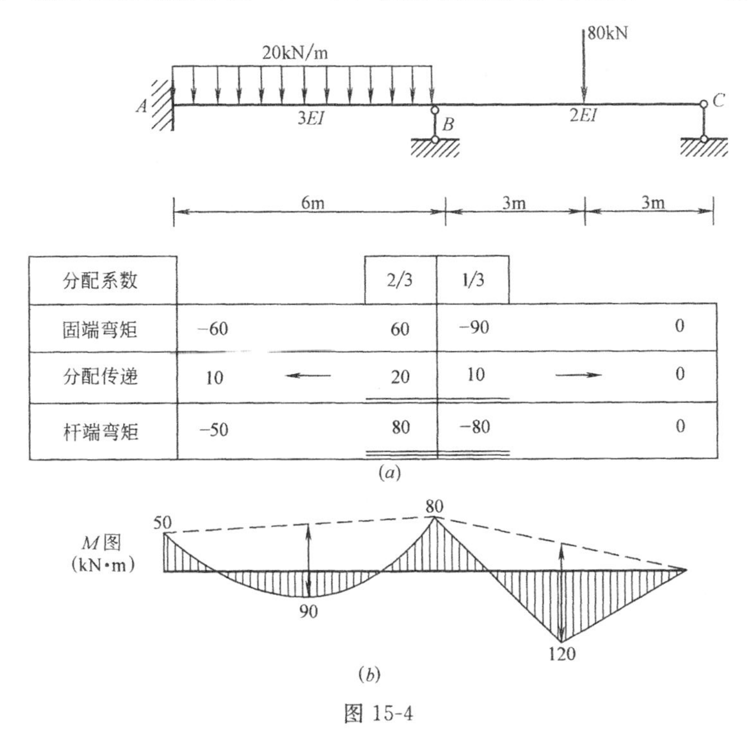

	A	B（BA）	B（BC）	C
分配系数		2/3	1/3	
固端弯矩	−60	60	−90	0
分配传递	10 ←	20	10 →	0
杆端弯矩	−50	80	−80	0

(a)

(b)

图 15-4

【解】 计算时通常在连续梁的计算简图下面列表进行，表中各栏结果的分别计算如下：

1. 计算分配系数

先计算转动刚度

$$S_{BA}=4i_{BA}=4\times\frac{3EI}{6}=2EI$$

$$S_{BC}=3i_{BA}=3\times\frac{2EI}{6}=1EI$$

各杆的分配系数为

$$\mu_{BA}=\frac{S_{BA}}{S_{BA}+S_{BC}}=\frac{2EI}{2EI+1EI}=\frac{2}{3}$$

$$\mu_{BC}=\frac{S_{BC}}{S_{BA}+S_{BC}}=\frac{1EI}{2EI+1EI}=\frac{1}{3}$$

校核：$\mu_{BA}+\mu_{BC}=1$，无误。

将各结点的分配系数记在计算表格的第一栏中结点的相应位置。

2. 计算固端弯矩

查表 15-1，得

$$M_{AB}^{g}=-\frac{ql^2}{12}=-\frac{20\times6^2}{12}=-60\text{kN}\cdot\text{m}$$

$$M_{BA}^{g}=\frac{ql^2}{12}=\frac{20\times6^2}{12}=60\text{kN}\cdot\text{m}$$

$$M_{BC}^{g}=-\frac{3Pl}{16}=-\frac{3\times80\times6}{16}=-90\text{kN}\cdot\text{m}$$

$$M_{CB}^{g}=0$$

将各杆的固端弯矩记在计算表格的第二栏中各杆的相应位置。

则，结点 B 的约束力矩为

$$M_{B}=60-90=-30\text{kN}\cdot\text{m}$$

3. 计算分配弯矩和传递弯矩

分配弯矩为

$$M_{BA}^{\mu}=\mu_{BA}(-M_{B})=\frac{2}{3}\times(30)=20\text{kN}\cdot\text{m}$$

$$M_{BC}^{\mu}=\mu_{BC}(-M_{B})=\frac{1}{3}\times(30)=10\text{kN}\cdot\text{m}$$

将各分配弯矩记在计算表格的第三栏中各杆端的相应位置，并在分配弯矩下面画一横线，表示结点已放松，达到了平衡。

传递弯矩为

$$M_{AB}^{C}=C_{AB}M_{BA}=\frac{1}{2}\times(20)=10\text{kN}\cdot\text{m}$$

$$M_{CE}^{C}=0$$

在分配弯矩与传递弯矩之间画一水平方向的箭头，表示弯矩的传递方向。

4. 计算最终的杆端弯矩

将以上结果叠加于计算表格的最后一栏，即得最终的杆端弯矩，并在杆端弯矩下面画双横线，表示结点已放松，达到了平衡。

5. 画 M 图

根据杆端弯矩，由叠加法作 M 图，如图 15-4（b）所示。

第二节　力矩分配法计算多跨连续梁举例

对于梁上刚结点的数量超过一个的多跨连续梁，只要逐次对每一个结点应用上一节的基本运算，便可求出各杆的杆端弯矩。首先，将所有刚结点固定，计算各杆固端弯矩。然后，每次放松一个结点（其他结点仍固定），将各刚结点轮流放松，把刚结点上的约束力矩反号后轮流进行分配、传递，直到传递弯矩小到可以略去为止，此时结构状态已逐渐接近结构的实际平衡状态。最后，把各杆端的杆端弯矩和每一轮的分配弯矩和传递弯矩相加，即杆端的最终弯矩。可见，力矩分配法计算超静定结构是一种渐近法。

下面通过例子来说明具体的计算步骤。

【例 15-2】 用力矩分配法作图 15-5（a）所示连续梁的弯矩图，EI=常数。

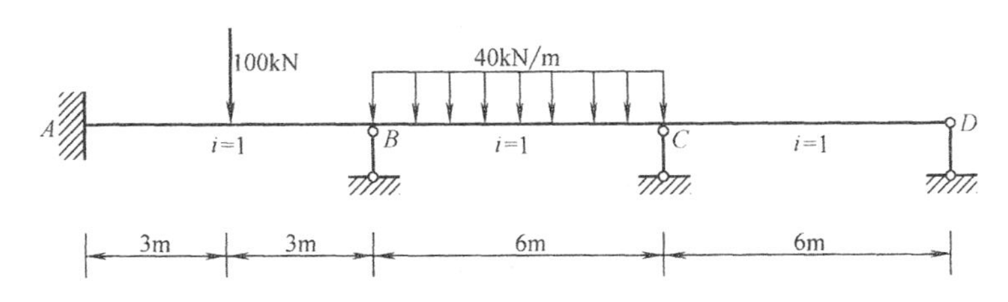

	A	B (BA)	B (BC)	C (CB)	C (CD)	D
分配系数		0.5	0.5	0.571	0.429	
固端弯矩	−75	75	−120	120	0	0
分配传递			−34.26 ←	−68.5	−51.4	
	19.82 ←	39.63	39.63 →	19.82		
			−5.66 ←	−11.3	−8.50	
	1.42 ←	2.83	2.83 →	1.42		
			−0.41 ←	−0.81	−0.61	
		0.21	0.21			
杆端弯矩	−53.8	117.7	−117.7	60.6	−60.6	0

(a)

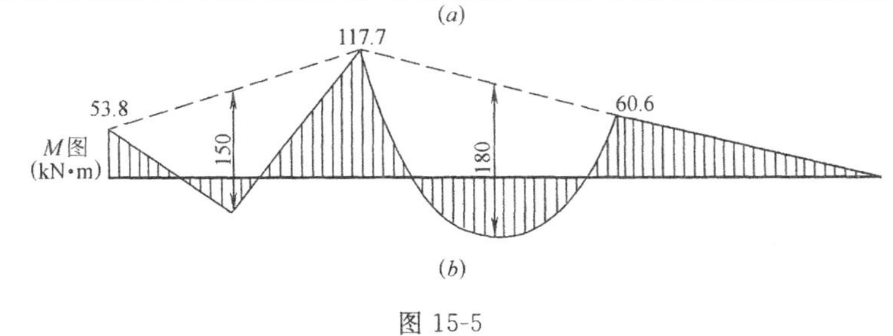

(b)

图 15-5

【解】

1. 计算分配系数和传递系数

由于计算中只固定 B、C 两个结点，所以只需计算 B、C 点的分配系数。

结点 B

$$S_{BA}=4i_{BA}=4\times1=4$$

$$S_{BC}=4i_{BC}=4\times1=4$$

$$\mu_{BA}=\frac{S_{BA}}{S_{BA}+S_{BC}}=\frac{4}{4+4}=0.5$$

$$C_{BA}=0.5$$

$$\mu_{BC}=\frac{S_{BC}}{S_{BA}+S_{BC}}=\frac{4}{4+4}=0.5$$

$$C_{BC}=0.5$$

结点 C

$$S_{CB}=4i_{CB}=4\times1=4$$

$$S_{CD}=3i_{CD}=3\times1=3$$

$$\mu_{CB}=\frac{S_{CB}}{S_{CB}+S_{CD}}=\frac{4}{4+3}=0.571$$

$$C_{CB}=0.5$$

$$\mu_{CD}=\frac{S_{CD}}{S_{CB}+S_{CD}}=\frac{4}{4+3}=0.429$$

$$C_{CD}=0$$

将分配系数记入计算表格的第一栏。

2. 计算固端弯矩

由表15-1查得

$$M_{AB}^{g}=-\frac{Pl}{8}=-\frac{100\times 6}{8}=-75\text{kN}\cdot\text{m}$$

$$M_{BA}^{g}=\frac{Pl}{8}=75\text{kN}\cdot\text{m}$$

$$M_{BC}^{g}=-\frac{ql^2}{12}=-\frac{40\times 6^2}{12}=-120\text{kN}\cdot\text{m}$$

$$M_{CB}^{g}=\frac{ql^2}{12}=120\text{kN}\cdot\text{m}$$

$$M_{CD}^{g}=M_{DC}^{g}=0$$

将计算结果记于计算表格的第二栏。

3. 结点 B 和 C 轮流进行分配与传递

(1) 第一次放松结点 C（B 处仍固定）

因为叠加过程的加法与次序无关，所以力矩分配法的计算结果与放松结点的次序无关。但是为了缩短计算过程，应先放松不平衡力矩较大的结点，这样收敛可以快一些。

C 结点的约束力矩　　$M_C=120\text{kN}\cdot\text{m}$

变号后分配　$M_{CB}^{\mu}=\mu_{CB}(-M_C)=0.571\times(-120)=-68.52\text{kN}\cdot\text{m}$

$$M_{CD}^{\mu}=\mu_{CD}(-M_C)=0.429\times(-120)=-51.48\text{kN}\cdot\text{m}$$

分别向各自远端传递

$$M_{BC}^{C}=C_{CB}\cdot M_{CB}^{\mu}=0.5\times(-68.52)=-34.26\text{kN}\cdot\text{m}$$

$$M_{CD}^{C}=C_{CD}\cdot M_{CD}^{\mu}=0\text{kN}\cdot\text{m}$$

将 C 结点第一次放松的分配与传递弯矩记于计算表格，并下画一横线，表示结点放松，已达平衡。

(2) 重新固定结点 C，放松结点 B

B 结点的约束力矩　$M_B=75-120-34.26=-79.26\text{kN}\cdot\text{m}$

变号后分配　$M_{BA}^{\mu}=\mu_{BA}(-M_B)=0.5\times(79.26)=39.63\text{kN}\cdot\text{m}$

$$M_{BC}^{\mu}=\mu_{BC}(-M_B)=0.5\times(79.26)=39.63\text{kN}\cdot\text{m}$$

分别向各自远端传递

$$M_{AB}^{C}=C_{BA}\cdot M_{BA}^{\mu}=0.5\times(39.63)=19.82\text{kN}\cdot\text{m}$$

$$M_{CB}^{C}=C_{BC}\cdot M_{BC}^{\mu}=0.5\times(39.63)=19.82\text{kN}\cdot\text{m}$$

将 B 结点第一次放松的分配与传递弯矩记于计算表格，并下画一横线，表示结点 B 已平衡。

(3) 重复上面两步运算，至第三次分配后，结点 C 分配的弯矩传递到 B 结点后仅有 0.41kN·m，为该结点约束弯矩的 0.52%，可以忽略。因此，可不再传递，计算到此结束。

4. 计算各杆最终的杆端弯矩

将各杆杆端的固端弯矩、分配弯矩及传递弯矩代数值相加，即得最终的杆端弯矩。并在杆端弯矩下面画双横线，表示最终结果。

5. 绘制弯矩图

据所得各杆杆端弯矩最终值，利用叠加原理可作出连续梁的弯矩图，如图 15-5 (*b*) 所示。

可见，多结点多跨连续梁的计算步骤，可归纳为：

(1) 结点固定：加附加刚臂固定所有刚结点，各结点均有约束力矩。

(2) 逐次放松：逐次放松每个结点，每次只放松一个结点，其余结点仍被固定，经过多次循环后，使所有结点趋于平衡。

(3) 弯矩叠加：将以上两步杆端弯矩叠加，得最终的杆端弯矩。

在实际计算中，上述解题过程可用表格表示。另外，从工程应用的角度看，一般分配弯矩与传递弯矩只需计算 2～3 轮，使最后的传递弯矩达到杆端弯矩的 5%以下时，即可终止计算。

【例 15-3】 用力矩分配法作图 15-6 (*a*) 所示连续梁的弯矩图，EI=常数。

【解】 首先将该连续梁的悬臂部分 DE 去掉，用 M_{DE}、Q_{DE}代替悬臂 DE 对连续梁的作用，由平衡条件得 $M_{DE}=-20\text{kN}\cdot\text{m}$，$Q_{DE}=10\text{kN}\cdot\text{m}$，这样结点 D 便简化为铰支端，整个计算可按图 15-6 (*b*) 进行。

1. 计算分配系数和传递系数

结点 B

$$S_{BA}=3i_{AB}=3\times1=3$$

$$S_{BC}=4i_{BC}=4\times1=4$$

$$\mu_{BA}=\frac{S_{BA}}{S_{BA}+S_{BC}}=\frac{3}{3+4}=0.429$$

$$C_{BA}=0$$

$$\mu_{BC}=\frac{S_{BC}}{S_{BA}+S_{BC}}=\frac{3}{3+4}=0.571$$

$$C_{BC}=0.5$$

结点 C

$$S_{CB}=4i_{BC}=4\times1=4$$

$$S_{CD}=3i_{CD}=3\times1=3$$

$$\mu_{CB}=\frac{S_{CB}}{S_{CB}+S_{CD}}=\frac{3}{4+3}=0.571$$

$$C_{CB}=0.5$$

$$\mu_{CD}=\frac{S_{CD}}{S_{CB}+S_{CD}}=\frac{3}{4+3}=0.429$$

$$C_{CD}=0$$

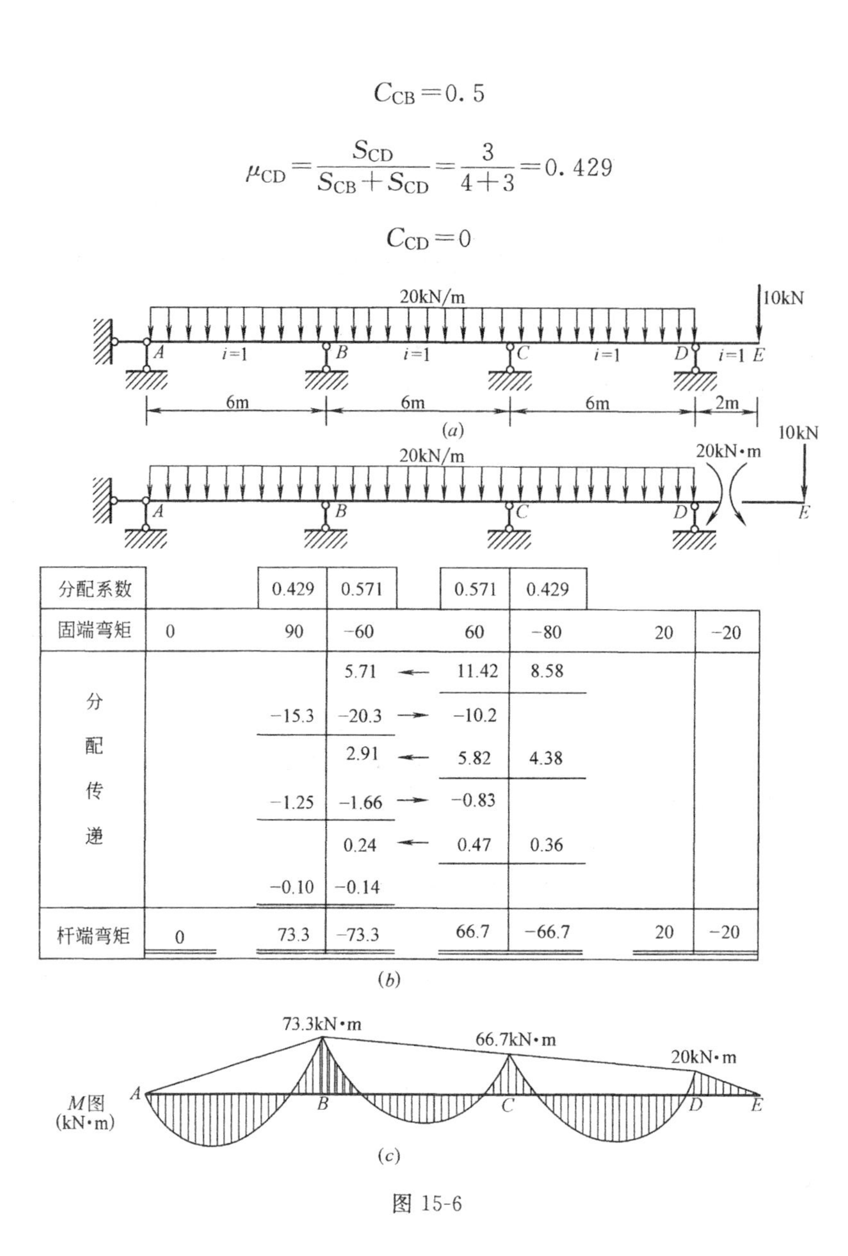

分配系数		0.429	0.571		0.571	0.429		
固端弯矩	0	90	−60		60	−80	20	−20
分配传递			5.71	←	11.42	8.58		
		−15.3	−20.3	→	−10.2			
			2.91	←	5.82	4.38		
		−1.25	−1.66	→	−0.83			
			0.24	←	0.47	0.36		
		−0.10	−0.14					
杆端弯矩	0	73.3	−73.3		66.7	−66.7	20	−20

图 15-6

将分配系数记入计算表格的第一栏。

2. 计算固端弯矩

由表 15-1 查得

$$M_{AB}^{g}=0$$

$$M_{BA}^{g}=\frac{ql^2}{8}=\frac{20\times6^2}{8}=90\text{kN}\cdot\text{m}$$

$$M_{BC}^{g}=-\frac{ql^2}{12}=-\frac{20\times6^2}{12}=-60\text{kN}\cdot\text{m}$$

$$M_{CB}^{g}=\frac{ql^2}{12}=60\text{kN}\cdot\text{m}$$

CD 杆因为 C 端为铰支座，杆端弯矩 $M_{DC}=20\text{kN}\cdot\text{m}$，因此只需按一端固定、一端铰支的情况计算固端弯矩 M^g_{CD}，即

$$M^g_{CD}=-\frac{ql^2}{8}+\frac{m}{2}=-90+\frac{20}{2}=-80\text{kN}\cdot\text{m}$$

将计算结果记于计算表格的第二栏。

3. 结点 C 和 B 轮流进行分配与传递，如表格中所示。

4. 计算各杆最终的杆端弯矩

将各杆杆端的固端弯矩、分配弯矩及传递弯矩代数值相加，即得最终的杆端弯矩。

5. 绘制弯矩图

据所得各杆杆端弯矩最终值，利用叠加原理可作出连续梁的弯矩图，如图 15-5（c）所示。

复习思考题与习题

1. 什么是固端弯矩？如何计算结点上的约束力矩？为什么要将约束力矩变号才能进行分配？
2. 什么叫分配系数和传递系数？为什么每一结点的分配系数之和等于 1？
3. 为什么力矩分配法计算连续梁的约束力矩会趋于零？
4. 力矩分配法的运算步骤如何？每一步的物理意义是什么？
5. 用力矩分配法求图 15-7 所示连续梁的杆端弯矩，要求写出计算过程，并作 M 图。

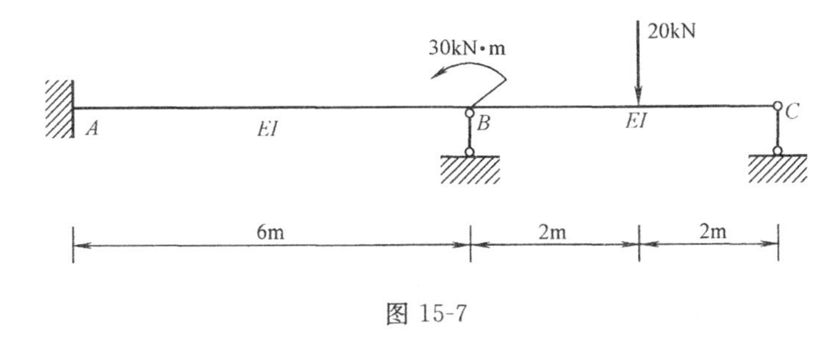

图 15-7

6. 用力矩分配法求图 15-8 所示连续梁的杆端弯矩，并作 M 图。

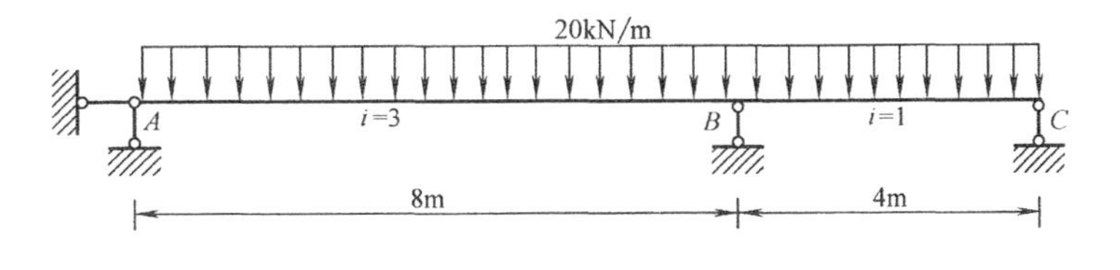

图 15-8

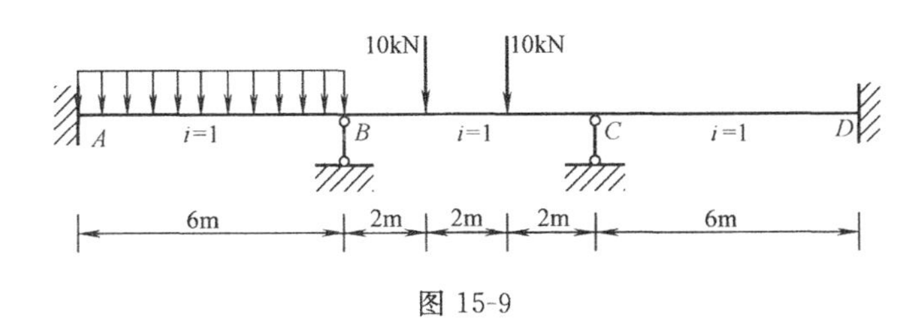

图 15-9

7. 用力矩分配法求图 15-9 所示连续梁的杆端弯矩，并作 M 图。

8. 用简便方法，绘出图 15-10 所示连续梁的 M 图。

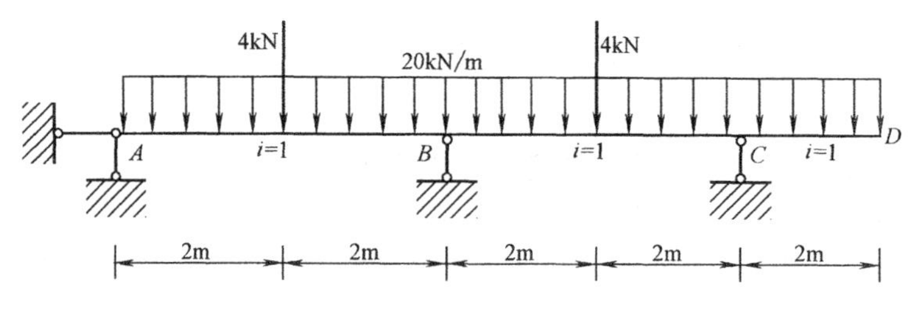

图 15-10

参 考 文 献

1. 李书海，关荣策，沈伦序主编. 建筑力学简明教程. 北京：高等教育出版社，1989
2. 孙训方，方孝淑，关来泰主编. 材料力学. 北京：高等教育出版社，1987
3. 郭仁俊主编. 建筑力学（上册）. 北京：中国建筑工业出版社，1999
4. 沈伦序主编. 建筑力学. 北京：高等教育出版社，1990
5. 梁春光主编. 建筑力学. 武汉：武汉工业大学出版社，1998
6. 范继昭主编. 建筑力学. 北京：高等教育出版社，1993
7. 扬天祥主编，结构力学. 北京：人民教育出版社，1982
8. 景瑞主编. 结构力学. 北京：中国建筑工业出版社，2002
9. 魏璋主编. 结构力学. 武汉工业大学出版社，1995
10. 贾德华，赵永安，于淑英编. 结构力学. 北京：中国建筑工业出版社，1992
11. 全国职业高中建筑类专业教材编写组编. 建筑力学. 北京：高等教育出版社，1993
12. 曹宇平等编. 材料力学. 北京：中国建设工业出版社，1998
13. 刘鸿文主编. 材料力学. 北京：人民教育出版社，1979